安装工程施工工艺标准(上)

主　编　蒋金生
副主编　刘玉涛　陈松来

ZHEJIANG UNIVERSITY PRESS
浙江大学出版社

图书在版编目（CIP）数据

安装工程施工工艺标准．上／蒋金生主编．—杭州：浙江大学出版社，2021．4(2021．8 重印)

ISBN 978-7-308-20103-2

Ⅰ．①安… Ⅱ．①蒋… Ⅲ．①建筑安装—工程施工—标准—中国 Ⅳ．①TU758-65

中国版本图书馆 CIP 数据核字(2020)第 047503 号

安装工程施工工艺标准(上)

蒋金生　主编

责任编辑　金佩雯　樊晓燕
责任校对　高士吟　汪　潇
封面设计　周　灵
出版发行　浙江大学出版社
（杭州市天目山路 148 号　邮政编码 310007）
（网址：http://www.zjupress.com）
排　　版　杭州青翊图文设计有限公司
印　　刷　广东虎彩云印刷有限公司绍兴分公司
开　　本　787mm×1092mm　1/16
印　　张　20．5
字　　数　512 千
版 印 次　2021 年 4 月第 1 版　2021 年 8 月第 2 次印刷
书　　号　ISBN 978-7-308-20103-2
定　　价　102．00 元

编委会名单

前　言

近年来，国家对建筑行业的法律法规、规范标准进行了广泛的新增、修订，以铝模、爬架、装配式施工为代表的“四新”技术在建筑施工现场得到了普及和应用，在“建筑科技领先型现代工程服务商”这一全新的企业定位下，2006 年由同济大学出版社出版的建筑施工工艺标准中部分内容已经不能满足当前的实际需要。因此，中天建设集团组织相关人员对已有标准进行了全面修订。修订内容主要体现在以下几个方面：

1. 根据新发布或修订的国家规范、标准，结合本企业工程技术与管理实践，补充了部分新工艺、新技术、新材料的施工工艺标准，删除了已经落后的、不常用的施工工艺标准。

2. 施工工艺标准内容涵盖土建工程、安装工程、装饰工程 3 个大类，24 个小类，分成 6 个分册出版，施工工艺标准数量从 237 项增补至 246 项。

3. 施工工艺标准的编写深度力求达到满足对施工操作层进行分项技术交底的需求，用于规范和指导操作层施工人员进行施工操作。

施工工艺标准在编写过程中得到了中天建设集团各区域公司及相关子公司的大力支持，在此表示感谢！由于受实践经验和技术水平的限制，文本内容难免存在疏漏和不当之处，恳请各位领导、专家及坚守在施工现场一线的施工技术人员对本标准提出宝贵的意见和建议，我们将及时修正、增补和完善。（联系电话：0571-28055785）

编　者

2020 年 3 月

目　录

1 建筑给水、排水安装工程施工工艺标准

1.1 室内给水和热水管道安装工程施工工艺标准

本标准适用于工作压力不大于 1.0MPa 的室内给水系统管道安装，以及工作压力不大于 1.0MPa、热水温度不超过 75℃的室内热水系统管道安装工程。工程施工应以设计图纸和有关施工质量验收规范为依据。

1.1.1 材料要求

(1)给水铸铁管及管件的规格应符合设计压力要求，管壁薄厚均匀，内外光滑整洁，不得有砂眼、裂纹、毛刺和疙瘩；承插口的内外径及管件应造型规矩，管内外表面的防腐涂层应整洁均匀，附着牢固。管材及管件均应有出厂合格证。

(2)镀锌钢管及管件的规格种类应符合设计要求，管壁内外镀锌均匀，无锈蚀，无飞刺。禁止使用冷镀锌钢管及管件。管件无偏扣、乱扣、丝扣不全或角度不准等现象。管材及管件均应有出厂合格证。

(3)薄壁不锈钢管及管件应具有国家认可的产品检测机构的产品检测报告和产品出厂质量保证书，其产品应符合相关标准要求。

(4)铜管及管件的规格种类应符合设计要求，管壁内外表面应光洁，无针孔、裂纹、起皮、结疤和分层。

(5)PP-R、PB、PE、PVC、UPVC 及其他复合管材及管件，用于生活饮用水系统时，其产品必须经卫生检验部门检验合格，具备检验报告和认证文件，具备生产厂家质检合格证明，并应有明显标识，标明生产厂家名称、规格，其包装上应标有生产批号、数量、生产日期和检验代号，产品外观检验应符合下列规定：

1)管材、管件应颜色一致，无色泽不均匀及分解变色线。

2)管材及外壁均应光滑、平整，无气泡、裂口、裂纹、脱皮、分层和严重的冷斑及明显的痕纹、凹陷等缺陷。

3)管材轴向不得有异向弯曲，其直线度偏差应小于1%，管材端口必须平整，并垂直于轴线。

4)管件应完整，无缺损、变形、合模缝，浇口应严整无开裂。

5)管材、管件的物理、力学性能、管材尺寸、外径、壁厚公差、粘接管件与管材公差应符合相关规范标准要求。

6)热水供应系统的管道采用非金属材料时,其材料应是能够承受高温的塑料管或复合管。热水系统管道、管材、管件、配件应选用配套产品,材料、材质要求同给水系统材料要求。

(6)阀门的规格型号应符合设计要求,阀体铸造应规矩、光洁,无裂缝、砂眼、凹凸等缺陷,必须开关灵活,关闭严密,填料密封完好无渗漏。外观手轮完整,无损伤,出厂检验合格证齐全、有效。

(7)计量水表应符合设计要求,热水系统选用的水表应符合水温要求,其表面铸造应规则、光洁,无砂眼、裂纹,表盖玻璃无损伤,铅封完好,有出厂质量合格证明。

1.1.2 主要机具

(1)加工机械:套丝机、砂轮切割机、台钻、电锤、角磨机、电焊机、热熔机、气焊工具、煨弯器、电动或手动试压泵等。

(2)手用工具:套丝板、管钳、压力钳、手锯、手锤、活扳手、链钳、捻凿、大锤、断管器、割胀管器、管剪刀、规整圆器、工作台等。

(3)检验工具:水准仪、水平尺、线坠、钢卷尺、小线、压力表、卡尺、压力表等。

1.1.3 作业条件

(1)施工图纸经过批准并已进行图纸会审;对于部分大型、复杂项目,BIM深化设计已完成,并已进行设计交底。

(2)施工组织设计或施工方案通过批准。施工员经过必要的技术培训。技术交底、安全交底已进行完毕。

(3)根据施工方案安排好现场的工作场地、加工车间、库房。

(4)配合土建施工进度做好各项预留孔洞、管槽的复核工作。

(5)材料、设备确认合格,准备齐全,送到现场。

(6)铺地下管道时必须房心土已回填夯实或挖到管底标高,沿管线铺设位置清理干净,管道穿墙处已留管洞或安装套管,其洞口尺寸和套管规格符合要求,坐标、标高正确。

(7)采用塑料给水管材铺设安装时,管沟基底处理应根据设计要求做,并且应保证沟底平整,不得有突出的坚硬物体。

(8)暗装管道应在地沟未盖沟盖或吊顶未封闭前进行安装,上縫其型钢支架均应安装完毕并符合要求。

(9)明装托、吊干管安装必须在安装层的结构顶板完成后进行。此前沿线安装位置的模板及杂物应清理干净,托吊卡件均应安装牢固,位置正确。

(10)立管安装应在主体结构完成后进行,高层建筑在主体结构达到安装条件后,适当插入进行。每层均应有明确的标高线,暗装竖井管道时应把竖井内的模板及杂物清除干净,并有防坠落措施。

(11)支管安装应在墙体砌筑完毕、墙面未装修前进行。

1.1.4　施工工艺

(1)工艺流程

安装准备→预制加工→干管安装→立管安装→支管安装→管道试压→管道防腐和保温→管道冲洗、通水试验→管道消毒

(2)安装准备

1)认真熟悉图纸，了解设计意图，根据施工方案决定的施工方法和技术交底的具体措施做好准备工作。

2)参看有关专业设备图、土建施工图、BIM深化设计图(若有)，核对各种管道的坐标、标高是否有交叉，管道排列所用空间是否合理。

3)若有问题应及时与设计人员和其他有关人员研究解决，做好变更书面记录。

(3)预制加工

按设计图纸画出管道分路、管径、预留管口、阀门位置等施工草图，在实际安装的结构位置做上标记，按标记分段量出实际安装的准确尺寸，记录在施工草图上，然后按草图测得的尺寸预制加工。

(4)干管安装

1)给水铸铁管道安装

①连接给水铸铁管的各种形式的管件如图1.1.1所示。

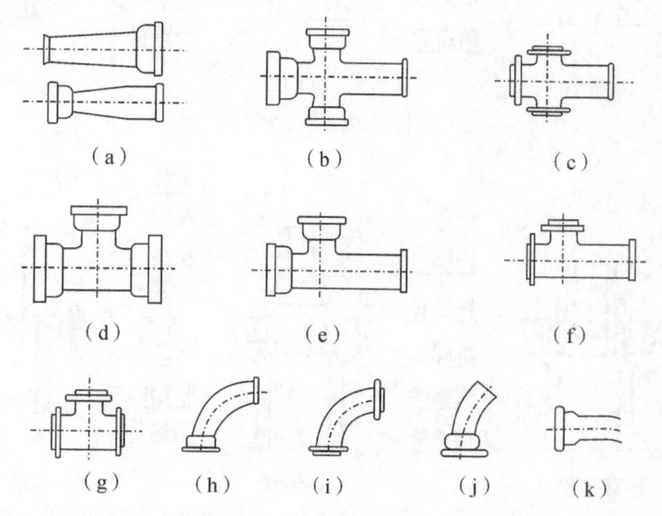

(a)承插渐缩管；(b)三承十字管；(c)三盘十字管；(d)三承丁字管；(e)双承丁字管；(f)双盘丁字管；(g)三盘丁字管；(h)90°承插弯管；(i)90°双盘弯管；(j)45°承插弯管；(k)1/4盘插弯头

图1.1.1　给水铸铁管件

②在干管安装前清扫管膛，将承口内侧和插口外侧端头的沥青除掉，承口朝来水方向顺序排列，连接的对口间隙应不小于3mm。找平找直后，将管道固定。管道拐弯和始端处应支撑顶牢，防止捻口时轴向移动，所有管口随时封堵好。

③捻麻时先清除承口内的污物，将油麻绳拧成麻花状，用麻钎捻入承口内，一般捻两圈

以上,约为承口深度的 1/3,使承口周围间隙保持均匀,将油麻捻实后进行捻灰。

④用水泥捻口时,水泥标号应不低于 32.5 号,加水拌匀(水灰比为 1∶9),用捻凿将灰填入承口,随填随捣,填满后用手锤打实,直至将承口打满,灰口表面有光泽。承口捻完后应进行养护,用湿土覆盖或用麻绳等物缠住接口,定时浇水养护,一般养护 7 天。冬季应采取防冻措施。

⑤采用青铅接口的给水铸铁管在安装前注意承插口内及油麻严禁有水,在承口油麻打实后,用定型卡箍或包有胶泥的麻绳紧贴承口,除预设的排气孔外,其他缝隙用胶泥抹严,用化铅锅加热铅锭至 500℃左右(液面呈紫红色),水平管灌铅口位于上方,将熔铅缓慢灌入承口内,使空气排出。对于大管径管道,灌铅速度可适当加快,在冬季施工时还要有加温措施,防止熔铅中途凝固。每个铅口应一次灌满,凝固后立即拆除卡箍或泥模,用捻凿将铅口打实(铅接口也可采用捻铅条的方式)。

⑥给水铸铁管与镀锌钢管连接时,应采用图 1.1.2 所示的几种方法安装。

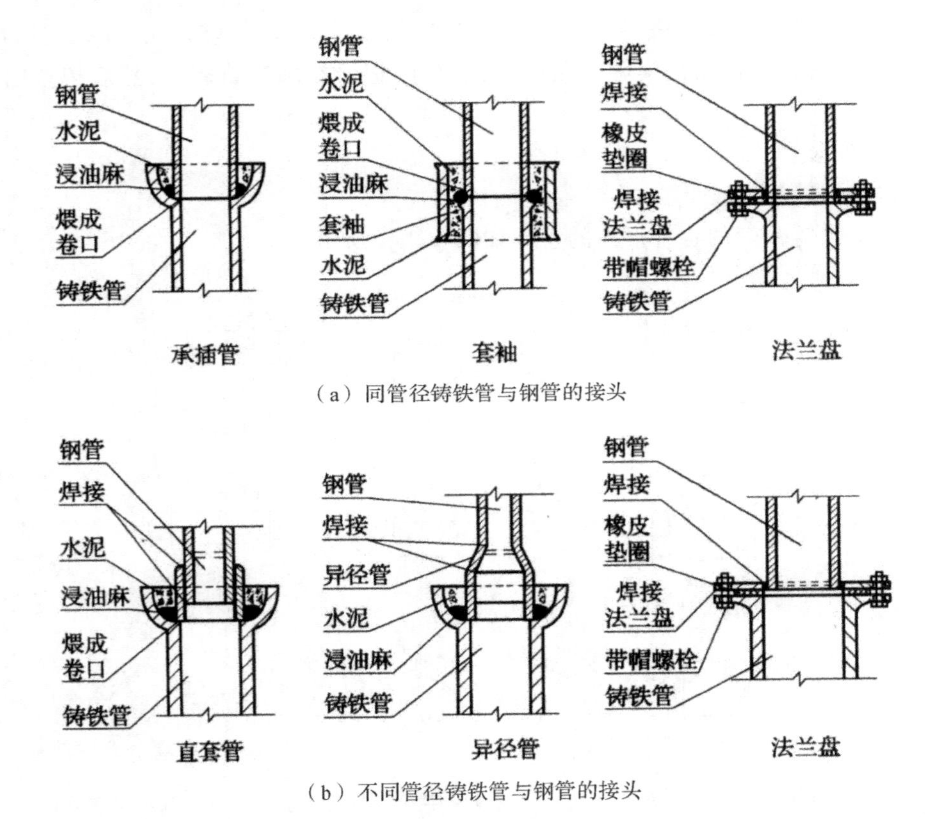

图 1.1.2 给水铸铁管与镀锌钢管连接方法

2)给水镀锌钢管安装

①管径小于等于 100mm 的镀锌管应采用螺纹连接。连接配件的形式及其应用如图 1.1.3 所示。管径大于 100mm 的镀锌钢管应采用法兰或卡套式专用管件连接。

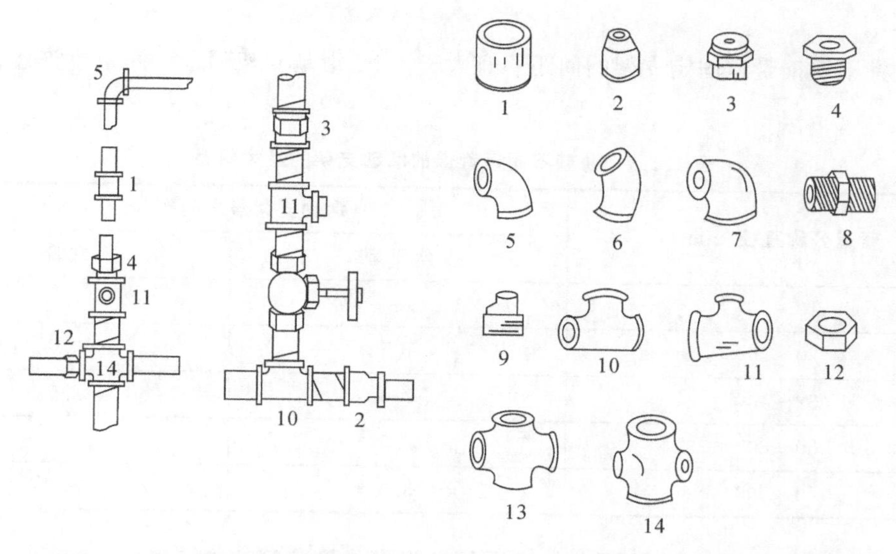

1—管接头；2—异径接头；3—活接头；4—补心；5—弯头；6—45°弯头；7—异径弯头；8—内接头；
9—管堵；10—三通；11—异径三通；12—根母；13—四通；14—异径四通

图 1.1.3 螺纹连接配件

②给水镀锌钢管安装时一般从总进入口开始操作。总进口端头加好临时丝堵以备试压用。如果设计要求沥青防腐或加强防腐，应在预制后、安装前做好防腐。把预制完的管道运到安装部位按编号依次排开。

③安装前清扫管膛，丝扣连接管道抹上铅油缠好麻，用管钳按编号依次上紧，丝扣外露2～3扣，安装完毕后找直找正，复核甩口的位置、方向及变径无误，清除麻头，及时做好外露部分及被破坏的镀锌层防腐工作，所有管口要加好临时丝堵。

④安装就位后，先初步固定在支架上，然后对每段管的安装位置、方向、坡口、甩口及变径进行复核，合格后将管道固定在支架上。

⑤热水管道的穿墙处均按设计要求加好套管及固定支架，安装伸缩器按规定做好预拉伸，待管道固定卡件安装完毕后，除去预拉伸的支撑物，调整好坡度，翻身处高点要有放气装置、低点要有泄水装置。

⑥给水大管径管道使用镀锌碳素钢管时，应采用焊接法兰连接。管材和法兰根据设计压力选用焊接钢管或无缝钢管。管道安装完先做水压试验，无渗漏后，先编号再拆开法兰进行镀锌加工。加工镀锌的管道不得刷漆及污染。管道镀锌后按编号进行二次安装，然后进行第二次水压试验。

3)薄壁不锈钢管安装

①当薄壁不锈钢管采用卡压式连接、环压式连接、双卡压式连接或内插卡压式连接时，管材和管件的尺寸应配套，其偏差应在允许范围内。

②薄壁不锈钢管连接时，应将密封圈套在管材上，插入承口的底端，然后将密封圈推入连接处的间隙；插入时不得歪斜，不得扭曲、损坏密封圈；应采用专用工具进行挤压连接，挤压位置应在专用工具的钳口之下，挤压时专用工具的钳口应与管件或管材靠紧并垂直。

③薄壁不锈钢管与阀门、水表、水嘴等连接时应采用转换接头，严禁在薄壁不锈钢管上

套丝。

④薄壁不锈钢管道固定支架的间距不宜大于15m,滑动支架的最大间距应符合表1.1.1的规定。

表1.1.1 薄壁不锈钢管道的滑动支架的最大间距

管道公称直径/mm	滑动支架最大间距/m	
	水平管	立管
10～15	1.0	1.5
20～25	1.5	2.0
32～40	2.0	2.5
50～80	2.5	3.0
100～300	3.0	3.5

⑤当采用碳钢金属管卡或吊架时,应采用塑料带或橡胶等软物隔垫。

4)铜管安装

①铜管连接可采用专用接头或焊接。当管径小于22mm时宜采用承插或套管焊接,承口的深度不小于管径,套管长度应为2倍管径;当管径大于或者等于22mm时宜采用对口焊接。

②铜管的法兰连接形式一般有翻边活套法兰、平焊法兰和对焊法兰等。铜管法兰之间的密封垫片一般采用石棉橡胶板或铜垫片,具体选用按设计要求。

③紫铜管的焊接宜采用手工钨极氩弧焊,铜合金管道宜采用氧—乙炔焊接。焊接时必须按照焊接工艺的要求,正确使用焊具和焊件,严格遵守焊接操作规程。

(5)立管安装

1)立管明装

每层从上至下统一吊线安装卡件,将预制好的立管按编号分层排开,顺序安装,对好调直时的印记,丝扣外露2～3扣,清除麻头,校核预留甩口的高度、方向是否正确。外露丝扣和镀锌层破损处刷好防锈漆。支管甩口均加好临时丝堵。立管截门安装朝向应便于操作和修理。安装完毕后用线坠吊直找正,配合土建堵好楼板洞。

2)立管暗装

竖井内立管安装的卡件宜在管井口设置型钢,上下统一吊线安装卡件。安装在墙内的立管应在结构施工中预留管槽,立管安装后吊直找正,用卡件固定。支管的甩口应露明并加好临时丝堵。

3)热水立管

按设计要求加好套管。立管与导管连接处一般要采用2个弯头。如果立管直线长度大于15m,则要采用3个弯头。立管如果有伸缩器,其安装同干管。具体做法同立管明装要求。

(6)支管安装

1)支管明装

将预制好的支管从立管甩口依次逐段进行安装,若有截门应将截门盖卸下再安装。根据管道长度适当加好临时固定卡，核定不同卫生器具的冷热水预留口高度、位置是否正确，找平找正后栽支管卡件，去掉临时固定卡，上好临时丝堵。支管如果装有水表，先装上连接管，试压后在交工前拆下连接管，安装水表。

2)支管暗装

确定支管高度后画线定位，剔出管槽，将预制好的支管敷在槽内，找平找正定位后用钩勾钉固定。卫生器具的冷热水预留口要做在明处，加好丝堵。

3)热水支管

热水支管穿墙处按规范要求做好套管。热水支管应做在冷水支管的上方，支管预留口位置应为左热右冷，其余安装方法同冷水支管。

(7)铝塑复合管安装工艺

1)管道的连接

应采用铝塑管专用管件或法兰连接方式，按连接操作程序和方法进行。严禁在塑料管上套丝连接。其操作程序为:测量尺寸→截断、调直→端口整圆→连接管件→安装紧固圈→压紧锁母。

当铝塑管与其他种类的管材、阀门、配件连接时，应采用过渡性管件或专用转换管件，当过渡性管件需采用焊接方式与其管材连接时，应先拆除密封圈，待焊接部位冷却并装好密封圈后，才能与铝塑管连接。

2)管子的截断

应使用专用管剪，将管子剪断。在没有专用管剪时，允许使用割刀或细齿钢锯，将管子锯断，断口应垂直于管子的轴线，清除断口内外的毛刺及锯屑。

3)管子的调直

规格小于 26mm 的铝塑管材成品为盘卷包装，按施工需要截取管段应采用手工调直，使管材中心轴线成一直线。

4)管道的弯曲

除必须使用直角弯头的转向外，管道一般的转向和安装角度变化时应进行管道的弯曲。将铝塑管直接弯曲到需要角度的方法可满足安装时管道改变走向的需要。管道直接弯曲的半径不得小于 5 倍的管外径，并一次成形。不宜重复弯曲。

5)暗敷设于地板内的管道，不应有管件接头，暗装于墙体内的管道，除分水管件外(三通、四通)不宜采用其他管件接驳管道。

6)管道的固定

①沿墙面或楼地面敷设的管道，必须采用管卡或插座固定，并用钢钉或膨胀螺栓固定在依托墙体或楼板上。

②吊装的管道或有保温的管道应按设计要求采用吊架或托架固定管道。

③铝塑复合管管道穿越管洞时，若无防水要求，可用 1：2 水泥砂浆填实管洞，固定套管。若有防水要求，则用膨胀水泥配制 1：2 砂浆，填实固定套管后，管道与套管间缝隙用阻燃的密实材料填实。

(8)PP-R、PE、PVC、PB 塑料给水管安装工艺

1)管材以软体盘管出厂的各型塑料给水管安装时，截断、调直工序同铝塑复合管。以硬体直管出厂的管材截取后，不需调直。

2)PVC给水管道连接有承口及胶粘两种连接方式,承口采用橡胶圈密封。PP-R及PE等材质塑料给水管采用热熔接等方式连接,其操作程序如下:

①粘胶接口

测量定位→截取→管端、管件清理→管端处管件内口刷胶→承插件粘接→调整定型

②胶圈接口

测量定位→截取→管端、管件清理→管件内安装密封胶圈→涂润滑剂→插入承口到位

③热熔接

测量定位→截取→管端、管件清理→标绘热熔深度→热熔机加热→连接→调整定型

3)热熔连接的技术要求见表1.1.2。

表1.1.2 热熔连接的技术要求

公称外径/mm	热熔深度/mm	加热时间/s	加工时间/s	冷却时间/min
20	14	5	4	3
25	16	7	4	3
32	20	8	4	4
40	21	12	6	4
50	22.5	18	6	5
63	24	24	6	6
75	26	30	10	8
90	32	40	10	8
110	38.5	50	15	10

注:操作环境低于5℃时应延长加热时间。

4)塑料给水管材与金属管材、管件、设备连接时,应采用带金属嵌件的过渡管件与专用转换管件,在塑料热熔接后,丝扣连接金属管材、管件。严禁在塑料管上套丝连接。

5)热熔机热熔接时应先通电加热达到工作温度,指示灯亮后,方可开始热熔操作。管材截取后,必须清除毛边、毛刺。管材、管件连接面必须清洁、干燥、无油。在熔接弯头或三通等有安装方向的管件时,应按图纸要求注意其方向,提前在管件和管材上做好标识,保证安装角度正确,加热后,应无旋转地把管段插入所标识深度,调正、调直时,不应使管材和管件旋转,保持管材与轴线垂直,使其处于同一轴线上。

6)采用法兰连接时,应先将法兰盘套在管道上,按以上热熔要求,热熔连接塑料法兰过渡件,校正、调直两对应的连接件,使连接的两片法兰垂直于管材中心线,表面相互平行。法兰衬垫宜采用耐热无毒橡胶圈。应采用镀锌螺栓,对称紧固螺栓,安装方向应一致,紧固后,螺栓露出螺母的长度应是螺栓直径的1/2左右,且应平齐。在法兰连接部位应设置支、吊架固定。

7)管道的固定

管道安装时,必须按不同管径和要求设置管卡与支、托、吊、卡架。其位置应正确、合理,安装应平整、牢固。管卡与管道接触应紧密,但不得损伤管材表面。采用金属卡架时,管卡

与管材间应采用塑料或橡胶等软质材料隔垫。管道末端各用水点处均应设置卡架固定。

(9)管道试压

1)管道试验压力应为管道系统工作压力的1.5倍,但不得小于0.6MPa。

2)管道水压试验应符合下列规定:

①水压试验之前,管道应固定牢固,接头必须明露。支管不宜连通卫生器具配水件。

②加压宜用手压泵,泵和测量压力的压力表应装设在管道系统的底部最低点(不在最低点时应折算几何高差的压力值),压力表精度为0.01MPa,量程为试压值的1.5倍。

③管道注满水后,排出管内空气,封堵各排气出口,进行严密性检查。

④缓慢升压,对于金属及复合管,压力升至规定试验压力10min内压力降不得超过0.02MPa,然后降至工作压力检查,压力应不降,且不渗不漏;对于塑料管给水系统,应在试验压力下稳压1h,压力降不得超过0.05MPa,然后在工作压力的1.15倍状态下稳压2h,压力降不得超过0.03MPa,同时检查各连接处不得渗漏。

⑤直埋在地坪面层和墙体内的管道,分段进行水压试验,试验合格后土建方可继续施工(试压工作必须在面层浇筑或封闭前进行)。

(10)管道防腐和保温

1)管道防腐:管道防腐参见本书1.12节“室内外管道及设备防腐工程施工工艺标准”。

2)管道保温

①给水管道明装、暗装的保温有三种形式:管道防冻保温、管道防热损失保温、管道防结露保温。保温材质及厚度应按设计要求执行,质量应达到国家规定标准。

②管道保温应在水压试验合格后进行,若需先保温或预先做保温层,应将管道连接处和焊缝留出,待水压试验合格后,再将连接处保温。

③管道法兰、阀门等应按设计要求保温。

(11)管道冲洗、通水试验

1)管道系统在验收前必须进行冲洗,冲洗水应采用生活饮用水,流速不得小于1.5m/s。冲洗应连续进行,保证充足的水量。出水水质和进水水质透明度一致为合格。

2)系统冲洗完毕后应进行通水试验,按给水系统的1/3配水点同时开放,各排水点应通畅,接口处无渗漏。

(12)管道消毒

1)管道冲洗、通水后,将管道内的水放空,各配水点与配水件连接后,进行管道消毒,向管道系统内灌注消毒溶液,浸泡24h以上。消毒结束后,放空管道内的消毒液,再用生活饮用水冲洗管道,至各末端配水件出水水质经水质部门检验合格为止。

2)管道消毒完后打开进水阀向管道供水,打开配水点龙头适当放水,在管网最远点取水样,经卫生监督部门检验合格后方可交付使用。

1.1.5 质量标准

(1)一般规定

1)给水管道必须采用与管材相适应的管件。生活给水系统所涉及的材料必须达到饮用水卫生标准。

2)管径小于或等于100mm的镀锌钢管应采用螺纹连接,套丝扣时破坏的镀锌层表面及外露螺纹部分应做防腐处理;管径大于100mm的镀锌钢管应采用法兰或卡套式专用管件连接,镀锌钢管与法兰的焊接处应二次镀锌。

3)给水塑料管和复合管可以采用橡胶圈接口、粘接接口、热熔连接、专用管件连接及法兰连接等形式。塑料管和复合管与金属管件、阀门等的连接应使用专用管件连接,不得在塑料管上套丝。

4)给水铸铁管管道应采用水泥捻口或橡胶圈接口方式进行连接。

5)铜管连接可采用专用接头或焊接。当管径小于22mm时宜采用承插或套管焊接,承口应迎介质流向安装;当管径大于或等于22mm时宜采用对口焊接。

6)给水立管和装有3个或3个以上配水点的支管始端,均应安装可拆卸的连接件。

7)冷、热水管道同时安装应符合下列规定:

①上、下平行安装时热水管应在冷水管上方。

②垂直平行安装时热水管应在冷水管左侧。

(2)主控项目

1)室内给水管道的水压试验必须符合设计要求。当设计未注明时,各种材质的给水管道系统试验压力均为工作压力的1.5倍,但不得小于0.6MPa。

检验方法:金属及复合管给水管道系统在试验压力下观测10min,压力降不应大于0.02MPa,然后降到工作压力进行检查,应不渗不漏。塑料管给水系统应在试验压力下稳压1h,压力降不得超过0.05MPa,然后在工作压力的1.15倍状态下稳压2h,压力降不得超过0.03MPa,同时检查各连接处不得渗漏。

2)给水系统交付使用前必须进行通水试验并做好记录。

检验方法:观察和开启阀门、水嘴等放水。

3)生产给水系统管道在交付使用前必须冲洗和消毒,并经有关部门取样检验,符合国家《生活饮用水标准》方可使用。

检验方法:检查有关部门提供的检测报告。

4)室内直埋给水管道(塑料管道和复合管道除外)应做防腐处理。埋地管道防腐层材质和结构应符合设计要求。

检验方法:观察或局部解剖检查。

5)室内消火栓系统安装完成后应取屋顶层(或水箱间内)试验消火栓和首层取两处消火栓做试射试验,达到设计要求为合格。

检验方法:实地试射检查。

(3)一般项目

1)给水引入管与排水排出管的水平净距不得小于1m。室内给水与排水管道平行铺设时,两管间的最小水平净距不得小于0.5m;交叉铺设时,垂直净距不得小于0.15m。给水管应铺在排水管上面,若给水管必须铺在排水管的下面,给水管应加套管,其长度不得小于排水管管径的3倍。

检验方法:尺量检查。

2)管道及管件焊接的焊缝表面质量应符合下列要求：

①焊缝外形尺寸应符合设计图纸和工艺文件的规定，焊缝高度不得低于母材表面，焊缝与母材应圆滑过渡。

②焊缝及热影响区表面应无裂纹、未熔合、未焊透、夹渣、弧坑和气孔等缺陷。

检验方法：观察检查。

3)给水水平管道应有2‰～5‰的坡度，坡向泄水装置。

检验方法：水平尺和尺量检查。

4)给水管道和阀门安装的允许偏差应符合表1.1.3所示的规定。

表1.1.3 给水管道和阀门安装的允许偏差

项次	项目			允许偏差/mm	检验方法
1	水平管道纵、横向弯曲	钢管	每米 全长25m以上	1 ≯25	用水平尺、直尺、拉线和尺量检查
		塑料管、复合管	每米 全长25m以上	1.5 ≯25	
		铸铁管	每米 25m以上	2 ≯25	
2	立管垂直度	钢管	每米 25m以上	3 ≯8	吊线和尺量检查
		塑料管、复合管	每米 25m以上	2 ≯8	
		铸铁管	每米 25m以上	3 ≯10	
3	成排管段和成排阀门		在同一平面上间距	3	尺量检查

5)管道的支、吊架安装应平整牢固，其间距应符合表1.1.3到表1.1.6的规定。

表1.1.4 钢管管道支架的最大间距

公称直径/mm		15	20	25	32	40	50	70	80	100	125	150	200	250	300
支架最大间距/m	保温管	2	2.5	2.5	2.5	3	3	4	4	4.5	6	7	7	8	8.5
	不保温管	2.5	3	3.5	4	4.5	5	6	6	6.5	7	8	9.5	11	12

表 1.1.5 塑料管及复合管管道支架的最大间距

公称直径/mm			12	14	16	18	20	25	32	40	50	63	75	90	110
支架最大间距/m	立管		0.5	0.6	0.7	0.8	0.9	1.0	1.1	1.3	1.6	1.8	2.0	2.2	2.4
	水平管	冷水管	0.4	0.4	0.5	0.5	0.6	0.7	0.8	0.9	1.0	1.1	1.2	1.35	1.55
		热水管	0.2	0.2	0.25	0.3	0.3	0.35	0.4	0.5	0.6	0.7	0.8		

表 1.1.6 铜管管道支架的最大间距

公称直径/mm		15	20	25	32	40	50	65	80	100	125	150	200
支架最大间距/mm	垂直管	1.8	2.4	2.4	3.0	3.0	3.0	3.5	3.5	3.5	3.5	4.0	4.0
	水平管	1.2	1.8	1.8	2.4	2.4	2.4	3.0	3.0	3.0	3.0	3.5	3.5

检验方法:观察、尺量及手扳检查。

6)水表应安装在便于检修,不受曝晒、污染和受冻的地方。安装旋翼式水表时,表前与阀门应有不少于 8 倍水表接口直径的直线管段。水表外壳距墙表面净距为 10～30mm,水表进水口中心标高应按设计要求,允许偏差为±10mm。

检验方法:观察和尺量检查。

7)安装消火栓水龙带,水龙带与水枪和快速接头绑扎好后,应根据箱内构造将水龙带挂放在箱内的挂钉、托盘或支架上。

检验方法:观察检查。

8)箱式消火栓的安装应符合下列规定:

①栓口应朝外,并不应安装在门轴侧。

②栓口中心距地面为 1.1m,允许偏差±20mm。

③阀门中心距箱侧面为 140mm,距箱后内表面为 100mm,允许偏差±5mm。

④消火栓箱体安装的垂直度允许偏差为 3mm。

检验方法:观察和尺量检查。

1.1.6 成品保护

(1)给水铸铁管道、管件、阀门运、放要避免碰撞损伤。

(2)非金属管道的运输、安装要谨慎操作,避免与硬物刮碰损伤。安装完毕要及时对外表进行保护,防止交叉作业污染管道。

(3)埋地管要避免受外荷载破坏而产生变形,试水完毕后要及时泄水,防止受冻。

(4)管道穿铁路、公路基础要按设计要求加套管。

(5)地下管道回填土时,为了防止管道中心线位移或损坏管道,应用人工先在管子周围填土夯实，并应在管道两边同时进行，直至在管顶 0.5m 以上时，在不损坏管道的情况下，方可采用蛙式打夯机夯实。

(6)在管道安装过程中，管道捻口前应对接口处做临时封堵，以免污物进入管道。

(7)安装好的管道不得用作支撑或放脚手板，不得踏压，其支托架不得作为其他用途的受力点。

(8)装修前要加以保护，防止灰浆污染管道。

(9)阀门的手轮在安装时应卸下，交工前再统一安装好。

(10)水表应有保护措施，为防止损坏，可统一在交工前装好。

1.1.7　安全与环保措施

(1)使用电动工具应严格执行操作规程。

(2)管道安装时应随时固定。

(3)两人搬运管道时要协调一致，以防伤人。

(4)在地沟、设备层、人防地下室及其他潮湿的地方施工时必须有可靠的通风、照明、防触电措施。

(5)不得在无防护措施的情况下进行施焊和防腐作业。

(6)现场的施工废料应及时清理。

(7)油漆、稀料应单独存放，并有防遗洒措施。

(8)冲洗消毒液体应由专人保管，防止污染环境。

1.1.8　应注意的质量问题

(1)立管安装完毕，其甩口标高和坐标核对准确后应及时将管道固定，以防止其他工种碰撞或挤压造成立管甩口高度不准确。

(2)水泵进出管应加设独立支撑，防止泵的软接头变形。

(3)埋地敷设管道冬期施工前应将管道内积水排泄干净，并且管道周围填土要用木夯分层夯实，以防止地下埋设管道破裂。

(4)施工前应认真选择满足设计保温要求的保温材料，并严格按照施工工艺及设计要求进行保温。

(5)防埋地管道断裂。造成断裂的原因可能是管基处理不好或填土夯实方法不当。

(6)管道冲洗数遍，如果水质仍达不到设计要求和施工规范规定，原因可能是管膛清扫不净。

(7)防水泥接口渗漏。造成渗漏的原因可能是水泥标号不够或过期，接口未养护好，捻口操作不认真，未捻实。

(8)如果非金属管道安装的平直度较差，原因可能是安装前未认真进行调直。

(9)如果非金属管道接口渗漏，原因可能是断管时管道断面不平。

1.1.9　质量记录

(1)主要材料、设备进场检验记录、合格证及材质证明文件、检测报告。

(2)预检记录。

(3)隐蔽工程检查记录。

(4)管道强度严密性试验记录。

(5)施工检查记录。

(6)吹(冲)洗及消毒试验记录。

(7)通水试验记录。

(8)检验批质量验收记录和分项(子分部)工程质量验收记录。

1.2 室内给水设备安装工程施工工艺标准

在室内给水系统中,给水设备一般包括主要用来储存、调节用水量的水箱和用以输送和提升水的水泵。水箱有圆形和方形,可用钢板或钢筋混凝土制作。高位水箱一般设置于顶层房间;也有以水池形式置于地下室内的。水箱配管包括进水管、出水管、溢水管、排水管、信号管、泄水管等。

水泵的种类很多,有离心泵、轴流泵、混流泵、活塞泵、真空泵等,其中以离心泵应用最为广泛。

工程施工应以设计图纸和有关施工质量验收规范为依据。

1.2.1 材料要求

型钢、圆钢、保温材料、垫铁、过滤网、管材、阀门、减震器、限位器等应符合设计要求。

1.2.2 主要机具设备

(1)机械:汽车吊、平板车、千斤顶、液压叉车、切割机、电焊机等。

(2)工具:电锤、手锤、活动扳手、套筒扳手、倒链、撬棍、水准仪、框式水平仪、水平尺、钢卷尺、线坠、塞尺等。

(3)设备

1)水泵的型号、规格应符合设计要求,并有出厂合格证和厂家提供的技术手册、检测报告。配件齐全,无缺损等。

2)水箱的规格、材质、外形尺寸、各接口等应符合设计要求。水箱应有卫生检测报告、试验记录、合格证。

3)稳压箱的型号、规格应符合设计要求,有厂家合格证、技术手册和产品检测报告。

4)泵的主要零件、部件和附属设备、中分面和套装零件及部件,应符合设计和厂家质量要求。

1.2.3 作业条件

(1)施工现场的环境,除机房内部装修和地面未完外,作业面具备安装条件。

(2)设备基础和底脚螺栓孔洞、预埋件等的尺寸、坐标、标高经校对符合设计和厂家图纸要求。

(3)作业面照明条件符合施工安装要求。

(4)机房内的安装标高基准线已测放完毕。

(5)已做好图纸会审及设计交底。

(6)依据图纸会审、设计交底编制施工方案,施工方案已经审批,并进行技术交底。

(7)送到现场的材料、设备确认合格、准备齐全。

1.2.4 施工工艺

(1)工艺流程

设备开箱验收→基础验、画线定位→减震器、减震台座安装→水泵安装→水泵配管、水箱等安装→设备试验及试运转

(2)设备开箱验收

1)设备进场后应会同建设、监理单位共同进行设备开箱,按照设计文件检查设备规格、型号是否符合要求,技术文件是否齐全,并做好相关记录。

2)按装箱清单和设备技术文件,检查设备所带备件、配件是否齐全有效,设备所带的资料和产品合格证应完备、准确。检查设备的表面是否有缺损、损坏、锈蚀、受潮等现象,水泵手动盘车应灵活,无阻滞、卡住现象,无异常声音。

(3)设备基础验收、画线定位

1)基础混凝土的强度等级符合设计要求。

2)核对基础的几何尺寸、坐标、标高、预留孔洞或预埋螺栓是否符合设计和厂家提供设备资料要求,并做好相关质量记录。

3)将基础表面凿成毛面,用水冲洗并清理干净。

(4)减震器、减震台座安装

1)减震器的安装应按照设备厂家提供的安装图来设置。一般情况卧式水泵设置 6 个减震器,立式水泵设置 4 个减震器。

2)减震器安装前需根据水泵安装基准线以及水泵配套的减震台座的大小在基础上画出减震器的位置及安装基准线。减震器安装好后,通过固定螺栓与减震台座进行连接。

3)减震台座的选用需根据设备的大小来确定,一般减震台座尺寸比设备基座尺寸大 200mm。

4)减震台座就位后调整其固定螺栓孔的位置,使其与减震器上方固定螺栓孔位置保持一致,然后将其与减震器固定。

(5)水泵机组安装

1)水泵机组安装的质量要求

①水泵基础的尺寸、位置、标高应符合设计要求,且安装位置正确。

②水泵的基础应坚实并具有足够的承载面积,不致产生变形、下沉等。

③设备不应有缺件、损坏和锈蚀,而转动部件应灵活,无阻滞、卡住现象和异常声音。

④凡出厂时已装、调试完善的部分不应随意拆卸。

⑤与泵连接的管道内部和管端应清洗干净,要注意不能损坏密封面和螺纹。

⑥管路与泵连接后,不应再在其上焊接和气割。如需焊接和气割时,应拆下管道或采取必要的措施、防止焊渣掉进泵内而损坏泵的零件。

2)水泵就位

①卧式水泵就位分两种方式:第一种方式是先安装减震器,再安装减震台座,最后水泵就位;第二种方式是先将水泵安装在减震台座上,然后再将其整体安装在减震器上。

②立式水泵一般采用前述的第一种方式。

3)水泵找正找平

①水泵找正时,如果泵的横向纵向尺寸与安装基准线有偏差,可用撬棍调整。如果偏差超出螺栓孔调整范围,则需重新测量放线、就位。

②整体安装的水泵,应用水平仪测量水泵进出口法兰面的安装精度,具体要求为纵向安装水平偏差不应大于0.1/1000,横向安装水平偏差不应大于0.2/1000。

4)水泵的固定与限位

①水泵找正找平后将其固定。为了水泵在运行过程中不产生水平位移,需对其做限位。

②如果选用的减震器自带固定底板,可通过减震器底板将水泵与设备基础进行固定。

③也可以在减震台座四边加设限位装置。限位装置一般在现场制作,可采用8mm厚的钢板制作。

(6)水泵配管安装

1)水平管段安装时,应设有坡向水泵1/50的坡度。

2)水泵出水口处的变径应采用同心变径,吸入口处应采用上平偏心变径。

3)水泵出口应安装阀门、止回阀、压力表,其安装位置应朝向合理、便于观察,压力表下应设表弯。

4)吸水端的底阀应按设计要求设置滤水器或以铜丝网包缠,防止杂物吸入泵内。

5)设备减振应满足设计要求,立式泵不宜采用弹簧减振器。

6)水泵进出口管道的支架应单独埋设牢固,不得将重量压在泵上。

7)管道与泵连接后,不应在其上进行电气焊,如果需要再焊接应采取保护措施。

8)管道与泵连接后,应复查泵的原始精度,若因连管引起偏差应调整管道。

(7)水箱安装

1)将水箱稳在放好基准线的基础上,找平找正,水箱顶与建筑结构之间的最小净距参见表1.2.1,并应符合设计要求。

表1.2.1 水箱之间及水箱与建筑结构之间的最小净距 (单位:m)

水箱形式	水箱壁与墙面之间的距离		水箱之间的距离	水箱顶至建筑结构最低点的距离
	有浮球阀一侧	无浮球阀一侧		
圆形	0.8	0.7	0.7	0.8
矩形	1.0	0.7	0.7	0.8

2)水箱进水口应高于水箱溢流口且不得小于进水口管径的2.5倍。

3)水箱溢流管、泄水管不得与排水系统直接连接,溢流管出水口出口应设网罩,且溢流管上不得安装阀门。水箱进水管出流口淹没时，应设真空破坏装置。

4)水箱配管及附件参见图1.2.1。

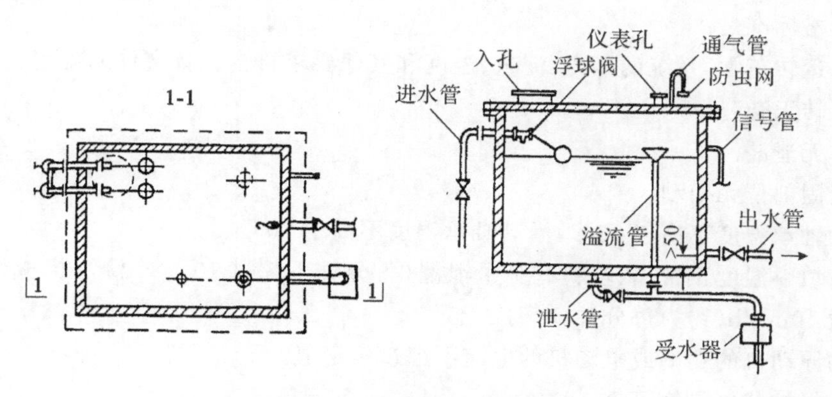

图1.2.1 水箱附件示意

5)水箱的防腐及保温应按设计图纸要求施工。一般情况下，对钢制水箱，其内外表面均应涂防锈漆，但内表面的涂料不得影响水质。水箱和管道有冻结和结露的可能时，必须设有保温层。

(8)稳压罐安装

1)稳压罐的罐顶至建筑结构最低点的距离不得小于1.0m，罐与罐之间及罐壁与墙面的净距不宜小于0.7m。

2)稳压罐应安放在平整的地面上，安装应牢固。

3)稳压罐按图纸上要求及说明书的要求安装设备附件。

(9)设备试验及试运转

1)试运转前的检查

①驱动装置已经过单独试运转，其转向应与泵的转向一致。

②各紧固件连接部位的紧固情况，不得松动。

③润滑状况良好，润滑油或油脂已按规定加入。

④附属设备及管路已经冲洗干净，管路应保持畅通。

⑤安全保护装置齐备、可靠。

⑥盘车灵活，声音正常。

⑦吸入管道应清洗干净，无杂物。

2)无负荷试运转

①全开启入口阀门，全关闭出口阀门。

②排净吸入管内的空气(用真空泵或注水)，吸入管充满水。

③开启泵的传动装置，运转1～3min后停车，不能在出口阀全闭的状态下长时间运转。

3)无负荷试运转应达到下列标准：

①运转中无不正常的声响。

②各紧固部位无松动现象。

③轴承无明显的温升。

4)负荷试运转

负荷试运转应由建设单位派人操作,安装单位参加,在无负荷试运转合格后进行。负荷试运转的合格标准是:

①设备运转正常,系统的压力、流量、温度和其他要求符合设备文件的规定。

②泵运转无杂音。

③泵体无泄漏。

④各紧固部位无松动。

⑤滚动轴承温度不高于75℃,滑动轴承温度不高于70℃。

⑥轴封填料温度正常,软填料有少量泄漏(每分钟不超过10～20滴),机械密封的泄漏量不宜超过10m³/h(约为每分钟3滴)。

⑦泵的原动机的功率或电动机的电流不超过额定值。

⑧安全保护装置灵敏可靠。

⑨设备运转振幅符合设备技术文件规定或规范标准(见表1.2.2)。

表1.2.2　泵的径向振幅(双向)

泵转速 n/(r/min)	$n\leqslant375$	$375<n\leqslant600$	$600<n\leqslant750$	$750<n\leqslant1000$	$1000<n\leqslant1500$
振幅不超过/mm	0.18	0.15	0.12	0.10	0.08

泵转速 n/(r/min)	$1500<n\leqslant3000$	$3000<n\leqslant6000$	$6000<n\leqslant12000$	$n>12000$
振幅不超过/mm	0.06	0.04	0.03	0.02

5)试运转结束后(在设计负荷下连续运转不应小于2小时),应做好下列工作:

①关闭出、入口阀门和附属系统阀门。

②放尽泵内积液。

③长期停运的泵,应采取保护措施。

④将试车过程中的记录整理好填入"水泵试运转记录"。

6)水箱满水试验:水箱满水至水箱溢流口静置24h观察,水箱不渗不漏,液面无下降为合格。

7)稳压罐压力试验:稳压罐安装前应做压力试验,以工作压力的1.5倍作水压试验,但不得小于0.6MPa,水压试验在试验压力下10min内无压降,不渗不漏为合格。

1.2.5　质量标准

(1)主控项目

1)水泵就位前的基础混凝土强度、坐标、标高、尺寸和螺栓孔位置必须符合设计规定。

检验方法:对照图纸用仪器和尺量检查。

2)水泵试运转的轴承温升必须符合设备说明书的规定。

检验方法:温度计实测检查

3)敞口水箱的满水试验和密闭水箱(罐)的水压试验必须符合设计与规范的规定。

检验方法:满水试验静置24h观察,不渗不漏,水压试验在试验压力下10min压力不降、不渗不漏。

(2)一般项目

1)水箱支架或底座安装,其尺寸及位置应符合设计规定,埋设平整牢固。

检验方法:对照图纸、尺量检查。

2)水箱溢流管和泄水管应设置在排水口附近,但不得与排水管直接连接。

检验方法:观察检查。

3)立式水泵的减振装置不应采用弹簧减振器。

检验方法:观察检查。

4)室内给水设备安装的允许偏差应符合表1.2.3的规定。

表1.2.3 室内给水设备安装的允许偏差和检验方法

项目			允许偏差/mm	检验方法
静置设备	坐标		15	经纬仪或拉线、尺量检查
	标高		±5	水准仪、拉线和尺量检查
	垂直度		5	吊线和尺量检查
离心式水泵	立式水泵垂直度(每米)		0.1	水平尺、塞尺检查
	卧式水泵垂直度(每米)		0.1	水平尺、塞尺检查
	联轴器同心度	轴向倾斜(每米)	0.8	在联轴器互相垂直的四个位置上用水准仪、百分表或测微螺钉和塞尺检查
		径向位移	0.1	

5)管道及设备保温层的厚度和平整度的允许偏差应符合表1.2.4的规定。

表1.2.4 管道及设备保温的允许偏差和检查方法

项目		允许偏差/mm	检验方法
厚度		$+0.1\delta$ -0.05δ	用钢针刺入隔热层和尺量检查
表面平整度	卷材	5	用2m靠尺和楔形塞尺检查
	涂抹	10	

注:δ为保温层厚度。

1.2.6 成品保护

(1)预制加工好的管段,应加临时管箍或用水泥袋纸将管口包好,以防丝头腐蚀。

(2)预制加工好的干、立、支管要分项按编号排放整齐,并用木方装好,不许大管压小管码放,并防止脚踏、物砸。

(3)经除锈、刷油防腐处理后的管件、管材、型钢、托吊支架等金属制品,应放在有防雨、防雷措施及运输畅通的专用场地。其周围不应堆放杂物。

(4)安装好的管道不得用作支撑或放脚手板,不得踏压。其支托架不得作为其他用途受力点。

(5)阀门的手轮在安装时应卸下,交工前,统一安装完好。

(6)水表应有保护措施。为防止损坏,在统一交工前装好。

(7)安装好的管道及设备,在抹灰、喷漆前应作好防护处理,以免被污染。

(8)能关锁的设备安装房间,要建立严格的钥匙交接制度。

(9)对设备的敞露口,在中断安装期间要加以保护。

(10)严禁非操作人员随意开关水泵。

1.2.7 安全与环保措施

(1)特殊工种的工人,包括设备安装和调试人员、焊接工人等,应经专门技术培训,考试合格后持证上岗。

(2)大型设备吊装时必须有专人指挥。

(3)使用电动工具时,应核对电源电压,并安装漏电保护装置。

(4)水箱内涂层时应做好通风措施。

(5)现场使用油漆、稀释料等易污染品时,严禁污染地面、墙面及其他物品。

(6)施工中的下脚料应及时回收、清理。

(7)各种试验用水必须排入专门的排水系统内。

1.2.8 应注意的质量问题

(1)施工前应熟悉图纸及有关规范要求,做好书面技术交底。

(2)现场使用的检测工具应经计量部门检验合格,并在检定周期内。

(3)认真做好设备开箱检验记录及保管工作,发现损缺做好记录、上报。

(4)严格执行质量检验计划,做好施工过程中的各类记录。

(5)安装前应对水泵进出口进行密封,防止在安装过程中有杂物落入泵体,以免导致叶轮损伤。

1.2.9 质量记录

(1)设备开箱、材料、配件的进场检验记录,及出厂合格证。

(2)施工检查记录,预检记录。

(3)强度严密性试验记录及水泵单机试运转记录。

(4)水箱满水记录及水压试验记录。

(5)隐蔽工程记录。

(6)阀门试压记录。

(7)检验批、分项工程质量验收记录。

1.3 室内排水管道安装工程施工工艺标准

室内排水系统的任务就是把室内的生活污水和屋面雨水等及时、畅通地排至室外排水管网;同时,防止室外排水管道中的有害气体、臭气等进入室内,并为室外污水的处理和综合利用提供便利条件。

室内排水系统一般由卫生器具、排水管道系统、通气管系统、清通系统、抽升系统及污水局部处理构筑物等组成,其基本组成见图 1.3.1。

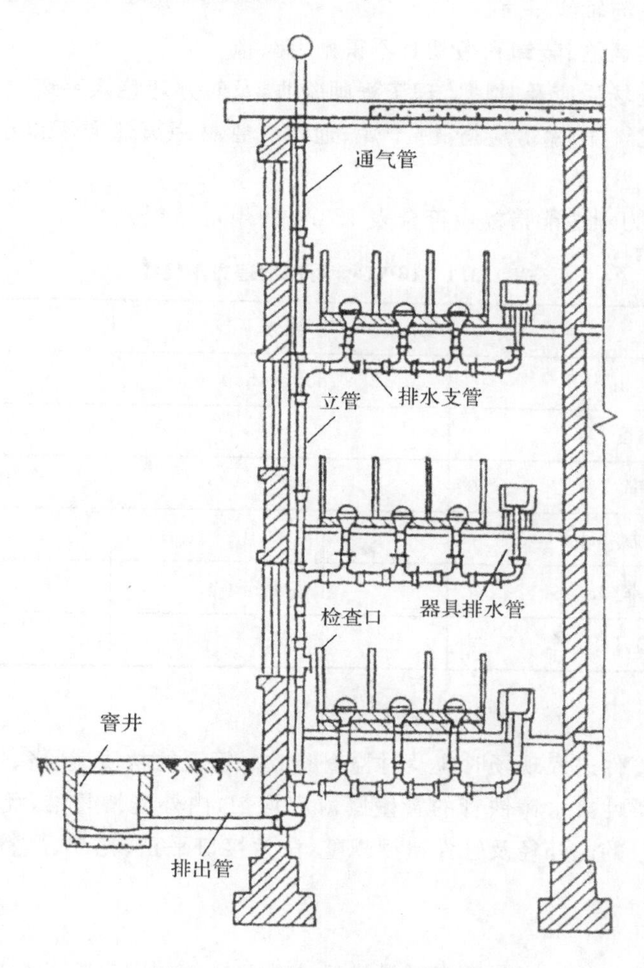

图 1.3.1 室内排水系统基本组成

本标准适用于建筑工程中室内排水管道安装工程,施工应以设计图纸与有关施工质量验收规范为依据。

1.3.1 材料要求

(1)室内排水用管材

室内排水用管材主要有硬聚氯乙烯排水管、排水铸铁管、钢管、混凝土管等。生活污水管道一般采用硬聚氯乙烯排水管或排水铸铁管。雨水管道一般使用塑料管、铸铁管、镀锌和非镀锌钢管、混凝土管等。易受振动的雨水管道应使用钢管。

(2)硬聚氯乙烯排水管(UPVC管)

1)管材内外壁应光滑,无气泡、裂口和明显的痕纹、凹陷、色泽不均匀及分解变色线。管材两端应切割平整并与轴线垂直。

2)管材和管件在运输、装卸和搬动时不得抛、摔、拖。

3)管材和管件进场后应及时请监理工程师验收,及时办理签认手续。

4)存放UPVC管材的库房应避光、干燥、通风。管材距离热源不得小于1m,并应按规格码放。

5)管材的物理、力学性能指标应符合表1.3.1的规定。

表1.3.1 UPVC管材的物理力学性能

项目	要求	试验方法
密度/(kg/m³)	1350～1550	7.4
维卡软化温度/℃	≥79	7.5
纵向回缩率/%	≤5	7.6
拉伸屈服应力/MPa	≤40.0	7.7
断裂伸长率/%	≥80	7.8
落锤冲击试验TIR/%	≥10	7.9

(3)排水铸铁管

排水铸铁管及管件进入现场时应及时检查验收。管道的材质、规格、尺寸及技术性能必须符合设计要求。柔性排水铸铁管的管壁厚薄应均匀,内外光滑整洁,无粘砂、砂眼、裂纹、毛刺和疙瘩。承插口的内外径及管件造型规整,法兰接口平正、光洁、严整,无偏扣、乱扣、方扣、丝扣不全等现象。

(4)混凝土管

混凝土管管节的规格、性能、外观质量及尺寸公差应符合国家有关标准的规定。安装前应进行外观检查,若发现裂纹、保护层脱落、空鼓、接口掉角等缺陷,应修补并经鉴定合格后方可使用。

1.3.2 机具设备

(1)机具:电焊机、塑料焊枪、套丝机、射钉枪、冲击钻、砂轮机、台钻、电锤等。

(2)工具:细齿锯、割管器、板锉、扳手、钢锯、手锤、管钳、錾子、铁刷、小车、经纬仪、水准仪、毛刷、干布、刮刀、水平尺、卡尺、钢卷尺、小线、线坠等。

1.3.3　作业条件

(1)埋设管道的管沟应底面平整,无突出的坚硬物,基底处理应根据设计要求,一般可做50～100mm 砂垫层,垫层宽度不小于管径的 2.5 倍,坡度与管道的坡度相同,沟底夯实。

(2)暗装管道(包括设备层、竖井、吊顶内的管道)首先应根据设计图纸核对各种管道的管径、标高、位置的排列有无交叉。预留孔洞、预埋件已配合完成。土建模板已拆除,操作场地清理干净,安装高度若超过 3.5m,应搭好脚手架。

(3)楼层内排水管道穿越结构部位的孔洞已预留完毕。室内标高线、隔墙中心线(边线)均已由土建放线,墙面粉刷已完成,能连续施工。安装场地无障碍物。

(4)冬期施工,环境温度一般不低于 5℃;当环境温度低于 5℃时应采取防寒防冻措施。

(5)各种卫生器具的样品已进场检验,进场施工材料的品种和数量能保证施工。

(6)施工图纸已经设计、建设、施工单位会审,并办理会审记录。

(7)编制施工方案,并经审批,做好安全技术交底。

1.3.4　施工工艺

(1)工艺流程

安装准备→管道预制→支吊架制作、安装→干管安装→立管安装→支管安装→配件安装→支架安装→通球试验→灌水试验→交工验收

(2)塑料排水管安装

1)安装准备

①认真熟悉图纸,配合土建施工进度,做好预留预埋工作。

②按设计图纸画出管路及管件的位置、管径、变径、预留洞、坡度、卡架位置等施工草图。

2)管道预制

①根据图纸要求并结合实际情况,测量尺寸,绘制加工草图。

②根据实测小样图和结合各连接管件的尺寸量好管道长度,采用细齿锯进行断管。断口要平齐,用铣刀或刮刀除掉断口内外飞刺,外棱铣出 15°～30°角,完成后应将残屑清除干净。

③支管及管件较多的部位应先行预制加工,码放整齐,注意成品保护。

3)干管安装

①非金属排水管一般采用承插粘接连接方式。

②承插粘接方法:将配好的管材与配件按表 1.3.2 的规定试插,使承口插入的深度符合要求,不得过紧或过松,同时还要测定管端插入承口的深度,并在其表面画出标记,使管端插入承口的深度符合表 1.3.2 的规定。

表 1.3.2 生活污水塑料管承口深度 (单位:mm)

公称外径	承口深度	插入深度
50	25	19
75	40	30
110	50	38
160	60	45

试插合格后,用干布将承插口需粘接部位的水分、灰尘全部擦拭干净。若有油污,须用丙酮除掉。用毛刷涂抹黏结剂,先涂抹承口后涂抹插口,随即用力垂直插入,插入粘接时将插口转动90°,以利黏结剂分布均匀,约30s至1min即可粘接牢固。粘牢后立即将挤出的黏结剂擦拭干净。多口粘接时应注意预留口方向。

③埋入地下时,按设计坐标、标高、坡向、坡度开挖槽沟并夯实。

④采用托吊管安装时应按设计坐标、标高、坡向做好托、吊架。

⑤施工条件具备时,将预制加工好的管段,按编号运至安装部位进行安装。

⑥用于室内排水的水平管道与水平管道、水平管道与立管的连接,应采用45°三通(或45°四通)和90°斜三通(或90°斜四通)。立管与排出管端部的连接,应采用两个45°弯头或曲率半径不小于4倍管径的90°弯头。

⑦通向室外的排水管,穿过墙壁或基础应采用45°三通或45°弯头连接,并应在垂直管段的顶部设置清扫口。

⑧埋地管穿越地下室外墙时,应采用防水套管。

4)立管安装

①首先按设计坐标标高要求校核预留孔洞,洞口尺寸可比管材外径大50～100mm,不可损伤受力钢筋。安装前清理场地,根据需要支搭操作平台。

②首先清理已预留的伸缩节,将锁母拧下,取出橡胶圈,清理杂物。立管插入应先计算插入长度,做好标记,然后涂上肥皂液,套上锁母及橡胶圈,将管端插入标记处锁紧锁母。

③安装时先将立管上端伸入上一层洞口内,垂直用力插入至标记为止。合适后用U形抱卡紧固,找正找直,三通口中心符合要求,有防水要求的须安装止水环,保证止水环在板洞中位置,止水环可用成品或自制,即可堵洞,临时封堵各个管口。

④排水立管管中距净墙面的距离为100～120mm,立管距灶边净距不得小于400mm,与供暖管道的净距不得小于200mm,且不得因热辐射使管外壁温度高于40℃。

⑤管道穿越楼板处为非固定支承点,应加装金属或塑料套管,套管内径可比穿越管外径大两号管径,套管高出地面不得小于50mm(厕厨间),居室20mm。

⑥排水塑料管与铸铁管连接时,宜采用专用配件。当采用水泥捻口连接时,应先将塑料管插入承口部分的外侧,用砂纸打毛或涂刷黏结剂滚粘干燥的粗黄沙;插入后应用油麻丝填嵌均匀,用水泥捻口。

⑦地下埋设的管道及出屋顶的透气立管若不采用UPVC排水管件而采用下水铸铁管件,可采用水泥捻口。为了防止渗漏,塑料管插接处用粗砂纸将塑料管横向打磨粗糙。

5)支管安装

①按设计坐标标高要求校核预留孔洞,孔洞的修整尺寸应大于管径的40～50mm。

②清理场地,按需要支搭操作平台。将预制好的支管按编号运至现场。清除各粘接部位及管道内的污物和水分。

③将支管水平初步吊起,涂抹黏结剂,用力推入预留管口。

④连接卫生器具的短管一般伸出净地面10mm,地漏甩口低于净地面5mm。

⑤根据管段长度调整好坡度,合适后固定卡架,封闭各预留管口和堵洞。

6)配件安装

①干管清扫口和检查口设置

a.在连接2个及2个以上大便器或3个及3个以上卫生器具的污水横管上应设置清扫装置。当污水管在楼板下悬吊敷设时,若清扫口设在上一层楼地面上经常有人活动的场所,应使用钢制清扫口,污水管起点的清扫口与管道相垂直的墙面距离不得小于200mm;若污水管起点设置堵头代替清扫口,其与墙面的距离不得小于400mm。

b.在转角小于135°的污水横管上,应设置地漏或清扫口。

c.污水横管的直线管段应按设计要求的距离设置检查口或清扫口。

d.横管的直线管段上设置检查口(清扫口)之间的最大距离不宜大于表1.3.3的规定。

表1.3.3 横管的直线管段上设置检查口(清扫口)之间的最大距离 (单位:m)

管径/mm	污水性质		清除装置
	废水	生活污水	
50～75	15	12	检查口
50～75	10	8	清扫口
100～150	15	10	清扫口
100～150	20	15	检查口
200	25	20	检查口

e.设置在吊顶内的横管,在其检查口或清扫口位置应设检修门。

f.安装在地面上的清扫口顶面必须与净地面相平。

②伸缩节位置

a.管端插入伸缩节处预留的间隙应为:夏季,5～10mm;冬季,15～20mm。

b.如果立管连接件本身具有伸缩功能,可不再设伸缩节。

c.排水支管在楼板下方接入时,伸缩节应设置于水流汇合管件之下;排水支管在楼板上方接入时,伸缩节应设置于水流汇合管件之上;立管上无排水支管时,伸缩节可设置于任何部位;污水横支管超过2m时,应设置伸缩节,但伸缩节最大间距不得超过4m,横管上设置伸缩节应设于水流汇合管件的上游端。

d.当层高小于或等于4m时,污水管和通气立管应每层设一伸缩节;当层高大于4m时,应根据管道设计伸缩量和伸缩节最大允许伸缩量确定。伸缩节设置应靠近水流汇合管件

(如三通、四通)附近。同时,伸缩节承口端(有橡胶圈的一端)应逆水流方向,朝向管路的上流侧(伸缩节承口端内压橡胶圈的压圈外侧应涂黏结剂与伸缩节粘接)。

e. 立管在穿越楼层处固定时,在伸缩节处不得固定;在伸缩节固定时,立管穿越楼层处不得固定。

③高层建筑明敷管道应根据设计要求设置阻火圈或防火套管,并应符合下列规定:

a. 立管管径大于或等于 110mm 时,在楼板贯穿部位应设置阻火圈或长度不小于 500mm 的防火套管。管道安装后,在穿越楼板处用不低于 C20 的细石混凝土,浇捣密实。浇筑后,结合楼板找平层或面层施工,在管道周围筑成厚度≥20mm、宽度≥30mm 的阻水圈。

b. 管径大于或等于 110mm 的横支管与暗设立管相连时,墙体贯穿部位应设置防火圈或长度不小于 300mm 的防火套管,且防火套管的明露部分长度不宜小于 200mm。

c. 横干管穿越防火分区隔墙时,管道穿越墙体的两侧应设置防火圈或长度不小于 500mm 的防火套管。

7)支架安装

①立管穿越楼板处可按固定支座设计;管道井内的立管固定支座,应支承在每层楼板处或井内设置的刚性平台和综合支架上。

②层高小于等于 4m 时,立管每层可设一个滑动支座;层高大于等于 4m 时,滑动支座间距不宜大于 2m。

③横管上设置伸缩节时,每个伸缩节应按要求设置固定支座。

④横管穿越承重墙处可按固定支架设计。

⑤固定支座的支架应用型钢制作并锚固在墙或柱上;悬吊在楼板、梁或屋架下的横管的固定支座的吊架应用型钢制作并锚固在承重结构上。

⑥悬吊在地下室的架空排出管,在立管底部肘管处应设置托吊架,防止管内落水时的冲击影响。

(3)铸铁排水管安装

1)干管管道安装

①将下好的管段承口朝向进水方向,插口朝向出水方向。套上法兰圈及橡胶圈,然后将管段用吊装绳扣绑住承口处徐徐放入管沟内。工作中断,暂时封闭管端口,做好临时支撑。按施工图纸的坐标、标高和各预留管口位置调整安装位置和坡度,将管段承插口相连。

②在管沟内连接前,先将铸铁管道调直,找正,使接口周边缝隙均匀,管道两侧用土培好,以防压紧胶圈时管道移位。

③铸铁管铺设完成后,再将立管首层卫生洁具的排水预留管口,按室内地平线、坐标位置及轴线找好尺寸,接至规定高度,将预留管口装上临时堵头。

2)托、吊管道安装

①安装在管道设备层内的铸铁排水干管根据设计要求做托、吊架或砌砖墩架设。

②安装托、吊干管要先搭设架子,按托架的设计坡度,栽好吊卡,量准吊杆尺寸,将预制好的管道托、吊牢固,并将立管预留口位置及首层卫生洁具的排水预留管口,按室内地平线、坐标位置及轴线找好尺寸,接至规定高度,将预留管口临时封堵。

③托、吊排水干管在吊顶内者，须做闭水实验，按隐蔽工程办理验收手续。

3)立管安装

①根据施工图校对预留管洞尺寸有无差错。若系预制混凝土楼板，则须在土建配合与同意下剔凿楼板洞。应按位置画好标记，对准标记剔凿。若需断筋，必须征得土建单位有关人员同意，按规定要求处理与补强。

②立管检查口设置按设计要求。如果排水支管设在吊顶内，在每层立管上均应装检查口，以便做闭水实验。

③立管支架在核查预留洞孔无误后，用吊线锤及水平尺找出各支架位置尺寸，统一编号，进行加工，同时在安装支架位置进行编号，以便在支架安装时能按编号进行就位。支架安装完毕后进行下道工序。

④安装立管须两人上下配合，一人在上一层楼板上，由管洞内投下一个绳头，下面一人将预制好的立管上半部拴牢，上拉下托，将立管下部插口插入下层管承口内。

⑤立管插入承口后，下层的人把甩口及立管检查口方向找正，上层的人用木楔将管在楼板洞处临时卡牢，上法兰、胶圈、上螺栓、紧固。复查立管垂直度，将立管临时固定卡牢。

⑥立管安装完毕后，配合土建用不低于楼板标号的混凝土将洞灌满堵实，并拆除临时固定。高层建筑或管井内，应按照设计要求设置固定支架，同时检查支架及管卡是否全部安装完毕并固定。

⑦高层建筑管道的立管应严格按设计装设补偿装置。

⑧高层建筑采用辅助透气管的，可使用辅助透气异型管件。

4)支管安装

①支管安装应先搭好架子，将吊架按设计坡度安装好，复核吊杆尺寸及管线坡度，将预制好的管道托到管架上，再将支管插入立管预留口的承口内，固定好支管，然后打麻、捻灰。

②支管设在吊顶内，末端有清扫口者，应将清扫口接到上层地面上，便于清掏。

③支管安装完后，可将卫生洁具或设备的预留管安装到位，找准尺寸并配合土建将楼板孔洞堵严，将预留管口临时封堵。

(4)雨水管道安装

1)内排水雨水管的管材必须考虑承压能力，按设计要求进行选用。

2)高层建筑雨水管可采用柔性抗震铸铁排水管，管材承压可达到0.8MPa以上。

3)选用柔性抗震铸铁排水管作为雨水管安装时，其安装方法同本标准铸铁排水管的安装。

4)选用塑料排水管作为雨水管安装时，伸缩节安装必须符合设计要求。

5)雨水漏斗的连接管应固定在屋面承重结构上。雨水漏斗边缘与屋面相连接处应严密不漏。

6)雨水管道安装后，在室内安装的雨水管道应做灌水试验，灌水高度必须至每根立管最上部的雨水漏斗。在室外安装的雨水管道应做通水试验。

(5)通球试验

1)卫生洁具安装后，排水系统管道的立管、主干管应进行通球试验。

2)立管通球试验应由屋顶透气口处投入直径不小于管径2/3的试验球。应在室外第一个检查井内临时设网截取试验球,用水将试验球冲至室外第一个检查井,取出试验球为合格。

3)干管通球试验要求:从干管起始端投入塑料小球,并向干管内通水,在户外的第一个检查井处观察,发现小球流出为合格。

(6)灌水试验

1)排水管道安装完成后,应按施工规范要求进行闭水试验。暗装的干管、立管、支管必须进行闭水试验。

2)闭水试验应分层分段进行。试验标准为,以一层结构高度采用密闭管口,满水至地面高度,满水15min水面下降后,再灌满观察5min,液面应不下降。检查全部满水管段、管件、接口无渗漏为合格。

(7)管道保温

根据设计要求,做好排水管道吊顶内的支管防结露保温。

1.3.5 质量标准

(1)主控项目

1)隐蔽或埋地的排水管和雨水管道在隐蔽前必须做灌水试验,其灌水高度应不低于底层卫生器具的上边缘或底层地面高度。

检验方法:满水15min水面下降后,再灌满观察5min,液面不降、管道及接口无渗漏的为合格。

2)生活污水铸铁管道的坡度必须符合设计或表1.3.4的规定。

表1.3.4 生活污水铸铁管道的坡度

项次	管径/mm	标准坡度/‰	最小坡度/‰
1	50	35	25
2	75	25	15
3	100	20	12
4	125	15	10
5	150	10	7
6	200	8	5

检验方法:水平尺、拉线和尺量检查。

3)生活污水塑料管道的坡度必须符合设计或施工规范规定,见表1.3.5。

表1.3.5 生活污水塑料管道的坡度

管径/mm	标准坡度/‰	最小坡度/‰
50	25	12
75	15	8

续表

管径/mm	标准坡度/‰	最小坡度/‰
110	12	6
125	10	5
160	7	4

检验方法：水平尺、拉线和尺量检查。

4)排水塑料管必须按设计要求及位置装置伸缩节。如果设计无要求，伸缩节间距不得大于4m。高层建筑中明设排水塑料管应按设计要求设置阻火圈或防火套管。

检验方法：观察检查。

5)排水主立管及水平干管管道均应做通球试验，通球直径不小于排水管道直径的2/3，通球必须达到100%。

检验方法：通球检查或清扫。

6)安装在室内的雨水管道安装后应做灌水试验，灌水高度必须到每根立管上部的雨水斗。

检验方法：灌水试验持续1h，不渗不漏。

7)雨水管道如果采用塑料管，其伸缩节安装应符合设计要求。

检验方法：对照图纸检查。

8)重力流悬吊式雨水管道的敷设坡度不得小于5‰。虹吸式雨水排水系统(压力流)不设坡度，水平安装。埋地雨水管道的最小坡度，应符合表1.3.6的规定。

表1.3.6 地下埋设雨水管道的最小坡度

管径/mm	最小坡度/‰
50	20
75	15
100	8
125	6
150	5
200～400	4

检验方法：水平尺、拉线尺量检查。

(2)一般项目

1)在生活污水管道上设置的检查口，当设计无要求时应符合下列规定：

①在立管上应每隔一层设置一个检查口，但在最底层和有卫生器具的最高层必须设置。如果为两层建筑，可仅在底层设置立管检查口；如果有乙字形弯管，则在该层乙字形弯管的上部设置检查口。检查口中心高度距操作地面一般为1m，允许偏差±20mm；检查口的朝向

应便于检修。对于暗装立管，在检查口处应安装检修门。

②在连接 2 个及 2 个以上大便器或 3 个及 3 个以上卫生器具的污水横管上应设置清扫口。当污水管在楼板下悬吊敷设时，可将清扫口设在上一层楼的地面上，污水管起点的清扫口与管道相垂直的墙面距离不得小于 200mm；若污水管起点设置堵头代替清扫口，其与墙面距离不得小于 400mm。

③在转角小于 135°的污水横管上，应设置检查口或清扫口。

④污水横管的直线管段，应按设计要求的距离设置检查口或清扫口。

检验方法：观察和尺量检查。

2)埋在地下或地板下的排水管道的检查口，应设在检查井内。井底表面标高与检查口的法兰相平，井底表面应有 5%的坡度，坡向检查口。

检验方法：尺量检查。

3)金属排水管道上的吊钩或卡箍应固定在承重结构上。固定件间距：横管不大于 2m；立管不大于 3m。如果楼层高度小于或等于 4m，立管可安装 1 个固定件。立管底部的弯管处应设支墩或采取固定措施。

检验方法：观察和尺量检查。

4)排水塑料管道支、吊架间距应符合表 1.3.7 的规定。

表 1.3.7　排水塑料管道支吊架最大间距　　(单位：m)

管径/mm	50	75	110	125	160
立管	1.2	1.5	2.0	2.0	2.0
横管	0.5	0.75	1.10	1.30	1.6

检验方法：尺量检查。

5)排水通气管不得与风道或烟道连接，且应符合下列规定：

①通气管应高出屋面 300mm，但必须大于最大积雪厚度。

②在通气管出口 4m 以内有门、窗时，通气管应高出门、窗顶 600mm 或引向无门、窗一侧。

③经常有人逗留的屋面上通气管应高出屋面 2m，并应根据防雷要求设置防雷击装置。

④屋顶有隔热层应从隔热层板面算起。

检验方法：观察和尺量检查。

6)未经消毒处理的医院含菌污水管道，不得与其他排水管道直接连接。

检验方法：观察检查。

7)饮食业工艺设备引出的排水管及饮用水水箱的溢流管，不得与污水管道直接连接，并应留出不小于 100mm 的隔断空间。

检验方法：观察和尺量检查。

8)通向室外的排水管，如果穿过墙壁或基础必须下返，应采用 45°三通和 45°弯头连接，并应在垂直管段顶部设置清扫口。

检验方法：观察和尺量检查。

9)由室内通向室外排水检查井的排水管,井内引入管应高于排出管或两管顶相平,并有不小于90°的水流转角,如果跌落差大于300mm,可不受角度限制。

检验方法:观察和尺量检查。

10)用于室内排水的水平管道与水平管道、水平管道与立管的连接,应采用45°三通或45°四通和90°斜三通或90°斜四通。立管与排出管端部的连接,应采用两个45°弯头或曲率半径不小于4倍管径的90°弯头。

检验方法:观察和尺量检查。

11)室内排水管道安装的允许偏差应符合表1.3.8的相关规定。

表1.3.8 室内排水和雨水管道安装的允许偏差和检验方法

<table>
<tr><th>项次</th><th colspan="4">项目</th><th>允许偏差/mm</th><th>检验方法</th></tr>
<tr><td>1</td><td colspan="4">坐标</td><td>15</td><td rowspan="12">用水准仪(水平尺)、直尺、接线和尺量检查</td></tr>
<tr><td>2</td><td colspan="4">标高</td><td>±15</td></tr>
<tr><td rowspan="10">3</td><td rowspan="10">横管纵横方向弯曲</td><td rowspan="2">铸铁管</td><td colspan="2">每米</td><td>≯1</td></tr>
<tr><td colspan="2">全长(25m以上)</td><td>≯25</td></tr>
<tr><td rowspan="4">钢管</td><td rowspan="2">每米</td><td>管径小于或等于100mm</td><td>1</td></tr>
<tr><td>管径大于100mm</td><td>1.5</td></tr>
<tr><td rowspan="2">全长(25m以上)</td><td>管径小于或等于100mm</td><td>≯25</td></tr>
<tr><td>管径大于100mm</td><td>≯38</td></tr>
<tr><td rowspan="2">塑料管</td><td colspan="2">每米</td><td>1.5</td></tr>
<tr><td colspan="2">全长(25m以上)</td><td>≯38</td></tr>
<tr><td rowspan="2">钢筋砼、砼管</td><td colspan="2">每米</td><td>3</td></tr>
<tr><td colspan="2">全长(25m以上)</td><td>≯75</td></tr>
<tr><td rowspan="6">4</td><td rowspan="6">立管垂直度</td><td rowspan="2">铸铁管</td><td colspan="2">每米</td><td>3</td><td rowspan="4"></td></tr>
<tr><td colspan="2">全长(5m以上)</td><td>≯15</td></tr>
<tr><td rowspan="2">钢管</td><td colspan="2">每米</td><td>3</td></tr>
<tr><td colspan="2">全长(5m以上)</td><td>≯10</td></tr>
<tr><td rowspan="2">塑料管</td><td colspan="2">每米</td><td>3</td><td rowspan="2"></td></tr>
<tr><td colspan="2">全长(5m以上)</td><td>≯15</td></tr>
</table>

12)雨水管道不得与生活污水管道相连接。

检验方法:观察检查。

13)雨水斗管的连接应固定在屋面承重结构上。雨水斗边缘与层面相连处应严密不漏。

当设计无要求时连接管管径不得小于100mm。

检验方法:观察和尺量检查。

14)悬吊式雨水管道的检查口或带法兰堵头的三通的间距不得大于表1.3.9的规定。

表1.3.9 雨水管道的检查口间距

悬吊管直径/mm	检查口间距/m
≤150	≯15
≥200	≯20

检验方法:拉线和尺量检查。

15)雨水管道安装的允许偏差应符合本标准表1.3.8的规定。

1.3.6 成品保护

(1)管材和管件在运输、装卸、储存和搬动的过程中,应排列整齐,要轻拿、轻放,不得乱堆放,不得曝晒。

(2)管道安装时应及时清理溢出的黏结剂,保护外观整洁。

(3)在塑料管承插口的粘接过程中不得用手锤敲打。

(4)管道安装完成后,应加强保护,防止管道污染损坏。将所有管口临时封闭严密,防止异物进入。

(5)严禁利用塑料管道作为脚手架的支点或安全带的拉点、吊顶的吊点。不允许明火烘烤塑料管,以防管道变形。

(6)预制的管段应码放在垫好的木方上,不得在露天曝晒,防止弯曲、变形。

(7)油漆粉刷前应将管道用纸包裹,防止管道受污染。

1.3.7 安全与环保措施

(1)在沟内施工时要随时检查沟壁,遇有土方松动、裂纹等情况时,应及时加设沟壁支架,严禁借沟壁支架上下。

(2)向沟内下管时,使用的绳索、锚桩必须牢固,管下面的沟内不得有人。

(3)用剁子断管时应用力均匀,边剁边转动管,不得用力过猛,防止裂管飞屑伤人。

(4)使用水、电焊工具时要严格遵守安全防护规则,认真配备安全附属设备。

(5)在打楼板眼时,上层楼板应盖住,下层应有人看护。打眼时下层相应部位不得有人和物,锤、錾应握住,严禁将工具等从孔中掉落至下一层,打眼不得用大锤。

(6)拉、抬管段的绳索要检查好,防止断绳伤人。就位的横管要及时用铁线和支、托、吊卡具固定好,防止脱落。

(7)高空作业时,要保证架设工具的稳固,下层人员应戴好安全帽。

(8)黏结剂及清洁剂等易燃物品的存放处必须远离火源、热源和电源,严禁明火,存放处应安全可靠,阴凉干燥,场内通风良好。

(9)粘接管道时,应保证操作场地通风良好。操作人员应站在上风向,并应佩戴防护用具。

(10)灌水、试水时要有组织排放,不得任意排放,以免造成废水污染。

(11)作业现场要活完场清,杂物垃圾要及时清运。

(12)黏结剂等下脚料不能随便丢弃,不得在施工现场焚烧油漆等会产生有毒、有害气体的物品。

1.3.8 应注意的质量问题

(1)管道安装时应掌握好管子插入承口的深度,下料尺寸合适,以防接口破裂,导致漏水。

(2)地漏安装时应按施工线找好地面标高,确定坡度,以防止地漏出地面过高或过低。

(3)管道安装前根据地面做法,找准标高,以防卫生洁具的排水管预留口距地偏高或偏低。

(4)施工中阻火圈必须按设计要求安装闭式防火圈,且必须在管道安装时套入,封堵管洞后及时就位固定。阻火圈应采用黏胶固定,严禁漏装或切断后安装。

(5)应设置套管的部位,必须按规范及工艺要求安装,并做好填充隔层密封。

(6)粘接口必须按施工工艺要求施工,先擦净粘接部位,两面涂胶应均匀,不得漏刷,防止接口漏水。

(7)立管、水平管楼板处易渗漏,施工中应加强防水圈的安装和封堵管洞的施工质量和现场管理,并督促协助土建防水施工,确保防水施工质量。

1.3.9 质量记录

(1)管材、管件出厂合格证,检验报告和进场检验记录。

(2)管道安装预检记录。

(3)隐蔽管道的隐蔽记录。

(4)施工试验记录(灌水试验记录、通球试验记录等)。

(5)施工检查记录。

(6)检验批及分部、分项质量验收记录。

1.4 卫生器具安装工程施工工艺标准

本标准适用于建筑工程中卫生器具的安装,包括室内污水盆、洗涤盆、洗脸(手)盆、盥洗槽、浴室、淋浴器、大便器、水便器、小便槽、大便冲洗槽、妇女卫生盆、化验盆、排水栓、地漏等的安装。工程施工应以设计图纸和有关施工质量验收规范为依据。

1.4.1 材料要求

(1)卫生器具的型号、规格必须符合设计要求,并有出厂产品合格证和说明书。卫生器具外观应美观,表面光滑、色调一致,无划痕、损伤。

(2)卫生器具的水箱应采用节能环保型。

(3)辅助材料应符合产品质量技术标准。

1.4.2 主要机具

(1)机具:冲击钻、手电钻、套丝机、磨光机、砂轮锯、电气焊、射钉枪等。

(2)工具:管钳、手锯、螺丝刀、剪子、扳手、手锤、手铲、錾子、克丝钳、方锉、圆锉、螺丝刀、水平尺、盒尺、线坠等。

1.4.3 作业条件

(1)所有与卫生器具连接的管道的水压、灌水试验已完毕,并已做好隐蔽验收记录。

(2)室内抹灰已经施工完,水准线已引进房间,地面相对标高线已弹出。

(3)高层建筑中标准层样板间已经施工完毕,并经有关人员检查、认可和签字。

(4)对卫生洁具配件进行清点,确保其数量和接口与管路系统配套。

(5)熟悉本专业及其他相关专业的图纸,做好技术交底和安全交底。

(6)所选卫生器具样品已经有关方面认可并封样保存,报验合格。

1.4.4 施工工艺

(1)工艺流程

放线定位→支架安装→卫生器具安装→器具试验

(2)放线定位

1)卫生器具的安装高度应按设计要求施工,如设计无要求时,应符合表 1.4.1 的规定。

表 1.4.1 卫生器具安装高度

<table>
<tr><th rowspan="2">项次</th><th rowspan="2" colspan="2">卫生器具名称</th><th colspan="2">卫生器具安装高度/mm</th><th rowspan="2">备注</th></tr>
<tr><th>居住和公共建筑</th><th>幼儿园</th></tr>
<tr><td rowspan="2">1</td><td rowspan="2">污水盆(池)</td><td>架空式</td><td>800</td><td>800</td><td rowspan="2"></td></tr>
<tr><td>落地式</td><td>500</td><td>500</td></tr>
<tr><td>2</td><td colspan="2">洗涤盆(池)</td><td>800</td><td>800</td><td rowspan="4">自地面至器具上边缘</td></tr>
<tr><td>3</td><td colspan="2">洗脸盆、洗手盆(有塞、无塞)</td><td>800</td><td>500</td></tr>
<tr><td>4</td><td colspan="2">盥洗槽</td><td>800</td><td>500</td></tr>
<tr><td>5</td><td colspan="2">浴盆</td><td>≯520</td><td>—</td></tr>
<tr><td rowspan="2">6</td><td rowspan="2">蹲式大便器</td><td>高水箱</td><td>1800</td><td>1800</td><td rowspan="2">自台阶面至高水箱底</td></tr>
<tr><td>低水箱</td><td>900</td><td>900</td></tr>
</table>

续表

项次	卫生器具名称			卫生器具安装高度/mm		备注
				居住和公共建筑	幼儿园	
7	坐式大便器	高水箱		1800	1800	自台阶面至高水箱底
		低水箱	外露排水管式	510	—	
			虹吸喷射式	470	370	
8	小便器	挂式		600	450	自地面至器具下边缘
9	小便槽			200	150	自地面至台阶面
10	大便槽冲洗水箱			≮2000		自台阶面至水箱底
11	妇女卫生盆			360		自地面至器具上边缘
12	化验盆			800		自地面至器具上边缘

2)根据土建 500mm 标高线、建筑施工图及器具安装高度确定器具安装位置。

(3)支架安装

1)支架制作

①支架采用型钢,螺栓孔不得使用电气焊开孔、扩孔或切割。

②坐便器固定螺栓不小于 M6,冲水箱固定螺栓不小于 M10。家具盆使用扁钢支架时不小于 40mm×3mm,螺栓不小于 M8。

③支架制作应牢固、美观,孔眼及边缘应平整光滑,与器具接触面吻合。

④支架制作完成后进行防腐处理。

2)支架安装

卫生器具的固定方法,随其所固定的墙体材质的不同而异,一般均采用预埋螺栓或膨胀螺栓安装固定。

①钢筋混凝土墙:找好安装位置后,用墨线弹出准确坐标,打孔后直接使用膨胀螺栓固定支架。

②砖墙:用 $\phi 20$ 的冲击钻在已经弹出的坐标点上打出相应深度的孔,将洞内杂物清理干净,放入燕尾螺栓,用水泥砂浆填牢固。

③轻钢龙骨墙:找好位置后,应增加加固措施。

④轻质隔板墙:固定支架时,应打透墙体,在墙的另一侧增加薄钢板固定,薄钢板必须嵌入墙面内,外表与土建装饰面抹平。

3)支架安装过程中应注意和土建防水工序的配合,如果可能对其防水造成破坏,应事先协商处理。

(4)卫生器具安装

1)蹲式大便器安装(见图 1.4.1)。

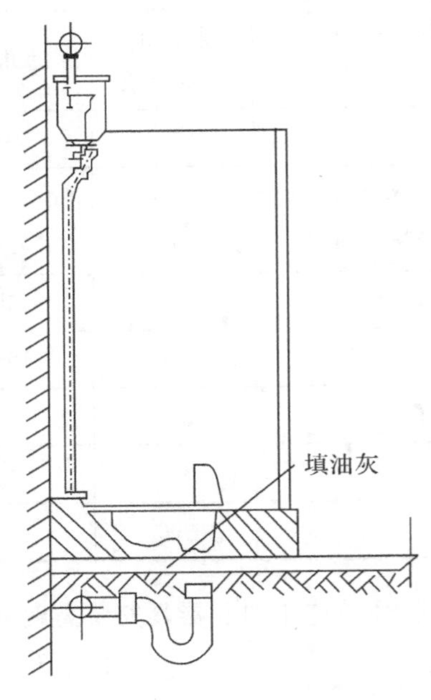

图 1.4.1 蹲式大便器(带高位水箱)

①将胶皮碗套在蹲便器进水口上,套正、套实后紧固。

②找出排水管口的中心线,并画在墙上。用水平尺(或线坠)找好竖线。

③将下水管承口内抹上油灰,蹲便器位置下铺垫白灰膏(白灰膏厚度以蹲便器标高符合要求为准),然后将蹲便器排水口插入排水管承口内稳好。

④将水平尺放在蹲便器上沿,纵、横双向找平、找正,使蹲便器进水口对准墙上中心线。

⑤蹲便器两侧用砖砌好抹光,将蹲便器排水口与排水管承口接触处的油灰压实、抹光,然后将蹲便器排水口临时封堵。

⑥蹲便器稳装之后,确定水箱出水口中心位置,向上测量出规定高度(箱底距台阶面 1.8m)。

⑦根据高水箱固定孔与给水孔的距离确定固定螺栓高度,在墙上做好标识,安装支架及高水箱。

⑧稳装多联蹲便器时,应先找出标准地面标高,向上测量好蹲便器需要的高度,用小线找平,找好墙面距离,然后按上述方法逐个进行稳装。

⑨多联高低水箱应按上述做法先挂两端的水箱,然后挂线找平找直,再稳装中间水箱。

2)坐式大便器安装(见图 1.4.2)

①清理坐便器预留排水口,取下临时管堵,检查管内有无杂物。

②将坐便器出水口对准预留口放平找正,在坐便器两侧固定螺栓眼孔处做好标识。

③要在标识处用冲击电钻打孔,栽入膨胀螺栓,将坐便器试稳,使固定螺栓与坐便器吻合,移开坐便器。在坐便器排水口及排水管口周围抹上油灰后,将坐便器对准螺栓放平、找

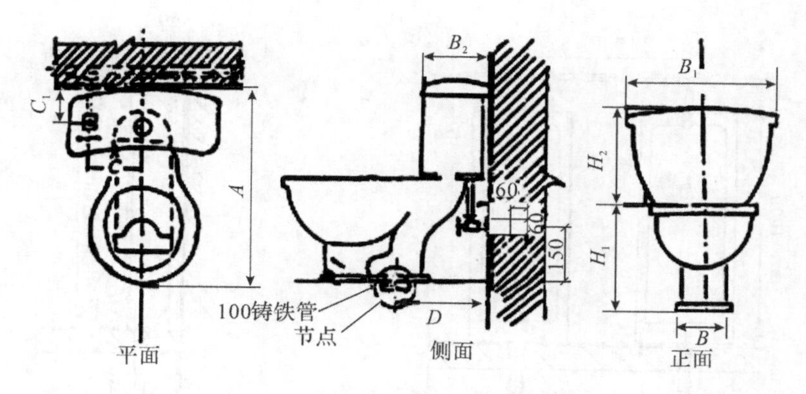

图 1.4.2 坐式大便器(带低位水箱)

正,进行安装。

④对准坐便器尾部中心,在墙上画好垂直线,在距地平 800mm 高度处画水平线。根据水箱背面固定孔眼的距离,在水平线上做好标识,栽入螺栓。将背水箱挂在螺栓上放平、找正,进行安装。

3)小便器安装

①挂式小便器安装(见图 1.4.3)

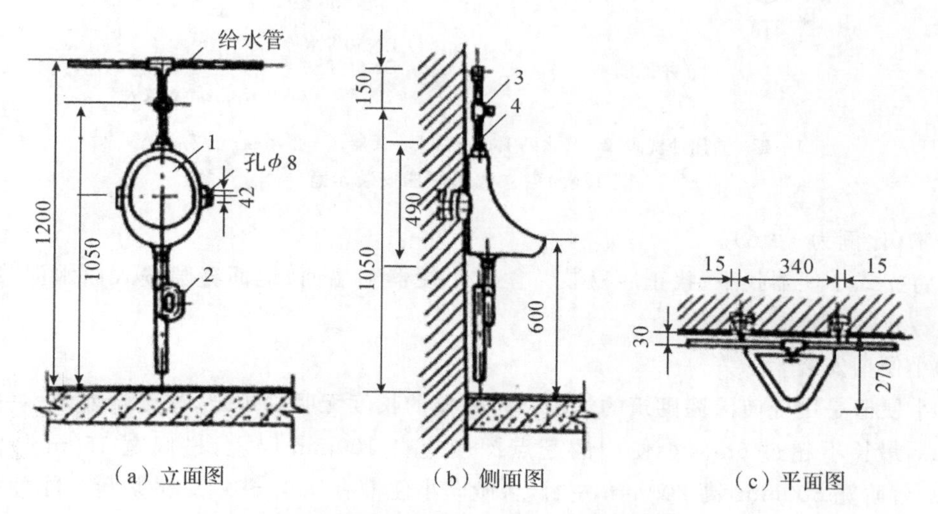

1—挂式小便器;2—存水弯;3—角式截止阀;4—短管

图 1.4.3 挂式小便器安装示意

a. 根据排水口位置画一条垂线,由地面向上量出规定的高长画一水平线,根据小便器尺寸在横线上做好标识,再画出上、下孔眼的位置。

b. 在孔眼位置栽入支架,托起小便器挂在螺栓上。把胶垫、垫圈套入螺栓,将螺母拧至松紧适度。小便器与墙面的缝隙嵌入白水泥膏补齐、抹光。

②立式小便器安装(见图 1.4.4)

a. 按照挂式小便器安装的方法,根据排水口位置和小便器尺寸做好标识,栽入支架。

b. 将下水管周围清理干净,取下临时管堵,抹好油灰,在立式小便器下铺垫水泥、白灰膏

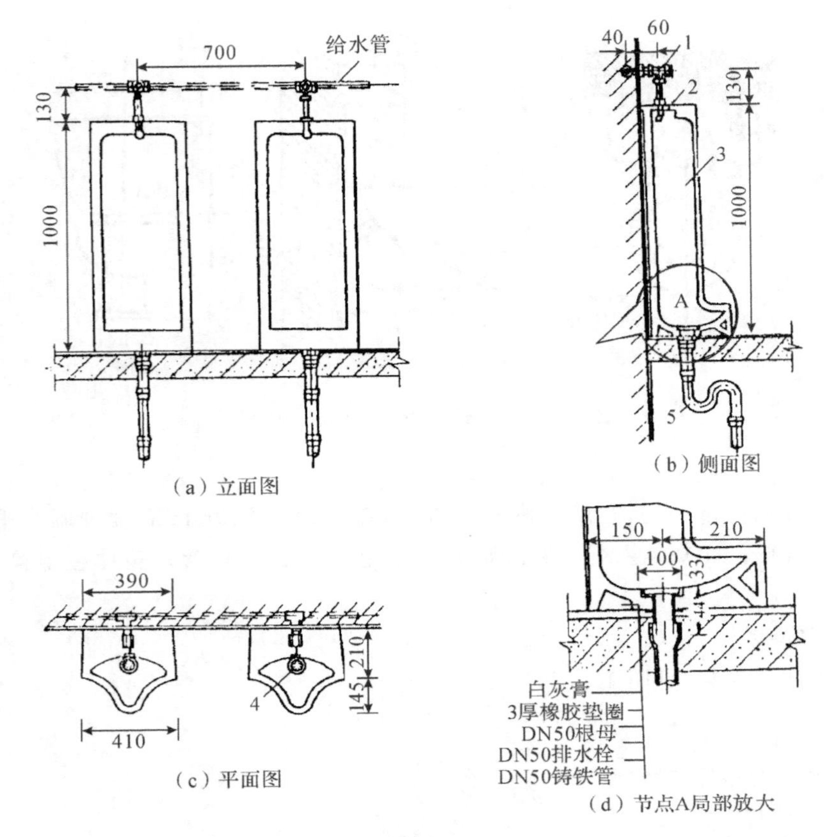

1—延时自闭冲洗阀;2—喷水鸭嘴;3—立式小便器;4—排水栓;5—存水弯

图 1.4.4　立式小便器安装示意

的混合物(比例为 1∶5)。

c. 将立式小便器找平、找正后稳装。立式小便器与墙面、地面缝隙嵌入白水泥浆抹平、抹光。

③小便槽安装

a. 小便槽是用瓷砖沿墙砌筑的沟槽。小便槽的长度无明确规定,按设计而定,一般不超过 3.5m,最长不超过 6m。小便槽的起点深度应在 100mm 以上,槽底宽 150mm,槽顶宽 300mm,台阶宽 300mm,高 200mm 左右,台阶向小便槽有 0.01～0.02 的坡度。小便槽的污水口可设在槽的中间,也可设于靠近污水立管的一端,但不管是中间还是在某一端,从起点至污水口,均应有 0.01 的坡度,坡向污水口。污水口应设置罩式排水栓。

b. 小便槽应沿墙 1300mm 高度以下铺贴白瓷砖,以防腐蚀。但也有用水磨石或水泥砂浆粉刷代替瓷砖的。图 1.4.5 为自动冲洗小便槽安装图。小便槽污水管管径一般为 75mm,在污水口的排水栓上装有存水弯。在砌筑小便槽时,污水管口可用木头或其他物件堵住,防止砂浆或杂物进入污水管内,待土建施工完毕后再装上罩式排水栓。也可采用带隔栅的铸铁地漏。

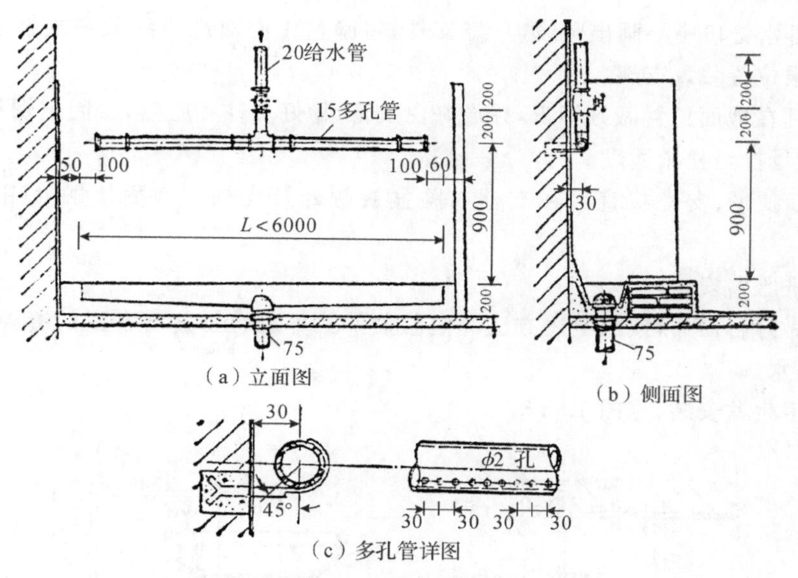

图 1.4.5 自动冲洗小便槽安装示意

c. 小便槽的冲洗方式有自动冲洗水箱(定时冲洗)或用普通阀门控制的多孔管冲洗。多孔管安装在离地面 1100mm 的位置,管径不小于 20mm,管的两端用管帽封闭。喷水孔孔径为 2mm,孔距为 30mm。安装时孔的出水方向应与墙面成 45°的夹角。一般来说,多孔冲洗管较易受到腐蚀,故宜采用塑料管。

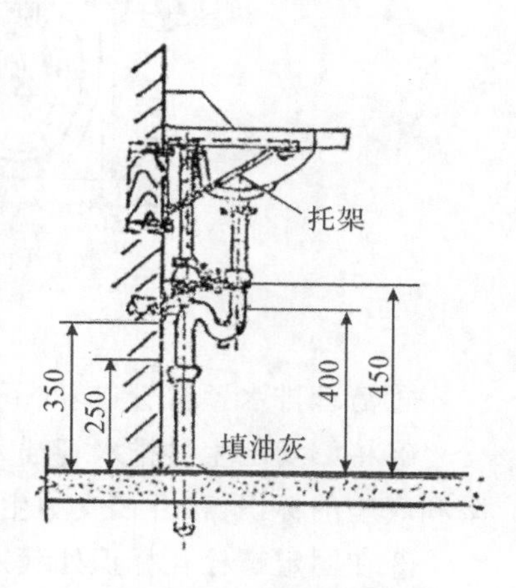

图 1.4.6 挂式洗脸盆

4)洗脸盆安装

①挂式洗脸盆安装(见图 1.4.6)

a. 按照排水管中心在墙上画出竖线,由地面向上量出规定的高度,画出水平线,根据盆宽在水平线上做好标识,栽入支架。

b. 将脸盆置于支架上,找平、找正后将架钩勾在盆下固定孔内,拧紧盆架的固定螺栓,找平、找正。

②立式洗脸盆安装(见图 1.4.7)

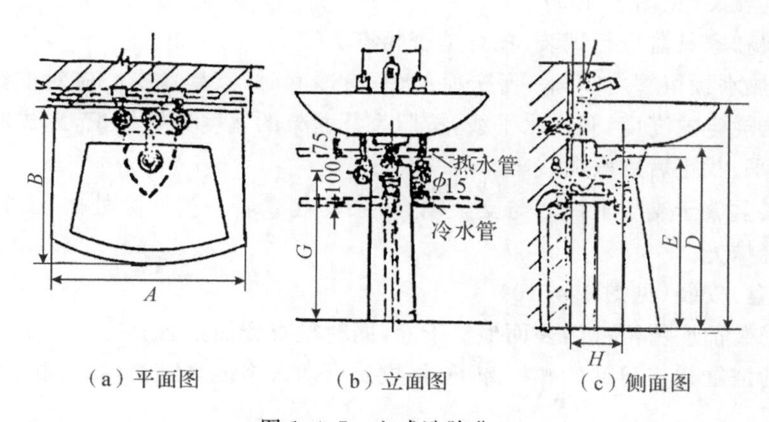

图 1.4.7 立式洗脸盆

a.按照排水管口中心画出竖线,立好支柱,将脸盆中心对准竖线放在立柱上,找平后在脸盆固定孔眼位置栽入支架。

b.将支柱在地面位置做好标识,并放好白灰膏,稳好支柱和脸盆,将固定螺栓加橡胶垫、垫圈,带上螺母拧至松紧适度。

c.脸盆面找平、支柱找直后在支柱与脸盆接触处及支柱与地面接触处用白水泥勾缝抹光。

③台式洗脸盆安装

待土建做好台面后,按照上述方法固定脸盆并找平、找正,盆与台面的缝隙处用密闭膏封好,防止漏水。

5)妇女卫生盆安装(见图 1.4.8)

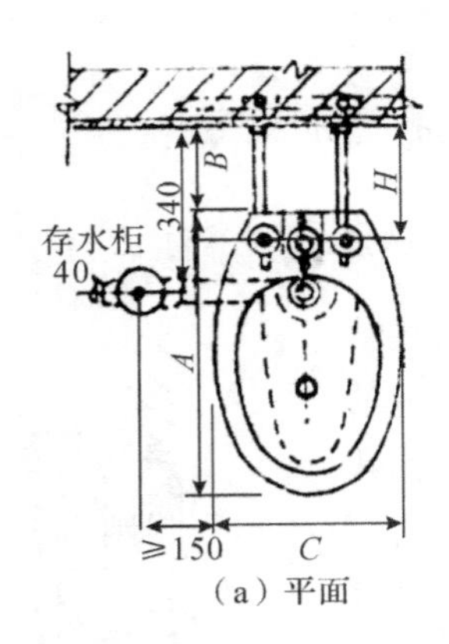

(a)平面

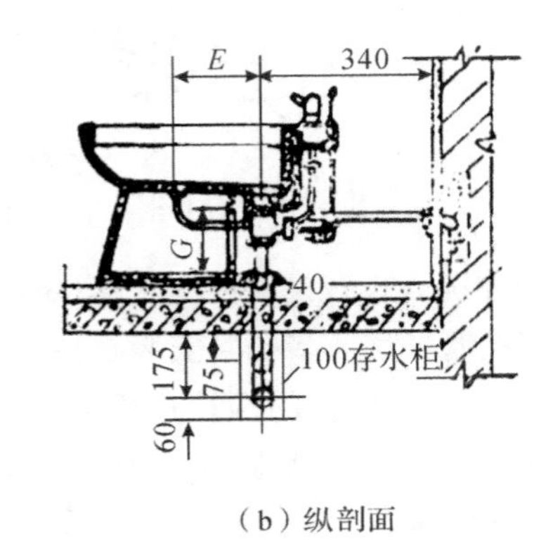

(b)纵剖面

图 1.4.8 妇女卫生盆安装示意

①清理排水预留管口,取下临时管堵,装好排水三通下口铜管。

②将妇女卫生盆排水管插入预留排水管口内,将妇女卫生盆稳平找正,做好固定螺栓孔眼和底座的标识,移开妇女卫生盆。

③在固定螺栓孔标识处栽入支架,将妇女卫生盆孔眼对准螺栓放好,与原标识吻合后再将妇女卫生盆下垫好白灰膏,排水铜管套上护口盘。妇女卫生盆找平、找正后稳牢。妇女卫生盆底座与地面有缝隙之处,嵌入白水泥膏补齐、抹平。

6)洗涤盆安装(见图 1.4.9)

①将盆架和家具盆进行试装,检查是否相符。

②在冷、热水预留管之间画一平分垂线(只有冷水时,家具盆中心应对准给水管口)。由地面向上量出规定的高度,画出水平线,按照家具盆架的宽度做好标识,剔成 ϕ50×120 的孔眼,将盆架找平、找正后用水泥栽牢。

③将家具盆放于支架上使之与支架吻合,家具盆靠墙一侧缝隙处嵌入白水泥浆或防水透明软胶勾缝抹光。

7)浴缸(盆)安装(见图 1.4.10)

①浴缸稳装前应将浴缸内表面擦拭干净,同时检查瓷面是否完好。

②带腿的浴缸先将腿部的螺栓卸下,将拔销母插入浴缸底卧槽内,把腿扣在浴缸上带好螺母拧紧找平。

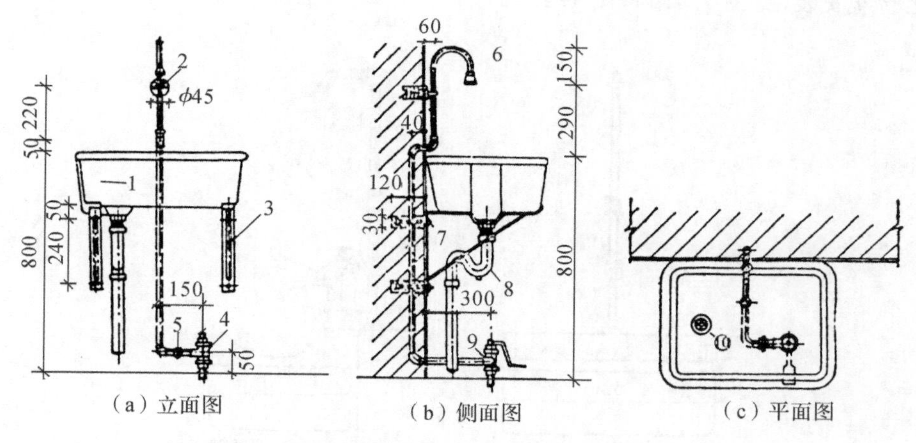

(a) 立面图　　(b) 侧面图　　(c) 平面图

1—洗涤盆;2—管卡;3—托架;4—脚踏开关;5—活接头;6—洗手喷头;
7—螺栓;8—存水弯;9—弯头;10—排水栓

图 1.4.9 洗涤盆安装示意

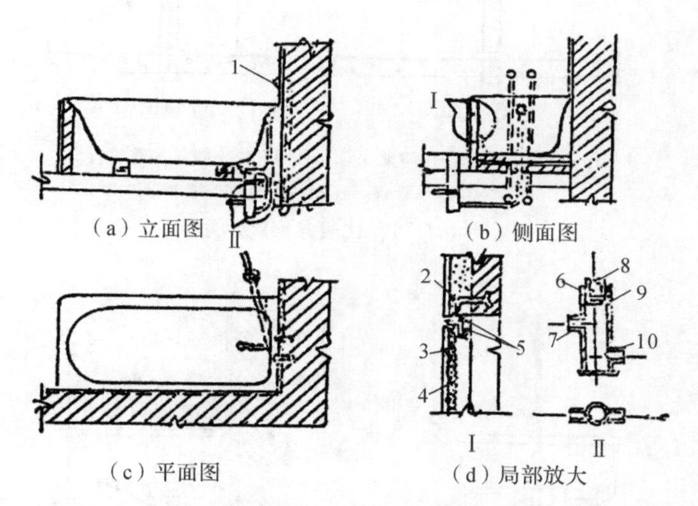

(a) 立面图　　(b) 侧面图　　(c) 平面图　　(d) 局部放大

1—接浴盆水门;2—预埋 $\phi6$ 钢筋;3—铁丝网;4—瓷砖;5—角钢;6—$\phi100$ 钢管;
7—管箍;8—清扫口铜盖;9—焊在管壁上的 $\phi8$ 钢筋;10—进水口

图 1.4.10 浴盆安装示意

③浴缸如果砌砖腿,应配合土建把砖腿按标高砌好。将浴缸稳于砖台上,找平、找正。浴缸与砖腿缝隙处用 1∶3 水泥砂浆填充抹平。

④安装浴缸时应在对应的下水管部位留出检修孔。

⑤浴缸周边的墙砖必须在浴缸安装好后再进行铺贴。

⑥墙砖与浴缸应周边留出 1～2mm 间隙用硅胶封闭以防止因胀缩而使墙砖和浴缸的瓷面产生爆裂。

⑦浴缸安装的水平度必须小于等于 2mm,浴缸龙头安装必须保持平顺。

8)化验盆安装(见图 1.4.11、图 1.4.12)

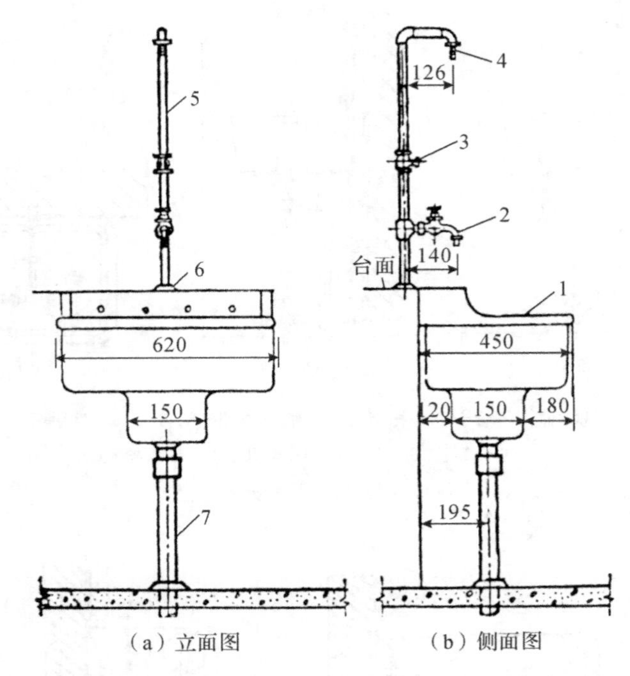

(a) 立面图　　(b) 侧面图

1—化验盆;2—DN15 化验龙头;3—DN15 截止阀;4—螺纹接口;
5—DN15 出水管;6—压盖;7—DN50 排水管

图 1.4.11　化验盆安装示意

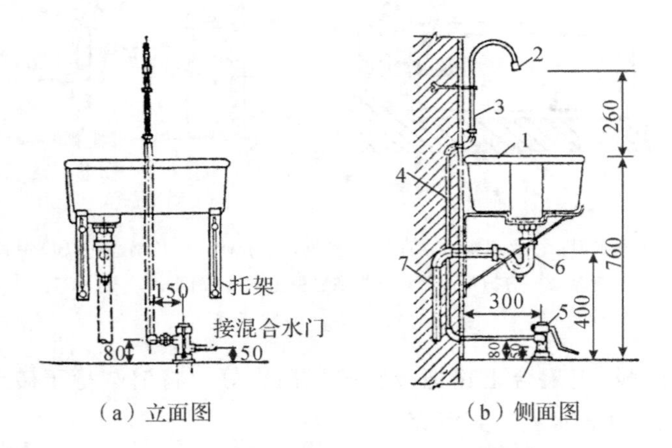

(a) 立面图　　(b) 侧面图

1—家具盆;2—螺纹接口;3—DN15 铜管;4—DN15 给水管;
5—脚踏开关;6—DN50 存水弯;7—DN50 排水管

图 1.4.12　脚踏开关化验盆安装示意

化验盆安装在实验室及医院化验室里,通常使用的是陶瓷制品。化验盆内已有水封,排水管上不需另装存水弯。根据使用要求,化验盆上可装置单联、双联、三联的鹅颈龙头。安装方式见设计图。

9)污水盆安装(见图 1.4.13)

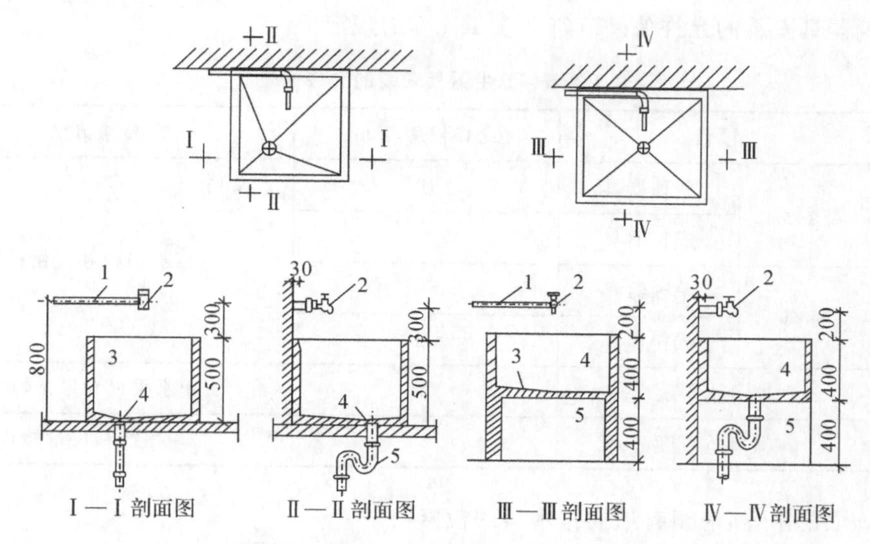

1—给水管;2—龙头;3—污水池;4—排水栓;5—存水管

图 1.4.13　污水盆构造及安装示意

①污水盆也叫拖布盆,多装设在公共厕所或盥洗室中,供洗拖布和倒污水用,故盆口距地面较低,但盆身较深,一般为 400～500mm,可防止冲洗时水花溅出。污水盆根据设计图可在现场用水泥砂浆浇灌,也可用砖头砌筑,表层磨石子或贴瓷片。

②图 1.4.13 所示为一般污水盆的构造,管道配置较为简单。砌筑时,盆底宜形成一定坡度,以利排水。排水栓为 DN50mm。安装时应抹上油灰,然后再固定在污水盆出水口处。存水弯为一般的 S 形铸铁存水弯。

(5)器具试验

1)卫生器具安装完成后,应进行满水和通水试验,试验前应检查地漏是否畅通,分户阀门是否关好,然后按层段分户分房间逐一进行通水试验。

2)试验时临时封堵排水口,将器具灌满水后检查各连接件不渗不漏;打开排水口,排水通畅为合格。

1.4.5　质量标准

(1)主控项目

1)排水栓和地漏的安装应平正、牢固,低于排水表面,周边无渗漏。地漏水封高度不得小于 50mm。

检查方法:试水观察检查。

2)卫生器具交工前应做满水和通水试验。

检查方法:满水后各连接件不渗不漏;通水试验给、排水畅通。

(2)一般项目

1)卫生器具安装的允许偏差应符合表 1.4.5 的规定。

表 1.4.5　卫生器具安装的允许偏差

项次	项目		允许偏差/mm	检验方法
1	坐标	单独器具	10	拉线、吊线和尺量检验
		成排器具	5	
2	标高	单独器具	±15	
		成排器具	±10	
3	器具水平度		2	用水平尺和尺量检查
4	器具垂直度		3	用吊线和尺量检查

2)有饰面的浴盆,应留有通向排水口的检修门。

检查方法:观察检查。

3)小便槽冲洗管,应采用镀锌钢管或硬质塑料管。冲洗孔应斜向下方安装,冲洗水流同墙面成 45°。镀锌钢管钻孔后应进行二次镀锌。

检查方法:观察检查。

4)卫生器具的支、托架必须防腐良好,安装平整、牢固,与器具接触紧密、平稳。

检查方法:观察和手扳检查。

1.4.6　成品保护

(1)卫生器具在搬运和安装时要防止磕碰,装完的洁具要加以保护,防止器具损坏。

(2)在釉面砖、水磨石墙面剔孔洞时,宜用手电钻或先用小錾子轻剔釉面,待剔至砖底层处方可用力,但不得过猛,以免将面层剔碎或震成空鼓。

(3)卫生器具安装前,要将上、下水接口临时堵好。卫生器具稳装后器具排水口应临时堵好,镀铬零件用纸包好,以免堵塞或损坏。

(4)若需动用气焊时,对已做完装饰的房间墙面、地面应用铁皮等物遮挡。

(5)工程竣工前,须将卫生器具表面擦洗干净,并要及时关闭相关房间。

(6)寒冷地区冬期室内未通暖时,各种器具通水完毕后,必须将水放净,存水弯处用压缩空气吹净,以免器具和存水弯冻裂。

1.4.7　安全与环保措施

(1)使用电动工具时,应核对电源电压,遵守电器工具安全操作规程。手持式电动工具的负荷线应采用耐磨型橡皮护套铜芯电缆,且中间不得有接头。

(2)手持式电动工具的外壳、手柄、负荷、插座、开关等必须完好无损,使用前必须做空载试运转。

(3)用风轮、电锤、射钉枪或錾子打透眼时，楼板下、墙体后不得有人靠近。

(4)卫生器具在搬运时要拴牢撑稳，安装中要轻拿轻放，以免滑动及倾倒造成人身伤害。

(5)所有的附件、下脚料应集中堆放，装袋清运到指定地点。

(6)用于各种实验的临时排水应排入专门的排水沟。

1.4.8 应注意的质量问题

(1)蹲便器不平，左右倾斜。

(2)高、低水箱拉、扳把不灵活。

(3)零件镀铬表面被破坏。

(4)坐便器周围离开地面。

(5)立式小便器距墙缝隙太大。

(6)洁具溢水失灵。

(7)通水之前，将器具内污物清理干净，不得借通水之便将污物冲入下水管内，以免堵塞管道。

(8)严禁使用未经过滤的白灰粉代替白灰膏稳装卫生设备，避免造成卫生设备胀裂。

1.4.9 质量记录

(1)产品合格证和检测报告。

(2)隐蔽记录、验收记录。

(3)样板间检验鉴定记录。

(4)检验批、分项工程质量验收记录。

(5)通水、满水试验记录。

1.5 卫生器具配件安装工程施工工艺标准

本标准适用于建筑工程中卫生器具配件的安装，包括卫生器具给水配件安装和卫生器具排水管道的安装。工程施工应以设计图纸和有关施工质量验收规范为依据。

1.5.1 材料要求

(1)卫生器具配件的规格、型号必须符合设计要求，有出厂产品合格证，并与卫生器具配套，其零配件应符合国家标准。

(2)水箱配件采用节水型。

(3)管材、型钢、铜丝、密封胶、生料带、白水泥和白灰膏等均应符合材料标准要求。

1.5.2 机具设备

(1)机具:冲击钻、手电钻、套丝机、砂轮机、砂轮锯、云石机等。

(2)工具:管钳、手锯、螺丝刀、活扳手、六角扳手(套)、手锤、水平尺、盒尺、线坠等。

1.5.3 作业条件

(1)所有与卫生器具连接的管道的水压、灌水试验已完毕,并已办好隐检手续。

(2)所有卫生器具已稳装完毕,并自检合格。

(3)认真熟悉图纸和配件安装说明书,并做好技术交底。

(4)各种卫生器具配件经样板间检验合格。

1.5.4 施工工艺

(1)工艺流程

配件安装→配件调整→试验

(2)高水箱配件安装

1)根据水箱进水口位置,确定进水弯头和阀门的安装位置,拆下水箱进水口的锁母,加上垫片,拆下水箱出水管根母,加垫片,安装弹簧阀及浮球阀,组装虹吸管、天平架及拉链,拧紧根母。

2)固定好组装完毕的水箱,把冲洗管上端插入水箱底部锁母后拧紧,下端与蹲便器的胶皮碗用16#铜丝绑扎3～4道。冲洗管找正、找平后用单立管卡子固定牢固。

(3)低水箱配件安装

1)根据低水箱固定高度及进水点位置,确定进水短管的长度,拆下水箱进水漂子门根母及水箱冲洗管连接锁母,加垫片,安装溢水管,把浮球拧在漂杆上,并与浮球阀连接好,调整挑杆的距离,挑杆另一端与扳把连接。

2)冲洗管的安装与高水箱冲洗管的安装相同。

(4)连体式背水箱配件安装

1)进水浮球阀门与水箱连接孔眼加垫片,适度拧紧,根据水箱高度与预留给水管的位置,确定进水短管的长度,与进水八字门连接。

2)在水箱排水孔处加胶圈,排水阀与水箱出水口用根母拧紧,盖上水箱盖,调整把手,与排水阀上端连接。

3)对于皮碗式冲洗水箱,在排水阀与水箱出水口连接紧固后,根据把手到水箱底部的距离,确定连接挑杆与皮碗的尼龙线的距离并连接好,使挑杆活动自如。

(5)分体式水箱配件安装

分体式水箱在箱内配件安装的原理上和连体式水箱相同,分体式水箱的箱体和坐便器通过冲洗管连接,拆下水箱出水口的根母,加胶圈,把冲洗管的一端插入根母中,适度拧紧,另一端插入坐便器的进水口橡胶碗内,拧牢压盖,安装紧固后的冲洗管的直立端应垂直,横装端应水平或稍倾向坐便器。

(6)延时自闭冲洗阀的安装

根据冲洗阀的中心距地面高度和冲洗阀至胶皮碗的距离,断好90°弯的冲洗管,使两端吻合,将冲洗阀锁母和胶圈卸下,套在冲洗管直管段上,将弯管的下端插入胶皮碗内40～50mm,固定牢固。将上端插入冲洗阀内,推上胶圈,调直找正,将锁母拧至适度。扳把式冲洗阀的扳手朝向右侧,按钮式冲洗阀的按钮应朝向正面。

(7)脸盆水龙头安装

将水龙头根母、锁母卸下,插入脸盆给水孔眼,下面再套上橡胶垫圈,带上根母后将锁母拧紧至松紧适度。

(8)浴盆混合水龙头的安装

冷、热水管口找平、找正后,在混合水龙头转向对丝上缠生料带,带好护口盘,用自制扳手插入转向对丝内,分别拧入冷、热水预留管口并校好尺寸,找平、找正,使护口盘与墙面吻合。然后将混合水龙头对正转向对丝并加垫,拧紧锁母找平、找正后用扳手拧至松紧适度。

(9)给水软管安装

量好尺寸,配好短管,装上八字水门。在短管另一端丝扣处缠生料带后拧在预留给水管口至松紧适度(暗装管道带护口盘,要先将护口盘套在短节上,短管上完后,将护口盘内填满油灰,向墙面找平、按实,并清理外溢油灰)。将八字水门与水龙头的锁母卸下,背靠背套在短管上,分别加好紧固垫(料),上端插入水龙头根部,下端插入八字水门中口,找直、找正后分别拧好上、下锁母至松紧适度。

(10)小便器配件安装

1)在小便器角式长柄截止阀的丝扣上缠好生料带。

2)压盖与给水预留口连接,用扳手适度紧固,压盖内加油灰并使其与墙面吻合严密。

3)角阀的出口对准喷水鸭嘴,确定短管长度,压盖与锁母插入喷水鸭嘴和角阀内。

(11)妇女卫生盆配件安装

1)卸下混合阀门及冷、热水阀门的阀盖,调整根母。在混合开关的四通下口装上预装好的喷嘴转心阀门。在混合阀门四通横管处套上冷、热水阀门,门颈处加胶垫、垫圈,带好根母。混合阀门上加三角形胶垫及少许油灰,扣上长方形镀铬护口盘,带好根母,将混合阀门上根母拧紧至适度,能使转心阀门盖转动30°。再将冷、热水阀门的上根母对称至拧紧。分别装好三个阀门门盖,拧紧固定螺丝。

2)喷嘴安装:在喷嘴靠瓷面处另加1mm厚的胶垫,抹少许油灰。把铜管的一端与喷嘴连接,另一端与混合阀门四通下转心阀门连接。拧紧锁母,转心阀门梃须朝向与四通平行一侧,以免影响手提拉杆的安装。

3)排水口安装:排水口加胶垫后穿入卫生盆排水孔眼,拧入排水三通上口。使排水口与妇女卫生盆排水孔眼的凹面相吻合后在排水口圆盘下加抹油灰,外面加胶垫垫圈,用自制扳手卡入排水口内十字筋,使溢水口对准妇女卫生盆溢水孔眼,拧入排水三通上口。

4)手提拉杆安装:在排水三通中口装入挑杆弹簧珠,拧紧锁母至松紧适度,将手提拉杆插入空心螺栓,用卡具与横挑杆连接,调整定位,使手提拉杆活动自如。

(12)淋浴器安装

1)镀铬淋浴器安装

①暗装管道将冷、热水预留口加试管找平、找正后量好短管尺寸,断管、套丝、缠生料带,上好短管弯头。

②明装管道按规定标高煨好元宝弯,上好管箍。

③在淋浴器锁母外丝丝头处缠生料带并拧入弯头或管箍内,再将淋浴器对准锁母外丝,将锁母拧紧。

④将固定圆盘上的孔眼找平、找正后做好标识,卸下淋浴器,在标识处栽好铅皮卷。

⑤将锁母外丝口加垫,对准淋浴器拧至松紧适度,再将固定圆盘与墙面靠严并固定在墙上。

⑥将淋浴器上部铜管预装在三通口上,使立管垂直,固定圆盘与墙面贴实,孔眼平正,做好标识并栽入铅皮卷,锁母外加垫,将锁母拧至松紧适度。

2)铁管淋浴器的组装:由地面向上量出1150mm,画出阀门中心标高线,再画出冷、热阀门中心位置,测量尺寸,预制短管,按顺序组装,立管、喷头找正后栽固定立管卡,将喷头卡住。

(13)排水栓的安装

1)卸下排水栓根母,放在洗涤盆排水孔眼内,将一端套好丝扣的短管涂油、缠麻,拧上存水弯头外露2~3扣。

2)量出排水孔眼到排水预留管口的尺寸,断好短管并做扳边处理,在排水栓圆盘下加1mm胶垫、垫圈,带上根母。

3)在排水栓丝扣处缠生料带后使排水栓溢水眼和洗涤盆溢水孔对准,拧紧根母至松紧适度并调直、找正。

(14)S形存水弯的连接

1)应采用带检查口的S形存水弯,在脸盆排水栓丝扣下端缠生料带后拧上存水弯至松紧适度。

2)存水弯下节的下端缠生料带后插在排水管口内,将胶垫放在存水弯的连接处,调直、找正后拧至松紧适度。

3)用油麻、油灰将下水管口塞严、抹平。

(15)P形存水弯的连接

1)在脸盆排水口丝扣下端缠生料带后拧上存水弯至松紧适度。

2)存水弯横节按需要长度配好,将锁母和护口盘背靠背套在横节上,在端头套上橡胶圈,调整安装至合适高度,然后把胶垫放在锁口内,将锁母拧至松紧适度。

3)在护口盘内填满油灰后找平、按平,将外溢油灰清理干净。

(16)浴盆排水配件安装

1)将浴盆配件中的弯头与短管横管相连接,将短管另一端插入浴盆三通的口内,拧紧锁母。三通的下口插入竖直短管,竖管的下端插入排水管的预留甩口内。

2)浴盆排水栓圆盘加胶垫,抹铅油,插进浴盆的排水孔眼里,在孔外加胶垫和垫圈,在丝扣上缠生料带,用扳手卡住排水口上的十字筋与弯头拧紧连接好。

3)溢水立管套上锁母，插入三通的上口，并缠紧油麻，对准浴盆溢水孔，拧紧锁母。将排出管接入水封存水弯或存水盒内。

(17)卫生器具给水配件的安装高度，若设计无要求，应符合表1.5.1的规定。

表1.5.1 卫生器具给水配件的安装高度

(单位:mm)

项次	给水配件名称		配件中心距地面高度	冷、热水龙头距离
1	架空式污水盆(池)水龙头		1000	—
2	落地式污水盆(池)水龙头		800	—
3	洗涤盆(池)水龙头		1000	150
4	住宅集中水龙头		1000	—
5	洗手盆水龙头		1000	—
6	洗脸盆	水龙头(上配水)	1000	150
		水龙头(下配水)	800	150
		角阀(下配水)	450	—
7	盥洗槽	水龙头	1000	150
		冷、热水管上下并行其中热水龙头	1100	150
8	浴盆	水龙头(上配水)	670	150
9	淋浴器	截止阀	1150	95
		混合阀	1150	—
		淋浴喷头下沿	2100	—
10	大便槽冲洗水箱截止阀(从台阶面算起)		≮2400	—
11	立式小便器角阀		1130	—
12	挂式小便器角阀及截止阀		1050	—
13	小便槽多孔冲洗管		1100	—
14	实验室化验水龙头		1000	—
15	妇女卫生盆混合阀		360	—
16	坐式大便器	高水箱角阀及截止阀	2040	—
		低水箱角阀	150	—

续表

项次	给水配件名称		配件中心距地面高度	冷、热水龙头距离
17	蹲式大便器（台阶面算起）	高水箱角阀及截止阀	2040	—
		低水箱角阀	250	—
		手动式自闭冲洗阀	600	—
		脚踏式自闭冲洗阀	150	—
		拉管式自闭冲洗阀（从地面算起）	1600	—
		带防污助冲器阀门（从地面算起）	900	—

注：装设在幼儿园内的洗手盆、洗脸盆和盥洗槽水嘴中心离地面安装高度应为700mm，其他卫生器具给水配件的安装高度，应按卫生器具实际尺寸相应减少。

(18)配件调整

配件安装完毕后，检查配件安装是否牢固、开启是否方便、朝向是否合理。器具及配件周围做缝隙处理，抹平，清理干净。

(19)满水试验

打开器具进水阀门，封堵排水口，观察器具及各连接件是否渗漏，溢水口溢流是否畅通。

(20)通水试验

器具满水后打开排水口，检查器具连接件，以不渗、不漏、排水通畅为合格。

1.5.5 质量标准

(1)给水配件安装

1)主控项目

卫生器具给水配件应完好无损，接口严密，启闭部分灵活。

检查方法：观察和手扳检查。

2)一般项目

①卫生器具给水配件安装标高的允许偏差应符合表1.5.2的规定。

表1.5.2 卫生器具给水配件安装标高的允许偏差和检验方法

项次	项目	允许偏差/mm	检验方法
1	大便器高、低水箱角阀及截止阀	±10	尺量检查
2	水龙头	±10	
3	淋浴器喷头下沿	±15	
4	浴盆软管淋浴器挂钩	±20	

②浴盆软管淋浴器挂钩的高度，如果设计无要求，应距地面 1.8m。

检查方法：尺量检查。

(2)卫生器具排水管道安装

1)主控项目

①与排水横管连接的各卫生器具的受水口和立管均应采取妥善可靠的固定措施；管道与楼板的接合部位应采取牢固可靠的防渗、防漏措施。

检验方法：观察和手扳检查。

②连接卫生器具的排水管道接口应紧密不漏，其固定支架、管卡等支撑位置应正确、牢固，与管道的接触应平整。

检验方法：观察及通水检查。

2)一般项目

①卫生器具排水管道安装的允许偏差应符合表 1.5.3 的规定。

表 1.5.3　卫生器具排水管道安装的允许偏差及检验方法

项次	检查项目		允许偏差/mm	检验方法
1	横管弯曲度	每 1m 长	2	用水平和尺量检查
		横管长度≤10m，全长	＜8	
		横管长度＞10m，全长	10	
2	卫生器具的排水管口及横支管的纵、横坐标	单独器具	10	用尺量检查
		成排器具	5	
3	卫生器具的接口标高	单独器具	±10	用水平尺和尺量检查
		成排器具	±5	

②连接卫生器具的排水管管径和最小坡度，如设计无要求时，应符合表 1.5.4 的规定。

表 1.5.4　连接卫生器具的排水管管径和最小坡度

卫生器具名称		排水管管径/mm	管道的最小坡度/‰
污水盆(池)		50	25
单、双格洗涤盆(池)		50	25
洗水盆、洗脸盆		32～50	20
浴盆		50	20
淋浴器		50	20
大便器	高、低水箱	100	12
	自闭式冲洗阀	100	12
	拉管式冲洗阀	100	12

续表

卫生器具名称		排水管管径/mm	管道的最小坡度/‰
小便器	手动、自闭式冲洗阀	40～50	20
	自动冲洗水箱	40～50	20
化验盆(无塞)		40～50	25
妇女卫生盆		40～50	20
饮水器		20～50	10～20
家用洗衣机		50(软管为30)	

检验方法:用水平尺和尺量检查。

1.5.6 成品保护

(1)镀铬零件用纸包好,以免堵塞或损坏。

(2)洁具稳装后,为防止配件丢失或损坏,配件宜在竣工前统一安装。

(3)在釉面砖、水磨石墙面剔孔洞时,宜用手电钻或先用小錾子轻剔掉釉面,待剔至砖底层处方可用力,但不得过猛,以免将面层剔碎或震成空鼓。

1.5.7 安全与环保措施

(1)使用电动工具时,应核对电源电压,遵守电器工具安全操作规程。

(2)器具及配件在安装中要轻拿轻放。

(3)下脚料应集中堆放,装袋清运到指定地点。

(4)用于各种实验的临时排水应排入专门的排水沟。

1.5.8 应注意的质量问题

(1)管道附件及卫生设备给水配件的安装对于建筑物的外观有很大影响,所以要特别注意整个房间的布置保持协调,标高要一致。

(2)注意水嘴螺盖的漏水问题。

(3)注意阀门盖的漏水问题。

(4)注意解决水嘴关不严或关不住的质量问题。

(5)注意阀门开不动或开启后不通水问题。

(6)注意阀门关不严现象。

1.5.9 质量记录

(1)原材料、成品、半成品的出厂合格证、质量证明和试验报告。

(2)检查验收记录。

(3)通水、满水试验记录。

1.6 室外给水管道安装工程施工工艺标准

本工艺标准适用于民用建筑群(住宅小区)及工厂区的室外给水管道安装工程。工程施工应以设计图纸和有关施工质量规范为依据。

1.6.1 材料设备要求

(1)输送生活给水的管道应采用塑料管、复合管、镀锌管或给水铸铁管。

(2)塑料管、复合管或给水铸铁管的管材、配件应是同一个厂家的配套产品。

(3)给水铸铁管及管件规格品种应符合设计要求,管壁薄层均匀,内外光滑整洁,不得有砂眼、裂纹、飞刺和疙瘩。承插口的内外径及管件应造型规矩,并有出厂合格证。

(4)镀锌钢管及管件管壁内外镀锌均匀,无锈蚀。内壁无飞刺,管件无偏扣、乱扣、丝扣不全、角度不准等现象。

(5)阀门无裂纹,开关灵活严密,铸造规矩,手轮无损坏,并有出厂合格证。

(6)其他材料:石棉绒、油麻绳、青铅、铅油、麻线、机油、螺栓、螺母、防锈漆等,以及为砌筑管沟及井室所用砖、水泥、砂石、钢筋埋件等均应符合设计要求。

1.6.2 主要机具

(1)机具:套丝机、砂轮机、砂轮锯、试压泵、电焊机、弯管器等。

(2)工具:手锤、捻凿、钢锯、套丝扳、剁斧、大锤、电气焊工具、倒链、压力案、管钳、大绳、铁锹、铁镐、毛刷、板锉、撬杠等。

(3)其他:水准仪、经纬仪、压力表、水平尺、钢卷尺等。

1.6.3 作业条件

(1)管沟平直,管沟深度、宽度符合要求,阀门井、表井垫层,消火栓底座施工完毕。

(2)管沟沟底夯实,沟内无障碍物,且应有防塌方措施。

(3)管沟两侧不得堆放施工材料和其他物品。

(4)管材、管件及配件齐全,阀门强度和严密性试验应合格。

(5)标高控制点测试完毕。

(6)施工图纸应经设计单位、建设单位、施工单位会审,并办理会审记录。

(7)编制施工方案,做好安全技术交底。

(8)根据施工图纸及现场实际情况绘制施工草图。

1.6.4 施工工艺

(1)工艺流程

管沟开挖→井室砌筑→安装准备→预制加工→管道安装→管道试压→管道冲洗、消

毒→管沟回填

(2)管沟开挖

1)工艺流程

测量→确定线路→钉住中心桩→放线定位→管沟开挖→管沟回填

2)测量、定位

①测量之前先固定好水准点,其精度不应低于Ⅲ级。

②在测量过程中,沿管道线路设置临时水准点。

③测量管线中心线和转弯处的角度,并与当地固定建筑物相连。

④在管道线路与地下原有管道或构筑物交叉处,要设置特别标记显示。

⑤在测量过程中应做好记录,并记明全部水准点和连接线。

⑥给水管道坐标和标高偏差要符合有关标准的规定,从测量定位起就应控制偏差值符合要求。

⑦沟槽底部的开挖宽度应符合设计要求。当设计无要求时,应根据《现场设备、工业管道焊接工程施工规范》(GB 50236—2017)中的计算公式(4.3.2)得出。

3)沟槽开挖

①开挖深度以设计图纸为准,在寒冷地区,按当地冻结层深度,通过计算确定沟槽开挖尺寸,放出上开口挖槽线。

②按设计图纸要求及测量定位的中心线,依据沟槽开挖计算尺寸,撒好灰线。

③按参与施工人数计划最佳操作面划分段,按照从浅到深的顺序开挖。

④人工开挖沟槽的槽深超过 3m 时应分层开挖,每层的深度不超过 2m。

⑤人工开挖多层沟槽的层间留台宽度:放坡开槽时不应小于 0.8m;直槽时不应小于 0.5m;安装井点设备时不应小于 1.5m。

⑥采用机械挖槽时,沟槽分层的深度按机械的性能确定。

⑦槽壁应平顺,边坡坡度应符合施工方案的规定。

⑧在沟槽边坡稳固后设置供施工人员上下沟槽的安全梯。

(3)井室砌筑

1)材料质量要求

①水泥、砖块质量要达到标准或设计要求,水泥具有质量合格证明。

②井盖材质、规格、型号应符合设计要求,应具有质量合格证明,并检查不得有裂纹。

2)工艺流程

施工准备→测量放线→土方开挖→基槽验收→混凝土垫层→垫层面弹→调制砂浆、砌砖→安装井盖框及爬梯→墙面清理、勾缝、养护

3)操作工艺

①筑前砌块应充分湿润。砌筑砂浆配合比应符合设计要求。现场拌制时应拌合均匀、随用随拌。

②砌块应垂直砌筑。需收口砌筑时应按设计要求的位置设置钢筋混凝土梁进行收口。

③砌块砌筑时铺浆应饱满,灰浆与砌块四周粘结紧密,不得漏浆,上下砌块应错缝砌筑。

④砌筑时应同时安装踏步,踏步安装后在砌筑砂浆未达到规定抗压强度前不得踩踏。

⑤内外井壁应采用水泥砂浆勾缝。有抹面要求时，抹面应分层压实。

(4)安装准备

1)根据设计图纸的要求对管沟中线和高程进行测量复核，放出管道中线和标高控制线，沟底应符合安装要求。

2)准备好吊装机具及绳索，并进行安全检查，直径大的管道应根据实际情况使用起重吊装设备。

3)管道安装前必须对管材进行复查。

4)若有三通、弯头、阀门等部件，预先确定其具体位置，再按承口朝来水方向逐个确定工作坑的位置。管道安装前应先将工作坑挖好。

5)做好夜间施工照明。

(5)预制加工

1)按施工图纸及施工草图和实际情况正确测量和计算所需管段的长度，将其记录在施工草图上，然后根据测定的尺寸进行管段下料和接口处理。

2)阀门、水表等附件在安装前预先组装好再进行现场施工。

3)钢管在安装前做好防腐处理。

(6)管道安装

1)球磨铸铁管安装

①管节及管件下沟槽前应清除承口内部的油污、飞刺、铸砂及凹凸不平的铸瘤。柔性接口铸铁管及管件承口的内工作面、插口的外工作面应修整光滑，不得有沟槽、凸脊缺陷。不得使用有裂纹的管节及管件。

②沿直线安装管道时，宜选用管径公差组合最小的管节组对连接，应确保接口的环向间隙均匀。

③采用滑入式或机械式柔性接口时，橡胶圈的质量、性能、细部尺寸应符合国家有关球墨铸铁管及管件标准的规定。

④橡胶圈安装经检验合格后，方可进行管道安装。

⑤安装滑入式橡胶圈接门时，推入深度应达到标记环，并复查与其相邻已安好的第一至第二个接口的推入深度。

⑥安装机械式柔性接口时，应使插口与承口法兰压盖的轴线相重合，螺栓安装方向应一致，用扭矩扳手均匀、对称地紧固。

2)钢管安装

①管道安装应符合现行国家标准《工业金属管道工程施工规范》(GB 50235—2019)、《现场设备、工业管道焊接工程施工规范》(GB 50236—2017)等规范的规定。

②管节的材料、规格、压力等级应符合设计要求，管节宜在工厂预制。现场加工的管节表面应无斑疤、裂纹、严重锈蚀等缺陷，焊缝外观质量应符合表 1.6.1 的规定，焊缝无损检验合格。

表 1.6.1 焊缝的外观质量

项目	技术要求
外观	不得有熔化金属流到焊缝外未熔化的母材上,焊缝和热影响区表面不得有裂纹、气孔、弧坑和灰渣等缺陷;表面光顺、均匀,焊道与母材应平缓过渡
宽度	应焊出坡口边缘 2～3mm
表面余高	应小于或等于 1mm+0.2 倍坡口边缘宽度,且不应大于 4mm
咬边	深度应小于或等于 0.5mm,焊缝两侧咬边总长不得超过焊缝长度的 10%,且连续长不应大于 100mm
错边	应小于或等于 $0.2t$,且不应大于 2mm
未满焊	不允许

注:t 为壁厚(mm)。

③管道安装前,管节应逐根测量、编号,宜选用管径相差最小的管节组对对接。下管前应先检查管节的内外防腐层,合格后方可下管。管节组成管段下管时,管段的长度、吊距,应根据管径、壁厚、外防腐层材料的种类及下管方法确定。弯管起弯点至接口的距离不得小于管径,且不得小于 100mm。

④管节组对焊接时应先修口、清根,管端端面的坡口角度、钝边、间隙,应符合设计要求,设计无要求时应符合表 5.3.7 的规定。不得在对口间隙处夹焊帮条或用加热法缩小间隙施焊。对口时应使内壁齐平,错口的允许偏差应为壁厚的 20%,且不得大于 2mm。

⑤钢管采用螺纹连接时,管节的切口断面应平整,偏差不得超过一扣。丝扣应光洁,不得有毛刺、乱扣、断扣。缺扣总长不得超过丝扣全长的 10%。接口紧固后宜露出 2～3 扣螺纹。

3)塑料管安装

①承插式柔性连接、套筒(带或套)连接、法兰连接、卡箍连接等方法采用的密封件、套筒件、法兰、紧固件等配套管件,必须由管节生产厂家配套供应。电熔连接、热熔连接应采用专用电器设备、挤出焊接设备和工具进行施工。

②管道连接时必须将连接部位、密封件、套筒等配件清理干净。套筒(带或套)连接、法兰连接、卡箍连接用的钢制套筒、法兰、卡箍、螺栓等金属制品应根据现场土质并参照相关标准采取防腐措施。

③承插式柔性接口连接宜在当日温度较高时进行,插口端不宜插到承口底部,应留出不小于 10mm 的伸缩空隙。插入前应在插口端外壁做出插入深度标记。插入完毕后,承插口周围空隙均匀,连接的管道平直。

④电熔连接、热熔连接、套筒(带或套)连接、法兰连接、卡箍连接应在当日温度较低或接近最低时进行。电熔连接、热熔连接时电热设备的温度控制、时间控制,挤出焊接时对焊接设备的操作等,必须严格按照接头的技术指标和设备的操作程序进行。接头处应有沿管节圆周平滑对称的外翻边。内翻边应铲平。

⑤管道与井室宜采用柔性连接，连接方式符合设计要求。设计无要求时，可采用承插管件或中介层做法。

⑥管道系统设置的弯头、三通、变径处应采取混凝土支墩或金属卡箍拉杆等技术措施。在消火栓及闸阀的底部应加垫混凝土支墩。非锁紧型承插连接管道，每根管节应有3点以上的固定措施。

⑦安装完的管道中心线及高程调整合格后，即将管底有效支撑角范围用中粗砂回填密实，不得用土或其他材料回填。

(7)管道试压

1)水压试验前，应编制试验方案，将管道进行加固。

2)采用弹簧压力计时，精度不低于1.5级，最大量程宜为试验压力的1.3～1.5倍。表壳的公称直径不宜小于150mm，使用前经校正并具有符合规定的检定证书。

3)管道注满水时，排出管道内的空气，注满后关闭排气阀，进行水压试验。

4)试验压力为工作压力的1.5倍，但不得小于0.6MPa。

5)用试压泵缓慢升压。对于钢管、铸铁管在试验压力下10min内压力降不应大于0.05Mpa，对于塑料管稳压1h压力降不应大于0.05Mpa，然后降至工作压力进行检查，压力应保持不变。检查管道及接口不渗不漏为合格。

(8)管道冲洗、消毒

1)管道冲洗与消毒应编制实施方案，应在建设单位、管理单位的配合下进行冲洗与消毒。

2)给水管道严禁取用污染水源进行水压试验、冲洗。施工管段离污染水水域较近时，必须严格控制，避免污染水进入管道。如果不慎污染了管道，应由水质检测部门对管道污染水进行化验，并在管道并网运行前进行冲洗与消毒。

3)冲洗时，应避开用水高峰，冲洗流速不小于1.0m/s，连续冲洗。

4)管道第一次冲洗应用清洁水冲洗至出水口水样浊度小于3NTU为止，冲洗流速应大于1.0m/s。管道第二次冲洗应在第一次冲洗后，用有效氯离子含量不低于20mg/L的清洁水浸泡24h后，再用清洁水进行冲洗，直至水质经检测、管理部门取样化验合格为止。

(9)管沟回填

1)压力管道水压试验前，除界面外，管道两侧及管顶以上回填高度不应小于0.5m。水压试验合格后，应及时回填沟槽的其余部分。墙角压管道在闭水或闭气试验合格后应及时回填。

2)沟槽内砖、石、木块等杂物应清除干净。沟槽内不得有积水。

3)采用土回填时，槽底至管顶以上500mm范围内，土中不得含有机物、冻土以及大于50mm的砖、石等硬块。在抹带接口处、防腐绝缘层或电缆周围，应采用细粒土回填。冬期回填时管顶以上500mm范围以外可均匀掺和冻土，其数量不得超过填土总体积的15%，且冻块尺寸不得超过100mm。回填土的含水量宜根据土类和采用的压实工具控制在最佳含水率的±2%范围内。

4)回填作业每层土的压实遍数，应按压实度要求、压实工具、虚铺厚度和含水量，视现场试验确定。

5)采用重型压实机械压实或较重车辆在回填土上行驶时，管道顶部以上应有一定厚度的压实回填土,其最小厚度应按压实机械的规格和管道的设计承载力,通过计算确定。

6)软土、湿陷性黄土、膨胀土、冻土等地区的沟槽回填,应符合设计要求和当地工程标准规定。

(10)季节性施工

1)冬期施工时,管道水压试验、冲洗后应将水排净,以防冻裂。

2)冬期施工防腐时,应将管道上的冰霜清理干净,以免涂料不能良好地附着在管道上。

3)冬期施工时,管道接口如果采用水泥捻口,应用掺有防冻剂的水泥。捻口完毕后用草袋或保温被覆盖防护。

4)雨期施工时,管沟应有良好的防泡槽、防坍塌措施,若有雨水应及时排放。

5)雨期施工时,各临时预留接口应封堵严密,以防污水进入管内。

6)雨雪天气在露天进行铅口及焊口施工时,应搭建临时防雨篷。

1.6.5 质量标准

(1)一般规定

1)输送生活给水的管道应采用塑料管、复合管、镀锌钢管或给水铸铁管。塑料管、复合管或给水铸铁管的管材、配件应是同一厂家的配套产品。

2)架空或在地沟内敷设的室外给水管道的安装要求按室内给水管道的安装要求执行。塑料管道不得露天架空铺设,必须露天架空铺设时应有保温和防晒等措施。

(2)主控项目

1)给水管道在埋地敷设时,应在当地的冰冻线以下,如果必须在冰冻线以上铺设时,应做可靠的保温防潮措施。在无冰冻地区,埋地敷设时,管顶的覆土埋深不得小于500mm,穿越道路部位的埋深不得小于700mm。

检验方法:现场观察检查。

2)给水管道不得直接穿越污水井、化粪池、公共厕所等污染源。

检验方法:观察检查。

3)管道接口法兰、卡扣、卡箍等应安装在检查井或地沟内,不应埋在土壤中。

检验方法:观察检查。

4)给水系统各种井室内的管道安装,若设计无要求,井壁距法兰或承口的距离:管径小于或等于450mm时,不得小于250mm;管径大于450mm时,不得小于350mm。

检验方法:尺量检查。

5)管网必须进行水压试验,试验压力为工作压力的1.5倍,但不得小于0.6MPa。

检验方法:管材为钢管、铸铁管时,试验压力下10min内压力降不应大于0.05MPa,然后降至工作压力进行检查,压力应保持不变,不渗不漏;管材为塑料管时,试验压力下,稳压1h压力降不大于0.05MPa,然后降至工作压力进行检查,压力应保持不变,不渗不漏。

6)镀锌钢管、钢管的埋地防腐必须符合设计要求,设计无规定时,可按表1.6.2的规定执行。卷材与管材间应粘贴牢固,无空鼓、滑移、接口不严等。

检验方法:观察和切开防腐层检查。

表 1.6.2 管道防腐层种类

防腐层次 (从金属表面起)	正常防腐层	加强防腐层	特加强防腐层
1	冷底子油	冷底子油	冷底子油
2	沥青涂层	沥青涂层	沥青涂层
3	外包保护层	加强包扎层(封闭层)	加强保护层(封闭层)
4	—	沥青涂层	沥青涂层
5	—	外包保护层	加强包扎层(封闭层)
6	—	—	沥青涂层
7	—	—	外包保护层
防腐层厚度不小于/mm	3	6	9

7)给水管道在竣工后,必须对管道进行冲洗,饮用水管道还要在冲洗后进行消毒,满足饮用水卫生要求。

检验方法:观察冲洗水的浊度,查看有关部门提供的检验报告。

8)管沟的基层处理和井室的地基必须符合设计要求。

检验方法:现场观察检查。

9)各类井室的井盖应符合设计要求,应有明显的文字标识,各种井盖不得混用。

检验方法:现场观察检查。

10)设在通车路面下或小区道路下的各种井,必须使用重型井圈和井盖,井盖上表面应与路面相平,允许偏差为±5mm。绿化带上和不通车的地方可采用轻型井圈和井盖,井盖的上表面应高出地坪 50mm,并在井口周围以 2%的坡度向外做水泥砂浆护坡。

检验方法:观察和尺量检查。

11)重型铸铁或混凝土井圈,不得直接放在井室的砖墙上,砖墙上应做不少于 80mm 厚的细石混凝土垫层。

检验方法:观察和尺量检查。

(3)一般项目

1)管道的底标、标高、坡度应符合设计要求,管道安装的允许偏差应符合表 1.6.3 的规定。

表 1.6.3 室外给水管道安装的允许偏差和检验方法

项次	项目			允许偏差/mm	检验方法
1	坐标	铸铁管	埋地	100	拉线和尺量检查
			敷设在沟槽内	50	
		钢管、塑料管、复合管	埋地	100	
			敷设在沟槽内或架空	40	

续表

<table>
<tr><th>项次</th><th colspan="3">项目</th><th>允许偏差/mm</th><th>检验方法</th></tr>
<tr><td rowspan="4">2</td><td rowspan="4">标高</td><td rowspan="2">铸铁管</td><td>埋地</td><td>±50</td><td rowspan="4">拉线和尺量检查</td></tr>
<tr><td>敷设在沟槽内</td><td>±30</td></tr>
<tr><td rowspan="2">钢管、塑料管、复合管</td><td>埋地</td><td>±50</td></tr>
<tr><td>敷设在沟槽内或架空</td><td>±30</td></tr>
<tr><td rowspan="2">3</td><td rowspan="2">水平管纵横向弯曲</td><td>铸铁管</td><td>直段(25m 以上)
起点到终点</td><td>40</td><td rowspan="2">拉线和尺量检查</td></tr>
<tr><td>钢管、塑料管、复合管</td><td>直段(25m 以上)
起点到终点</td><td>30</td></tr>
</table>

2)管道和金属支架的涂漆应附着良好,无脱皮、起泡、流淌和漏涂等缺陷。

检验方法:现场观察检查。

3)管道连接应符合工艺要求,阀门、水表等安装位置应正确,塑料给水管道上的水表、阀门等设施的重量或启闭装置的扭矩不得作用于管道上,当管径≥50mm 时必须设立独立的支承装置。

检验方法:现场观察检查。

4)给水管道与污水管道在不同标高平行敷设时,其垂直间距在 500mm 以内时,给水管管径小于或等于 200mm 的,管壁水平间距不得小于 1.5m;管径大于 200mm 的不得小于 3m。

检验方法:观察和尺量检查。

5)铸铁管承插捻口连接的对口间隙应不得小于 3mm,最大间隙不得大于表 1.6.4 的规定。

表 1.6.4 铸铁道承插捻口对口最大间隙表 (单位:mm)

管径	沿直线敷设	沿曲线敷设
75	4	5
100～200	5	7～13
300～500	6	14～22

检验方法:尺量检查。

6)铸铁管沿直线敷设,承插捻口连接的环形间隙应符合表 1.6.5 的规定;沿曲线敷设,每个接口允许有 2°转角。

表 1.6.5 铸铁管承插捻口的环形间隙 (单位:mm)

管径	标准环形间隙	允许偏差
75～200	10	+3 −2

续表

管径	标准环形间隙	允许偏差
250～450	11	＋4 －2
500	12	＋4 －2

检验方法：尺量检查。

7)捻口用的油麻填料必须清洁，填塞后应捻实，其深度应占整个环形间隙深度的1/3。

检验方法：观察和尺量检查。

8)捻口用水泥强度应不低于32.5MPa，接口水泥应密实饱满，其接口水泥面凹入承口边缘的深度不得大于2mm。

检验方法：观察和尺量检查。

9)采用水泥捻口的给水铸铁管，在安装地点有侵蚀性的地下水时，应在接口处涂抹沥青防腐层。

检验方法：观察检查。

10)采用胶圈接口的埋地给水管道，在土壤或地下水对橡胶圈有腐蚀的地段，在回填土前应用沥青胶泥、沥青麻丝或沥青锯末等材料封闭橡胶圈接口。橡胶圈接口的管道，每个接口的最大偏转角不得超过表1.6.6的规定。

表1.6.6　橡胶圈接口最大允许偏转角

公称直径/mm	100	125	150	200	250	300	350	400
允许偏转角度	5°	5°	5°	5°	4°	4°	4°	3°

检查方法：观察和尺量检查。

11)管沟的坐标、位置、沟底标高应符合设计要求。

检验方法：观察和尺量检查。

12)管沟的沟底层应是原土层，或是夯实的回填土，沟底应平整，坡度应顺畅，不得有尖硬的物体、块石等。

检验方法：观察检查。

13)如果沟基为岩石、不易清除的块石或砾石层，沟底应下挖100～200mm，填铺细砂或粒径不大于5mm的细土，夯实到沟底标高后，方可进行管道敷设。

检验方法：观察和尺量检查。

14)管沟回填土，管顶上部200mm以内应用沙子或无块石及冻土块的土，并不得用机械回填；管顶上部500mm以内部分不得回填直径大于100mm的块石和冻土；500mm以上部分回填土中的块石或冻土块不得集中。上部用机械回填时，机械不得在管沟上行驶。

检验方法：观察和尺量检查。

15)井室的砌筑应按设计或给定的标准图施工。井室的底标高在地下水位以上时,基层应为素土夯实;在地下水位以下时,基层应打100mm厚的混凝土底板。砌筑应采用水泥砂浆,内表面抹灰后应严密不透水。

检验方法:观察和尺量检查。

16)管道穿过井壁处,应用水泥砂浆分两次填塞严密、抹平,不得渗漏。

检验方法:观察检查。

1.6.6 成品保护

(1)给水铸铁管道、管件、阀门及消火栓运输、放置要避免碰撞损伤。

(2)消火栓井及表井要及时砌好,以保证管件安装后不受损坏。

(3)埋地管要避免受外荷载破坏而变形,试水完毕后要及时泄水,防止受冻。

(4)管道穿铁路、公路基础要按设计要求加套管。

(5)地下管道回填土时,为防止管道中心线位移或损坏管道,应人工先在管子周围填土夯实,并应在管道两边同时进行,直至管顶0.5m以上时,在不损坏管道的情况下,方可采用蛙式打夯机夯实。

(6)在管道安装过程中,管道捻口前应对接口处做临时封堵,以免污物进入管道。

1.6.7 安全与环保措施

(1)根据土质与管沟埋深情况,设置必要支护。

(2)管沟两侧应设置防护栏,并设置专用通道,严禁跨越管沟。在明显位置设置警示灯及标识。

(3)管道向管沟内运送时,不得倾斜滚放,应吊放或设置专用通道下管。吊装管道的绳索应绑扎牢固,吊装时要设专人统一指挥,吊物下方严禁站人。

(4)管道对口时,要互相照应,以防伤人。

(5)起重设备、切割机具操作和临时用电应符合有关安全用电管理的规定。

(6)管道切割时,要做好隔音防护措施,减少噪声扰民。切割人员应佩戴防噪、防尘等防护用品。

(7)易燃的化学用品要存放在通风的房间内,妥善保管,防止其泄漏、遗撒污染环境,剩余材料要集中处理。

(8)管道试压后的废水要选择好排放点,不得随意排放。

1.6.8 应注意的问题

(1)埋地管道断裂。原因是管基处理不好或填土夯实方法不当。

(2)阀门井深度不够,地下消火栓的顶部出水口距井盖底部距离小于400mm。原因是埋地管道坐标及标高不准。

(3)管道冲洗数遍,水质仍达不到设计要求和施工规范规定。原因是管膛清扫不净。

(4)水泥接口渗漏。原因是水泥标号不够或过期,接口未养护好,捻口操作不认真,未捻实。

1.6.9 质量记录

(1)主要材料和设备出厂应有合格证、质量证明书、检测报告及进场检验记录。

(2)隐蔽记录、施工检查记录。

(3)管道水压试验记录。

(4)管道冲洗试验、饮用水消毒记录。

(5)检验批及分项工程质量验收记录。

1.7 室外排水管道安装工程施工工艺标准

本标准适用于民用建筑群(住宅小区)及厂区的室外排水管道的安装工程,室外排水工程是将建筑物内排出的生活污水、工业废水和雨水有组织地按一定系统汇集,经处理符合排放标准后排入水体或回收利用。室外排水管道应采用混凝土管、钢筋混凝土管、排水铸铁管或塑料管,其规格及质量应符合现行国家标准和设计要求。排水管沟及井池的土方工程、沟底处理、管道穿井壁处的处理、管沟及井池周围的回填土要求,均参照给水管沟及井室的规定执行。工程施工应以设计图纸与有关施工质量验收规范为依据。

1.7.1 材料要求

(1)管材为硬质聚氯乙烯(UPVC)。所用黏结剂应是同一厂家配套产品,并有产品合格证及说明书。

(2)UPVC管材内外表层应光滑,无气泡、裂纹,管壁薄厚均匀,色泽一致。直管段挠度不大于1%。管件造型应规矩、光滑,无毛刺。承口应有梢度,并与插口配套。

(3)铸铁排水管及管件规格品种应符合设计要求。灰口铸铁的管壁薄厚均匀,内外光滑整洁,无浮砂、包砂、粘砂,更不允许有砂眼、裂纹、飞刺和疙瘩。承插口的内外径及管件造型规矩,法兰接口平正光洁严密。

(4)青麻、油麻要整齐,不允许有腐朽现象。沥青漆、防锈漆、调和漆和银粉必须有出厂合格证。

(5)各类阀门有出厂合格证,规格、型号、强度和严密性试验符合设计要求。丝扣无损伤,铸造无毛刺、无裂纹,开关灵活严密,手轮无损伤。

1.7.2 机具设备

(1)机具:砂轮机、台钻、电锤、套丝机、电焊机、手电钻、冲击钻等。

(2)工具:大锤、手锯、扳手、錾子、捻凿、麻钎、压力案、管钳、线坠、水平尺、割管器、钢卷尺等。

1.7.3 作业条件

(1)管沟顺直,深度、宽度符合设计要求;了解地下构筑物、障碍物的位置;掌握现状,包括地下管线的坐标、标高、走向、类别等。

(2)沟沿两侧1.5m范围内不得堆土和其他物品,并根据土质情况,按要求留放一定的坡度或必要的基坑(槽)支护。

(3)基底平整、坚实,无明显突出的坚硬物,坡度、坡向与管线一致。

(4)管材、管件验收合格,施工机具已备齐全。

(5)现场临时水源、电源已接通。

(6)标高控制点测试完毕。

(7)认真熟悉本专业和相关专业图纸,施工图纸已经设计、建设及施工单位会审,并办理会审记录。

(8)依据图纸会审、设计交底编制施工方案,经审批后进行安全技术交底。

1.7.4 施工工艺

(1)工艺流程

安装准备→定位、放线→管沟开挖→基础施工→管道防腐→管道安装→灌水通水试验→管沟回填

(2)安装准备

1)首先检查管材和管件的接口磨合度,然后按照施工图纸和实际情况测量预留口尺寸,绘制管沟、管线节点详图和管道施工草图,并注明实际尺寸进行断管,对管件较多的部位进行预制加工,码放整齐备用。

2)组装时端口要用锉刀清除飞刺和毛口,并在外边缘铣出15°角,以便插接;粘接前应先做插入试验,不要全部插入,一般为承口的3/4的深度。插试合格后,用棉布将水分、灰尘擦干净,遇到有油污的地方用丙酮擦洗;用毛刷涂黏结剂,先涂承口后涂插口,随后用力插入,插入后转动90°,以便黏结剂粘接牢固,然后将多余黏结剂擦干净,30~60min后即可。

(3)定位、放线

1)定位原则

①根据地下原有构筑物、管线和设计图纸等实际情况,充分研究分析,合理布局。遵循原则:小管让大管,有压管让无压管,新建管让原有管,临时管让永久管,可弯管让不能变管。

②充分考虑现行国家规范规定的各种管线间距要求。

③充分考虑现有建筑物、构筑物进出口管线的坐标、标高。

④确定堆土、堆料、运料、下管的区间或位置。

2)定基准点

①按照交接的永久性水准点将施工水准点设在稳固和通视之处,尽量测试在永久性建筑物、距沟边大于10m的地方,居住区以外的管道水准点不低于Ⅲ级。

②水准点闭合差符合规定,满足要求。

③沿着管线方向定出管道中心和转角处检查井的中心点，并与当地固定建筑物相连。

④新建排水管及构筑物与地下原有管道或构筑物交叉处，要设置明显标记。

⑤核对新旧排水管道的管底标高是否合适。

3)放线

①根据导线桩测定管道中心线，在管线的起点、终点和转角处，钉一较长的木桩作中心控制桩。用两个控制点控制此桩，将窨井位置相继用短木桩钉出。

②根据设计坡度计算挖槽深度，放出上开口挖槽线；沟槽深度必须大于当地冻土层深度。

③测定污水井等附属构筑物的位置。

④在中心桩上钉个小钉，用钢尺量出间距，在窨井中心牢固地埋设水平板，不高出地面，将水平板测水平。板上钉出管道中心线作挂线用，在每块水平板上注明井号、沟宽、坡度和立板至各控制点的常数。

(4)管沟开挖

管沟开挖要求参见本书第 1.6 节“室外给水管道安装工程施工工艺标准”的有关条款。

(5)基底处理

1)管道地基应符合设计要求，管道天然地基的强度不能满足设计要求时应按设计要求加固。

2)槽地局部超挖深度不超过 150mm 时，可用挖槽原土回填夯实，其压实度不应低于原地基土的密实度，槽底地基土壤含水量较大，不适于压实时，应采取换填等有效措施。

3)若排水不良造成地基上土壤扰动，可按以下方法处理：

①扰动深度在 100mm 以内，可换天然级配砂石或沙砾石处理。

②扰动深度在 300mm 以内，但下部坚硬时，可换大卵石或填块石，并用砾石填充空隙和找平表面。填块石时应由一端顺序进行，大面向下，块与块相互挤紧。

4)设计要求采用换土方案时，应按要求清槽，并经检查合格，方可进行换土回填。回填材料、操作方法及质量要求，应符合设计规定。

(6)钢筋混凝土管安装

1)管节的规格、性能、外观质量及尺寸公差应符合国家有关标准的规定。

2)管节安装前应进行外观检查，若发现裂缝、保护层脱落、空鼓、接口掉角等缺陷，应修补并经鉴定合格后方可使用。

3)管节安装前应将管内外清扫干净，安装时应使管道中心及内底高程符合设计要求，稳管时必须采取措施防止管道发生滚动。

4)柔性接口的钢筋混凝土管、预(自)应力混凝土管安装前，承口内工作面、插口外工作面应清洗干净；套在插口上的橡胶圈应平直、无扭曲，应正确就位；橡胶圈表面和承口工作面应涂刷无腐蚀性的润滑剂。安装后放松外力，管节回弹不得大于 10mm，且橡胶圈应在承、插口工作面上。

5)刚性接口的钢筋混凝土管道施工应符合下列规定：

①抹带前应将管口的外壁凿毛、洗净。

②钢丝网端头应在浇筑混凝土管座时插入混凝土内，在混凝土初凝前，分层抹压钢丝网

水泥砂浆抹带。

③抹带完成后应立即用吸水性强的材料覆盖,3～4h 后洒水养护。

④在水泥砂浆填缝及抹带接口作业时落入管道内的接口材料应清除;管径大于或等于700mm 时,应采用水泥砂浆将管道内接口部位抹平、压光;管径小于 700mm 时,填缝后应立即拖平。

6)钢筋混凝土管沿直线安装时,管口间的纵向间隙应符合设计及产品标准要求,无明确要求时应符合表 1.7.1 的规定;预(自)应力混凝土管沿曲线安装时,管口间的纵向间隙最小处不得小于 5mm,接口转角应符合表 1.7.2 的规定。

表 1.7.1 钢筋混凝土管管口间的纵向间隙

管材种类	接口类型	管内径/mm	纵向间隙/mm
钢筋混凝土管	平口、企口	500～600	1.0～5.0
		≥700	7.0～15
	承插式乙型口	600～3000	5.0～1.5

表 1.7.2 预(自)应力混凝土管沿曲线安装接口的允许转角

管材种类	管内径/mm	允许转角/(°)
预应力混凝土管	500～700	1.5
	800～1400	1.0
	1600～3000	0.5
自应力混凝土管	300～800	1.5

(7)钢管安装

1)管道安装应符合现行国家标准《工业金属管道工程施工规范》(GB 50235—2019)、《现场设备、工业管道焊接工程施工规范》(GB 50236—2017)等规范的规定。

2)管节的材料、规格、压力等级等应符合设计要求,管节表面应无斑疤、裂纹、严重锈蚀等缺陷;焊缝外观质量应符合规范要求。

3)管道安装前,管节应逐根测量、编号,宜选用管径相差最小的管节组对对接。

4)管节组对焊接时应先修口、清根,管端端面的坡口角度、钝边、间隙应符合设计要求。不得在对口间隙处夹焊帮条或用加热法缩小间隙施焊。

5)对口时应使内壁齐平,错口的允许偏差应为壁厚的 20%,且不得大于 2mm。

6)不同壁厚的管节对口时,管壁厚度相差不宜大于 3mm。不同管径的管节相连时,两管径相差大于小管管径的 15%时,可用渐缩管连接。渐缩管的长度不应小于两管径差值的 2 倍,且不应小于 200mm。

7)管道上开孔应符合下列规定:

①不得在干管的纵向、环向焊缝处开孔。

②管道上任何位置不得开方孔。

③不得在短节上或管件上开孔。

④开孔处的回固补强应符合设计要求。

8)在寒冷或恶劣环境下焊接应符合下列规定：

①清除管道上的冰、雪、霜等。

②工作环境的风力大于5级、雪天或相对湿度大于90%时，应采取保护措施。

③焊接时，应使焊缝可自由伸缩，并应使焊口缓慢降温。

④冬期焊接时，应根据环境温度进行预热处理。

9)焊接方式应符合设计和焊接工艺评定的要求，管径大于800mm时，应采用双面焊。

10)钢管采用螺纹连接时，管节的切口断面应平整，偏差不得超过一扣；丝扣应光洁，不得有毛刺、乱扣、断扣，缺扣总长不得超过丝扣全长的10%；接口紧固后宜露出2～3扣螺纹。

11)管道采用法兰连接时，应符合下列规定：

①法兰应与管道保持同心，两法兰间应平行。

②螺栓应使用相同规格，且安装方向应一致，螺栓应对称紧固，紧固好的螺栓应露出螺母之外。

③与法兰接口两侧相邻的第一至第二个刚性接口或焊接接口，待法半螺栓紧固后方可施工。

④法兰接口埋入土中时，应采取防腐措施。

(8)排水铸铁管安装

1)管节及管件的规格、尺寸公差、性能应符合国家有关标准规定和设计要求。进入施工现场时其外观质量应符合下列规定：

①管节及管件表面不得有裂纹，不得有妨碍使用的凹凸不平的缺陷。

②采用橡胶圈柔性接口的球墨铸铁管，承口的内工作面和插口的外工作面应光滑、轮廓清晰，不得有影响接口密封性的缺陷。

2)管节及管件下沟槽前，应清除承口内部的油污、飞刺、铸砂及凹凸不平的铸瘤；柔性接口铸铁管及管件承口的内工作面、插口的外工作面应修整光滑，不得有沟槽、凸脊缺陷。有裂纹的管节及管件不得使用。

3)沿直线安装管道时，宜选用管径公差组合最小的管节组对连接，确保接口的环向间隙应均匀。

4)采用滑入式或机械式柔性接口时，橡胶圈的质量、性能、细部尺寸，应符合国家有关球墨铸铁管及管件的规定。

5)橡胶圈安装经检验合格后，方可进行管道安装。

6)安装滑入式橡胶圈接口时，推入深度应达到标记环，并复查与其相邻已安好的第一至第二个接口推入深度。

7)安装机械式柔性接口时，应使插口与承口法兰压盖的轴线相重合；螺栓安装方向一致，用扭矩扳手均匀，对称地紧固。

(9)塑料管安装

1)管节及管件的规格、性能应符合国家有关标准的规定和设计要求，不得有影响结构安全、使用功能及接口连接的质量缺陷；内、外壁光滑、平整，无气泡、无裂纹、无脱皮和严重的冷斑及明显的痕纹、凹陷；管节不得有异向弯曲，端面应平整。

2)承插式柔性连接、套筒(带或套)连接、法兰连接、卡箍连接等方法采用的密封件、套筒件、法兰、紧固件等配套管件,必须由管节生产厂家配套供应;电熔连接、热熔连接应采用专用电器设备、挤出焊接设备和工具进行施工。

3)管道连接时必须对连接部位、密封件、套筒等配件清理干净,套筒(带或套)连接、法兰连接、卡箍连接用的钢制套筒、法兰、卡箍、螺栓等金属制品应根据现场土质并参照相关标准采取防腐措施。

4)承插式柔性接口连接宜在当日温度较高时进行,插口端不宜插到承口底部,应留出不小于10mm的伸缩空隙,插入前应在插口端外壁做出插入深度标记;插入完毕后,承插口周围空隙均匀,连接的管道平直。

5)电熔连接、热熔连接、套筒(带或套)连接、法兰连接、卡箍连接应在当日温度较低或接近最低时进行;电熔连接、热熔连接时电热设备的温度控制、时间控制,挤出焊接时对焊接设备的操作等,必须严格按接头的技术指标和设备的操作程序进行;接头处应有沿管节圆周平滑对称的外翻边,内翻边应铲平。

6)管道与井室宜采用柔性连接,连接方式符合设计要求;设计无要求时,可采用承插管件或中介层做法。

7)管道系统设置的弯头、三通、变径处应采用混凝土支墩或金属卡箍拉杆等技术措施;在消火栓及闸阀的底部应加垫混凝土支墩;非锁紧型承插连接管道,每根管节应有3点以上的固定措施。

(10)灌水通水试验

排水管道安装完毕后,必须进行灌水试验,试验管段应符合下列要求:

1)管道和检查井外观质量已验收合格。

2)管道未回填土且沟槽内无积水。

3)全部预留孔应封堵,不得渗水,管道坡度、卡架符合要求,在管井出口处已封闭;按排水检查井分段试验,试验水头应为试验段上游管顶加1m,然后满水30min,逐段观察,管接口无渗漏、排水畅通无堵塞为试验合格。

(11)管沟回填

在灌水试验完成后进行,中间层用素土和粗砂沿管腔两侧,对称分层回填并人工夯实,每层回填150~200mm为宜。管顶500mm以上可用机械回填,碾轧机压实,但需从管线两侧同时碾压。

(12)季节性施工

1)雨期施工

①编制雨期施工方案,防止雨水从地面带泥和砂浆流到沟槽和管道内,沟槽边坡采取防塌方措施,沟槽一侧分段设置集水坑,分段施工及时设置卡架和固定点,防止漂管。

②雨天不宜进行接口施工,管段连接时采取预制,或在干燥、干净的地方进行粘合,防止胶水未干透,影响粘接效果,产生渗漏。

③保护好预留口,防止由于雨水冲刷堵塞管口。

④雨季填土,应随填随夯,填土高度不高于检查井。

2)冬季施工

①冬季进行管道连接，要在室内温度不低于5℃的房间内操作预制，并停留至少半天，室外连接要在每天室外温度最高的中午时进行，或采取相应措施以保证适当的操作温度，管道铺设完后要覆盖保温。

②严禁将管道铺设在冻土上，应将管道上的冰霜清理干净，以防黏结剂不能良好地附着在管道上。

1.7.5 质量标准

(1)主控项目

1)排水管道的坡度必须符合设计要求，严禁无坡或倒坡。

检验方法：用水准仪、拉线和尺量检查。

2)管道埋设前必须做灌水试验和通水试验，排水应畅通，无堵塞管，接口无渗漏。

检验方法：按排水检查井分段试验，试验水头应以试验段上游管顶加1m，时间不少于30min，逐段观察。

3)沟基的处理和井池的底板强度必须符合设计要求。

检验方法：现场观察和尺量检查，查验混凝土强度报告。

4)排水检查井、化粪池的底板及进、出水管的标高，必须符合设计要求，其允许偏差为±15mm。

检验方法：尺量检查及用水准仪。

(2)一般项目

1)管道的坐标和标高应符合设计要求，安装的允许偏差应符合表1.7.3的规定。

表1.7.3 室外排水管道安装的允许偏差和检验方法

项次	项目		允许偏差/mm	检验方法
1	坐标	埋地	100	拉线、尺量
		敷设在沟槽内	50	
2	标高	埋地	±20	用水平仪、拉线和尺量
		敷设在沟槽内	±20	
3	水平管道纵、横向弯曲	每5m长	10	拉线、尺量
		全长(两井间)	30	

2)排水铸铁管采用水泥捻口时，油麻填塞应密实，接口水泥应密实饱满，其接口面凹入承口边缘且深度不得大于2mm。

检验方法：观察和尺量检查。

3)排水铸铁管外壁在安装前应除锈，涂两遍石油沥青漆。

检验方法：观察检查。

4)承插接口的排水管道安装时，管道和管件的承口应与水流方向相反。

检验方法：观察检查。

5)混凝土管或钢筋混凝土管采用抹带接口时,应符合下列规定:

①抹带前应将管口的外壁凿毛,扫净。当管径小于或等于500mm时,抹带可一次完成;当管径大于500mm时,应分两次抹成,抹带不得有裂纹。

②钢丝网应在管道就位前放入下方,抹压砂浆时应将钢丝网抹压牢固,钢丝网不得外露。

③抹带厚度不得小于管壁的厚度,宽度宜为80～100mm。

检验方法:观察和尺量检查。

6)井、池的规格、尺寸和位置应正确,砌筑和抹灰符合要求。

检查方法:观察及尺量检查

7)井盖选用应正确,标志应明显,标高应符合设计要求。

检验方法:观察、尺量检查

1.7.6 成品保护

(1)在测量放线的排水管道沟槽开挖的范围(包括堆土区域)内,不得堆卸管材及其他材料和机具。放线后应及时开挖沟槽,以免所放线迹模糊不清。

(2)排水管道、管件运放时要避免碰撞损伤。

(3)埋地管时要避免受外荷载破坏而产生变形,试水完毕后要及时泄水,防止受冻。

(4)管道穿越铁路、公路基础要加套管。

(5)地下管道回填土时,为防止管道中心线位移或损坏管道,应用人工先在管子周围填土夯实,并应管道两边同时进行,直至管顶0.5m以上时,在不损坏管道的情况下,方可采用蛙式打夯等机械回填夯实。

(6)安装好的管道不得踏压。

1.7.7 安全、环保措施

(1)沟井开挖时,要设置明显的栏杆、标志牌、警示标志,晚上要设警示灯。

(2)沟槽开挖距上口边1.5m范围内,不得堆卸管材和其他材料机具。

(3)用大锤打木桩时,要先检查大锤手柄是否松动,严防举锤时脱落伤人。

(4)安装管道时,随时检查管沟、边坡有无松动、塌方的迹象,确认安全后方可在沟内施工。

(5)黏结剂、丙酮等易燃品,在存放和运输时必须远离明火源,存放处应安全可靠,粘接场所严禁明火,场内通风良好。

(6)粘接管道时,操作人员应站在上风处,戴防护用具。

(7)电焊施工时,管沟内确保干燥无积水,焊接设备应安装漏电保护装置。

(8)刷沥青漆时,应远离火源。

(9)管材用黏结胶水应无毒、环保。

(10)施工现场要保持清洁,渣土及时清运,洒水降尘。拉土车要覆盖篷布,防遗洒。

1.7.8 应注意的质量问题

(1)严防排水管道漏水

1)管沟超挖后,填土不实或沟底石头未打平,管道局部受力不均匀而造成管材或接口处断裂或松动。

2)预制管时,接口养护不好,强度不够而又过早摇动,使接口产生裂纹而漏水。

3)未认真检查管材是否有裂纹、砂眼等缺陷,施工完毕又未进行闭水试验,造成通水后渗水、漏水。

4)地下管道施工完毕,回填土应进行分层夯实,可采用原土。在有特殊要求用三七灰土时,未严格执行回填土操作程序,随便回填而造成局部土方塌陷或硬土块砸裂管道。

5)冬季施工作完闭水试验后,未能及时放净水,以致冻裂管道造成通水后漏水。

6)管道连接时应计算插接深度,以防止相互对接插入深度不够,影响粘接效果,导致漏水。

(2)排水管道在直管段处为了定期维修及清理疏通管道,每隔 50m 左右设置一处检查井。在改变流动方向、会合支流处、变径处以及改变坡度处,均应加设排水检查井,它们分别起到弯头、三通、变径管的作用,施工时要严格保证质量,不可忽视。

(3)防止接口渗水,应避免:

1)施工时,管道下部直接放在基础上,管子接口处无工作坑位置,下部未抹口或仅在边上抹光。

2)未养护好,有裂缝。应注意保持湿养护。

(4)防止排水口不畅,应注意:

1)测量放线时,严格遵循设计坡度规定。

2)测量过程中,认真测定总排水口的出口标高,一旦发现与设计坡度不符,立即提出。

3)由于外线管线长,进出口标高控制不好导致室内外管线不易连接,应合理计算铺设坡度,以防止管线排水不畅,造成堵塞。

(5)防止管口漏水,应做到:

1)严格检查套箍与管子的配套尺寸,间隙不均者,施工中若能弥补,则可使用。

2)打口或抹带前,认真清干净套箍或管口污物。

1.7.9 质量记录

(1)各类管道材料出厂合格证、检测报告,材料进场检验记录。

(2)预检、隐检记录。

(3)试验记录(灌水试验记录、通水试验记录等)。

(4)地基处理记录、验槽检查记录、回填土实验报告。

(5)检验批质量验收记录、子分部工程质量验收记录。

(6)施工检查记录。

1.8 室内消防管道及设备安装工程施工工艺标准

本标准适用于民用和一般工业建筑的室内消火栓系统和消防自动喷水灭火系统的管道及设备安装。工程施工应以设计图纸和有关施工质量验收规范为依据。

1.8.1 材料要求

(1)消防系统的管材应根据设计要求选用,一般采用热镀锌钢管、碳素钢管,管材不得有弯曲、锈蚀重皮及凹凸不平等现象,镀锌管壁内外镀锌均匀、无锈蚀,管件无飞制、无偏扣,无丝扣不全、角度不准等现象。

(2)消防喷水系统的报警阀、作用阀、控制阀、延迟器、水流指示器、水泵结合器等主要组件的规格型号应符合设计要求。配件齐全,铸造规矩,表面光滑,无裂纹,启动灵活,经国家消防产品质量监督检验中心检测合格。

(3)喷洒头的规格、类型、动作温度应符合设计要求,外形规矩,丝扣完整,感温包无破碎和松动,易熔件无脱落和松动,有产品出厂合格证。

(4)消火栓箱体的规格、类型应符合设计要求,箱体表面平整、光洁。金属箱体无锈蚀、划伤,箱门开启灵活。箱体方正,箱内配件齐全。栓阀外形规矩,无裂纹,启闭灵活,关闭严密,密封填料完好,有产品出厂合格证及消防部门的认证。

1.8.2 主要机具

(1)机具:套丝机、滚槽机、开孔机、砂轮机、台钻、电锤、手砂轮、手电钻、电焊机、电动试压泵等。

(2)工具:套丝板、管钳、台钳、压力钳、链钳、手锤、钢锯、扳手、倒链、电气焊等。

1.8.3 作业条件

(1)主体结构已经验收,现场已经清理干净。

(2)管道安装所需要的基准线应测定并标明,如吊顶标高、地面标高、内墙位置线等。

(3)设备基础经检验符合设计与厂家设备资料要求。

(4)安装管道所需要的操作架等应由专业人员搭设完毕。

(5)检查管道预埋件,预留孔洞的位置、尺寸数量应符合设计要求。

(6)喷水头安装按建筑装修图确定位置,吊顶龙骨安装完后按吊顶材料厚度确定喷洒头的标高。封吊顶时,按喷头预留口位置在顶板上开孔。

(7)水泵等设备安装的室内地面已完工,水泵及其他设备的混凝土基础强度应达到75%以上,尺寸、位置和标高符合设计要求。

(8)水池及水箱具备管道安装条件。

(9)现场的水、电、气源及场地设施满足施工要求。

(10)已编制施工方案并进行技术交底和安全技术交底。

(11)根据工程进度要求及时绘制加工图,提出加工计划。

1.8.4 施工工艺

(1)工艺流程

安装准备→管网安装→消防喷水和消火栓安装→立管安装→消防喷水分层干管安装→喷头安装→报警阀组安装→消火栓安装→其他组件安装→消防水泵安装→高位水箱安装→水泵接合器安装→消防管道试压→管道冲洗→系统调试

(2)安装准备

1)认真熟悉图纸,根据施工方案、技术、质量、安全、交底的具体措施选用材料、测量尺寸、绘制草图、预制加工。

2)核对有关专业图纸,查看各种管道的坐标、标高是否有交叉或排列位置不当,及时与设计人员研究解决,办理洽商手续。

3)检查预埋件和预留孔是否准确。

4)检查管材、阀门、设备及组件等是否符合设计要求和质量标准。

5)要合理安排施工顺序,避免因工种交叉作业而干扰、影响施工。

(3)管网安装

1)管网安装前应校直管道,并清除管道内部的杂物。在具有腐蚀性的场所,安装前应按设计要求对管道、管件等进行防腐处理;安装时应随时清除管道内部的杂物。

2)管道材质应根据设计要求选用,一般采用热镀锌钢管。当管子公称直径小于或等于100mm时,采用螺纹连接;当管子公称直径大于100mm时,可采用沟槽式连接或法兰连接。

3)沟槽式连接或法兰连接每根配管长度不宜超过6m,直管段可把几根连接在一起使用倒链安装,但不宜过长,也可调直后,编号依次顺序吊装。吊装时,应先吊起管道一端,待稳定后再吊起另一端。

4)沟槽式管件连接时,其管道连接沟槽和开孔应用专用滚槽机和开孔机加工,并应做防腐处理。连接前应检查沟槽和孔洞尺寸,加工质量应符合技术要求。沟槽、孔洞处不得有毛刺、破损性裂纹和脏物。

5)机械三通连接时,应检查机械三通与孔洞的间隙,各部位应均匀,然后再紧固到位。机械三通开孔间距不应小于500mm,机械四通开孔间距不应小于1000mm。

6)螺纹连接的密封填料应均匀附着在管道的螺纹部分。拧紧螺纹时,不得将填料挤入管道内;连接后,应将连接处外部清理干净。当管道变径时,宜采用异径接头。在管道弯头处不宜采用补芯。当需要采用补芯时,三通上可用1个,四通上不应超过2个。公称直径大于50mm的管道不宜采用活接头。

7)法兰连接可采用焊接法兰或螺纹法兰。焊接法兰焊接处应做防腐处理,并宜重新镀锌后再连接。焊接应符合现行国家标准《工业金属管道工程施工规范》(GB 50235—2019)、《现场设备、工业管道焊接工程施工规范》(GB 50236—2017)的有关规定。螺纹法兰连接应预测对接位置,清除外露密封填料后再紧固、连接。

8)管道连接紧固法兰时,应检查法兰端面是否干净。法兰垫采用3～5mm的橡胶垫片。采用沟槽式连接时,应检查卡箍环绕并压定垫圈,卡箍内缘应嵌入管道端部的环形沟槽中。螺栓的规格应符合规定,紧固螺栓时应先紧固最不利点,然后依次对称紧固。

9)管道支架、吊架、防晃支架的型式、材质、加工尺寸及焊接质量等,应符合设计要求和国家现行有关标准的规定。管道支架、吊架的安装位置不应妨碍喷头的喷水效果。管道支架、吊架与喷头之间的距离不宜小于300mm,与末端喷头之间的距离不宜大于750mm。

10)管道穿过建筑物的变形缝时,应采取抗变形措施。穿过墙体或楼板时应加设套管,套管长度不得小于墙体厚度。穿过楼板的套管的顶部应高出装饰地面20mm;穿过卫生间或厨房楼板的套管的顶部应高出装饰地面50mm,且套管底部应与楼板底面相平。套管与管道的间隙应采用不燃材料填塞密实。

11)管道横向安装宜设2‰～5‰的坡度,且应坡向排水管。当局部区域难以利用排水管将水排净时,应采取相应的排水措施。当喷头数量小于或等于5只时,可在管道低凹处加设堵头;当喷头数量大于5只时,宜装设带阀门的排水管。

12)消火栓系统干管应根据设计要求使用管材,一般选用碳素钢管或无缝钢管。连接方式采用螺纹连接或焊接。

(4)消防喷水和消火栓立管安装

1)立管暗装在竖井内时,在管井内预埋铁件上安装卡件。固定立管底部的支吊架要牢固,防止立管下坠。

2)立管明装时每层楼板要预留孔洞,使立管可随结构穿入,以减少立管接口。

3)立管穿过楼板时应加设套管。套管应高出楼面或地面20mm。套管与管道的间隙应采用不燃烧材料的防水油膏填塞密实。

(5)消防喷水分层干管安装

1)管道的分支预留口在吊顶前先预制好,丝接的用三通定位预留口,调直后吊装,所有预留口均加好临时堵。

2)管道安装与通风管的位置要协调好。

3)喷水管道不同管径连接时不得采用补心,应采用异径(管件)。

4)向上喷的喷水头有条件的可与分支管顺序安装好,其他管道安装完后,不易操作的位置也应先安装好向上的喷水头。

5)喷水分支水流指示器后不得连接其他用水设施,每路分支均应设置测压装置。

6)管道穿过建筑物的变形缝时,应设置柔性短管。穿过墙体时应加设套管,套管长度不得小于墙体厚度,套管与管道的间隙应采用不燃烧材料填塞密实。

(6)喷头安装

1)喷头安装必须在系统试压、冲洗合格后进行。

2)喷头安装时,不应对喷头进行拆装、改动。严禁给喷头、隐蔽式喷头的装饰盖板附加任何装饰性涂层。

3)喷头安装时应使用专用扳手,严禁利用喷头的框架施拧。喷头的框架、溅水盘产生变形或释放原件损伤时,应采用规格、型号相同的喷头更换。

4)安装在易受机械损伤处的喷头,应加设喷头防护罩。

5)喷头安装时，溅水盘与吊顶、门、窗、洞口或障碍物的距离应符合设计要求。

6)安装前检查喷头的型号、规格、使用场所等，应符合设计要求。系统采用隐蔽式喷头时，配水支管的标高和吊顶的开口尺寸应准确控制。

7)当喷头的公称直径小于 10mm 时，应在配水干管或配水管上安装过滤器。当喷头溅水盘高于附近梁底或高于宽度小于 1.2m 的通风管道、排管、桥架腹面时，喷头溅水盘高于梁底、通风管道、排管、桥架腹面的最大垂直距离应符合《自动喷水灭火系统施工及验收规范》的要求。

(7)报警阀组安装

报警阀组的安装应在供水管网试压、冲洗合格后进行。安装时应先安装水源控制阀、报警阀，然后进行报警阀辅助管道的连接。水源控制阀、报警阀与配水干管连接时，应使水流方向一致。报警阀组安装的位置应符合设计要求，当设计无要求时，报警阀组应安装在便于操作的明显位置，距室内地面高度宜为 1.2m，两侧与墙的距离不应小于 0.5m，正面与墙的距离不应小于 1.2m，报警阀组凸出部位之间的距离不应小于 0.5m。安装报警阀组的室内地面应有排水设施，排水能力应满足报警阀调试、验收和利用试水阀门泄空系统管道的要求。

(8)消火栓安装

1)消火栓通常安装在消火栓箱内，箱体应符合设计要求，有时也装在消火栓箱外边。消火栓安装高度为栓口中心距地面 1.1m，允许偏差 20mm。栓口出水方向朝外，与设置消火栓箱的墙面相互垂直或成 45°角。消火栓在箱内时，消火栓中心距消火栓箱侧面为 140mm，距箱后内表面为 100mm，允许偏差 5mm。

2)室内消火栓箱的安装应平正、牢固，暗装的消火栓箱不能破坏隔墙的耐火等级。消火栓箱体安装的垂直度允许偏差为＋3mm，消火栓箱门的开启不应小于 120°。安装消火栓水龙带时，水龙带与水枪和快速接头绑扎好后，应根据箱内构造放置水龙带。

3)在一般建筑物内，消火栓及消防给水管道均采用明装。室内消防给水立管从下到上一种规格不变，安装时只需注意消火栓箱及其附件的安装位置以及与管道之间的相互关系。消防立管的底部距地面 500mm 处应设置球形阀，阀门经常处于全开启状态，阀门上应有明显的启动标志。

4)消火栓应安装在建筑物内明显处以及取用方便的地方。在多层建筑物内，消火栓布置在耐火的楼梯间内；在公共建筑物内，消火栓布置在每层的楼梯处、走廊或大厅的出入口处；生产厂房内的消火栓，则布置在人员经常出入的地方。

5)消火栓一般安装在砖墙上，分明装、暗装及半明装三种形式，见图 1.8.1。若采用暗装或半明装时，需在土建砌砖墙时，预留好消火栓箱洞。当消火栓箱就位安装时，应根据高度和位置尺寸找正、找平，使箱边沿与抹灰墙保持水平，再用水泥砂浆塞满箱四周空间，将箱稳固。若采用明装，需事先在砖墙上栽好螺丝，然后按螺丝的位置在箱背面钻孔，将箱子就位，再加垫带螺帽拧紧固定。

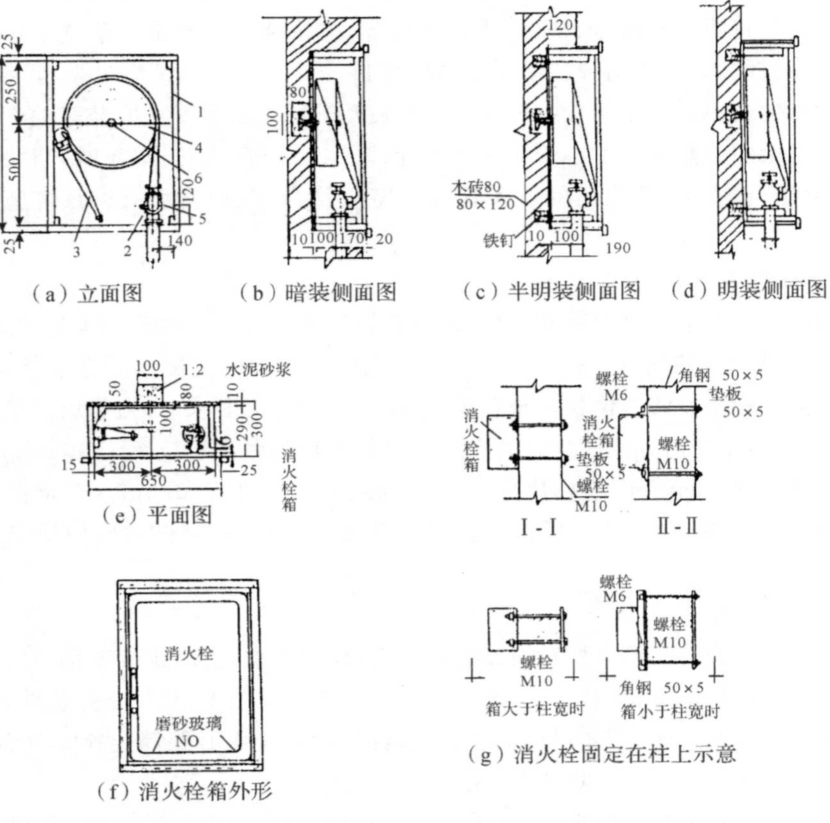

1—消火栓箱;2—消火栓;3—水枪;4—水龙带;5—水龙带接扣;6—挂钉

图 1.8.1 室内单开门式消火栓箱安装

6)安装室内消火栓时,必须取出箱内的水龙带、水枪等全部配件。箱体安装好后再复原。进水管的公称直径不小于 50mm,消火栓应安装得平整牢固,各零件应齐全可靠。

7)消火栓支管要以栓阀的坐标、标高定位甩口,核定后再稳定消火栓箱。箱体找正稳固后再把栓阀安装好。栓阀侧装在箱内时应在箱门开启的一侧,箱门应开启灵活。

(9)其他组件安装

1)水流指示器的安装应在管道试压和冲洗合格后进行。水流指示器的规格、型号应符合设计要求。水流指示器应使电器元件部位竖直安装在水平管道上侧,其动作方向应和水流方向一致。安装后的水流指示器浆片、膜片应动作灵活,不应与管壁发生碰擦。

2)控制阀的规格、型号和安装位置均应符合设计要求,安装方向应正确,控制阀内应清洁、无堵塞、无渗漏。主要控制阀应加设启闭标志。隐蔽处的控制阀应在明显处设有指示其位置的标志。

3)压力开关应竖直安装在通往水力警铃的管道上,且不应在安装中拆装改动。管网上的压力控制装置的安装应符合设计要求。

4)水力警铃应安装在公共通道或值班室附近的外墙上,且应安装检修、测试用的阀门。水力警铃和报警阀的连接应采用热镀锌钢管。当镀锌钢管的公称直径为 20mm 时,其长度不宜大于 20m。安装后的水力警铃启动时，警铃声强度应不小于 70dB。

5)末端试水装置和试水阀的安装位置应便于检查、试验，并应有相应排水能力的排水设施。

(10)消防水泵安装

1)水泵的规格、型号应符合设计要求，并应有产品合格证和安装使用说明书。

2)水泵配管安装应在水泵定位找平、找正、稳固后进行。水泵设备与管道应柔性连接。水泵应按要求设置减振垫或减振器。

3)与水泵相接配管的一片法兰线与阀门栓紧，用线坠试直找正，量出配管尺寸，配管先焊在法兰上，再把法兰松开，取下焊接，冷却后再与阀门连接好，最后再焊与配管相接的另一法兰。

4)配管法兰应与水泵、阀门的法兰相符，阀门安装手轮方向应便于操作，标高一致，配管排列整齐。

5)吸水管水平管段上不应有气囊和漏气现象。变径连接时，应采用偏心异径管件并应采用管顶平接。

(11)高位水箱安装

高位消防水箱、消防水池的容积和安装位置应符合设计要求。安装时池(箱)外壁与建筑本体结构墙面或其他池壁之间的净距应满足施工或装配的需要。无管道的侧面净距不宜小于 0.7m；安装有管道的侧面，净距不宜小于 1.0m，且管道外壁与建筑本体墙面之间的通道宽度不宜小于 0.6m；设有人孔的池顶，顶板面与上面建筑本体板底的净空不应小于 0.8m，拼装形式的高位消防水箱底与所在地坪的距离不宜小于 0.5m。

(12)水泵接合器安装

1)水泵接合器的规格型号应根据设计选定，其安装位置应有明显标志。阀门位置应便于操作，接合器附近不得有障碍物，安全阀应按系统工作压力定压。为防止因消防加压过高而破坏室内管网及部件，接合器应装有泄水阀。

2)墙壁消防水泵接合器的安装应符合设计要求。设计无要求时，其安装高度距地面宜为 0.7m；与墙面上的门、窗、孔、洞的净距离不应小于 2.0m，且不应安装在玻璃幕墙下方。

3)地下消防水泵接合器的安装，应使进水口与井盖底面的距离不大于 0.4m，且不应小于井盖的半径。地下消防水泵接合器应采用铸有“消防水泵接合器”标志的铸铁井盖，并应在附近设置指示其位置的永久性固定标志。

(13)消防管道试压

试压可分层、分段进行，上水时最高点要有排气装置，高低点各装一块压力表，上满水后检查管网有无渗漏，在升压时，如果出现渗漏，应做好标记，卸压后处理，必要时泄水处理。冬季试压环境温度不得低于 5℃，试压合格后及时办理验收手续。

试验要求：消火栓系统干、立、支管道的水压试验要求执行给水系统金属管道的要求。

当系统设计工作压力等于或小于 1.0 MPa 时，水压试验压力为设计工作压力的 1.5 倍，并不应低于 1.4MPa。当系统设计工作压力大于 1.0MPa 时，水压试验压力为设计工作压力加 0.4MPa。当系统试验达到试验压力后，稳压 30min，目测管网应无泄漏和变形，且压力降不应大于 0.05MPa。

(14)管道冲洗

消防管道在强度试验完毕后应做冲洗工作。冲洗前先将系统中的流量减压孔板过滤装置拆除,冲洗水质合格后装好,冲洗出的水要有排放去向,不得损坏其他成品。

(15)系统调试

1)系统通水调试应达到消防部门的测试规定条件。要求系统设备运转正常;各组件动作正常;最不利点喷头的压力和流量应符合设计要求。

2)系统调试应包括以下内容:水源测试、消防水泵调试、稳压泵调试、报警阀调试、消火栓调试、排水设施调试、联动调试。

1.8.5 质量标准

(1)主控项目

室内消火栓系统安装完成后应取屋顶层(或水箱间内)试验消火栓和首层取两处消火栓做试射试验,达到设计要求为合格。

检验方法:实地试射检查。

(2)一般项目

1)安装消火栓水龙带,水龙带与水枪和快速接头绑扎好后,应根据箱内构造将水龙带挂放在箱内的挂钉、托盘或支架上。

检验方法:观察检查。

2)箱式消火栓的安装应符合下列规定:

①栓口应朝外,并不应安装在门轴侧。

②栓口中心距地面为1.1m,允许偏差±20mm。

③阀门中心距箱侧面为140mm,距箱后内表面为100mm,允许偏差±5mm。

④消火栓箱体安装的垂直度允许偏差为3mm。

检验方法:观察和尺量检查。

1.8.6 成品保护

(1)消防系统施工完毕后,各部位的设备部件要有保护措施,防止碰坏跑水,损坏装修成品。

(2)报警阀配件、消火栓内附件、各部件的仪表等均应加强管理,防止丢失和损坏。

(3)消防管道安装与土建及其他管道发生矛盾时,不得私自改动,要经过设计,并办理变更洽商解决。

(4)喷水头安装时不得污染和损坏吊顶装饰面。

(5)安装好的管道不得用作支撑或放脚手板,不得踏压,其支托卡架不得用作其他用途。

(6)管道安装完毕后,应将所有管口临时封闭严实。

(7)搬运材料、机具及施工时,要有具体保护措施,不得将已做好的墙壁面弄脏、砸坏。

(8)水压试验时,应注意保护已安装的设备及装修材料,防止因漏水而损坏。

1.8.7 安全与环保措施

(1)打洞时要戴好防护眼镜,防止伤眼,并注意避免锤头脱落、钎子飞刺。

(2)使用高凳时,先检查有无缺损,同时必须系好防滑绳,禁止两人在同一高凳上操作,不准垫高使用。

(3)现场垃圾的清理,应采用容器吊运,不得随意抛洒。

(4)冲洗及试验用水不得随意排放,应排放到指定地点。

1.8.8 应注意的问题

(1)避免喷水管道拆改严重,在安装前各专业工序应协调好。

(2)喷水头处有渗漏现象,由于系统尚未试压就封吊顶,造成通水后渗漏。封吊顶前必须经试压,办理隐蔽工程验收手续。

(3)由于支管末端弯头处未加卡件固定,支管尺寸不准,使护口盘不正,造成喷水头与吊顶接触不牢,护口盘松动、偏斜。

(4)由于未拉线安装,使喷水头部不成排、成行。

(5)由于安装方向相反或电接点有氧化物造成接触不良,使水流指示器工作不灵敏。

(6)由于阀门未开启,单向阀装后或有盲板未拆除造成水泵结合器不能加压。

(7)由于管道未冲洗干净,阀内有杂物造成消火栓阀门关闭不严。

(8)由于安装未找正或箱门变形,造成消火栓箱门关闭不严。

(9)消防水泵按接合器的止回阀要检查其启闭是否灵活,其启闭阀芯应采用不生锈材料,避免锈死。

1.8.9 质量记录

(1)产品材料合格证及进场检验记录。

(2)预检记录、隐蔽记录。

(3)管道系统水压。

(4)管道冲洗与通水试验记录。

(5)消火栓试射试验记录。

(6)设备单机试运转记录。

(7)系统调试试验记录。

(8)检验批及分部工程质检记录。

1.9 室外消火栓及消防水泵接合器安装工程施工工艺标准

本标准适用于建筑工程中的室外消火栓及消防水泵接合器的安装。工程施工中应以设计图纸和有关施工质量验收规范为依据。

1.9.1 材料要求

(1)工程所使用的主要设备、材料、成品、半成品,包括消火栓、消防水泵接合器、止回阀、安全阀、截止阀、蝶阀、闸阀等,规格、型号和性能应符合国家标准和设计要求,并有出厂合格证。

(2)三通、弯头、法兰连接短管等规格、型号符合设计要求,并有出厂合格证。

(3)所有设备、材料进入施工现场时,应进行品种、规格、外观验收,包装应完好,表面无划痕,无冲击破损。

1.9.2 机具设备

(1)机具:砂轮锯、试压泵、配电箱、电动打夯机、电动套丝机、砂轮机、电焊机、弯管器等。

(2)工具:钢锯、倒锯、管钳、捻凿、手捶、扳手、铁锹、水平尺、钢卷尺、压力表等。

(3)测量仪器:水准仪、经纬仪、压力表等。

1.9.3 作业条件

(1)设备及其附件进场后需检验合格,所有阀门逐个进行强度试验,并做好质量记录。安装消防设备与器材前,设计图纸和样品(或样本)应根据当地规定,送消防部门审核认定。

(2)运输道路畅通,施工用电源、水源、照明已具备正常施工条件。

(3)设备坑周围 1.5m 范围内不得堆放施工材料和其他物品,并根据土质情况放置边坡。

(4)管沟基底已夯实,周围已做好防护。

1.9.4 施工工艺

(1)工艺流程

放线定位→室外消火栓安装→水泵接合器安装→设备试压、冲洗

(2)放线定位:根据图纸及相关洽商确定管线设备的坐标及标高,进行放线定位。

(3)室外消火栓安装

1)室外消火栓的选型、规格应符合设计要求。

2)地下式消火栓顶部进水口或顶部出水口应正对井口,便于操作。顶部进水口或顶部出水口与消防井盖底面的距离不得大于 400mm,井内应有足够的操作空间并应做好防水措施。地下式室外消火栓应设置永久性固定标志。

3)当室外消火栓安装部位火灾时存在可能落物危险时,上方应设有防坠落物撞击的措施。

4)室外消火栓给水管道应根据室外消火栓设计用水量和管道的流速经计算比较确定其管径,但不应小于 DN100。

5)室外消防给水管网应布置成环状管网,但在建设初期或室外消防用水量不大于 15L/s 时,可布置成枝状管网。消防给水管网应用阀门分成若干独立段,每段内消火栓的数量不宜超过 5 个。

6)室外消火栓距消防水泵接合器的距离不宜小于15m,且不宜大于40m。

7)室外消火栓不宜配置消防水带和水枪,但当甲、乙、丙类液体储罐区和石油液化石油气储罐区等室外构筑物场所,当没有设置自动灭火系统和自动冷却系统时,且消防给水系统为常高压和临时高压消防给水系统时,宜配置箱式室外消火栓,内配置消防水带和水枪。

(4)水泵接合器安装

1)组装式消防水泵接合器的安装,应按接口、本体、连接管、止回阀、安全阀、放空管、控制阀的顺序进行,止回阀的安装方向应使消防用水能从消防水泵接合器进入系统,整体式消防水泵接合器的安装应按其使用安装说明书进行。

2)消防水泵接合器的设置位置应符合设计要求。

3)消防水泵接合器应设永久性固定标志。该标志应能识别其所对应的消防给水系统,当有分区时应有分区标识。

4)地下消防水泵接合器应采用铸有"消防水泵接合器"标志的铸铁井盖,并在附近设置指示其位置的永久性固定标志。安装地下消防水泵接合器时应使进水口与井盖底面的距离不大于0.4m,且不应小于井盖的半径。

5)墙壁消防水泵接合器的安装应符合设计要求。设计无要求时,其安装高度距地面宜为0.7m;与墙面上的门、窗、孔、洞的净距离不应小于2.0m,且不应安装在玻璃幕墙下方。

(5)系统试压、冲洗

1)水压试验和水冲洗宜使用生活用水,不得使用海水或含有腐蚀性化学物质的水。

2)试压、冲洗前,应对管道防晃支架、支吊架等进行检查,必要时应采取加固措施。对不能经受冲洗的设备和冲洗后可能存留脏物、杂物的管段,应进行清理。

3)对不能参与试压的设备、仪表、阀门及附件应加以隔离或拆除。加设的临时盲板应具有突出于法兰的边耳,且应做明显标志,并记录临时盲板的数量。

4)在系统试压过程中,当出现泄漏时应停止试压,并应放空管网中的试验介质,待消除缺陷后重新再试。

5)当系统设计工作压力等于或小于1.0MPa时,水压强度试验压力应为设计工作压力的1.5倍,并不应低于1.4MPa。当系统设计的工作压力大于1.0MPa时,水压强度试验压力应为该工作压力加0.4MPa。

6)水压强度试验的测试点应设在系统管网的最低点。对管网注水时,应将管网内的空气排净,并应缓慢升压,达到试验压力并稳压30min后,管网应无泄漏、无变形,且压力降不应大于0.05MPa。

7)管网冲洗的水流流速、流量不应小于系统设计的水流流速、流量。管网冲洗宜分区、分段进行。水平管网冲洗时,其排水管位置应低于配水支管。

8)管网冲洗的水流方向应与灭火时管网的水流方向一致。

9)管网冲洗应连续进行。当出口处水的颜色、透明度与入口处水的颜色、透明度基本一致时,冲洗方可结束。

10)管网冲洗宜设临时专用排水管道,其排放应畅通和安全。排水管道的截面面积不得小于被冲洗管道截面面积的60%。

11)水压严密性试验应在水压强度试验和管网冲洗合格后进行。试验压力应为设计工作压力,稳压24h后应无泄漏。

1.9.5 质量标准

(1)主控项目

1)系统必须进行水压试验,试验压力为工作压力的1.5倍,但不得小于0.6MPa。

检验方法:试验压力下,10min内压力降不大于0.05MPa,然后降至工作压力进行检查,压力保持不变,不渗不漏。

2)消防管道在竣工前,必须对管道进行冲洗。

检验方法:观察冲洗出水的浊度。

3)消防水泵接合器和消火栓的位置标志应明显,栓口的位置应便于操作。消防水泵接合器和室外消火栓当采用墙壁式时,如果设计无要求,进、出水栓口的中心安装高度距地面应为1.10m,其上方应设有防坠落物打击的措施。

检验方法:观察及尺量检验。

(2)一般项目

1)室外消火栓和消防水泵接合器的各项安装尺寸应符合设计要求,栓口允许偏差为±20mm。

检验方法:尺量检查。

2)地下式消防水泵接合器顶部进水口或地下消火栓的顶部出水口与消防井盖底面的距离不得大于400mm,井内应有足够的操作空间,并设爬梯。寒冷地区井内应做防冻保护。

检验方法:观察和尺量检查。

3)消防水泵接合器的安全阀和止回阀安装位置和方向应正确,阀门启闭应灵活。

检验方法:现场观察和手扳检查。

1.9.6 成品保护

(1)消火栓井要及时砌好,以保证设备安装后不受损伤。

(2)消火栓及消防水泵接合器安装后,在未盖井盖前,应临时封闭,防止落物砸坏设备或附件。

(3)设备下面若设有临时支撑,在安装完毕后应及时砌筑或浇筑好支撑。

(4)冬季设备试水完毕后应及时泄水,防止受冻。

1.9.7 安全、环保措施

(1)井下施工时,不得向井下抛扔工具和材料,应用绳索系好传递。

(2)管沟及设备井两侧应设置防护栏,并设置专用通道,严禁跨越管沟。在明显位置设置警示灯及标识。

(3)吊装设备时要设置专人统一指挥,分工明确,沟槽和井内不得有人,下设备前应检查吊装设施,设施应完好。

(4)试压过程中不得带压补焊和进行焊接作业。当试验压力超过 0.4MPa 时,不得再紧固法兰螺栓。

(5)管道试验后的废水要选择好排放点,不得随意排放。

(6)在有条件的情况下试验用水应重复利用。

1.9.8 应注意的质量问题

(1)设备基础应夯实,以避免地面沉降时造成接头漏水。

(2)阀门方向应正确,以避免阀门反向安装后造成设备不通水。

(3)管道、设备安装完毕后应对管道、设备进行冲洗及清理,以防杂物造成栓口关闭不严。

(4)支墩应牢固,避免送水后设备松动不稳。

1.9.9 质量记录

(1)产品合格证。

(2)预检、隐蔽记录。

(3)水压试验记录。

(4)冲洗试验记录。

(5)检验批质量验收记录。

1.10 建筑中水系统安装工程施工工艺标准

中水是指生活污水和废水(包括冷却水、淋浴排水、盥洗排水、洗衣排水、厨房排水、厕所排水)以及雨水等,经过处理后,达到规定的水质标准,可在一定范围内重复使用的非饮用水。中水主要用于厕所冲洗、园林灌溉、道路保洁、汽车洗刷以及喷水池、冷却设备补充用水、采暖系统补充用水等。这是既节省淡水资源,又使污水无害化,保护环境的重要举措,在城市供水严重不足的缺水地区,这是缓解水资源不足的重要途径。

本标准适用于建筑工程中水系统安装工程。工程施工应以设计图纸和有关施工质量验收规范为依据。

1.10.1 材料、设备

(1)主要管材

镀锌钢管、铸铁排水管、塑料管、复合管等,及其配件。

1)镀锌钢管及管件应内外壁镀锌饱满光洁、壁厚均匀无锈蚀、砂眼、气泡、裂纹,丝扣不得出现偏扣、乱扣、丝扣不全等现象,符合设计要求,具有出厂合格证、材质检测证明。

2)铸铁排水管及管件应壁厚均匀,造型规矩,无粘砂、毛刺、砂眼、裂纹,承口内外光滑整洁,法兰压盖、光管端口平整,符合设计要求,具有出厂合格证、材质检测证明。

3)塑料管及管件应标明规格、公称压力、生产厂名或商标等标识,包装上应标有批号、数量、生产日期和检验代号。内外壁应光洁平整,无气泡、裂纹、脱皮、分解变色线和明显的痕纹、槽沟、凹陷、杂质等,色泽一致。管材、管件宜用同一厂家产品,符合设计要求,具有产品合格证及有关部门的检测报告。

4)复合管等及其配件内外应光洁平整,无色差、分解变色线、包泡、砂眼、裂纹、脱皮、痕纹及碰撞凹陷。管材、管件宜用同一厂家产品,符合设计要求,应有出厂合格证及材质检测报告。

(2)主要设备

格栅、变频水泵、补水设备、投药设备、消毒设备及配件等,应符合设计要求,应有出厂合格证及材质检测报告、设备使用说明书。

(3)辅助材料

1)各种管卡、黏结剂(宜用与管材同一厂家产品)、油麻、螺栓、螺母、垫圈等应有产品合格证。

2)焊条应有产品合格证并与母材相匹配。

1.10.2 机具设备

(1)机具:套丝机、切割机、弯管机、试压泵、热熔机、电焊机、氩弧焊机等。

(2)工具:管钳、扳手、手锯、手锤、手电钻、扩管器、弯管器、脚手架、人字梯、游标卡尺、钢卷尺等。

1.10.3 作业条件

(1)埋设管道的管沟或基底回填土应平整、夯实,无突出的坚硬物。

(2)暗装管道(包括设备层、竖井、吊顶内的管道)根据设计图纸核对各种管道的管径、标高、位置的排列。预留孔洞、预埋件已配合完成,土建模板已拆除,操作场地已清理干净,安装高度超过3.5m已搭好脚手架。

(3)室内标高线、隔墙中心线(边线)均已测放,墙地面初装完成,能连续施工。

(4)冬季施工,环境温度一般不低于5℃。当环境温度低于5℃时,应采取防寒防冻措施。

(5)各种卫生器具的样品已进场,施工材料的品种和数量能保证施工。

(6)施工图纸经设计单位、建设单位、施工单位会审,并办理会审记录。

(7)编制施工方案,并已审批,做好安全技术交底。

1.10.4 施工工艺

(1)工艺流程

施工准备→支架安装→设备管道安装→管道水压、闭水试验→器具、配件安装→管道通水、冲洗→试运行、调试

(2)施工准备

1)根据设计图纸(或 BIM 深化设计)进行技术交底,检查、核对预留孔洞尺寸是否正确,将管道坐标、标高、位置画线定位。找出管道穿楼板、墙体的中心位置,用錾子扩开或修整孔洞。立管洞口修整时,应在管中心位置从上至下吊线,然后逐层顺序修整。若发现上、下层墙体厚度有变化,应及时调整管道离墙距离。

2)根据设计图纸进行断管、清口、套丝(针对钢管),然后将管道、管件进行预组装、调直。管件较多部位进行预制组装,码放整齐备用。

(3)中水原水管道系统安装注意事项

1)管道材料及安装工艺要求参见本书 1.3 节“室内排水管道安装工程施工工艺标准”中的有关条款。

2)中水原水管道系统宜采用分流集水系统,以便于选择污染较轻的原水,简化处理流程和设备,降低处理经费。

3)便器与细雨设备应分设或分侧布置,以便于单独设置支管、立管,有利于分流集水。

4)污废水支管不宜分叉,以免横支管标高降低过多,影响室外管线及污水处理设备的标高。

5)室内外原水管道及附属构筑物均应防渗漏,井盖应做“中”字标记。

6)中水原水系统应设分流、溢流设施和跨越管,其标高及坡度应能满足排放要求。

(4)中水供水管道系统安装注意事项

1)管道材料及安装工艺要求参见本书 1.1 节“室内给水和热水管道安装工程施工工艺标准”和 1.3 节“室内排水管道安装工程施工工艺标准”的有关条款。

2)中水供水系统必须单独设置,中水供水管道严禁与生活饮用水的给水管道连接。

3)中水管道不宜暗装于墙体和楼板内。如果必须暗装于墙槽内,则必须在管道上有明显不会脱落的标志。

4)中水管道与生活饮用水管道、排水管道平行埋设时,其水平净距离不得小于 0.5m,交叉敷设时,中水管道应位于生活饮用水管道的下面、排水管道的上面,其净距离不应小于 0.15m。

5)中水高位水箱应与生活高位水箱分别设在不同的房间内,如果条件不允许只能设置在同一个房间,则与生活高位水箱的净距离应大于 2m。

6)中水供水管道应考虑排空的可能性,要便于维修。

7)为确保中水系统的安装,试压验收要求应不低于生活饮用水管道。

8)原水处理设备安装后,应经试运行检测中水水质,符合国家标准后,方办理验收手续。

(5)管道水压、闭水试验

1)中水供水系统管道水压试验参见本书 1.1 节“室内给水与热水管道安装工程施工工艺标准”中的有关条款。

2)中水原水系统管道水压试验参见本书 1.3 节“室内排水管道安装施工工程工艺标准”的有关条款。

3)如果不同材质的管材使用在同一系统或管路上,进行水压试验时,以试验压力值要求较小的管材的试验压力为系统或管路的试验压力。

(6)器具、配件的安装参见本书1.4节“卫生器具安装工程施工工艺标准”的有关条款。

(7)管道通水、冲洗参见本书1.1节“室内给水与热水管道安装工程施工工艺标准”和1.3节“室内排水管道安装工程施工工艺标准”的有关条款。

1.10.5 质量标准

(1)主控项目

1)中水高位水箱应与生活高位水箱分设在不同的房间内，如果条件不允许只能设在同一房间时，与生活高位水箱之间的净距应大于2m。

检验方法：观察和尺量检查

2)中水给水管道不得装设取水水嘴。便器冲洗宜采用密闭型设备和器具。绿化、浇洒、汽车冲洗宜采用壁式或地下式的给水栓。

检验方法：观察检查。

3)中水供水管道严禁与生活饮用水给水管道连接，并应采取下列措施：

①中水管道外壁应涂浅绿色标志；

②中水池(箱)、阀门、水表及给水栓均应有“中水”标志。

检验方法：观察检查。

4)中水管道不宜暗装于墙体和楼板内。如果必须暗装于墙槽内时，必须在管道上有明显且不会脱落的标志。

检验方法：观察检查。

(2)一般项目

1)中水给水管材、配件均为耐腐蚀的给水管管材及附件。

检验方法：观察检查。

2)中水管道与生活饮用水给水管道、排水管道平行埋设时，其水平净距不得小于0.5m；交叉埋设时，中水管道应位于生活饮用水管道的下面、排水管道的上面，其净距均不小于0.15m。

检验方法：观察和尺量检查。

1.10.6 成品保护

(1)水压试验合格后应从引入管上安装泄水阀，排空管道内试压用水，以防止越冬施工时冻裂管道。

(2)当土建进行抹灰、装饰作业时，对水表、阀门等应加以覆盖，防止污染损坏玻璃罩。

(3)管道系统安装过程中的开口处应及时封堵，产品如果有损坏，应及时更换，不得隐蔽。

(4)直埋暗管隐蔽后，在墙面或地面标明暗管的位置和走向，严禁在管位处冲击或钉尖锐物体。

(5)明火及热源应远离安装完毕的管道。

1.10.7　安全与环保措施

(1)电气焊施工时应加强防火、防触电措施。

(2)水压试验时,盲板附近不得有人,以防崩裂伤人。

(3)严格控制施工过程中的噪声。

(4)严格控制废弃物品的散放,做到垃圾入站,定时清运。

(5)各种油料、黏结剂、稀料存放处应该远离火源。

(6)中水处理站设在建筑内或建筑物附近时,应采用防臭、防蚊蝇的措施,如密封处理设施、在水处理房间内增设纱门和纱窗。应设置排风系统,其排风口设在远离生活、工作和生产用房的下风向,尽量减少臭气对室内外环境造成的污染。

1.10.8　应注意的质量问题

(1)在管道粘接表面,涂黏结剂前应用砂纸或纱布轻轻打磨一遍,避免粘接处渗水。

(2)伸缩节安装前要检查弹性密封圈,要求干净、无异物、密封圈完好,以防止管道伸缩节漏水。

(3)冬季施工应采用抗冻型黏结剂,以防止黏结剂冻结。

1.10.9　质量记录

(1)主要材料、设备出厂质量合格证和质量检测报告,进场检验记录。

(2)隐蔽工程检查记录。

(3)试运、调试记录。

(4)施工检查记录。

(5)检验批及分部、分项工程质量验收记录。

1.11　游泳池水系统安装工程施工工艺标准

本标准适用于一般游泳池的水系统管道及设备安装工程。工程施工应以设计图纸和有关施工质量验收规范为依据。

1.11.1　材料、设备

(1)铸铁给水管及管件的规格应符合设计压力要求,管壁薄厚均匀,内外光滑整洁,不得有砂眼、裂纹、毛刺和疙瘩。承插口的内、外径及管件应造型规矩,管内外表面的防腐涂层应整洁均匀、附着牢固。管材及管件均应有出厂合格证。

(2)镀锌碳素钢管及管件的规格种类应符合设计要求,管壁内外镀锌均匀,无锈蚀、无飞刺。管件无偏扣、乱扣、丝扣不全或角度不准等现象。管材及管件均应有出厂合格证。

(3)水表的规格应符合设计要求并具有市场准入证。热水系统应选用符合温度要求的热水表。表壳铸造应规矩,无砂眼、裂纹,表玻璃盖无损坏,铅封完整,有出厂合格证。

(4)阀门的规格型号应符合设计要求。热水系统的阀门应符合温度要求。阀体铸造应规矩,表面光洁,无裂纹,开关灵活,关闭严密,填料密封完好无渗漏,手轮完整无损坏,有出厂合格证。

(5)游泳池的给水口、回水口、泄水口应采用耐腐蚀的铜、不锈钢、塑料等材料制造。溢流槽格栅应用耐腐蚀材料制造并为组装型。游泳池的毛发聚集器应用铜或不锈钢等耐腐蚀材料制造。过滤筒(网)的孔径应不大于 3mm,其面积为连接管截面积的 1.5~2 倍。

(6)游泳池循环水系统加药(混凝剂)的药品溶解池、溶液池及定量投加设备应采用耐腐蚀材料制作。输送溶液的管道应采用塑料管、胶管或铜管。

(7)游泳池的浸脚、浸腰消毒池的给水管、投药管、溢流管、循环管和泄水管应采用耐腐蚀材料制成。

1.11.2 机具设备

(1)机具:套丝机、砂轮锯、台钻、电锤、手电钻、电焊机、电动试压泵等。

(2)工具:套丝板、管钳、压力钳、手锯、手锤、活扳手、链钳、煨弯器、手压泵、捻凿、大锤、断管器等。

1.11.3 作业条件

(1)施工现场满足需要,临水、临电已到位。

(2)游泳池土建工程已施工完毕,并经验收合格交付安装。

(3)施工图纸及其他技术文件齐全,且已进行设计交底。

(4)施工方案、技术交底应符合工程实际,满足施工需要。

(5)施工人员应经过安装技术培训。

1.11.4 施工工艺

(1)游泳池水系统包括给水系统、排水系统及附属装置,另外还有跳水制波系统。游泳池给水系统分直流式给水系统、直流净化给水系统、循环净化给水系统三种。一般应采用循环净化给水系统(见图 1.11.1)。

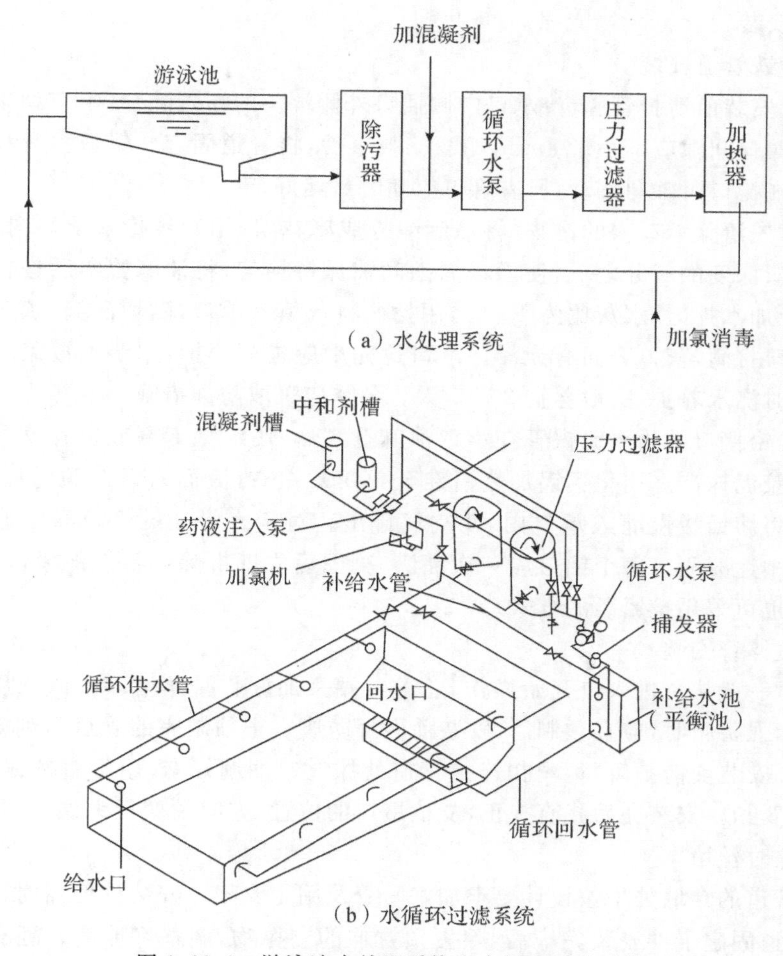

图 1.11.1 游泳池水处理系统和水循环过滤系统

(2)循环净化给水系统包括充水管、补水管、循环水管和循环水泵、预净化装置(毛发聚集器)、净化加药装置、过滤装置(压力式过滤器等)、压力式过滤器反冲洗装置、消毒装置、水加热系统等。

(3)工艺流程

安装准备→预制加工→干管安装→立管安装→支管安装→管道试压→管道冲洗→设备安装→管道防腐和保温→验收

(4)安装准备

认真熟悉图纸,根据施工方案决定的施工方法和技术交底的具体措施做好准备工作。参看有关专业设备图和装修建筑图,核对各种管道的坐标、标高是否有交叉,管道排列所用空间是否合理。若有问题应及时与设计和有关人员研究解决,办好变更洽商记录。

(5)预制加工

按设计图纸画出管道分路、管径、变径、预留管口、阀门位置等施工草图,在实际安装的结构位置做上标记,按标记分段量出实际安装的准确尺寸,记录在施工草图上,然后按草图测得的尺寸预制加工(断管、套丝、上零件、调直、校对,按管段分组编号。

(6)干管安装

1)给水铸铁管道安装

①在干管安装前清扫管膛,将承口内侧插口外侧端头的沥青除掉,承口朝来水方向顺序排列,连接的对口间隙应不小于 3mm。找平、找直后,将管道固定。管道拐弯和始端处应支撑顶牢,防止在捻口时轴向移动,所有管口应随时封堵好。

②捻麻时先清除承口内的污物,将油麻绳拧成麻花状,用麻钎捻入承口内,一般捻两圈以上,约为承口深度的三分之一,使承口周围间隙保持均匀,将油麻捻实后进行捻灰。水泥用 325 号以上加水拌匀(水灰比为 1∶9),用捻凿将灰填入承口,随填随捣,填满后用手锤打实,直至将承口打满,灰口表面有光泽。承口捻完后应进行养护,用湿土覆盖或用麻绳等物缠住接口,定时浇水养护,一般养护 2 ～5 天。冬季应采取防冻措施。

③采用青铅接口的给水铸铁管在承口油麻打实后,用定型卡箍或包有胶泥的麻绳紧贴承口,缝隙用胶泥抹严。用化铝锅加热铅锭至 500 ℃左右(液面呈紫红颜色)。水平管灌铅口位于上方,将熔铅缓慢灌入承口内,使空气排出。对于大管径的管道灌铅速度可适当加快,防止熔铅中途凝固。每个铅口应一次灌满,凝固后立即拆除卡箍或泥模,用捻凿将铅口打实(铅接口也可采用捻铅条的方式)。

2)给水镀锌管安装

①安装时一般从总进入口开始操作,总进口端头加好临时丝堵以备试压用。设计要求沥青防腐或加强防腐时,应在预制后、安装前做好防腐。把预制完的管道运到安装部位按编号依次排开。安装前清扫管膛,丝扣连接管道处抹上铅油缠好麻,用管钳按编号依次上紧,丝扣外露 2～3 扣。安装完后找直找正,复核甩口的位置、方向及变径无误。清除麻头,所有管口要加好临时丝堵。

②热水管道的穿墙处均按设计要求加好套管及固定支架。安装伸缩器时应按规定做好预拉伸,待管道固定卡件安装完毕后,除去预拉伸的支撑物,调整好坡度。翻身处的高点要有放风、低点有泄水装置。

③给水大管径的管道使用无镀锌碳素钢管时,应采用焊接法兰连接。管材和法兰根据设计压力选用焊接钢管或无缝钢管,管道安装完先做水压试验,无渗漏编号后再拆开法兰进行镀锌加工。加工镀锌的管道不得刷漆及污染,管道镀锌后按编号进行二次安装。

(7)立管安装

1)立管明装

每层从上至下统一吊线安装卡件,将预制好的立管按编号分层排开,顺序安装,对好调直时的印记,丝扣外露 2～3 扣,清除麻头,校核预留甩口的高度、方向是否正确。外露丝扣和镀锌层破损处刷好防锈漆。支管甩口均应加好临时丝堵。立管截门安装朝向应便于操作和修理。安装完后用线坠吊直找正,配合土建堵好楼板洞。

2)立管暗装

竖井内立管安装的卡件宜在管井口设置型测,上下统一吊线安装卡件。安装在墙内的立管应在结构施工中预留管槽,立管安装后吊直找正,用卡件固定。支管的甩口应露明并加好临时丝堵。

3)热水立管

按设计要求加好套管。立管与导管连接要采用 2 个弯头。立管直线长度大于 15m 时，要采用 3 个弯头。立管若有伸缩器应安装同干管。

(8)支管安装

1)支管明装

将预制好的支管从立管甩口依次逐段进行安装，有截门时应将截门盖卸下再安装。根据管道长度适当加好临时固定卡。核定不同卫生器具的冷热水预留口高度、位置是否正确、找平找正后栽支管卡件，去掉临时固定卡，上好临时丝堵。支管如果装有水表，应先装上连接管，试压后在交工前拆下连接管，安装水表。

2)支管暗装

确定支管高度后画线定位，剔出管槽，将预制好的支管敷在槽内，找平找正定位后用钩钉固定。卫生器具的冷热水预留口要做在明处，加好丝堵。

3)热水支管

热水支管穿墙处应按规范要求做好套管。热水支管应做在冷水支管的上方，支管预留口位置应为左热右冷。其余安装方法同冷水支管

(8)管道试压

铺设、暗装、保温的给水管道在隐蔽前做好单项水压试验。管道系统安装完后进行综合水压试验。水压试验时放净空气，充满水后进行加压，当压力升到规定要求时停止加压，进行检查。如果各接口和阀门均无渗漏，持续到规定时间，观察其压力下降在允许范围内，则通知有关人员验收，办理交接手续。然后把水泄净，在被破损的镀锌层和外露丝扣处做好防腐处理，再进行隐蔽工作。

(9)管道冲洗

管道在试压完成后即可做冲洗。应用自来水连续冲洗，保证有充足的流量。冲洗洁净后办理验收手续。

(10)设备安装

1)循环水泵吸水管前应加设毛发聚集器。

2)给水口应为连接管截面 2 倍，应为喇叭形。

3)格栅应用耐腐蚀材料制成。

(11)管道防腐和保温

1)管道防腐

给水管道铺设与安装的防腐均按设计要求及国家验收规范施工，所有型钢支架及管道镀锌层破损处和外露丝扣要补刷防锈漆。

2)管道保温

给水管道明装暗装的保温有管道防冻保温、管道防结露保温两种形式，其保温材质及厚度均应按设计要求，质量达到国家验收规范标准。

(12)验收

1)循环水管道应敷设在沿游泳池周边设置的管廊或管沟内，如果埋地敷设应有良好的防腐措施。

2)游泳池地面应采取有效措施防止冲洗排水流入池内。冲洗排水管(沟)接入雨污水管系统时,应设置防止雨污水回流污染的措施。重力泄水排入排水管道时同样应设置防止回流装置。

3)以机械方法泄水时,用循环水泵兼做提升泵,并利用过滤设备反冲洗排水管并兼做泄水排水管。

4)游泳池的给水口、回水口、泄水口、溢流槽、格栅等在安装时其外表面与池壁或池底面应齐平。

1.11.5 质量标准

(1)主控项目

1)游泳池的给水口、回水口、泄水口应采用耐腐蚀的铜、不锈钢、塑料等材料制造。溢流槽、格栅应用耐腐蚀材料制造,并为组装型。安装时其外表应与池壁或池底的装饰面相平。

检验方法:观察检查。

2)游泳池的毛发聚集器应采用铜或不锈钢等耐腐蚀材料制造,过滤筒(网)的孔径应不大于 3mm,其面积应为连接管截面积的 1.5~2 倍。

检验方法:观察和尺量计算。

3)游泳池地面应采取有效措施防止冲洗水流入池内。

检验方法:观察检查。

(2)一般项目

1)游泳池循环水系统加药(混凝剂)的药品溶解池、溶液池及定量投加设备应采用耐腐蚀材料制作。输送溶液的管道应采用塑料管、胶管或铜管。

检验方法:观察检查。

2)游泳池的浸脚、浸腰消毒池的给水管、投药管、溢流管、循环管和泄空管应采用耐腐蚀材料制成。

检验方法:观察检查。

1.11.6 成品保护

(1)设备开箱时必须注意保护。设备进出口时应采用临时盲板,用螺栓拧紧,防止杂物进入设备内部。设备表面应有遮盖物,防止砸坏及污染。设备的吊运过程应由有经验的起重工指挥,吊点必须合理,不能损伤部件,应防止法兰边刻断吊绳。在设备配管前应检查泵腔有无杂物,配管管口也应随时封堵。

(2)加药设备及管路在安装后应采取必要保护措施,严禁撞击、受压转动。游泳池给水口、回水口、泄水口等安装完毕后应采用塑料薄膜、木板等遮盖,防止在其他专业施工时损伤其表面、掉入杂物。

(3)严禁利用管道做任何着力点,施工中不得对其碰撞、擦刮,管路密集处可缠裹彩条布作为临时防护。

(4)搬运设备及管材时,应小心轻放,避免油污,严禁剧烈撞击、与尖锐物品碰触和抛、摔、滚，不得在其上堆压重物。

(5)管材和管件应存放在通风良好的库房或简易棚内，不得露天存放，注意防火安全。

(6)各类设备(尤其是加药设备)在储放与运输中不应破坏原有包装，以免损坏或丢失。

(7)在做强度试验时应以短管代替用水设备以避免设备的损坏。

1.11.7 安全与环保措施

(1)热交换器调试时要注意防护，避免烫伤。

(2)管道试压前，应检查管道与支架的坚固性和管道堵板的牢固性。确认无问题后，才能进行试压。

(3)操作现场不得有明火，严禁对塑质管材进行明火烘弯。

(4)黏结剂、丙酮等易燃品储运应远离火源，存放处干燥阴凉，有专人负责。使用时周围严禁明火，并保证现场通风良好。

(5)在泳池水加药剂净化的过程中，必须采取有效防护措施，避免药剂对人身，尤其是眼睛的伤害。

(6)塑质材料在粘接过程中会分解出少量对人体有害的气体，故工作场所要空气流通，操作人员要戴口罩。

(7)试验用水应选择污水或雨水管网进行集中排放，严禁排放到土壤、天然水域中。

(8)正确使用、存放含氯液体，防止污染环境。

1.11.8 注意的质量问题

(1)为避免基础方向错误，应根据图纸认真放样。

(2)为避免设备安装后基础松动、开裂，应待基础强度达到75%以上后再进行设备安装。

(3)计量设备安装方向必须与标识方向统一，以防止安装方向不正确导致计量设备不能正常工作。

(4)初次运行时，泳池中存有大量杂质，易造成管道或设备堵塞，因此要对泳池内进行人工清扫。

(5)管路因温度变化而变形可能导致穿越水池壁的管路周围渗水，因此在管道穿越水池时应设固定支架，并贴近水池外壁。

1.11.9 质量记录

(1)材料、设备出厂合格证及检测报告。

(2)隐蔽、预检记录。

(3)试压、通水、冲洗试验记录。

(4)检验批质量验收记录。

(5)设备单机试运转记录。

(6)系统试运转调试记录。

1.12 室内外管道及设备防腐工程施工工艺标准

本工艺标准适用于室内外管道、设备和容器的防腐工程。工程施工应以设计图纸和施工质量验收规范为依据。

1.12.1 材料要求

(1)防锈漆、面漆、沥青等应有出厂合格证,其质量应符合设计和有关规范要求。

(2)稀释剂:汽油、煤油、醇酸稀料、松香水、酒精等。

(3)其他材料:石棉、石灰石粉或滑石粉、玻璃丝布、矿棉纸、油毡、牛皮纸、塑料布等。

1.12.2 主要机具

(1)机具:自动喷砂除锈机、喷枪、空压机、金刚砂轮等。

(2)工具:刮刀、锉刀、钢丝刷、砂布、砂纸、刷子、棉丝、沥青锅等。

1.12.3 作业条件

(1)有码放管材、设备、容器及进行防腐操作的场地。

(2)施工环境温度在5℃以上,且通风良好,无煤烟、灰尘及水汽等。气温在5℃以下时施工要采取冬季施工措施。

(3)安全防护设施齐全、可靠。

1.12.4 施工工艺

(1)工艺流程

管道、设备及容器清理、除锈→管道、设备及容器防腐刷漆

(2)管道、设备及容器清理、除锈

1)人工除锈

用刮刀、锉刀将管道、设备及容器表面的氧化皮、焊渣、铸砂等除掉,再用钢丝刷将管道、设备及容器表面的浮锈除去,然后用砂纸磨光,最后用棉丝将其擦净。

2)喷(抛)射除锈

①除锈等级应不低于《涂覆涂料前钢材表面处理 表面清洁度的目视评定》(GB/T 8923—2011)中规定的Sa2级要求。内表面经喷(抛)射处理后,应用清洁、干燥、无油的压缩空气将管道内部的砂粒、尘埃、锈粉等微尘清除干净;

②管道内表面处理后,应在钢管两端60~100mm范围内涂刷硅酸锌或其他可焊性防锈涂料,干膜厚度为20~40μm。

3)化学除锈法

用酸洗的方法清除金属表面的锈层、氧化皮，然后用清水冲洗干净，再用20%的石灰乳或者5%的碳硝酸钠溶液进行中和，最后用清水冲洗2～3遍，待干燥后即可涂漆。

(3)管道、设备及容器防腐刷漆

1)管道、设备及容器阀门，一般应按设计要求进行防腐刷漆。当设计无要求时，可按下列规定进行：

①明装管道、设备及容器必须先刷一道防锈漆，待交工前再刷两道面漆。如果有保温和防结露要求，应刷两道防锈漆。

②暗装管道、设备及容器刷两道防锈漆，第二道防锈漆必须待第一道漆干透后再刷，且防锈漆稠度要适宜。

2)防腐涂漆的方法有三种。

①手工涂刷：手工涂刷应分层涂刷，每层应往复进行，纵横交错，并保持涂层均匀，不得漏涂或流坠。

②机械喷涂：喷涂时喷射的漆流应和喷漆面垂直，喷漆面为平面时，喷嘴与喷漆面应相距250～350mm，喷漆面若为圆弧面，喷嘴与喷漆面的距离应为400mm左右。喷涂时，喷嘴的移动应均匀，速度宜保持在10～18m/min，喷漆使用的压缩空气压力为0.2～0.4MPa。

③浸涂法：将工件浸没在漆液中，然后取出静置，使表面粘附漆膜成形。

(4)埋地管道的防腐

埋地管道外防腐层应符合设计要求，其构造应符合表1.12.1和表1.12.2的规定。

表1.12.1 石油沥青涂料外防腐层构造

材料种类	普通级(三油二布)		加强级(四油三布)		特加强级(五油四布)	
	构造	厚度/mm	构造	厚度/mm	构造	厚度/mm
石油沥青涂料	1.底料一层 2.沥青(厚度≥1.5mm) 3.玻璃布一层 4.沥青(厚度1～1.5mm) 5.玻璃布一层 6.沥青(厚度1～1.5mm) 7.聚氯乙烯工业薄膜一层	≥4.0	1.底料一层 2.沥青(厚度≥1.5mm) 3.玻璃布一层 4.沥青(厚度1～1.5mm) 5.玻璃布一层 6.沥青(厚度1～1.5mm) 7.玻璃布一层 8.沥青(厚度1～1.5mm) 9.聚氯乙烯工业薄膜一层	≥5.5	1.底料一层 2.沥青(厚度≥1.5mm) 3.玻璃布一层 4.沥青(厚度1～1.5mm) 5.玻璃布一层 6.沥青(厚度1～1.5mm) 7.玻璃布一层 8.沥青(厚度1～1.5mm) 9.玻璃布一层 10.沥青(厚度1～1.5mm) 11.聚氯乙烯工业薄膜一层	≥7

表 1.12.2　环氧煤沥表涂料外防腐层构造

材料种类	普通级(三油)		加强级(四油一布)		特加强级(六油二布)	
	构造	厚度/mm	构造	厚度/mm	构造	厚度/mm
环氧煤沥沥青涂料	1.底料 2.面料 3.面料 4.面料	≥0.3	1.底料 2.面料 3.面料 4.玻璃布 5.面料 6.面料	≥0.4	1.底料 2.面料 3.面料 4.玻璃布 5.面料 6.面料 7.玻璃布 8.面料 9.面料	≥0.6

1)石油沥青涂料外防腐层施工应符合下列规定：

①涂底料前管体表面应清除油垢、灰渣、铁锈。人工除氧化皮、铁锈时，其质量标准应达到 St3 级；喷砂或化学除锈时，其质量标准应达到 Sa2.5 级。

②涂底料时基面应干燥。基面除锈后与涂底料的间隔时间不得超过 8h。涂刷应均匀、饱满，涂层不得有凝块、起泡现象，底料厚度宜为 0.1～0.2mm，管两端 150～250mm 范围内不得涂刷。

③沥青涂料熬制温度宜在 230℃左右，最高温度不得超过 250℃，熬制时间宜控制在 4～5h，每锅料应抽样检查，其性能应符合表 1.12.3 的规定。

表 1.12.3　石油沥青涂料性能

项目	性能指标
软化点(环球法)	≥125℃
针入度(25℃,100g)	5～20(1/10mm)
延度(25℃)	≥10mm

④沥青涂料应涂刷在洁净、干燥的底料上，常温下刷沥青涂料时，应在涂底料后 24h 之内实施。沥青涂料涂刷温度以 200～230℃为宜。

⑤涂沥青后应立即缠绕玻璃布。玻璃布的压边宽度应为 20～30mm，接头搭接长度应为 100～150mm，各层搭接接头应相互错开，玻璃布的油浸透率应达到 95 以上。不得出现大于 50mm×50mm 的空白。管端或施工中断处应留出长 150～250mm 的缓坡型搭茬。

⑥包扎聚氯乙烯膜保护层作业时，不得有折皱、脱壳现象；压边宽度应为 20～30mm，搭接长度应为 100～150mm。

⑦沟槽内管道接口处的施工应在焊接、试压合格后进行。接茬处应粘结牢固、严密。

2)环氧煤沥青外防腐层施工应符合下列规定：

①管节表面应符合《给水排水管道工程施工及验收规范》(GB 50268—2008)第 5.4.5 条

第 1 款的规定.焊接表面应光滑无刺、无焊瘤、棱角。

②应按产品说明书的规定配制涂料。

③底料应在表面除锈合格后尽快涂刷。空气湿度过大时,应立即涂刷。涂刷应均匀,不得漏涂。管两端 100～150mm 范围内不涂刷,或在涂底料之前在该部位涂刷可焊涂料或硅酸锌涂料,干膜厚度不应小于 25μm。

④面料涂刷和玻璃布包扎应在底料表干后、固化前进行。底料与第一道面料涂刷的间隔时间不得超过 24h。

3)雨期、冬期石油沥青及环氧煤沥青涂料外防腐层施工应符合下列规定:

①环境温度低于 5℃时,不宜采用环氧煤沥青涂料。采用石油沥青涂料时,应采取冬期施工措施。环境温度低于－15℃或相地湿度大于 85%时,未采取措施不得进行施工。

②不得在雨、雾、雪或 5 级以上大风环境露天施工。

③已涂刷石油沥青防腐层的管道,在炎热天气下不宜直接受阳光照射。冬期气温等于或低于沥青涂料的脆化温度时,不得起吊、运输和铺设。脆化温度试验应符合现行国家标准《石油沥青脆点测定法 弗拉斯法》(GB/T 4510—2017)的规定。

1.12.5 质量标准

(1)主控项目

1)防腐材料的使用应符合设计要求。

2)管道接口防腐前应进行试压,试压合格后方可进行防腐处理。

3)外防腐层的厚度、电火花检漏、黏结力应符合规范要求。

(2)一般项目

1)钢管表面除锈质量等级应符合设计要求。

检查方法:观察,检查防腐管生产厂提供的除锈等级报告。对照典型样板照片检查每个补口处的除锈质量,检查补口处除锈施工方案。

2)油漆种类和涂刷遍数符合设计要求,附着良好,无脱皮、起泡和漏涂,漆膜厚度均匀,色泽一致,无流坠及污染现象。

检验方法:观察检查。

1.12.6 成品保护

(1)已做好防腐层的管道及设备之间要隔开,不得粘连,以免破坏防腐层。刷好的面漆要防止交叉污染。

(2)刷油前先清理好周围环境,防止尘土飞扬,保持清洁。若遇大风、雨、雾、雪不得露天作业。

(3)对于涂漆的管道、设备及容器,在漆层干燥过程中应防止冻结、撞击、震动和温度剧烈变化。

(4)冬季施工时,要测定沥青的脆化温度,当温度接近或低于沥青的脆化温度时,管道不宜进行吊装、运输和敷设。

(5)吊运已涂刷防腐层的管道和设备时,应采用软吊带或不损坏防腐层的绳索。

(6)直埋管回填前应将施工中损坏的防腐层修补好,回填时宜先用人工回填一层细土,埋过管顶300～500mm后再用机械回填。

1.12.7 安全与环保措施

(1)防腐施工时,操作人员应穿戴好防护用品,并位于施工点的上风位,防止挥发气体造成中毒。

(2)现场要通风透气,禁止吸烟和使用明火,需用火时必须有用火证。

(3)剩余防锈漆、面漆、冷底子油等不得随意乱倒。

(4)不得随意焚烧防腐材料。多余的边角料应集中到指定地点处理。

(5)化学除锈中使用的洗液不要随意乱倒。

1.12.8 应注意的问题

(1)油漆、汽油、稀料等辅料应存放于0℃以上的专用房间内,并保持良好的通风条件,不得随处乱放。

(2)沥青漆、防水卷材等材料不得曝晒、淋雨。

(3)管道防腐前应对管道进行彻底的清理,以避免因管道除锈不彻底而造成的管材表面蜕皮、返锈等现象。

(4)刷防锈漆前应对防锈漆进行合理调配,并且毛刷沾油漆量要适当,以避免刷漆不均匀,出现漏坠、色泽不匀等现象。

(5)埋地管防腐时,沥青涂料的涂刷和玻璃布的缠裹应紧密、均匀,以避免管材与防腐层之间出现气孔、裂缝、油泡等现象。

1.12.9 质量记录

(1)主要材料须有出厂合格证、质量证明书、检测报告、进场验收记录。

(2)施工检查记录、预检记录、隐蔽记录。

(3)检验批分项工程质量验收记录。

附录

建筑给水、排水及采暖工程分部、分项工程划分

分部工程	序号	子分部工程	分项工程
建筑给水、排水及采暖工程	1	室内给水系统	给水管道及配件安装,室内消火栓系统安装,给水设备安装,管道防腐、绝热
	2	室内排水系统	排水管道及配件安装、雨水管道及配件安装
	3	室内热水供应系统	管道及配件安装、辅助设备安装、防腐、绝热

续表

分部工程	序号	子分部工程	分项工程
建筑给水、排水及采暖工程	4	卫生器具安装	卫生器具安装、卫生器具给水配件安装、卫生器具排水管道安装
	5	室内采暖系统	管道及配件安装、辅助设备及散热器安装、金属辐射板安装、低温热水地板辐射采暖系统安装、系统水压试验及调试、防腐、绝热
	6	室外给水管网	给水管道安装、消防水泵接合器及室外消火栓安装、管沟及井室
	7	室外排水管网	排水管道安装、排水管沟与井池
	8	室外供热管网	管道及配件安装、系统水压试验及调试、防腐、绝热
	9	建筑中水系统及游泳池系统	建筑中水系统管道及辅助设备安装、游泳池水系统安装
	10	供热锅炉及辅助设备安装	锅炉安装，辅助设备及管道安装，安全附件安装，烘炉、煮炉和试运行，换热站安装，防腐，绝热

主要参考标准名录

[1] 辽宁省建设厅. 建筑给水排水及采暖工程施工质量验收规范：GB 50242—2002[S]. 北京：中国建筑工业出版社，2002.

[2]《建筑安装分项工程施工工艺规程》(DBJT 01—26—2003)

[3] 北京城建集团. 建筑给排水、暖通、空调、燃气工程施工工艺标准：QCJJT—JS02—2004[S]. 北京：中国计划出版社，2004.

[4] 中国建筑总公司. 给排水与采暖工程施工工艺规程：ZJQ00-SG-010—2003[S]. 北京：中国建筑工业出版社，2004.

[5] 强十渤，程协瑞. 安装工程分项施工工艺手册(第一分册管道工程)[S]. 北京：中国计划出版社，2001.

[6] 编委会. 建筑给水排水及采暖工程施工与质量验收实用手册[M]. 北京：中国建材工业出版社，2004.

[7] 辽宁省建设厅. 暖、卫、燃气、通风空调建筑设备分项工艺标准[S]. 2 版. 北京：中国建筑工业出版社，2001.

2 建筑采暖安装工程施工工艺标准

2.1 室内热水采暖管道及配件安装工程施工工艺标准

本工艺标准适用于一般工业建筑及民用热水温度不超过130℃的采暖管道及配件安装工程的施工。工程施工应以设计图纸和有关施工质量验收规范为依据。

2.1.1 材料要求

(1)管材:碳素钢管的规格与品种应符合设计要求。钢制管材不得有弯曲、锈蚀,无飞刺、重皮及凹凸不平现象。镀锌碳素钢管管壁内外镀锌应均匀。

(2)管件:无偏扣、方扣、乱扣、断丝和角度不准确现象。

(3)阀门:有出厂合格证,规格、型号、适用温度及压力符合设计要求。铸造规矩,无飞刺,无裂纹,开关灵活严密,丝扣无损伤,直度和角度正确,手轮无损伤。

(4)管道上使用冲压弯头时,冲压弯头外径应与管道外径相同。

(5)其他材料,如型钢、圆钢、管卡子、螺栓、螺母、油、麻垫、电气焊条等,选用时应符合设计及施工验收规范要求。

(6)采暖工程所使用的主要材料、成品、半成品、配件、设备必须具有中文质量合格证明文件。规格、型号及性能检测报告应符合国家技术标准及设计要求,进场时,应做检查验收,并经监理核查确认。

2.1.2 主要机具

(1)机具:砂轮锯、套丝机、台钻、电焊机、煨弯器、试压泵等。

(2)工具:套丝板、管钳、链钳、压力钳、压力案、台虎钳、电焊工具、手锤、手锯、活扳手、断管器。

2.1.3 作业条件

(1)已进行图纸会审和设计交底,根据设计交底深化施工图纸,绘制安装作业定位图及节点详图,编制施工方案,经审批后,进行技术安全质量交底,提出加工订货计划。

(2)按照图纸检查预留孔洞或预留洞套管的规格、位置、坐标及预埋工艺是否正确。

(3)干管安装:位于地沟内的干管,应把地沟内杂物清理干净,未盖沟盖板前安装好支吊托架。位于楼板下及顶层的干管,应在结构封顶后或结构进入安装条件后穿插进行。

(4)立管安装应在主体结构安装后进行。高层建筑可在主体结构达到安装条件后进入,必须在确定准确的标高线后进行。暗装竖井管道应把竖井内模板及杂物清理干净,并有防坠落措施。

(4)支管安装应在墙面未装修前进行。

2.1.4 施工工艺

(1)工艺流程

安装准备→管道预制→支吊架预制、安装→干管安装→立管安装→支管安装→配件安装→管道试压→管道冲洗→管道防腐→调试

(2)安装准备

1)按设计图纸画出预制单线图或应用 BIM 技术画出深化设计图纸并且绘制成管道单品图。可确定管路的位置、管径、变径、预留口、坡向、支架位置及包括干管起点、末端和拐弯、节点、预留口、坐标位置等。

2)认真熟悉设计图纸或深化设计图依据土建施工进度,做好预留槽洞及安装预埋件配合或预埋图。

(3)管道预制

1)按单线图或深化设计的单品图进行施工现场预制或委托工厂化预制。

2)根据工厂化预制设备的投入,按工厂预制流程进行管道机械预制(断管、焊接或套丝、上配件、调直、校对、按管段分组编号)。

3)将预制加工好的管段编号(或二维码标注),运送到安装位置,待安装。

(4)支吊架预制、安装

1)根据实际安装管道管径的大小、成排管道的数量,结合图纸,选定支吊架规格、型式。对同一部位、同一方向安装的各系统管道应制作综合支架。综合支架要经过受力计算,确保支架安全可靠。

2)根据所选支吊架的型式、设计和规范要求,采用机械方法下料。按管径大小和规范要求用机械方法在支架上钻孔。支架制作应焊接牢固,无夹渣、焊瘤和漏焊现象,外表焊接成型美观。

3)采用成品支架应根据图纸进行定制加工。

4)支吊架再制作时应及时进行防腐、上漆。油漆种类和涂刷遍数应符合设计要求,附着良好,无脱皮、起泡和漏涂,漆膜厚度均匀,色泽一致,无流淌及污染现象。

5)支、吊、托架的安装,应符合下列规定:

①位置正确,埋设应平整牢固。

②固定支架与管道接触应紧密,固定应牢靠。滑动支架应灵活,滑托与滑槽两侧间应留有 3～5mm 的间隙,纵向移动量应符合设计要求。

③无热伸长管道的吊架吊杆应垂直安装;有热伸长管道的吊架、吊杆应向热膨胀的反方向偏移。

④固定在建筑结构上的管道支、吊架不得影响结构的安全。

6)镀锌钢管水平安装的支、吊架间距不应大于表 2.1.1 的规定。

表 2.1.1 镀锌钢管管道支架的最大间距

公称直径/mm		15	20	25	32	40	50	70	80	100	125	150
支架的最大间距/m	保温管	2	2.5	2.5	2.5	3	3	4	4	4.5	6	7
	不保温管	2.5	3	3.5	4	4.5	5	6	6	6.5	7	8

7)管道支架的安装方法

①在钢筋混凝土构件上安装支架。方法是:浇筑钢筋混凝土构件时,在构件内埋设钢板,支架安装时将支架焊在埋设的钢板上。

②在砖墙上埋设支架。有两种方法:

a.在墙上预留或凿洞,将支架埋入墙内,支架在埋墙的一端制作成燕尾。在埋设前清除洞内的碎砖和灰尘,再用水清洗墙洞。支架的埋入深度应该符合设计图纸的规定,一般不小于 100mm。埋入时,用 1∶3 水泥砂浆填塞,填塞时要求砂浆饱满密实。

b.支架的埋入部分事先浇注在混凝土预制块中,在砌墙时,按规定位置和标高一起砌在墙体上。这个方法需与土建施工密切配合,在砌墙时找准、找正支架的位置和标高。

8)用射钉方法安装支架(见图 2.1.1)。在没有预留孔洞和没有预埋钢板的砖墙、混凝土构件上安装支架时,可用射钉方法安装支架。这种方法是用射钉枪将射钉射入砖墙或混凝土构件中,然后用螺母将支架固定在射钉上。安装支架一般选用带外螺纹的射钉,以便于安装螺母。

9)用膨胀螺栓方法安装支架(见图 2.1.2)。支架安装时,先挂线确定支架横梁的安装位置及标高,用已加工好的角型横梁比量并在墙上画出膨胀螺栓的钻孔位置。经打钻孔,轻轻打入膨胀螺栓,套入横梁底部孔眼,用膨胀螺栓的螺母将横梁紧固。

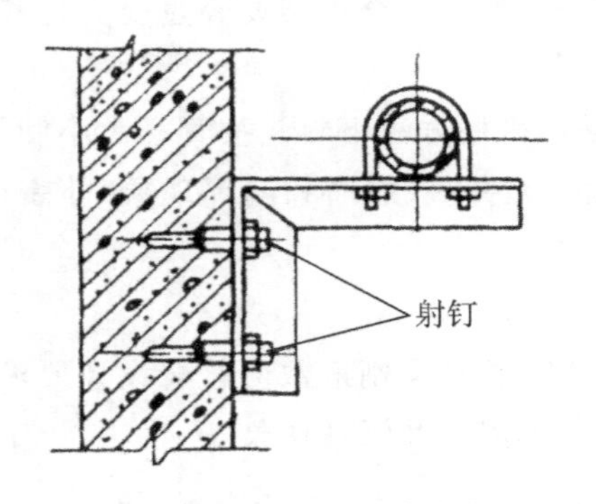

图 2.1.1 射钉法安装支架

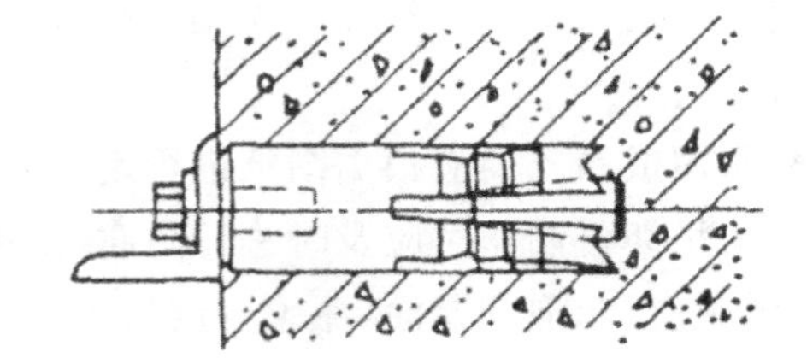

图 2.1.2 膨胀螺栓法安装支架

(5)干管安装

1)干管安装应从进户或分支路点开始,装管前要检查管腔并清理干净。在丝头处涂好铅油缠好麻丝,一人在末端扶平管道,一人在接口处把管相对固定对准丝扣,慢慢转动入扣,用一把管钳咬住前节管件,用另一把管钳转动管至松紧适度,对准调直时的标记,要求丝扣外露 2～3 扣，并清掉麻头，依此方法装完为止（管道穿过伸缩缝或过沟处，必须先穿好钢套管）。

2)管道在地上明设时，可在底层地面上沿墙敷设，过门时设过门地沟或绕行，如图 2.1.3 所示。制作羊角弯时，应煨两个 75°左右的弯头，在连接处锯出坡口，主管锯成鸭嘴形，拼好后即应点焊、找平、找正、找直后，再进行施焊。羊角弯接合部位的口径必须与主管口径相等，其弯曲半径应为管径的 2.5 倍左右。干管过墙安装分路做法见图 2.1.4。

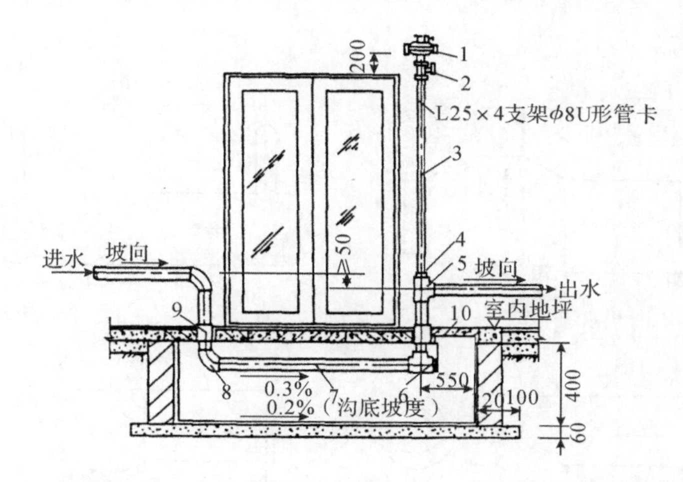

1—排水阀；2—闸板阀；3—空气管；4—补心；5—三通；6—丝堵；
7—回水管；8—弯头；9—套管；10—盖板

图 2.1.3 采暖管道过门

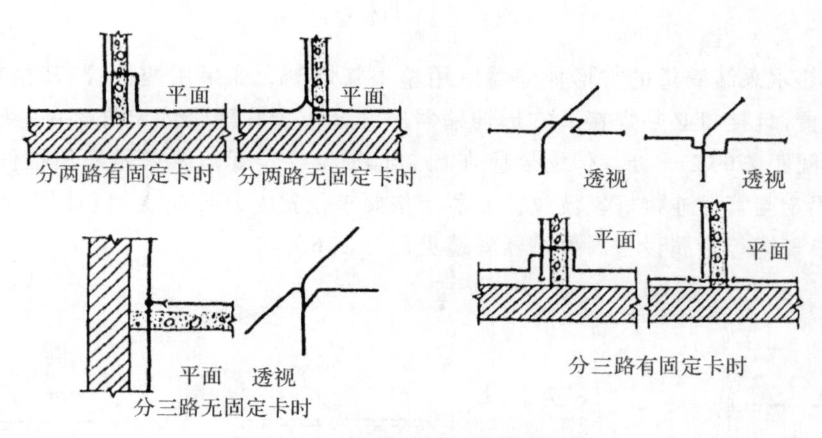

图 2.1.4 干管过墙安装分路做法

3)分路阀门离分路点不宜过远。如果分路处是系统的最低点，必须在分路阀门前加泄水丝堵。集气罐的进出水口应开在偏下约为罐高的 1/3 处。丝接应与管道连接调直后安装，其放风管应稳固，如果不稳可装两个卡子。集气罐位于系统末端时，应装托、吊卡。当设计未注明放风管设置位置时，须将放风管引至卫生间拖布池内，或引至已有的排水地漏或明沟内。

4)管径≥40mm 的钢管在焊接时,其对口间隙及错口偏差不应超过 2mm。采用钢管焊接,先把管子选好、调直,清理好管膛,将管子运到安装地点。安装程序从第一节开始,把管就位找正,对准管口使预留口方向准确,找直后用点焊固定,校正、调直后施焊,焊完后保证管道正、直。

5)水平干管应按排气要求采用偏心变径,见图 2.1.5。变径位置不大于分支点 300mm。暖气干管分环路进行分支连接时,应考虑管道伸缩要求,一般不得采用“丁”字直线管段连接。

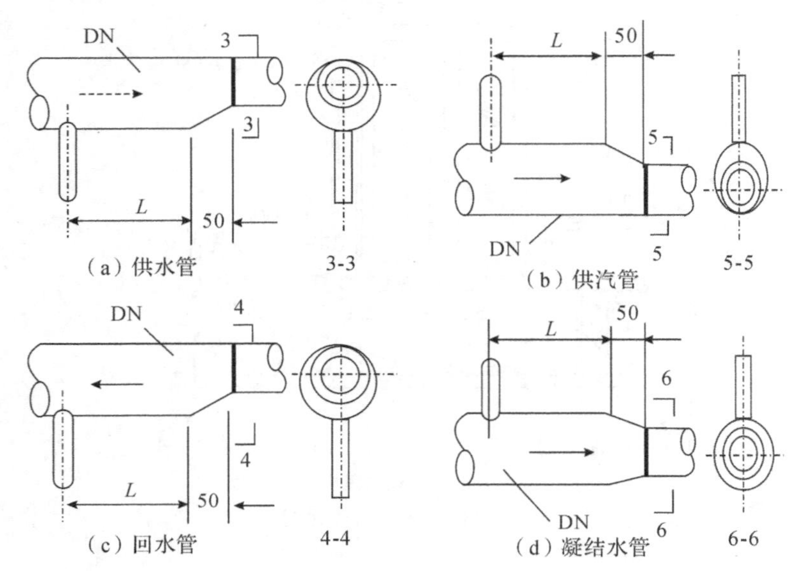

图 2.1.5　干管变径

6)室内热水采暖管道的方形伸缩器宜用整根管煨制。如果用两根管,其接口应在垂直臂的中间位置,且接口必须焊接。方形伸缩器应结合布置在两个固定支架中心或不少于两个固定支架间距离的 1/3 处。伸缩器应在预制时按设计及规范要求做好预拉伸,并做好记录,按位置固定与管道连接好。波纹伸缩器应按要求位置安好导向支架和固定支架,并分别安装阀门、集气罐等附属设备。伸缩器安装见图 2.1.6。

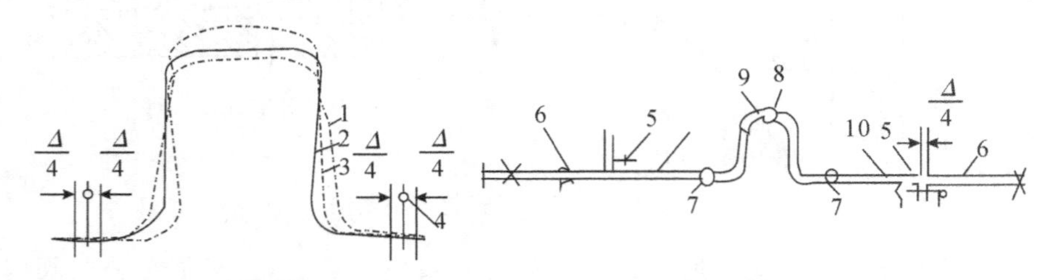

1—安装状态;2—自由状态;3—工作状态;4—总补偿量;5—拉管器;
6、7—活动管托;8—活动管托或弹簧吊架;9—方形补偿器;10—附加直管

图 2.1.6　伸缩器安装

7)管道安装完,检查坐标、标高、预留口位置和管道变径等是否正确,然后找直,用水平尺校对复核坡度,调整合格后,再调整吊卡螺栓 U 形卡,使其松紧适度,平正一致,最后焊牢

固定卡处的止动扳。

8)摆正或安装好管道穿结构处的套管，填堵管洞口，预留口处应加好临时管堵。暖气干管安装后在保温前应做单项试压。

9)当设计设置循环管时，循环管与系统的连接点和膨胀管与系统连接点应有 1.5～2m 的间距。

(6)立管安装

1)核对各层预留孔洞位置是否垂直，吊线、剔眼、栽卡子。将预制好的管道按编号顺序运到安装地点。

2)安装前先卸下阀门盖，有钢套管的先穿到管上，按编号从第一节开始安装。涂铅油缠麻将立管对准接口转动入扣，一把管钳咬住管件，一把管钳拧管，拧到松紧适度、对准调直时的标记要求、丝扣外露 2～3 扣、预留口平正为止，并清净麻头。

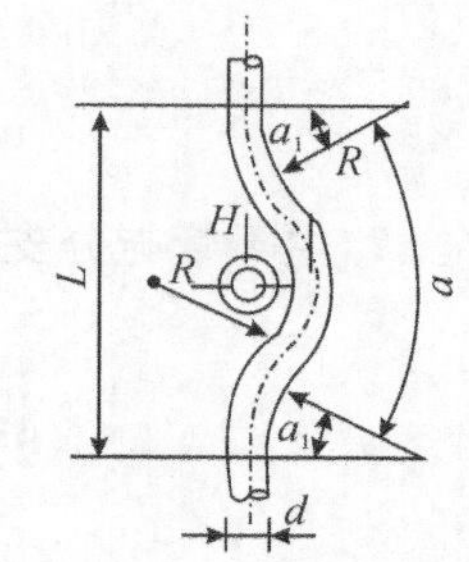

图 2.1.7 让弯加工图

3)检查立管的每个预留口标高、方向、半圆弯等是否准确、平正。将事先栽好的管卡子松开，把管放入卡内拧紧螺栓，用吊杆、线坠从第一节管开始找好垂直度，扶正钢套管，最后填堵孔洞，预留口必须加好临时丝堵。

4)立管遇支管垂直交叉时，立管应该设半圆形让弯绕过支管，如图 2.1.7所示。让弯的尺寸见表 2.1.2。

表 2.1.2 让弯尺寸表

DN/mm	α/(°)	α_1/(°)	L/mm	H/mm
15	94	47	146	32
20	82	41	170	35
25	72	36	198	38
32	72	36	244	42

5)顶棚内立管与干管的连接形式如图 2.1.8 所示。

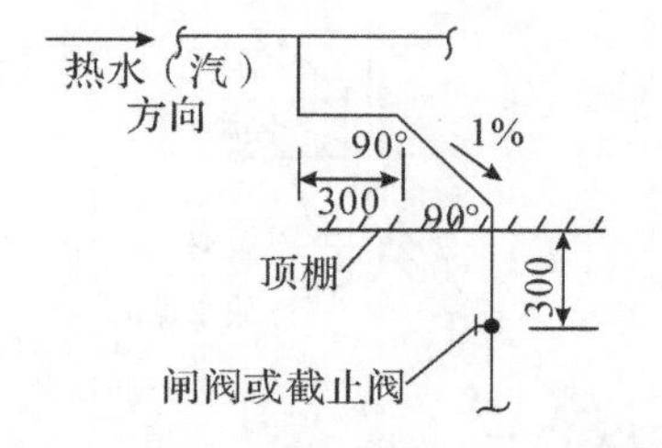

(a) 蒸汽采暖（四层以下）热水采暖（五层以上） (b) 蒸汽采暖（三层以下）热水采暖（四层以上）

图 2.1.8 顶棚内立管与干管连接

6)室内干管与立管连接形式如图 2.1.9 所示。

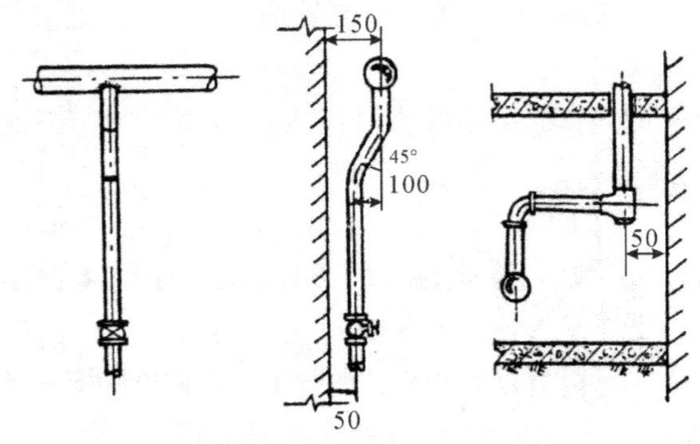

（a）与热水（汽）管连接　　（b）与回水干管连接

图 2.1.9　室内干管与立管连接

7)主干管与分支干管的连接形式见图 2.1.10。

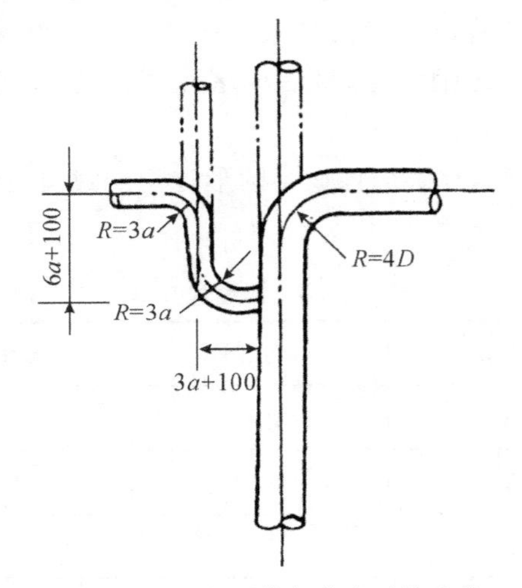

图 2.1.10　主干管与分支干管连接

8)地沟内干管与立管的连接形式见图 2.1.11。

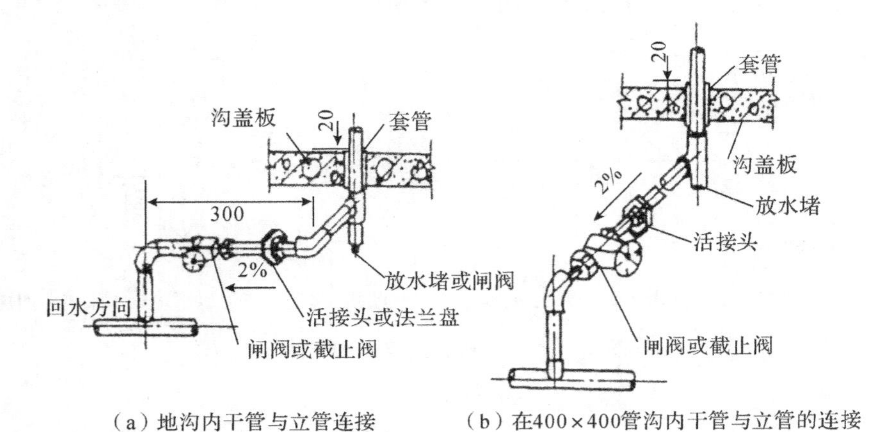

（a）地沟内干管与立管连接　　（b）在400×400管沟内干管与立管的连接

图 2.1.11　地沟内干管与立管连接

9)主立管用管卡或托架安装在墙壁上,其间距为3～4m,主立管的下端要支撑在坚固的支架上。管卡和支架不能妨碍主立管的胀缩。

10)当立管与预制楼板的主要承重部位相碰时,应将钢管弯制绕过,或在安装楼板时,把立管弯成乙字弯(也叫来回弯),如图2.1.12所示。也可以把立管缩到墙内,见图2.1.13。

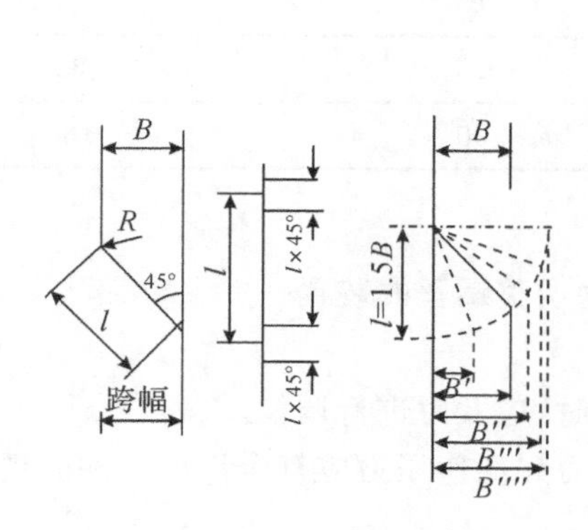

图2.1.12 乙字弯

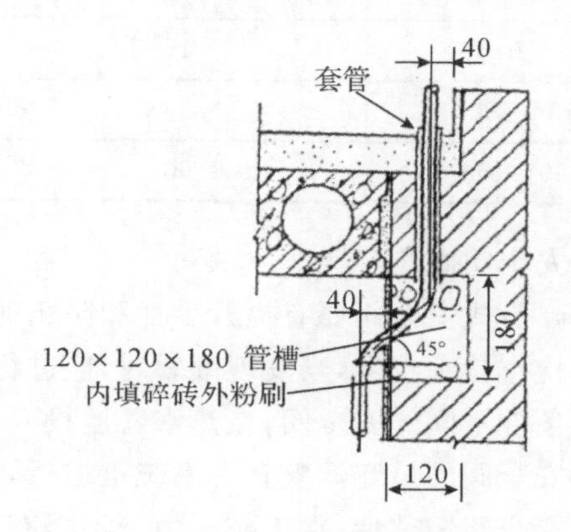

图2.1.13 立管缩墙大样

(7)支管安装

1)检查散热器安装位置及立管预留口是否准确。量出支管尺寸和灯叉弯的大小(散热器中心距墙与立管预留口中心距墙之差)。

2)配支管,按量出支管的尺寸,减去灯叉弯的量,然后断管、套丝、煨灯叉弯和调直。在灯叉弯两头抹铅油缠麻,装好油任,连接散热器,把麻头清净。

3)暗装或半暗装的散热器(详见本书2.3节"散热器组对及安装工程施工工艺标准")的灯叉弯必须与炉片槽墙角相适应,达到美观。

4)用钢尺、水平尺、线坠校对支管的坡度和平行距墙尺寸,并复查立管及散热器有无移动。按设计或规定的压力进行系统试压及冲洗,合格后办理验收手续,并将水泄净。

5)立支管变径,不宜使用铸铁补芯,应使用变径管箍或焊接法。

(8)配件安装

1)阀门安装

①热水管道的阀门种类、规格、型号必须符合规范及设计要求。

②阀门进行强度和严密性试验,在每批(同牌号、同型号、同规格)的数量中抽查10%,并不少于一个。对于安装在主干管上起切断功能的阀门,应逐个做强度及严密性试验,合格才可安装。

③阀门的强度试验压力应为公称压力的1.5倍,以阀体和填料处无渗漏为合格。阀门严密性试验压力为公称压力的1.1倍,以阀芯密封面不漏为合格。

④阀门试压的试验持续时间不少于表2.1.3的规定。

表 2.1.3　阀门试验持续时间

公称直径/mm	最短试验持续时间/s		
	严密性试验		强度试验
	金属密封	非金属密封	
50	15	15	15
65～200	30	15	60
250～450	60	30	180

2)安全阀安装

①弹簧式安全阀要有提升手把和防止随便拧动调整螺丝的装置。

②检查其垂直度,当发现倾斜时,应进行校正。

③条件不同的安全阀,在热水管道投入试运行时,应及时进行调校。

④安全阀的最终调整宜在系统上进行,开启压力和回座压力应符合设计文件的规定。

⑤安全阀调整后,在工作压力下不得有泄漏。

⑥安全阀最终调整合格后,做标志,重做铅封,并填写“安全阀调整试验记录”。

3)水箱安装

①水箱基础或支架的位置、标高、几何尺寸和强度,均应核对和检查,发现异常应和有关人员商定。

②水箱基础表面应水平,水箱安装后应与其基础接触紧密。

③水箱安装前,按设计要求,进行量尺、画线,在基础上做出安装位置的记号。

④膨胀水箱的接管及管径,设计若无特殊要求,则按表 2.1.4 规定在水箱上配管。圆形膨胀水箱构造见图 2.1.14。

表 2.1.4　膨胀水箱的接管及管径

编号	名称	方形		圆形		阀门
		1～8 号	9～12 号	1～4 号	5～16 号	
1	溢水管	DN40	DN50	DN40	DN50	不设
2	排污管	DN32	DN32	DN32	DN32	设置
3	循环管	DN20	DN25	DN20	DN25	不设
4	膨胀管	DN25	DN32	DN32	DN32	不设
5	信号管	DN20	DN20	DN20	DN20	设置

⑤各配管的安装位置

膨胀管——在重力循环系统中接至供水总立管的顶端。在机械循环系统中,接至系统的恒压点,一般选择在循环水泵吸水口前。

循环管——接至系统定压点前水平回水干管上,该点与定压点间的距离为 2～3m。

信号管——应直接明确安装位置。

溢流管——应直接明确安装位置。

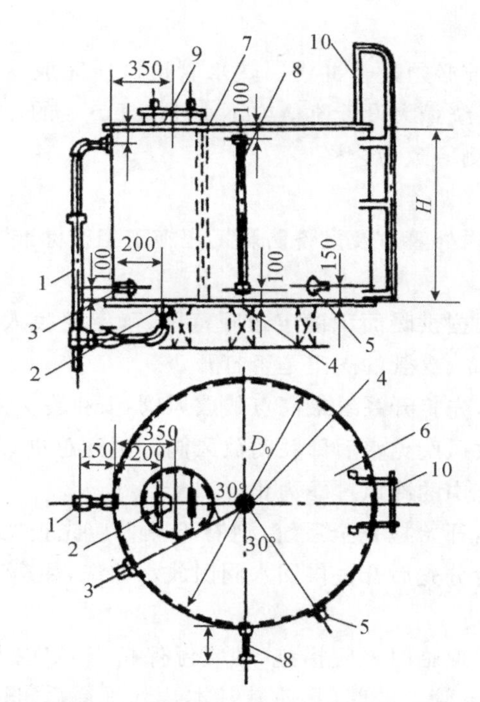

1—溢水管;2—排水管;3—循环管;4—膨胀管;5—信号管;6—箱体;7—内人梯;8—玻璃管水位计;9—人孔;10—外人梯

图 2.1.14 圆形膨胀水箱

排污管——应直接明确安装位置。

⑥水箱保温

膨胀水箱安装在非采暖房间时,应进行保温,保温材料及方法按设计要求。敞口水箱应做满水试验,密闭水箱应进行水压试验,合格后方可保温。

(9)管道试压

热水管道试压一般分为分段试压和系统试压两次进行。

1)管网注水点应设在管段的最低处,由低向高将各个用水的管末端封堵,关闭入口总阀门和所有泄水阀门及低处泄水阀门,打开各分路及主管阀门,水压试验时不连接配水器具。注水时打开系统排气阀,排净空气后将其关闭。

2)充满水后进行加压,升压采用电动打压泵,升压时间不应小于 10min,亦不应大于15min。当设计未注明时,热水供应系统水压试验压力应为系统顶点的工作压力加 0.1MPa,同时在系统顶点的试验压力不小于 0.3MPa。

3)当压力升到设计规定试验值时停止加压,进行检查。持续观测 10min,观察其压力下降不大于 0.02MPa,然后将压力降至工作压力检查,压力应不降,且不渗不漏即合格。检查全部系统,若有漏水,则应在该处做好标记,进行修理,修好后再充满水进行试压。试压合格后由有关人员验收签认,办理相关手续。

4)水压试验合格后把水泄净,管道做好防腐保温处理及管道功能标识。

(10)管道冲洗

热水管道在系统运行前必须进行冲洗。热水管道试压完成后即可进行冲洗,冲洗应用自来水连续进行,要求以系统最大设计流量或不小于 1.5m/s 的流速进行冲洗,直到出水口的水色和透明度与进水目测一致为合格。

(11)管道防腐

参照本书 1.12 节“室内外管道及设备防腐工程施工工艺标准”。

(12)调试

1)首先联系好热源,根据供暖面积确定通暖范围,确定通暖人员分工,检查供暖系统中的泄水阀门是否关闭,干、立、支管的阀门是否打开。

2)向系统内充软化水,先打开系统最高点的放风阀,安排专人看管。慢慢打开系统回水干管的阀门,待最高点的放风阀见水后即关闭放风阀。再开总进口的供水管阀门,高点放风阀要反复开放几次,至系统中的冷风排净为止。

3)正常运行半小时后,开始检查全系统,遇有不热处应先查明原因。需冲洗检修时,则关闭供回水阀门泄水,然后分先后开关供回水阀门放水冲洗,冲净后再按照上述程序通暖运行,直到正常为止。

4)冬季通暖时,必须采取临时取暖措施,使室温保持+5℃以上才可进行。遇有热度不均时,应调整各分路立管、支管上的阀门,使其基本达到平衡后,进行正式检查验收,并办理验收手续。

2.1.5 质量标准

(1)主控项目

1)管道安装坡度,当设计未注明时,应符合下列规定:

①气、水同向流动的热水采暖管道和汽、水同向流动的蒸汽管道及凝结水管道,坡度应为 3‰,不得小于 2‰。

②气、水逆向流动的热水采暖管道和汽、水逆向流动的蒸汽管道,坡度不应小于 5‰。

③散热器支管的坡度应为 1%,坡向应利于排气和泄水。

检验方法:观察,水平尺、拉线、尺量检查。

2)补偿器的型号、安装位置及预拉伸和固定支架的构造及安装位置应符合设计要求。

检验方法:对照图纸、现场观察并查验预拉伸记录。

3)平衡阀及调节阀型号、规格、公称压力及安装位置应符合设计要求。安装完后应根据系统平衡要求进行调试并做出标志。

检验方法:对照图纸查验产品合格证,并现场查看。

4)蒸汽减压阀和管道及设备上安全阀的型号、规格、公称压力及安装位置应符合设计要求。安装完毕后应根据系统工作压力进行调试,并做出标志。

检验方法:对照图纸查验产品合格证及调试结果证明书。

5)方形补偿器制作时,应用整根无缝钢管煨制。如果需要接口,其接口应设在垂直臂的中间位置,且接口必须焊接。

检验方法:观察检查。

6)方形补偿器应水平安装,并与管道的坡度一致。如果其臂长方向垂直安装,必须设排气及泄水装置。

检验方法:观察检查。

7)采暖系统安装完毕、管道保温之前应进行水压试验。试验压力应符合设计要求。当设计未注明时,应符合下列规定:

①蒸汽、热水采暖系统,应以系统顶点工作压力加 0.1MPa 做水压试验,同时,系统顶点的试验压力不小于 0.3MPa。

②高温热水采暖系统的试验压力应为系统顶点工作压力加 0.4MPa。

③使用塑料管及复合管的热水采暖系统,应以系统顶点工作压力加 0.2MPa 做水压试验,同时在系统顶点的试验压力不小于 0.4MPa。

检验方法:使用钢管及复合管的采暖系统应在试验压力下 10min 内压力降不大于 0.02MPa,降至工作压力后检查,不渗、不漏。

使用塑料管的采暖系统应在试验压力下 1h 内压力降不大于 0.05MPa,然后降压至工作压力的 1.15 倍,稳压 2h,压力降不大于 0.03MPa,同时各连接处不渗、不漏。

8)系统试压合格后,应对系统进行冲洗并清扫过滤器及除污器。

检验方法:现场观察,直至排出水不含泥沙、铁屑等杂质,且水色不浑浊为合格。

9)系统冲洗完毕应充水、加热,进行试运行和调试。

检验方法:观察、测量室温应满足设计要求。

(2)一般项目

1)热量表、疏水器、除污器、过滤器及阀门的型号、规格、公称压力及安装位置应符合设计要求。

检验方法:对照图纸查验产品合格证。

2)钢管管道焊口尺寸的允许偏差应符合《建筑给水排水及采暖工程施工质量验收规范》(GB 50242—2016)中的表 5.3.8 的规定。

3)采暖系统入口装置及分户热计量系统入户装置,应符合设计要求。安装位置应便于检修、维护和观察。

检验方法:现场观察。

4)散热器支管长度超过 1.5m 时,应在支管上安装管卡。

检验方法:尺量和观察检查。

5)上供下回式系统的热水干管变径应顶平偏心连接,蒸汽干管变径应底平偏心连接。

检验方法:观察检查。

6)在管道干管上焊接垂直或水平分支管道时,干管开孔所产生的钢渣及管壁等废弃物不得残留管内,且分支管道在焊接时不得插入干管内。

检验方法:观察检查。

7)膨胀水箱的膨胀管及循环管上不得安装阀门。

检验方法:观察检查。

8)当采暖热媒为110～130℃的高温水时,管道可拆卸件应使用法兰,不得使用长丝和活接头。法兰垫料应使用耐热橡胶板。

检验方法:观察和查验进料单。

9)焊接钢管管径大于32mm的管道转弯,在作为自然补偿时应使用煨弯。塑料管及复合管除必须使用直角弯头的场合外应使用管道直接弯曲转弯。

检验方法:观察检查。

10)管道、金属支架和设备的防腐和涂漆应附着良好,无脱皮、起泡、流淌和漏涂缺陷。

检验方法:现场观察检查。

11)采暖管道安装的允许偏差应符合表2.1.5的要求。

表2.1.5　采暖管道安装的允许偏差　(单位:mm)

项次	项目			允许偏差	检验方法
1	水平管道纵、横方向弯曲	每1m	管径≤100	1	用水平尺、直尺、拉线和尺量检查
			管径＞100	1.5	
		全长(5m以上)	管径≤100	≯13	
			管径＞100	≯25	
2	立管垂直	每1m		2	吊线和尺量检查
		全长(5m以上)		10	
3	弯管	椭圆率 $(D_{max}-D_{min})/D_{max}$	管径≤100	10%	用外卡钳和尺量检查
			管径＞100	8%	
		折皱不平度	管径≤100	4	
			管径＞100	5	

注:D_{max}、D_{min}分别为管子最大外径和最小外径。

2.1.6　成品保护措施

(1)在安装开始和竣工交验前,施工现场一定要建立严格的成品保护值班制度。

(2)中断安装时,必须将所留管口及设备口做临时封闭(用木塞、塑料塞或以牛皮纸、塑料布包扎好)。

(3)对管道进行刷漆时,应清理环境,防止灰尘污染油漆表面。每次刷漆后,应将门窗关闭,并且禁止有人摸碰。刷漆后4h以内严禁淋水。

(4)管道保温后,在未达到一定强度前,严禁碰撞和挤压。

(5)暖气立管、支管等严禁踩蹬或作为脚手架的支撑。立、支管安装后,将阀门的手轮卸下,集中保管,竣工时统一装好,交付使用。

(6)对已抹好水泥或白灰的墙面、做好的地坪,要注意保护,尽量减少打洞,且洞的大小要严格控制。管道搬运、安装、施焊时，要注意保护好已做好的墙面和地面。

(7)若需动用气焊时，对土建已装修好的房间的墙面、地面应注意保护，作业部位应用铁皮遮挡。

(8)加工过程中，对标注的记号、尺寸、编号均注意保护，以免损坏、弄错。

(9)调直时，注意不得损伤丝扣接头。

(10)加工的半成品要编上号，捆绑好，堆放在无人操作的空屋内，安装时运至安装地点，按编号就位。

(11)尚未上零件和连接的丝头，要用机油涂抹后包上塑料布，防止锈蚀、碰坏。

2.1.7 安全与环境保护措施

(1)利用塔吊向楼层运管子时，必须绑扎牢固，支托架安装管子时，先把管子固定好再接口，以防管子滑脱伤人。

(2)若现场同一垂直面上下交叉作业，必要时应设置安全隔离层，在吊车臂回转范围行走时，应随时注意有无重物起吊。

(3)安装立管时，先把楼板孔洞周围清理干净，不准向下扔东西。在管井操作时，必须盖好上层井口的防护板。

(4)在地沟内或吊顶内操作时，应采用12V安全电压照明，吊顶内焊口要严加防火，焊接地点严禁堆放易燃物。

(5)试压中严禁使用失灵或不准确的压力表，若发现异常应立即停止试压，紧急情况下，应立即放尽管内的水。

(6)用蒸汽冲洗时，排出口的管口应朝上，防止伤人，排气管管径不得小于被冲洗管的管径。冲洗水的排放管应接至可靠的排水井或排水沟里，保证排泄畅通和安全。试压冲洗污水不得随意排放，应沉淀处理后排入市政污水管网。

(7)使用的人字梯必须坚固、平稳。高空作业时系好安全带。氧气瓶与乙炔瓶间距不小于5m，距明火不小于10m，气瓶应有防震圈和防护帽。

(8)油漆等一切易燃、易爆材料，必须存放在专用库房内，挥发性油料须装入密闭容器妥善保管。施工现场及库房应通风良好，严禁烟火。

(9)刷漆操作时应戴口罩，操作区应保持新鲜空气流通，以防发生中毒现象。沾染油漆的棉纱、破布等废物，应收集存放在有盖的金属容器内，及时处理掉。

(10)从事保温作业时，衣领、袖口、裤脚应扎紧或采取防护措施。

(11)试压时所处环境的温度，必须在5℃以上，倘若低于此温度，应采取升温措施。当环境温度低于0℃时，不得进行冲洗。试压冲洗后应将管道低处的积水泄放干净，防止沉积物堵塞管道和冬季冻裂管道。

(12)电焊机应有保护措施，并有漏电保护器。电焊施工时应使用防护面罩，保护劳动者的安全和健康，保证劳动生产率的提高。

(13)对现场工人应供给手套、胶鞋、口罩、工作服等防护用品，焊工配备防护眼镜等防护用品。

(14)黏结剂、稀释剂和溶剂等使用后,应及时封闭存放,废料应及时清出室内。严禁在民用建筑工程的室内用有机溶剂清洗施工用具。

(15)加工车间宜封闭或隔挡减少噪声。各种物体的转移、安装,应采取保护措施,尽量采用机械运输,减少人为噪声。

(16)施工作业面应保持整洁,严禁将建筑垃圾随意抛弃,做到工完场清。

2.1.8 应注意的问题

(1)管道坡度不均匀造成的原因有:安装干管后又开支管口,接口以后不调直;吊卡松紧不一致;立管卡子未拧紧,灯叉弯不平;管道分路预制时,没有进行连接调查。

(2)立管不垂直的主要原因有:支管尺寸不准,强推、强拉立管;分层立管上下不对正,距墙不一致,剔板洞时不吊线。

(3)支管灯叉弯上下不一致,主要原因是煨弯的大小不同,角度不均,长短不一。

(4)套管在过墙两侧或预制板下面外露,原因是套管过长或钢套管没焊架铁。

(5)麻头清理不净,原因是操作人员未及时清理。

(6)试压及通暖时,管道被堵塞,主要原因是安装时,预留口没装临时堵,掉进杂物。

(7)管卡安装不牢固,松动、脱落或者变形的防治措施:管卡安装深度不小于80~100mm;严禁将管卡的燕尾割去或者敲平;补洞应用水泥砂浆,管卡根部的水泥砂浆应嵌密实;严禁使用木榫。

(8)热水管道丝扣连接处渗漏防治措施:螺纹连接处应紧密牢固;螺纹连接的填料选用要恰当,填料顺丝扣方向拧紧后不得倒回。

(9)热水立管甩口高度不准确、距墙距离不一致或半明半暗的防治措施:加强定位线的测量准确性;合理安排热水立管的位置,加强与土建专业工序的配合施工。

2.1.9 质量记录

(1)各种材料设备的出厂合格证,进场检验记录。

(2)采暖立管预检记录,伸缩器预拉伸记录。

(3)采暖干管预检记录。

(4)采暖立管预检记录。

(5)采暖管道伸缩器预拉伸记录。

(6)采暖管道的单项试压记录。

(7)采暖管道隐蔽检查记录。

(8)采暖系统试压、冲洗、调试记录。

(9)检验批质量验收记录及其他质量验收记录。

2.2 室内蒸汽管道及附属装置安装工程施工工艺标准

本工艺标准适用于一般工业与民用建筑及蒸汽压力不大于 0.7MPa 的管道及附属装置安装工程。其中工作压力不大于 0.07MPa 的系统称为低压蒸汽系统。工程施工应以设计图纸和有关施工质量验收规范为依据。

2.2.1 材料设备要求

(1)管材:碳素钢管、无缝钢管,管材不得弯曲、锈蚀,无飞刺、生皮及凹凸不平现象。

(2)管件:无偏扣、方扣、乱扣、断丝和角度不标准等缺陷。

(3)阀门:铸造规矩,无毛刺、裂纹,无砂眼,开关灵活严密,丝扣无损伤,直度和角度正确,强度符合要求,并有出厂合格证和说明书,手轮无损伤。

(4)附属装置:减压器、疏水器、过滤器、补偿器等应符合设计要求,并有出厂合格证和说明书。

(5)其他材料:型钢、圆钢、管卡子、螺栓、螺母、衬垫、电气焊条等的选用应符合设计和标准要求。

2.2.2 主要机具

(1)机具:砂轮锯、套丝机、电锤、台钻、电焊机、煨弯器、千斤顶等。

(2)工具:管钳、压力案、台虎钳、气焊工具、手锯、手锤、活扳手、倒链。

(3)其他:水平尺、錾子、钢卷尺、线坠、小线等。

2.2.3 作业条件

(1)埋地铺设的管沟的坐标、标高、坡度等均已达到施工要求。

(2)预留的孔洞、套管、沟槽已预检合格。

(3)暗装管道应在地沟或吊顶未封闭前进行安装。架空的干管安装,应在管支托架稳固定后,搭好脚手架再进行安装。

(4)明装干管安装应在结构验收后进行。沿管线安装位置的杂物已清理干净,支、托吊件已安装牢固,位置正确。

(5)立管安装宜和粗装修施工穿插进行。各层基准线已测放完毕。暗装竖井管道应把竖井内杂物清除干净,并有防坠落安全措施。

(6)嵌入墙内的管道应在墙体砌筑完毕、墙面未装修前进行。管道在楼(地)坪面层内直埋时应与土建专业配合。

(7)做好图纸会审,设计交底。依据图纸会审、设计交底编制施工方案,进行技术交底。

(8)按照图纸校核预留孔洞及预埋管的规格、数量、位置的坐标、标高,应准确无误。对标高、走向、变径等变化的部位应绘制施工草图和大样。

2.2.4 施工工艺

(1)工艺流程

安装准备→预制加工→支、吊架及套管安装→蒸汽管道安装→附属装置安装→试压冲洗→防腐保温→调试验收

(2)安装准备

1)认真熟悉图纸,根据土建施工进度,预留槽洞及预埋件。

2)按设计图纸画出管路的位置、管径、变径、预留口、坡向、卡架位置等施工草图。把干管起点、末端和拐弯、节点、预留口、坐标位置等找好。

(3)预制加工

根据施工方案及施工草图将管道、管件及支、吊架等进行预制加工,预制加工好的成品应编号分类码放,以便使用。

(4)支、吊架及套管安装

1)采暖管道安装应按设计或规范规定设置支、吊架,特别是导向架、固定支架。安装支、吊托架时要根据设计图纸先放线,定位画线后再把预制好的吊杆或托架按坡向、顺序依次穿在型钢上。要保证安装的支、吊托架准确和牢固。支、吊架间距不应大于表 2.2.1 的规定。

表 2.2.1 钢管管道支架的最大间距

公称直径/mm		15	20	25	32	40	50	70	80	100	125	150	200	250	300
支架的最大间距/m	保温管	2	2.5	2.5	2.5	3	3	4	4	4.5	6	7	7	8	8.5
	不保温管	2.5	3	3.5	4	4.5	5	6	6	6.5	7	8	9.5	11	12

2)管道穿过墙壁和楼板时应设置套管,穿外墙时要加防水套管,套管内壁应做防腐处理,套管管径比穿管大两号,穿墙套管两端与装饰墙面相平。

3)安装在楼板内的套管,其顶部应高出装饰地面 20mm,安装在卫生间、厨房间内的套管,其顶部应高出装饰面 50mm,底部应与楼板底面相平。穿墙套管与管道之间应用阻燃密实材料填实,端面要光滑。

3)穿过楼板的套管与管道之间的缝隙应用阻燃密实材料和防水油膏填实,端面光滑。套管应埋设平直,管接口不得设在套管内,出地面高度应保持一致。

(5)蒸汽管道安装

1)水平安装的管道要有适当的坡度,当坡向与蒸汽流动方向一致时,应采用 $i=0.003$ 的坡度,当坡向与蒸汽流动方向相反时,坡度应加大到 $i=0.005\sim0.01$。干管的翻身处及末端应设置疏水器。疏水器上伸缩器的设置应根据管径、介质温度、压力等情况的不同通过计算确定。

2)蒸汽干管的变径、供汽管的变径应为下平安装。凝结水管的变径为同心。其管径大于或等于 70mm 时,L 长度为 300mm;管径小于或等于 50mm 时,L 长度为 200mm。

3)采用丝扣连接管道时，丝扣应松紧适度，不允许缠麻，涂好铅油，丝扣外露2～3扣，对准调直时印记为止，管道甩口方向应正确。

4)安装附属装置时，设备的进出口支管位置应设阀门，并在设备始端装置疏水器。

5)其他操作参照室内热水采暖管道安装。

(6)附属装置安装

1)方形补偿器安装

①方形补偿器在安装前，应检查补偿器是否符合设计要求，补偿器的三个臂是否在一个水平上。安装时用水平尺检查，调整支架，使方形补偿器位置标高正确，坡度符合规定。

②安装补偿器应做好预拉伸，按位置固定好，然后再与管道相连接。预拉伸方法可选用千斤顶将补偿器的两臂撑开或用拉管器进行冷拉。

③预拉伸的焊口应选在距补偿器弯曲起点2～2.5m处为宜，冷拉前应将固定支座固定住，并对好预拉焊口处的间距。

④采用拉管器进行冷拉时，其操作方法是将拉管器的法兰管卡，紧紧卡在被预拉焊口的两端，即一端为补偿器管端，另一端是管道端口。而穿在两个法兰管卡之间的几个双头长螺栓，作为调整及拉紧用，将预拉间隙对好并用短角钢在管口处贴焊。但只能焊在管道的一端，另一端用角钢卡住即可。然后拧紧螺栓使间隙靠拢。将焊口焊好后才可松开螺栓，取下拉管器，再进行另一侧的预拉伸，也可两侧同时冷拉。

⑤采用千斤顶顶撑时，将千斤顶横放置补偿器的两臂间，加好支撑及垫块，然后启动千斤顶，这时两臂即被撑开，使预拉焊口靠拢至要求的间隙。焊口找正，对平管口用电焊将此焊口焊好，只有当两端预拉焊口焊完后，才可将千斤顶拆除，终结预拉伸。

⑥水平安装时应与管道坡度、坡向一致。垂直安装时，高点应设放风阀，低点处应设疏水器。

⑦弯制补偿器，宜用整根管弯成，如需要接口，其焊口位置应设在直臂的中间。方形补偿器预拉长度应按设计要求拉伸，无要求时为其伸长量的一半。

⑧管道热伸量的计算公式：

$$\Delta L=\alpha L(t_2-t_1)$$

式中：ΔL——管道的热伸量(mm)；

α——管材的线膨胀系数(钢管为0.012mm/(m·℃))；

L——计算长度(m)；

t_2——温度(℃)；

t_1——安装时的温度(℃)，一般取－5℃。

2)套筒补偿器安装

①套筒补偿器应安装在固定支架近旁(见图2.2.1)，并将外套管和一端朝向管道的固定支架，内套管一端与产生热膨胀的管道相连接。

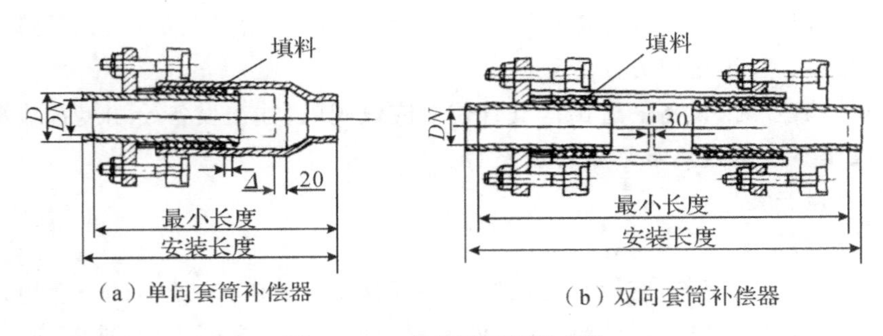

(a)单向套筒补偿器　　(b)双向套筒补偿器

图 2.2.1　套筒补偿器的安装

②套筒补偿器在安装时也应进行预拉,其预拉伸长度应根据设计要求,设计无要求时按表 2.2.2 的要求预拉伸。预拉伸时,先将补偿器的填料压盖松开,将内套管拉出预拉伸的长度,然后再将填料压盖紧住。

表 2.2.2　套筒补偿器预拉长度　　(单位:mm)

补偿器规格	15	20	25	32	40	50	65	75	80	100	125	150
拉伸长度	20	20	30	30	40	40	56	56	59	59	59	63

③套筒补偿器安装前,安装管道时应将补偿器的位置让出,在管道两端各焊一片法兰盘,焊接时要求法兰垂直于管道中心线,法兰与补偿器表面相互平行,加垫后衬垫应受力均匀。

④套筒补偿器的填料,应采用涂有石墨粉的石棉盘根或浸过机油的石棉绳。压盖的松紧程度在试运行时进行调整,以不漏水、不漏气,内套管又能伸缩自如为宜。

⑤为保证补偿器的正常工作,安装时必须保证管道和补偿器中心线一致,并在补偿器前设置 1～2 个导向滑动支架。套筒补偿器应经常检修和更换填料,以保证封口严密。

3)波形补偿器安装(见图 2.2.2)

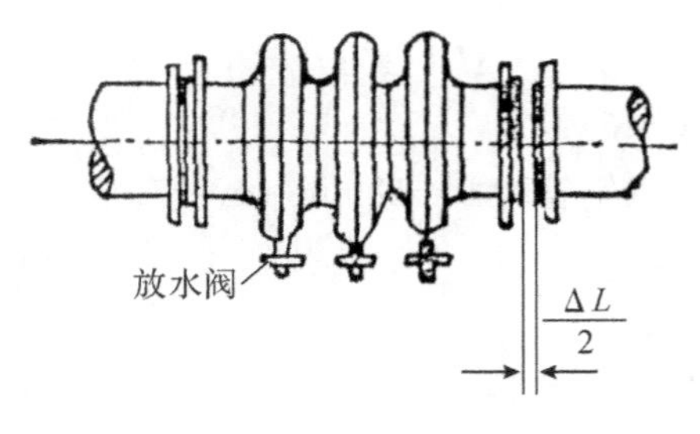

图 2.2.2　波形补偿器

①波形补偿器的波节数量可根据需要确定,一般为 1～4 个,每个波节的补偿能力由设计确定,一般为 20mm。

②安装前应了解补偿器出厂前是否已做预拉伸,如果未进行,则应补做预拉伸。在固定的卡架上,将补偿器的一端用螺栓紧固,另一端可用倒链卡住法兰,然后慢慢按预拉长度进行冷拉,冷拉时要使补偿器四周受力均匀,拉出规定长度后用支架把补偿器固定好,把倒链和固定架上的补偿器取下,然后再与管道相连接。

③补偿器安装前管道两侧应先安好固定卡架，安装管道时应将补偿器的位置让出，在管道两端各焊一片法兰盘，焊接时要求法兰垂直于管道中心线，法兰与补偿器表面相互平行，加垫后衬垫应受力均匀。

④补偿器安装时，卡架不得吊在波节上。试压时不得超压，不允许侧向受力，将其固定牢并与管道保持同心，不得偏斜。

⑤波形补偿器若需加大壁厚，可将内套筒的一端与波形补偿器的壁焊接。安装时应注意使介质的流向从焊端流向自由端，并与管道的坡度方向一致。

4)减压阀安装(见图 2.2.3)

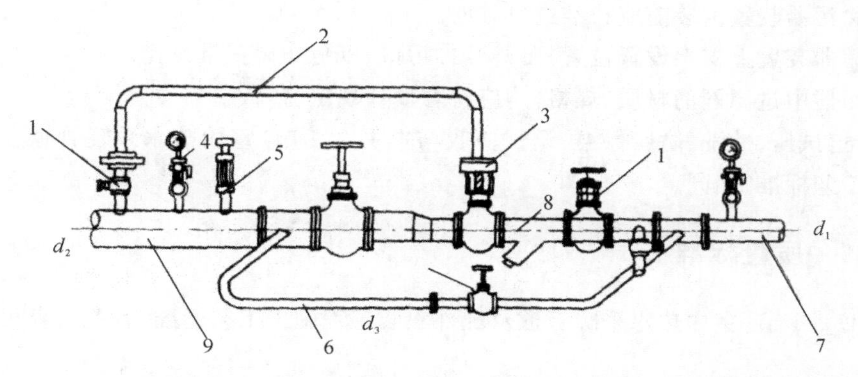

1—截止阀；2—ϕ15 压气管；3—减压阀；4—压力表；5—安全阀；6—旁通阀；7—高压蒸汽管；8—过滤器；9—低压蒸汽管

图 2.2.3　减压阀安装

①减压阀安装时，减压阀前的管径应与阀体的直径一致，减压阀后的管径可比阀前的管径大 1～2 号。

②减压阀的阀体必须垂直安装在水平管路上，阀体上的箭头必须与介质流向一致。减压阀两侧应安装阀门，采用法兰连接截止阀。

③减压阀前应装有过滤器，对于带有均压管的薄膜式减压阀，其均压管应接在低压管道的一侧。旁通管是安装减压阀的一个组成部分，当减压阀发生故障要检修时，可关闭减压阀两侧的截止阀，暂时通过旁通管进行供汽。

④为了便于减压阀的调整工作，阀前的高压管道和阀后的低压管道上都应安装压力表。阀后低压管道上应安装安全阀，安全阀的排气管应接至室外。

5)疏水器安装(见图 2.2.4)

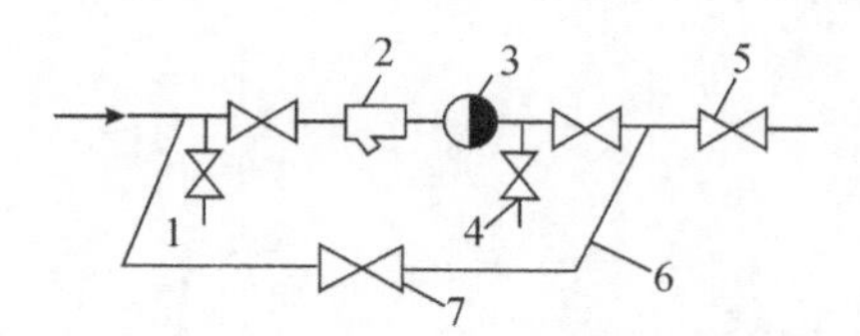

1—冲洗管；2—过滤器；3—疏水器；4—检查管；5—止回阀；6—旁通管；7—截止阀

图 2.2.4　疏水器组装示意

①疏水器应安装在便于检修的地方,并应尽量靠近用热设备凝结水排出口下。蒸汽管道疏水时,疏水器应安装在低于管道的位置。

②安装时应按设计设置好旁通管、冲洗管、检查管、止回阀和除污器等的位置。用汽设备应分别安装疏水器,几个用气设备不能合用一个疏水器。

③疏水器的进出口位置要保持水平,不可倾斜安装。疏水器阀体上的箭头应与凝结水的流向一致,疏水器的排水管径不能小于进口管径。

④旁通管是疏水器组的一个组成部分。在检修疏水器时,可暂时通过旁通管运行。

6)除污器安装

①在除污器装置组装前应找准进口方向。

②除污器装置上支架设置位置,要避开排污口,以免妨碍正常操作。

③除污器中过滤网的材质、规格,均应符合设计规定。

(7)管道试压、冲洗、防腐保温、调试验收与本书2.1节"室内热水采暖管道及配件安装工程施工工艺标准"相同。

2.2.5 质量标准

与本书2.1节"室内热水采暖管道及配件安装工程施工工艺标准"有关内容相同。

2.2.6 成品保护

与本书2.1节"室内热水采暖管道及配件安装工程施工工艺标准"有关内容相同。

2.2.7 安全与环保措施

与本书2.1节"室内热水采暖管道及配件安装工程施工工艺标准"有关内容相同。

2.2.8 应注意的质量问题

与本书2.1节"室内热水采暖管道及配件安装工程施工工艺标准"有关内容相同。

2.2.9 质量记录

(1)材料设备应有出厂合格证。

(2)材料设备进场的验收和复试记录。

(3)蒸汽干管预检记录。

(4)蒸汽立管预检记录。

(5)伸缩器的预拉伸记录。

(6)蒸汽管道的单项试压记录。

(7)蒸汽管道的系统试压记录。

(8)管道隐蔽记录。

(9)采暖系统试压、冲洗、试调记录。

(10)检验批质量验收记录及其他质量验收记录。

2.3 散热器组对及安装工程施工工艺标准

本工艺标准适用于建筑工程中散热器组对与安装。工程施工应以设计图纸和有关施工验收规范为依据。

2.3.1 材料要求

(1)散热器(铸铁、钢制):散热器的型号、规格、使用压力必须符合设计要求,并有出厂合格证;散热器不得有砂眼、对口面凹凸不平、偏口、裂缝、弯曲、变形、损伤、脱皮、漆皮受损和上下口中心距不一致等现象。

(2)散热器的组对零件:对丝、炉堵、炉补心、丝扣圆翼法兰盘、弯头、弓形弯管、短丝、三通、油任、螺栓、螺母应符合质量要求,无偏扣、方扣、乱丝、断扣。丝扣端正,松紧适宜。石棉橡胶垫以 1mm 厚为宜(不超过 1.5mm 厚),符合使用压力要求并应有出厂合格证。

(3)翼形散热器:翼片完好,钢串片的翼片不得松动、卷曲、碰损。钢制散热器应造型美观,丝扣端正、松紧适宜,油漆完好,整组炉片不翘楞。

(4)其他材料:圆钢、角钢、拉条、托钩、固定卡、膨胀螺栓、钢管、冷风门、衬垫、机油、铅油、麻线、防锈漆及水泥的选用应符合质量和规范要求。

2.3.2 主要机具

(1)机具:台钻、手电钻、冲击钻、电动试压泵、砂轮锯、套丝机等。

(2)工具:散热器组对架子、对丝钥匙、压力案、管钳、铁刷子、锯条、手锤、活扳手、套丝板、自制扳手、錾子、钢锯、丝锥、煨管器、手动试压泵、气焊工具、散热器运输车等。

(3)量具:水平尺、钢尺、线坠、压力表等。

2.3.3 作业条件

(1)组对场地有水源、电源。室内墙面和地面抹完,房间标高线已测量、弹好。

(2)铸铁散热片、托钩和卡子均已除锈干净,并刷好一道防锈漆。

(3)室内采暖干管、立管安装完毕,接往各散热器的支管预留管口的位置正确,标高符合要求。

(4)散热器安装地点不得堆放施工材料或其他障碍物品。

(5)根据设备图和建筑装修图,核对散热器安装位置、标高,编制施工方案。根据施工方案确定的施工方法,进行技术交底。

(6)核对散热器的型号、规格、数量,做好检验、报验工作。

2.3.4 施工工艺

(1)工艺流程

编制组片统计表→散热器组对→外拉条预制、安装→散热器单组水压试验→散热器安装→散热器冷风门安装→支管安装→系统试压→刷漆

(2)编制组片统计表:按施工图分段、分层、分规格统计出散热器的组数、每组片数,列成表以便组对和安装时使用。

(3)铸铁柱形散热器组对

1)组对前要备有散热器组对架子或根据散热器规格,用 100mm×100mm 木方平放在地上,楔四个铁桩用铅丝将木方绑牢加固,做成临时组对架。

2)组对密封垫采用石棉橡胶垫片,其厚度不超过 1.5mm,用机油随用随浸。

3)将散热器内部污物倒净,用钢刷子除净对口及内丝处的铁锈,正扣朝上,依次码放。

4)按统计表的数量规格进行组对,组对散热器片前,做好丝扣的选试。

5)组对时应两人一组摆好第一片,拧上对丝一扣,套上石棉橡胶垫,将第二片反扣对准对丝,找正后两人各用一手扶住炉片,另一手将对丝钥匙插入对丝内径,先向回徐徐倒退,然后再顺转,使两端入扣,同时缓缓均衡拧紧,照此逐片组对至所需的片数为止。

6)将组成的散热器慢慢立起,用人工或车运至集中地点。

(4)外拉条预制、安装

1)根据散热器的片数和长度,计算出外拉条长度尺寸,切断 $\phi8 \sim \phi10$mm 的圆钢并进行调直,两端收头套好丝扣,将螺母上好,除锈后刷一遍防锈漆。

2)20 片及以上的散热器加外拉条,在每根外拉条端头套好一个骑码,从散热器上下两端外柱内穿入四根拉条,每根再套上一个骑码,带上螺母,找直后用扳子均匀拧紧,丝扣外露不得超过一个螺母的厚度。

(5)散热器单组水压试验

1)将散热器抬到试压台上,用管钳子上好临时炉堵和临时炉补心,上好放气嘴,连接试压泵。各种成组散热器可直接连接试压泵。

2)试压时打开进水阀门,往散热器内充水,同时打开放气嘴,排净空气,待水满后关闭放气嘴。

3)加压到规定的压力值时,关闭进水阀门,持续 2~3min,观察每个接口是否有渗漏,不渗漏为合格。

4)如果有渗漏,用铅笔做出记号,将水放尽,卸下炉堵或炉补心,用长杆钥匙从散热器外部比试,量到漏水接口的长度,在钥匙杆上做标记,将钥匙从散热器对丝孔中伸入至标记处,按丝扣旋紧的方向拧动钥匙,使接口继续上紧或卸下换垫,若有坏片需换片。钢制散热器若有砂眼渗漏可补焊,返修好后再进行水压试验,直到合格。不能用的坏片要做明显标记(或用手锤将坏片砸一个明显的孔洞单独存放),防止再次混入好片中误组对。

5)打开泄水阀门,拆掉临时丝堵和临时炉补心,泄净水后将散热器运到集中地点,补焊处要补刷两道防锈漆。

(6)散热器安装

1)按设计图要求，利用所做的统计表将不同型号、规格和组对好并试压完毕的散热器运到各房间，根据安装位置及高度在墙上画出安装中心线。

2)托钩和固定卡安装

①柱形带腿散热器固定卡安装。从地面到散热器总高的 3/4 画水平线，与散热器中心线交点画印记，此为 12 片以下的双数片散热器的固定位置。单数片向一侧错过半片。13 片以上者应栽两个固定卡，高度仍在散热器 3/4 高度的水平线上，从散热器两端各进去 4～6 片的地方栽入。各种柱形散热器外形尺寸见图 2.3.1。

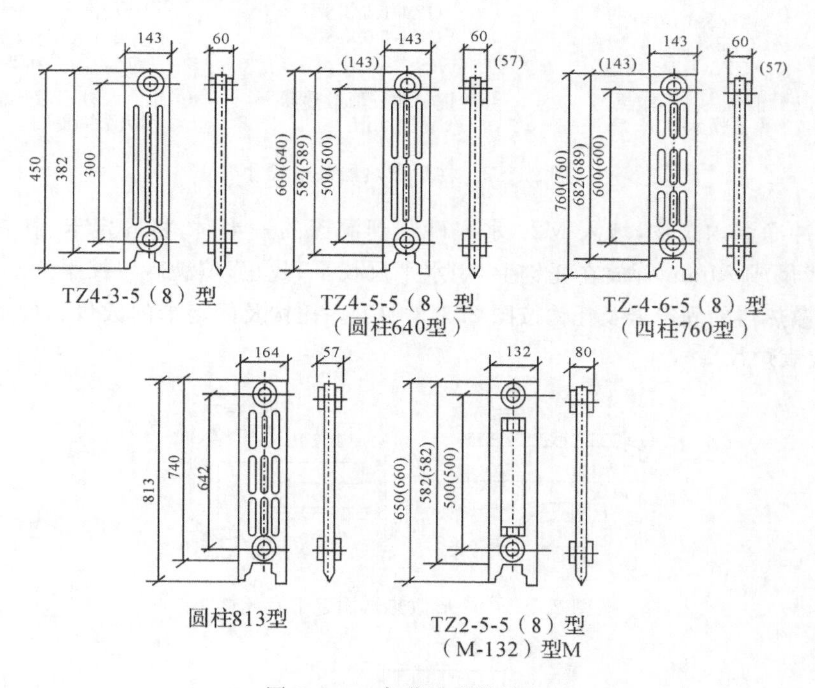

图 2.3.1　各种柱形散热器

②挂装柱形散热器安装。托钩高度应按设计要求并从散热器的距地高度上返 45mm 画水平线。托钩水平位置采用画线尺来确定，画线尺横担上刻有散热器的刻度。画线时应根据片数及托钩数量分布的相应位置，画出托钩安装位置的中心线，挂装散热器的固定卡高度从托钩中心上返散热器总高的 3/4 画水平线，其位置与安装数量同带腿散热器安装。挂装柱形散热器外形尺寸见图 2.3.1 和图 2.3.2(括号内尺寸)。

③用錾子或冲击钻等在墙上按画出的位置打孔洞。固定卡孔洞的深度不小于 80mm，托钩孔洞的深度不小于 120mm，现浇混凝土墙的深度为 100mm(使用膨胀螺栓应按膨胀螺栓的要求深度)。

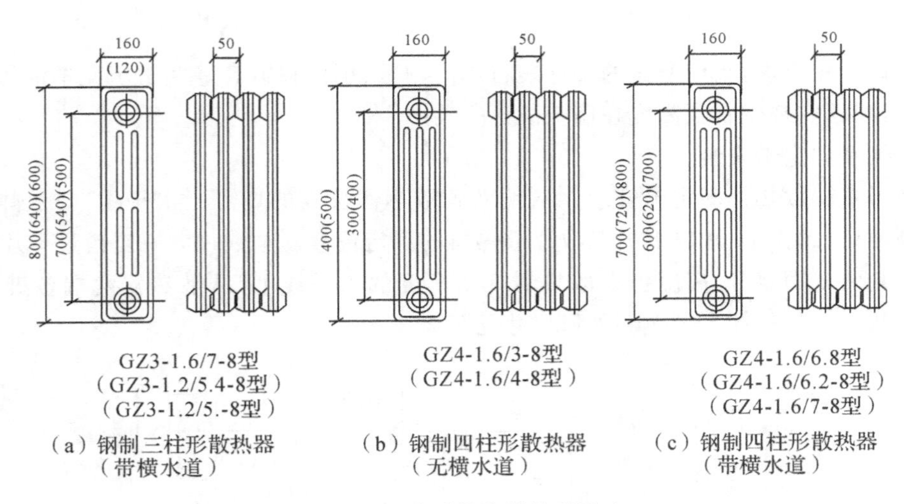

图 2.3.2 柱形散热器外形尺寸

④用水冲净洞内杂物,填入 M20 水泥砂浆到洞深的一半时,将固定卡、托钩插入洞内,塞紧,用画线尺或 70mm 管放在托钩上,用水平尺找平、找正,填满砂浆抹平。

⑤柱形散热器的固定卡及托钩按图 2.3.3 加工。托钩及固定卡的数量和位置按图 2.3.4 安装(方格代表炉片)。

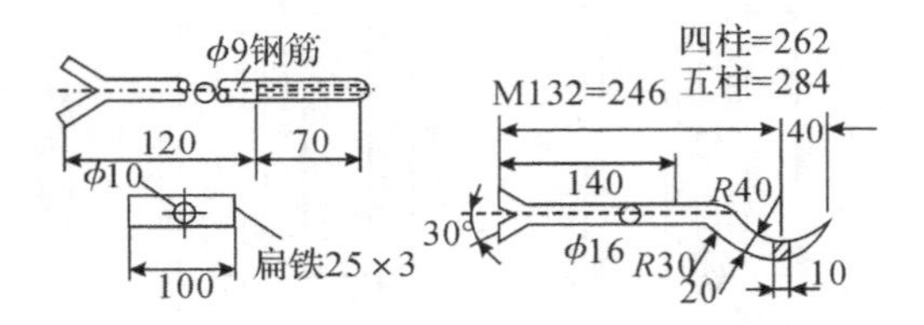

图 2.3.3 柱形散热器固定卡及托钩

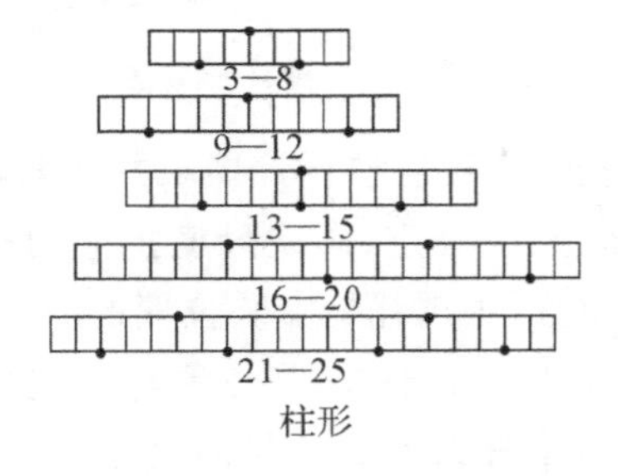

图 2.3.4 托钩及固定卡数量

⑥柱形散热器卡子及托钩安装见图 2.3.5。

⑦用上述同样的方法将各组散热器全部卡子及托钩栽好;成排托钩及卡子需将两端钩、卡栽好,定点拉线,然后再将中间钩、卡按线依次栽好。

⑧圆翼形、长翼形及辐射对流散热器(FDS-I 型—III 型)托钩都按图 2.3.6 加工,翼形铸铁散热器安装时全部使用上述托钩。圆翼形每根用 2 个;托钩位置应为法兰外口往里返 50mm 处。长翼形托钩位置和数量按图 2.3.7 安装。辐射对流散热器的安装方法同柱形

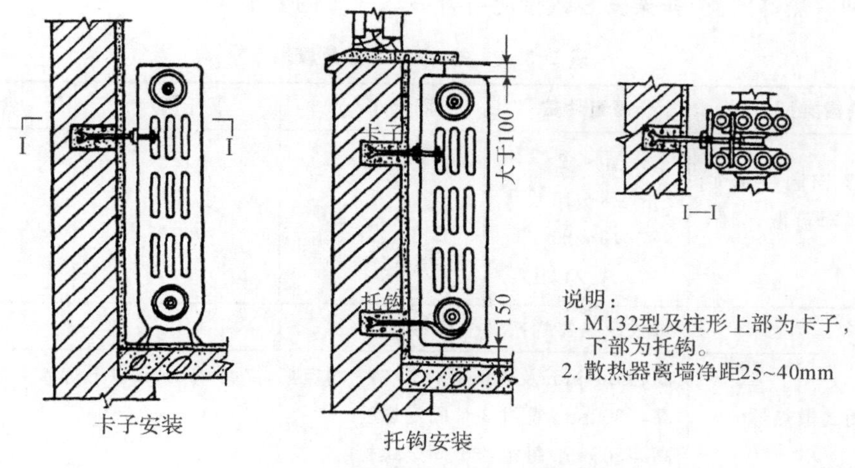

图 2.3.5　柱形散热器卡子及托钩安装

散热器。固定卡尺寸见图 2.3.8。固定卡的高度为散热器上缺口中心。翼形散热器尺寸见图 2.3.9，安装方法同柱形散热器。

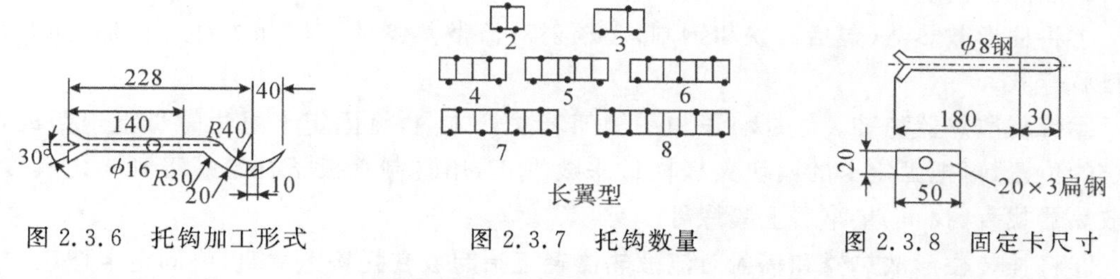

图 2.3.6　托钩加工形式　　图 2.3.7　托钩数量　　图 2.3.8　固定卡尺寸

每组钢制闭式串片型散热器及钢制板式散热器在四角上焊带孔的钢板支架，而后将散热器固定在墙上的固定支架上。固定支架按图 2.3.10 加工。固定支架的位置按设计高度和各种钢制串片及板式散热器的具体尺寸分别确定。安装方法同柱形散热器(另一种做法是按厂家带来的托钩进行安装)。在混凝土预制墙板上可以先下埋件，再焊托钩与固定架；在轻质板墙上，钩、卡应用穿通螺栓加垫圈固定在墙上。

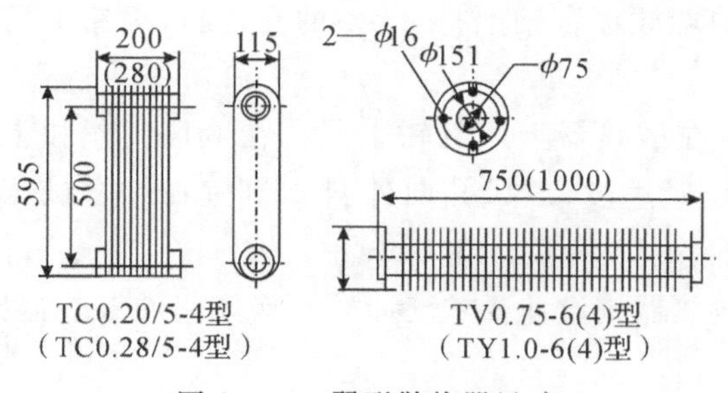

图 2.3.9　翼形散热器尺寸

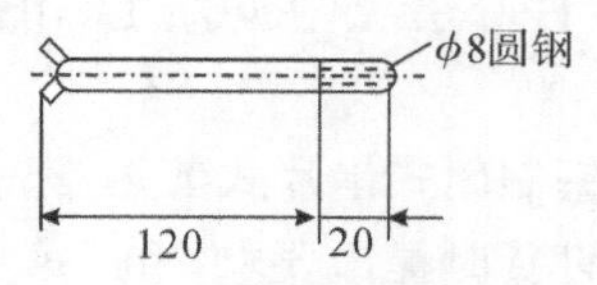

图 2.3.10　固定支架尺寸

⑨各种散热器的支、托架安装数量应符合表 2.3.1 的要求。

表 2.3.1　支、托架安装数量表

散热器类型	每组片数	固定卡/个	下托钩/个	合计/个
各种铸铁及钢制柱形炉片铸铁辐射对流散热器,M132 型	3～12	1	2	3
	13～15	1	3	4
	16～20	2	3	5
	21 片及以上	2	4	6
铸铁圆翼形	每根散热器均按 2 个托钩计			
各种钢制闭式散热器	高在 300mm 及以下规格焊 3 个固定架,高在 300mm 以上焊 4 个固定架 高≤300mm 每组 3 个固定螺栓 高>300mm 每组 4 个固定螺栓			
各种板式散热器	每组装四个固定螺栓(或装四个厂家生产的托钩)			

注:钢制闭式散热器也可以按厂家每组配套的托架安装。

3)散热器安装

①将柱形散热器(包括铸铁和钢制)和辐射对流散热器的炉堵和炉补心抹油,加石棉橡胶垫后拧紧。

②带腿散热器稳装。炉补心正扣一侧朝着立管方向,将固定卡里边螺母上至距离符合要求的位置,再把固定卡的两块夹板横过来放平正,用自制管扳子拧紧螺母到一定程度后,将散热器找直、找正,垫牢后上紧螺母。

③将挂装柱形散热器和辐射对流散热器轻轻抬起放在托钩上立直,将固定卡摆正拧紧。

④圆翼形散热器安装。将组装好的散热器抬起,轻放在托钩上找直、找正。多排串联时,先将法兰临时上好,然后量出尺寸,配管连接。

⑤钢制闭式串片式和钢制板式散热器抬起挂在固定支架上,带上垫圈和螺母,紧到一定程度后找平、找正,再拧紧到位。

(7)散热器冷风门安装

1)按设计要求,将需要打冷风门眼的炉堵放在台钻上打 $\phi8.4$ 的孔,在台虎钳上用 1/8″丝锥攻丝。

2)将炉堵抹好铅油,加好石棉橡胶垫,在散热器上用管钳上紧。在冷风门丝扣上抹铅油,缠少许麻丝,拧在炉堵上,用扳子上到松紧适度,放风孔向外斜 45°(宜在综合试压前安装)。

3)钢制闭式串片式散热器、扁管板式散热器按设计要求统计需打冷风门的散热器数量,在加工订货时提出要求,由厂家负责做好。

4)钢制板式散热器的放风门采用专用放风门水口堵头,订货时提出要求。

5)圆翼形散热器放风门安装,按设计要求在法兰上打冷风门眼,做法同炉堵上装冷风门。

2.3.5 质量标准

(1)主控项目

散热器组对后以及整组出厂的散热器在安装之前应做水压试验。试验压力如果设计无要求,应为工作压力的1.5倍,但不小于0.6MPa。

检验方法:试验时间为2～3min,压力不降且不渗不漏。

(2)一般项目

1)散热器组对应平直紧密,组对后的平直度应符合表2.3.2的规定。

表2.3.2 散热器组对后的平直度允许偏差

项次	散热器类别	片 数	允许偏差/mm
1	长翼形	2～4	4
		5～7	6
2	铸铁片式 钢制片式	3～15	4
		16～25	6

检验方法:观察和尺量检查。

2)组对散热器的垫片应符合下列规定:

①组对散热器垫片应使用成品,组对后垫片外露不应大于1mm。

②散热器垫片材质当设计无要求时,应采用耐热橡胶。

检验方法:观察和尺量检查。

3)散热设备支、托架的安装,位置应准确,埋设牢固,散热器支、托架的数量应符合设计或产品说明书要求,如果设计未注明,应符合表2.3.3的规定。

表2.3.3 散热器支架、托架数量

项次	散热器形式	安装方式	每组片数/片	上部托钩或卡架数/个	下部托钩或卡架数/个	合计/个
1	长翼形	挂墙	2～4	1	2	3
			5	2	2	4
			6	2	3	5
			7	2	4	6
2	柱形 柱翼形	挂墙	3～8	1	2	3
			9～12	1	3	4
			13～16	2	4	6
			17～20	2	5	7
			21～25	2	6	8

续表

项次	散热器形式	安装方式	每组片数/片	上部托钩或卡架数/个	下部托钩或卡架数/个	合计/个
3	柱形 柱翼形	带足落地	3～8	1	—	1
			8～12	1	—	1
			13～16	2	—	2
			17～20	2	—	2
			21～25	2	—	2

检验方法:现场清点检查。

4)散热器背面与装饰后的墙内表面安装距离,应符合设计或产品说明书要求。如果设计未注明,应为30mm。

检验方法:尺量检查。

5)散热器安装允许偏差应符合表2.3.4的规定。

表2.3.4 散热器安装允许偏差和检验方法

项次	项目	允许偏差/mm	检验方法
1	散热器背面与墙内表面距离	3	尺量
2	与窗中心线或设计定位尺寸	20	
3	散热器垂直度	3	吊线和尺量

6)铸铁或钢制散热器表面的防腐及面漆应附着良好,色泽均匀,无脱落、起泡、流淌和漏涂缺陷。

检验方法:现场观察。

2.3.6 成品保护

(1)散热器在组对、试压、安装过程中要立向抬运,码放整齐。在土地上操作放置时下面要垫木板,以免歪倒或触地生锈,未刷油漆前应防雨、防锈。

(2)散热器往楼里搬运时,要捆绑牢固,慢抬轻放,以免散热器损坏。并应注意不要将木门口、墙角地面磕碰坏。应保护好柱形炉片的炉腿,避免碰断。翼形炉片防止翼片损坏。

(3)剔散热器托钩墙洞时,应注意不要将外墙砖顶出墙外。在轻质墙上栽托钩及固定卡时应用电钻打洞,防止将板墙剔裂。

(4)钢制闭式串片型散热器在运输和焊接过程中防止将叶片碰倒,安装后不得随意蹬踩,应将卷曲的叶片整修平整。

(5)喷浆前应采取措施保护已安装好的散热器,防止交叉污染,保证清洁。叶片间的杂物应清理干净,并防止掉入杂物。

(6)散热器试压后应集中保管,运输和安装过程中切不可震动,以免损伤丝口,造成渗漏。散热器安装后,要确定散热器本体和托钩挂靠牢固。托钩或固定卡子未达到强度时,严禁散热器就位。

2.3.7 安全与环保措施

(1)散热器组对时两人操作要协调一致,以防扭伤、碰伤。

(2)散热器码放时要放平稳、牢固,以防其歪倒伤人、伤物。

(3)散热器运输时要绑紧、稳固,轻起慢放,运输路线要清理干净以防摔伤、撞伤。

(4)所使用的油料、漆料要符合环保要求,并妥善存放和使用,不得污染环境。

(5)试验用水排入专门的设施。

2.3.8 应注意的问题

(1)散热器安装位置不一致是由于没按图纸施工或测量,炉钩、炉卡的尺寸不准确造成的。

(2)散热器对口的石棉橡胶垫过厚,衬垫外径突出超过对口表面是由于使用衬垫厚度超过了1.5mm、使用了双垫或衬垫外径过大造成的,应使用合格的衬垫。圆翼法兰衬垫厚度不得超过3mm。

(3)散热器安装不稳固是由于托钩弧度与散热器不符、接触不严密,托钩、炉卡安装不牢固,柱形散热器腿着地不实,应采取措施补救。

(4)炉钩、炉卡不牢是由于栽入孔洞太浅,洞内清洗不干净,水泥标号太低或砂浆没填实而造成的。炉钩、炉卡不正是由于栽入时没有找正或位置不准确而造成的。

(5)炉堵、炉补心上扣不足可能是丝扣过紧造成的,安装前应做好丝扣的选试。

(6)落地安装的柱形散热器腿片数量不对,位置不均。要求14片及以下的安装2个腿片,15～24片的应安装3个腿片,25片及以上的安装4个腿片,腿片分布均匀。

(7)挂式散热器距地高度按设计要求确定,设计无要求时,一般不低于150mm,明装散热器上表面不得高于窗台标高。

(8)圆翼形散热器掉翼面安装时应向下或朝墙安装,以免影响美观。组对时中心及偏心法兰不要用错,要保证水或凝结水能顺利流出散热器。

(9)要与土建施工配合,保证立管预留口和地面标高的准确性,以避免造成散热器安装困难,避免出现锯、卧、垫炉腿现象。

2.3.9 质量记录

(1)主要材料、设备进场检验记录、合格证及材质证明文件、检测报告。

(2)组对炉片及单组散热器的试压记录。

(3)检验批和分项工程质量验收记录。

2.4 辐射供暖供冷系统安装工程施工工艺标准

本规程适用于以低温热水为热媒或以加热电缆为加热元件的辐射供暖供冷系统安装工

程的施工。工程施工应以设计图纸和有关施工质量验收规范为依据。

2.4.1 材料与设备要求

(1)一般规定

1)辐射供暖供冷系统中所使用的材料,应根据系统工作温度、系统工作压力、建筑荷载、建筑设计寿命、现场防水、防火以及施工性能等要求,经综合比较后确定。

2)辐射供暖供冷系统中所使用的材料均应符合国家现行相关标准的规定。

(2)绝热层材料

1)绝热层材料应采用导热系数小、难燃或不燃、具有足够承载能力的材料,且不应含有殖菌源,不得有散发异味及可能危害健康的挥发物。

2)辐射供暖供冷工程中采用的聚苯乙烯泡沫塑料板材主要技术指标应符合表 2.4.1 的规定。

表 2.4.1 聚苯乙烯泡沫塑料板材主要技术指标性能指标

项目		性能指标			
		模塑		挤塑	
		供暖地面绝热层	预制沟槽保温板	供暖地面绝热层	预制沟槽保温板
类别		Ⅱ①	Ⅲ①	W200②	X150/W200②
表观密度/(kg/m^3)		≥20	≥30	≥20	≥30
压缩强度③/kPa		≥100	≥150	≥200	≥150/≥200
导热系数④/[W/(m·k)]		≤0.041	≤0.039	≤0.035	≤0.03/≤0.035
尺寸稳定性/%		≤3	≤2	≤2	≤2
水蒸气透过系数/[ng/(Pa·m·s)]		≤4.5	≤4.5	≤3.5	≤3.5
吸水性(体积分数)/%		≤4.0	≤2	≤2	≤1.5≤2
熔结性⑤	断裂弯曲负荷	25	35	—	—
	弯曲变形	≥20	≥20	—	—
燃烧性能	氧指数	≥30	≥30	—	—
	燃烧分级	达到 B2 级			

注:1. 模塑Ⅱ型密度范围在 20~30kg/m^3,Ⅲ型密度范围在 30~40kg/m^3。

2. W200 为不带表皮挤塑材料,X150 为带表皮挤塑材料。

3. 压缩强度是按现行国家标准《硬质泡沫塑料压缩性能的测定》(GB/T 8813—2008)要求的试件尺寸和试验条件下相对形变为 10%的数值。

4. 导热系数为 25℃时的数值。

5. 模塑断裂弯曲负荷或弯曲变形有一项能符合指标要求,熔结性即为合格。

3)预制沟槽保温板及其金属均热层的沟槽尺寸应与敷设的加热部件外径吻合，且应符合下列规定。

①保温板总厚度不应小于表 2.4.2 的要求。

②均热层最小厚度宜满足表 2.4.2 的要求，并应符合下列规定：

a. 均热层材料的导热系数不应小于 237W/(m·K)。

b. 加热电缆铺设地砖、石材等面层时，均热层应采用喷涂有机聚合物的，具有耐砂浆性的防腐材料。

表 2.4.2 预制沟槽保温板总厚度及均热层最小厚度 (单位：mm)

加热部件类型		保温板总厚度	均热层最小厚度				
			地砖等面层	木地板面层			
				管间距<200		管间距≥200	
				单层	双层	单层	双层
加热电缆		15	0.1	0.2	0.1	0.4	0.2
加热管外径	12	20	—				
	16	25	—				
	20	30	—				

注：1. 地砖等面层，指在敷设有加热管或加热电缆的保温板上铺设水泥砂浆找平层后与地砖、石材等粘接的做法；木地板面层，指不需铺设找平层，直接铺设木地板的做法。

2. 单层均热层，指仅采用带均热层的保温板，加热管或加热电缆上不再铺设均热层时的最小厚度；双层均热层，指采用带均热层的保温板，加热管或加热电缆上再铺设一层均热层时每层的最小厚度。

4)发泡水泥绝热层材料应符合下列规定：

①水泥宜用硅酸盐水泥、普通硅酸盐水泥、复合硅酸盐水泥；当条件受限制时，可采用矿渣硅酸盐水泥。水泥抗压强度等级不应低于 32.5MPa。

②发泡水泥绝热层材料的技术指标应符合表 2.4.3 的规定。

表 2.4.3 发泡水泥绝热层材料的技术指标

干体积密度/(kg/m^3)	抗压强度/MPa		导热系数/[W/(m·K)]
	7 天	28 天	
350	≥0.4	≥0.5	≤0.07
400	≥0.5	≥0.6	≤0.08
450	≥0.6	≥0.7	≤0.09

5)当采用其他绝热材料时，其技术指标应按表 2.4.1 的规定选用同等效果的绝热材料。

(3)填充层材料

1)豆石混凝土填充层材料强度等级宜为 C15，豆石粒径宜为 5～12mm。

2)水泥砂浆填充层材料应符合下列规定：

①应选用中粗砂水泥,且含泥量不应大于5%。

②宜选用硅酸盐水泥或矿渣硅酸盐水泥。

③水泥砂浆体积比不应小于1∶3。

④强度等级不应低于M10。

(4)水系统材料

1)加热、供冷管应满足设计使用寿命、施工和环保性能要求,并应符合下列规定:

①加热、供冷管的使用条件应满足现行国家标准《冷热水系统用热塑性塑料管材和管件》(GB/T 18991—2003)中的4级。

②加热供冷管的工作压力不应小于0.4MPa。

③管道质量必须符合国家现行相关标准的规定。

④加热管宜使用带阻氧层的管材,如铜管、铝塑复合管、聚丁烯-1管(PB)、无规共聚聚丁烯管(PB-R)、交联聚乙烯管(PE-X)、耐热聚乙烯管(PE-RT Ⅰ/Ⅱ型)、无规共聚聚丙烯管(PP-R)等。

2)供暖板应符合产品标准的规定,其输配管应符合加热管的相关规定。

3)分水器、集水器应符合产品标准的规定。

(5)加热电缆辐射供暖系统材料和温控设备

1)辐射供暖用加热电缆产品必须有接地屏蔽层。

2)加热电缆冷、热线的接头应采用专用设备和工艺连接,不应在现场简单连接;接头应可靠、密封,并保持接地的连续性。

3)加热电缆外径不宜小于5mm。

4)加热电缆的型号和商标应有清晰标志,冷、热线接头位置应有明显标志。

5)加热电缆应经国家质量监督检验部门检验合格。

6)温控器应符合国家相关标准,外观不应有划痕,应标记清晰、面板扣合开启自如、温度调节部件使用正常。

7)热水地面供暖温度控制用自动调节阀应符合相关产品标准的规定。

2.4.2 主要机具

(1)机具:台钻、手电钻、电锤、电动试压泵、砂轮锯、套丝机、热熔机等。

(2)工具:压力案、管钳、钢锯、锯条、专用割刀、手锤、活扳手、套丝板、自制扳手、试压泵、气泵等。

(3)量具:水平尺、钢尺、线坠、压力表等。

2.4.3 作业条件

(1)一般规定

1)施工单位应具有相应的施工资质,工程质量验收人员应具备相应的专业技术资格。

2)施工图深化设计单位应具有相应的设计资质,修改设计应有设计单位出具的设计变更文件,并经原工程设计单位批准后方可施工。

3)施工安装前所具备条件应符合下列规定：

①施工组织设计或施工方案应已批准，采用的技术标准和质量控制措施文件应齐全并已完成技术交底。

②材料进场检验应已合格并满足安装要求。

③施工现场应具有供水或供电条件，应有储放材料的临时设施。

④土建专业应已完成墙面粉刷(不含面层)，外窗、外门应已安装完毕，地面应已清理干净，卫生间应做完闭水试验并经过验收。

⑤相关电气预埋等工程应已完成。

4)加热、供冷部件的运输、存储应符合下列规定：

①应进行遮光包装后运输，不得裸露散装。

②运输、装卸和搬运时，应小心轻放，不得抛、摔、滚、拖。

③不得曝晒雨淋，宜储存在温度不超过40℃且通风良好和干净的库房内。

④应避免因环境温度和物理压力受到损害，并应远离热源。

5)施工过程中应防止油漆、沥青或其他化学溶剂接触，污染加热、供冷部件的表面。

6)施工过程中加热电缆间有搭接时，严禁电缆通电。

7)施工时不宜与其他工种交叉施工作业，所有地面留洞应在填充层施工前完成。

8)辐射面应平整、干燥、无杂物、无积灰。

9)施工过程中，加热、供冷部件敷设区域，严禁穿凿、穿孔或进行射钉作业。

10)施工的环境温度不宜低于5℃。在低于0℃的环境下施工时，现场应采取升温措施。

11)施工结束后应绘制竣工图，并应准确标注加热、供冷部件敷设位置及地温传感器埋设地点。

(2)施工方案及材料、设备检查

1)施工单位应编制施工组织设计或施工方案，方案经批准后方可施工。

2)施工组织设计或施工方案应包括下列内容：

①工程概况。

②施工节点图、原始工作面至面层的剖面图、伸缩缝的位置等。

③主要材料、设备的性能技术指标、规格、型号及保管存放措施。

④施工工艺流程及各专业施工时间计划。

⑤施工质量控制措施及验收标准，包括绝热层铺设，加热、供冷部件安装，填充层铺设，面层铺设，分水器和集水器施工质量，水压试验(电阻测试和绝缘测试)，隐蔽前、后综合检查，环路、系统试运行调试和竣工验收等。

⑥施工进度计划、劳动力计划。

⑦安全、环保、节能技术措施。

3)辐射供暖供冷系统所使用的主要材料、设备组件、配件、绝热材料必须具有质量合格证明文件，其性能技术指标及规格、型号应符合国家现行有关标准和设计文件的规定，并具有国家授权机构提供的有效期内的检验报告。进场时应做检查验收并经监理工程师核查确认。

4)管材及管件、分水器和集水器及其连接件进场前应对其外观损坏等进行现场复验。

5)加热、供冷管应符合下列规定:

①管道内外表面应光滑、平整、干净,不应有可能影响产品性能的明显划痕、凹陷、气泡等缺陷。

②管径及壁厚应符合国家现行有关标准和设计文件的规定。

6)分水器、集水器及其连接件应符合下列规定:

①分水器、集水器材料宜为铜质,应包括分、集水干管、主管关断阀或调节阀、泄水阀、排气阀、支路关断阀或调节阀和连接配件等。

②内外表面应光洁,不得有裂纹、砂眼、冷隔、夹渣、凹凸不平及其他缺陷。表面电镀的连接件色泽应均匀,镀层应牢固,不得有脱镀的缺陷。

③金属连接件间的连接和过渡管件与金属连接件间的连接密封应符合现行国家标准《55°密封管螺纹》(GB/T 7306—2000)的规定;永久性的螺纹连接可使用厌氧胶密封粘接;可拆卸的螺纹连接可使用厚度不超过 0.25mm 的密封材料密封连接。

④铜制金属连接件与管材之间的连接结构形式宜采用卡套式、卡压式或滑紧卡套冷扩式夹紧结构。

7)预制沟槽保温板、供暖板和毛细管网进场后,应对辐射面向上供热量或供冷量及向下传热量进行复验;加热电缆进场后,应对辐射面向上供热量及向下传热量进行复验。复验应为见证取样送检。每个规格抽检数量不应少于一个。

8)阀门、分水器、集水器组件安装前应做强度和严密性试验,并应符合下列规定:

①试验应在每批数量中抽查 10%,且不得少于 1 个;对安装在分水器进口、集水器出口及旁通管上的旁通阀门应逐个做强度和严密性试验,试验合格后方可使用。

②强度试验压力应为工作压力的 1.5 倍,严密性试验压力应为工作压力的 1.1 倍;强度和严密性试验持续时间应为 15s,其间压力应保持不变,且壳体、填料及阀瓣密封面应无渗漏。

2.4.4 施工工艺

(1)操作流程

绝热层铺设→加热、供冷管系统安装→加热电缆系统安装→水压试验→填充层施工→面层施工→卫生间施工

(2)绝热层铺设

1)铺设绝热层的原始工作面应平整、干燥、无杂物,边角交接面根部应平直且无积灰现象。

2)泡沫塑料类绝热层、预制沟槽保温板、供暖板的铺设应平整,板间的相互接合应严密,接头应用塑料胶带粘接平顺。直接与土壤接触或有潮湿气体侵入的地面应在铺设绝热层之前铺设一层防潮层。

3)在铺设辐射面绝热层的同时或在填充层施工前,应由供暖供冷系统安装单位在与辐射面垂直构件交接处设置不间断的侧面绝热层,侧面绝热层的设置应符合下列规定:

①绝热层材料宜采用高发泡聚乙烯泡沫塑料,且厚度不宜小于 10mm;应采用搭接方式

连接，搭接宽度不应小于 10mm。

②绝热层材料也可采用密度不小于 20kg/m^3 的模塑聚苯乙烯泡沫塑料板，其厚度应为 20mm，聚苯乙烯泡沫塑料板接头处应采用搭接方式连接。

③侧面绝热层应从辐射面绝热层的上边缘做到填充层的上边缘；交接部位应有可靠的固定措施，侧面绝热层与辐射面绝热层应连接严密。

4)发泡水泥绝热层的施工现场应具备下列设备：

①平整发泡水泥绝热层和水泥砂浆填充层表面的装置。

②适应不同工艺特点的专用搅拌机。

③活塞式泵或挤压式泵，或其他可满足要求的发泡水泥或水泥砂浆输送泵。

5)浇注发泡水泥绝热层之前的施工准备应符合下列规定：

①对设备、输送泵及输送管道进行安全性检查。

②根据现场使用的水泥品种进行发泡剂类型配方设计后方可进行现场制浆。

③在房间墙上标记出发泡水泥绝热层浇注厚度的水平线。

6)发泡水泥绝热层现场浇筑宜采用物理发泡工艺，并应符合下列规定：

①施工浇筑中应随时观察检查浆料的流动性、发泡稳定性，并应控制浇筑厚度及地面平整度；发泡水泥绝热层自流平后，应采用刮板刮平。

②发泡水泥绝热层内部的孔隙应均匀分布，不应有水泥与气泡明显的分离层。

③当施工环境风力大于 5 级时，应停止施工或采取挡风等安全措施。

④发泡水泥绝热层在养护过程中不得震动，且不应上人作业。

7)发泡水泥绝热层应在浇筑过程中进行取样检验；宜按连续施工每 50000m^2 作为一个检验批，不足 50000m^2 时应按一个检验批计。

8)预制沟槽保温板铺设应符合下列规定：

①可直接将相同规格的标准板块拼接铺设在楼板基层或发泡水泥绝热层上。

②当标准板块的尺寸不能满足要求时，可用工具刀裁下所需尺寸的保温板对齐铺设。

③相邻板块上的沟槽应互相对应、紧密依靠。

9)供暖板及填充板铺设应符合下列规定：

①带木龙骨的供暖板可用水泥钉钉在地面上进行局部固定，也可平铺在基层地面上；填充板应在现场加龙骨，龙骨间距不应大于 300mm，填充板的铺设方法与供暖板相同。

②不带龙骨的供暖板和填充板可采用工程胶点粘在地面上，并在面层施工时一起固定。

③填充板内的输配管安装后，填充板上应采用带胶铝箔覆盖输配管。

(3)加热、供冷管系统安装

1)工艺流程

安装准备→分水器集水器支座定位安装→防潮层敷设→绝热层敷设→钢丝网敷设→地暖盘管敷设→管路、波纹套管、阀门、过滤器与分水器集水器组装→压力表安装→气压泵安装气体保压→填充层施工→隔离层施工→找平层施工→装饰面层施工→管道冲洗→系统试运行→质量验收→竣工验收。

2)加热、供冷管应按设计图纸标定的管间距和走向敷设，加热、供冷管应保持平直，管间距的安装误差不应大于 10mm。加热、供冷管敷设前，应对照施工图纸核定加热、供冷管的选型、管径、壁厚,并应检查加热、供冷管外观质量,管内部不得有杂质。加热、供冷管安装间断或完毕时,敞口处应随时封堵。

3)加热、供冷管及输配管切割应采用专用工具,切口应平整,断口面应垂直管轴线。

4)加热、供冷管及输配管弯曲敷设时应符合下列规定:

①圆弧的顶部应用管卡进行固定。

②塑料管弯曲半径不应小于管道外径的8倍,铝塑复合管的弯曲半径不应小于管道外径的6倍,铜管的弯曲半径不应小于管道外径的5倍。

③最大弯曲半径不得大于管道外径的11倍。

④管道安装时应防止管道扭曲;铜管应采用专用机械弯管。

5)混凝土填充式供暖地面距墙面最近的加热管与墙面间距宜为100mm;每个环路加热管总长度与设计图纸误差不应大于8%。

6)埋设于填充层内的加热、供冷管及输配管不应有接头。在铺设过程中管材出现损坏、渗漏等现象时,应当整根更换,不应拼接使用。

7)施工验收后发现加热、供冷管或输配管损坏,需要增设接头时,应符合下列规定:

①应报建设单位或监理工程师,提出书面补救方案,经批准后方可实施。

②塑料管和铝塑复合管增设接头时,应根据管材,采用热熔或电熔插接式连接,或卡套式、卡压式铜制管接头连接;采用卡套式、卡压式铜制管接头连接后,应在铜制管接头外表面做防腐处理,并应采用橡胶软管套,且两端做好密封;装饰层表面应有检修标识。

③铜管宜采用机械连接或焊接连接。

④应在竣工图上清晰表示接头位置,并记录归档。

8)加热、供冷管应设固定装置。加热供冷管弯头两端宜设固定卡;加热、供冷管直管段固定点间距宜为500~700mm,弯曲管段固定点间距宜为200~300mm。

9)加热供冷管或输配管穿墙时应设硬质套管。

10)在分水器、集水器附近以及其他局部加热、供冷管排列比较密集的部位,当管间距小于100mm时,加热、供冷管外部应设置柔性套管。

11)加热、供冷管或输配管出地面至分水器、集水器连接处,弯管部分不宜露出面层。加热供冷管或供暖板输配管出地面至分水器、集水器下部阀门接口之间的明装管段,外部应加装塑料套管或波纹管套管,套管应高出面层150~200mm。

12)加热、供冷管或输配管与分水器、集水器连接应采用卡套式、卡压式挤压夹紧连接,连接件材料宜为铜质。铜质连接件直接与PP-R塑料管接触的表面必须镀镍。

13)加热、供冷管的环路布置不宜穿越填充层内的伸缩缝,必须穿越时,伸缩缝处应设长度不小于200mm的柔性套管。

14)分水器、集水器宜在加热、供冷管敷设之前进行安装。水平安装时,宜将分水器安装在上,集水器安装在下,中心距宜为200mm,集水器中心距地面不应小于300mm。

15)填充层伸缩缝设置应与加热、供冷管的安装同步或在填充层施工前进行,并应符合下列规定:

①当地面面积超过30m^{2}或边长超过6m时,应按不大于6m间距设置伸缩缝,伸缩缝宽度不应小于8mm;伸缩缝宜采用高发泡聚乙烯泡沫塑料板,或预设木板条待填充层施工完

毕后取出，缝槽内满填弹性膨胀膏。

②伸缩缝宜从绝热层的上边缘做到填充层的上边缘。

③伸缩缝应有效固定，泡沫塑料板也可在铺设辐射面绝热层时挤入绝热层中。

16)输配管与其配水、集水装置的接头连接时，应采用专用工具将管道套到接头根部，再用专用固定卡子卡住，使其紧密连接。

17)供暖板的配水、集水装置可采用暗装方式，也可采用明装方式。采用暗装方式时，宜与供暖板一起埋在面层下；采用明装方式时，配水、集水装置宜单独安装在外窗下的墙面上。

(4)加热电缆系统安装

1)工艺流程

安装准备→防潮层敷设→绝热层敷设→钢丝网敷设→加热电缆冷线预留管、温控器接线盒、地温传感器预留管、供暖配电箱等预留、预埋→加热电缆敷设→绝缘摇测→加热电缆系统接线→填充层施工→隔离层施工→找平层施工→装饰面层施工→绝缘摇测→系统试运行→质量验收→竣工验收

2)加热电缆应按照施工图纸标定的电缆间距和走向敷设。加热电缆应保持平直，电缆间距的安装误差不应大于 10mm。敷设前应对照施工图纸核定型号，并应检查外观质量。

3)加热电缆出厂后严禁剪裁和拼接，有外伤或破损的加热电缆严禁敷设。

4)加热电缆安装前后应测量加热电缆的标称电阻和绝缘电阻，并做自检记录。

5)加热电缆施工前，应确认加热电缆冷线预留管、温控器接线盒、地温传感器预留管、供暖配电箱等预留、预埋工作已完毕。

6)加热电缆的弯曲半径不应小于生产企业规定的限值，且不得小于 6 倍电缆直径。

7)采用混凝土填充式地面供暖时，加热电缆下应铺设金属网，并应符合下列规定：

①金属网应铺设在填充层中间。

②除填充层在铺设金属网和加热电缆的前后分层施工外，金属网网眼不应大于 100mm×100mm，金属直径不应小于 1.0mm。

③应每隔 300mm 将加热电缆固定在金属网上。

8)加热电缆的热线部分严禁进入冷线预留管。

9)加热电缆的冷线与热线接头应暗装在填充层或预制沟槽保温板内，接头处 150mm 之内不应弯曲。

10)伸缩缝的设置应符合本书第 2.5.3(4)15)条的规定。

11)加热电缆供暖系统和温控系统的电气施工应符合现行国家标准《建筑电气工程施工质量验收规范》(GB 50303—2019)的规定。

(5)水压试验

1)管道敷设完成，经检查符合设计要求后应进行水压试验，水压试验应符合下列规定：

①水压试验应在系统冲洗之后进行，系统冲洗应对分水器、集水器以外主供、回水管道进行冲洗，冲洗合格后再进行室内供暖系统的冲洗。

②水压试验之前，应对试压管道和构件采取安全有效的固定和保护措施。

③水压试验应以每组分水器、集水器为单位，逐回路进行。

④混凝土填充式地面辐射供暖户内系统试压应进行两次，分别在浇筑混凝土填充层之

前和填充层养护期满后进行;预制沟槽保温板、供暖板和毛细管网户内系统试压应进行两次,分别在铺设面层之前和之后进行。

⑤冬季进行水压试验时,在有冻结可能的情况下,应采取可靠的防冻措施,试压完成后应及时将管内的水吹净、吹干。

2)水压试验压力应为工作压力的 1.5 倍,且不应小于 0.6MPa。在试验压力下,稳压 1h,其压力降不应大于 0.05MPa,且不渗不漏。

(6)填充层施工

1)填充层施工前应具备下列条件:

①加热电缆经电阻检测和绝缘性能检测合格。

②侧面绝热层和填充层伸缩缝已安装完毕。

③加热、供冷管安装完毕且水压试验合格,加热、供冷管处于有压状态。

④温控器的安装盒、加热电缆冷线穿管已经布置完毕。

⑤通过隐蔽工程验收。

2)混凝土填充层施工,应由有资质的土建施工方承担,供暖供冷系统安装单位应密切配合。填充层施工过程中不得拆除和移动伸缩缝。

3)地面辐射供暖供冷工程施工过程中,埋管区域应设施工通道或采取加盖等保护措施,严禁人员踩踏加热、供冷部件。

4)水泥砂浆填充层应与发泡水泥绝热层牢固结合,单处空鼓面积不应大于 0.04cm^2,且每个自然房间不应多于 2 处。

5)水泥砂浆填充层表层的抹平工作应在水泥砂浆初凝前完成,压光或拉毛工作应在水泥砂浆终凝前完成。

6)混凝土填充层施工中,加热、供冷管内的水压不应低于 0.6MPa;填充层养护过程中,系统水压不应低于 0.4MPa。

7)填充层施工中,严禁使用机械振捣设备;施工人员应穿软底鞋,使用平头铁锹。

8)系统初始供暖、供冷前,水泥砂浆填充层养护时间不应少于 7d,或抗压强度应达到 5MPa 后,方可上人行走;豆石混凝土填充层的养护周期不应少于 21d。养护期间及期满后,应对地面采取保护措施,不得在地面加以重载、高温烘烤、直接放置高温物体和高温设备。

9)填充层应在铺设过程中进行取样检验;宜按连续施工每 10000m^2 作为一个检验批,不足 10000m^2 时按一个检验批计。

10)填充层施工完毕后,应进行加热电缆的标称电阻和绝缘电阻检测验收并做好记录。

(7)面层施工

1)面层施工前,填充层应达到面层需要的干燥度和强度。面层施工除应符合土建施工设计图纸的各项要求外,还应符合下列规定:

①施工面层时,不得剔、凿、割、钻和钉填充层,不得向填充层内插入任何物件。

②石材、瓷砖在与内外墙、柱等垂直构件交接处,应留 10mm 宽伸缩缝;木地板铺设时,应留不小于 14mm 的伸缩缝;伸缩缝应从填充层的上边缘做到高出面层上表面 10~20mm,面层敷设完毕后,应裁去伸缩缝多余部分;伸缩缝填充材料宜采用高发泡聚乙烯泡沫塑料。

③面积较大的面层应由建筑专业计算伸缩量，设置必要的面层伸缩缝。

2)以木地板作为面层时，木材应经过干燥处理，且应在填充层和找平层完全干燥后进行木地板施工。

3)以瓷砖、大理石、花岗岩作为面层时，填充层伸缩缝处宜采用干贴施工。

4)采用预制沟槽保温板或供暖板时，面层可按下列方法施工：

①木地板面层可直接铺设在预制沟槽保温板或供暖板上，可发性聚乙烯(EPE)垫层应铺设在保温板或供暖板下，不得铺设在加热部件上。

②采用带木龙骨的供暖板时，木地板应与木龙骨垂直铺设。

③铺设石材或瓷砖时，预制沟槽保温板及其加热部件上应铺设厚度不小于30mm的水泥砂浆找平层和粘接层；水泥砂浆找平层应加金属网，网格间距不应大于100mm，金属直径不应小于1.0mm。

5)采用发泡水泥绝热层和水泥砂浆填充层时，当面层为瓷砖或石材地面时，填充层和面层应同时施工。

(8)卫生间施工

1)卫生间应做两层隔离层。

2)卫生间过门处应设置止水墙，在止水墙内侧应配合土建专业做防水。加热、供冷管穿过止水墙处应采取隔离措施。

2.4.5 质量验收标准

(1)加热、供冷管、加热电缆、供暖板安装完毕，混凝土填充式的填充层或预制沟槽保温板、供暖板的面层施工前，应按隐蔽工程要求，由工程承包方提出书面报告，由监理工程师组织各有关人员进行中间验收。

(2)辐射供暖、供冷系统检查和验收应包括下列内容：

1)加热、供冷管、预制沟槽保温板或供暖板、输配管、分水器、集水器、阀门、附件、绝热材料、温控及计量设备等的质量。

2)原始工作面、填充层、面层、隔离层、绝热层、防潮层、均热层、伸缩缝等的施工质量。

3)管道、分水器、集水器、阀门、温控及计量设备等的安装质量。

4)管路冲洗。

5)隐蔽前、后水压试验。

(3)加热电缆系统检查和验收应包括下列内容：

1)加热电缆、温控及计量设备、绝热材料等的质量。

2)原始工作面、填充层、面层、隔离层、绝热层、防潮层、均热层和伸缩缝等的施工质量。

3)隐蔽前、后加热电缆标称电阻和绝缘电阻检测。

4)加热电缆、温控及计量设备的安装质量。

(4)发泡水泥绝热层验收应符合下列规定：

1)发泡水泥绝热层施工完毕后，在填充层施工前，应按隐蔽工程要求，由施工方会同监理单位进行分项中间验收。

2)干体积密度验收应符合现行国家标准《蒸压加气混凝土性能试验方法》(GB/T 11969—2008)的规定。

3)7d、28d 抗压强度应符合现行国家标准《蒸压加气混凝土性能试验方法》(GB/T 11969—2008)的规定。

4)导热系数应符合现行国家标准《绝热材料稳态热阻及有关特性的测定 防护热板法》(GB/T 10294—2008)的规定。

(5)辐射供暖供冷系统中间验收应符合下列规定:

1)供暖供冷地面施工前,地面的平整、清洁状况符合施工要求。

2)绝热层的厚度、材料的物理性能及铺设应符合设计要求。

3)伸缩缝应按设计要求敷设完毕。

4)供暖板表面应平整,接缝处应严密。

5)加热、供冷管,输配管,加热电缆的材料、规格、敷设间距、弯曲半径及固定措施等应符合设计要求。

6)填充层内加热、供冷管、输配管不应有接头,弯曲部分不得出现硬折弯现象。

7)隐蔽敷设的加热电缆的发热区域不应裁剪和破损;加热电缆之间不应在任何地方有相互接触、交叉或者重叠的现象。

8)加热、供冷管、输配管、分水器、集水器及其连接处在试验压力下无渗漏。

9)加热电缆系统每个环路应无短路和断路现象,电阻及绝缘电阻测试符合要求。

10)阀门启闭灵活,关闭严密。

11)温控及计量装置、分水器、集水器及其连接件等安装后应有成品保护措施。

12)供暖地面按要求铺设防潮层、隔离层、均热层、钢丝网等。

13)填充层、找平层、面层平整,表面无明显裂缝。

(6)绝热层,预制沟槽保温板,加热、供冷管,加热电缆,供暖板及分水器和集水器施工技术要求及允许偏差应符合表 2.4.4 的规定;原始工作面、填充层、面层施工技术要求及允许偏差应符合表 2.4.5 的规定。

表 2.4.4 绝热层、保温板、填充板、管道部件施工技术要求及允许偏差

序号	项目		条件	技术要求	允许偏差/mm
1	绝热层	泡沫塑料类	结合	无缝隙	—
			厚度	按设计要求	+10
		发泡水泥	厚度	按设计要求	±5
2	预制沟槽保温板	保温板	结合	无缝隙	—
		均热层(如有)	厚度	采用地砖等面层的加热电缆时,不小于 0.1mm;采用木地板时,总厚度不应小于 0.2mm	—

续表

序号	项目		条件	技术要求	允许偏差/mm
3	加热、供冷管	弯曲半径	塑料管	不小于8倍管外径 不应大于11倍管外径	−5
			铝塑复合管	不小于6倍管外径 不应大于11倍管外径	−5
			铜管	不小于5倍管外径 不应大于11倍管外径	−5
		固定点间距	直管	宜为0.5～0.7m	+10
			弯管	宜为0.2～0.3m	
4	加热电缆		间距	按设计要求	+10
			弯曲半径	不应小于生产企业规定限值，且不得小于6倍管外径	−5
5	预制轻薄供暖板	供暖板和填充板	连接	无缝隙	—
		输配管	间距	按设计要求	−10
			弯曲半径	要求同加热、供冷管	−5
6	分水器、集水器安装		垂直距离	宜为200mm	±10

表2.4.5 原始工作面、填充层、面层施工技术要求及允许偏差

序号	项目	条件			技术要求	允许偏差/mm
1	原始工作面	铺设绝热层或保温板、供暖板前			平整	—
2	填充层	豆石混凝土	加热、供冷管	标号，最小厚度	C15，宜50mm	平整度±5
			加热、电缆		C15，宜40mm	
		水泥砂浆	加热、供冷管	标号，最小厚度	M10，宜40mm	平整度±5
			加热电缆		M10，宜35mm	
		面积大于30m² 或长度大于6m；遇见下梁、过门口、开间与走道时			留8mm伸缩缝	+2
		与内外墙、柱等垂直构件交接			留10mm侧面绝热层	+2
3	面层	与内外墙、柱等垂直构件交接		瓷砖、石材地面	留10mm伸缩缝	+2
				木地板地面	留大于或等于14mm伸缩缝	+2

注：原始工作面允许偏差应满足相应土建施工标准。

2.4.6 成品保护措施

(1)在安装开始和竣工交验前,施工现场一定要建立严格的成品保护值班制度。

(2)材料及设备存放的库房,要具备防晒、防雨、防潮、防砸、防盗等功能。材料及设备搬运时,不得抛扔、坠落。

(3)分水器集水器安装时,要注意保护墙面面层,坐标定位准确,安装后采用塑料薄膜保护分集水器。

(4)管道及设备中断安装时,必须将所留管口作临时封闭(用木塞、塑料塞或以牛皮纸、塑料布包扎好)。

(5)地暖盘管、支管、加热电缆等在施工过程中,在有行走、手推运料车的线路上必须铺设大于10mm厚的模板进行保护,避免压坏管道、加热电缆现象。

(6)加热电缆冷线预留管、温控器接线盒、地温传感器预留管、供暖配电箱等预留、预埋工作已完毕后,须做好封堵保护,避免堵塞影响使用。

(7)浇筑填充层时,工人要用平铁锹施工,但不得使其直接铲、拍地暖管、加热电缆等预埋件。

(8)在加热电缆系统安装时,分水器、集水器支架及本体安装完成后,必须做好成品保护,避免面层及接口受到污染。

(9)地暖盘管安装完成后,在没有浇筑完填充层时,必须带压工作,发现漏压时必须及时处理。

(10)地暖盘管、加热电缆分路须做好供、回走向分路标记,避免接错回路。

2.4.7 安全与环境保护措施

(1)运输楼层运送材料及设备时,必须绑扎牢固,以防滑脱伤人。

(2)在现场同一垂直面上下交叉作业时,必要时应设置安全隔离层。

(3)施工用电严格遵守《施工现场临时用电安全技术规范》(JGJ 46—2005)的要求。

(4)试压中,严禁使用失灵或不准确的压力表。试压过程中若发现异常应立即停止试压。

(5)冲洗水的排放管应接至可靠的排水井或排水沟里,保证排泄畅通和安全。管道试压冲洗污水不得随意排放,应沉淀处理后排入市政污水管网。

(6)使用人字梯和马凳时,必须平稳、坚固。

(7)一切油漆,易燃、易爆材料,必须存放在专用库房内,挥发性油料须装入密闭容器妥善保管,施工现场及库房应通风良好,严禁烟火。

(8)刷油漆操作时应戴口罩,操作区应保持新鲜空气流通,以防发生中毒现象。沾染油漆的棉纱、破布等废物,应收集存放在有盖的金属容器内,及时处理掉。

(9)施工及试压时所处环境的温度,必须在5℃以上,倘若低于此温度,应采取升温措施,当环境温度低于0℃时,不得进行冲洗。

(10)试压冲洗后应将管道低处的积水泄放干净或采用气泵吹水,防止沉积物堵塞管道和冬季冻裂管道。

(11)电焊机应作保护措施,并有漏电保护器。

(12)黏结剂、稀释剂和溶剂等使用后,应及时封闭存放,废料应及时清出室内。

(13)严禁在民用建筑工程的室内用有机溶剂清洗施工用具。施工作业面应保持整洁,严禁将建筑垃圾随意抛弃。应做到工完场清。

2.4.8 应注意的问题

(1)若预留立管定位不准确,会导致供回水管道没做标记;供回水管道距墙体间距偏差较大。

(2)若分水器、集水器连接供回水管没有做标记,会导致分水器连接管道接错。如果分水器、集水器温控阀接线错误,会导致跳闸。

(3)管道连接麻头清理不净的主要原因是操作人员未及时清理。

(4)试压及通暖时,管道被堵塞的原因主要是在安装时预留口没装临时封堵,掉进了杂物。

(5)热水管道丝扣连接处渗漏防治措施:螺纹连接的填料选用要恰当,填料顺丝扣方向拧紧后不得倒回,螺纹连接处应紧密牢固。

(6)地暖在分水器、集水器附近往往汇集较多的管道,在其他如门洞、走道等部位也会有较多加热管通过,由于管道过分布密集,容易形成局部地面温度过高,应采用聚氯乙烯或高密度聚乙烯波纹套管。设置套管后,随着热阻的增大,地面温度将相应降低。

(7)管道切割不好,断口不平整,与管轴线不垂直,都会影响管道的连接质量,造成渗漏或通过截面减小,需提高实体操作要求,严格控制质量标准。

(8)为了保护加热、供冷管,明装管道通常应加套聚氯乙烯(PVC)塑料管。

(9)加热、供冷管穿越伸缩缝时,必须设置一定长度的柔性套管。这项措施是确保加热管在填充层内发生热胀冷缩变化时的自由度。

(10)分水器、集水器在开始铺设加热、供冷管之前安装。其目的是保证柔性加热、供冷管精确转向和通入分水器、集水器内。分水器、集水器安装示意图如图 2.4.1 和图 2.4.2 所示。

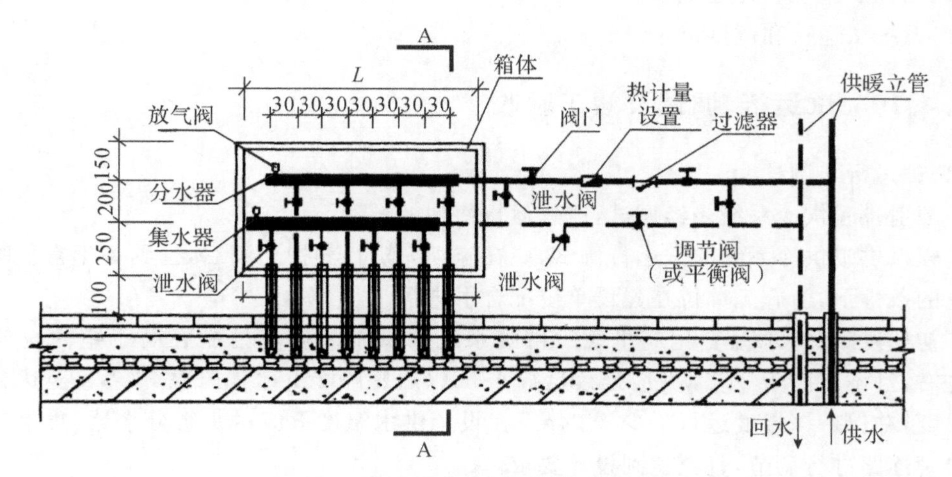

图 2.4.1 分水器、集水器正视安装示意图

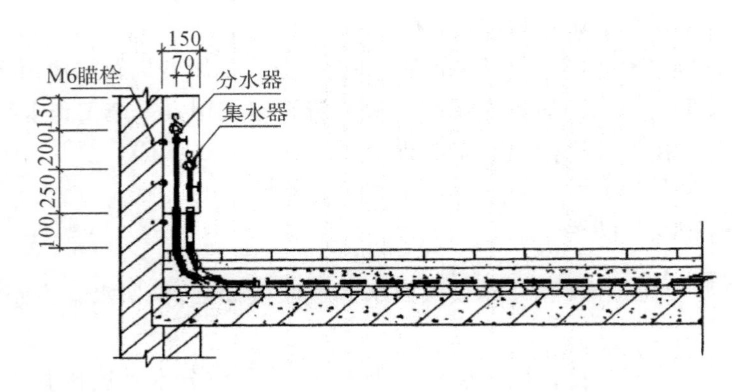

图 2.4.2 分水器、集水器剖面安装示意图

(11)混凝土填充层设置伸缩缝是为了防止地面热胀冷缩而被破坏,是热水地面供暖工程设计中非常重要的部分。当室内面积大于 $30m^2$ 或长度大于 6m 时,在下梁、过门口、开间与走道时,以及内外墙、柱等部位应需留设伸缩缝。

(12)加热电缆接地电阻和绝缘电阻测试在施工和验收过程中应进行 3 次:加热电缆安装前第 1 次;安装后隐蔽前第 2 次;填充层施工后第 3 次。

2.4.9 质量记录

(1)各种材料、设备的出厂合格证及检验报告,进场检验记录及现场复验报告。

(2)采暖管道预检记录。

(3)采暖管道的单项试压记录。

(4)采暖管道隐蔽检查记录。

(5)采暖系统试压、冲洗、试调记录。

(6)检验批质量验收记录及其他质量验收记录。

(7)辐射供暖供冷系统性能检测报告。

(8)工程质量检验评定记录。

(9)系统试运行和调试记录。

2.4.10 试运行、调试及竣工验收

(1)试运行与调试

1)辐射供暖供冷系统未经调试,严禁运行使用。

2)辐射供暖供冷系统的试运行调试,应在施工完毕且养护期满后,且具备正常供暖供冷和供电的条件下,由施工单位在建设单位配合下进行。

3)初始供暖时,水温变化应平缓。供暖系统的供水温度应控制在高于室内空气温度 10℃左右,且不应高于 32℃,并应连续运行 48h;以后每隔 24h 水温升高 3℃,直至达到设计供水温度,并保持该温度运行不少于 24h。在设计供水温度下应对每组分水器、集水器连接的加热管逐路进行调节,直至达到设计要求。

4)初始供冷调试应在新风系统调试后进行,水温变化应平缓。供冷系统的供水温度应

控制在高于室内空气露点温度2℃以上，逐渐降低直至达到设计供水温度，并保持该温度运行不少于24h。在设计供水温度下应对每组分水器、集水器连接的供冷管逐路进行调节，直至达到设计要求。

5)加热电缆辐射供暖系统初始通电加热时，应控制室温平缓上升，直至达到设计要求。

6)辐射供暖供冷系统调试完成后，宜对下列性能参数进行检测，并应符合下列规定：

①辐射体表面平均温度满足设计值的规定。

②室内空气温度满足设计要求。

③辐射供暖供冷系统进出口水温度及温差满足设计要求。

7)辐射体表面平均温度测定应符合下列规定：

①温度计应与辐射体表面紧密粘贴。

②温度测点数量不应少于5对，其中一半测点应沿热媒流程均匀设置在加热、供冷管上，另一半测点应设在加热、供冷管之间且沿热媒流程均匀布置。

③辐射体表面平均温度应取各测点温度的算术平均值。

④温度测量系统准确度应为±0.2℃。

8)辐射供暖供冷系统室内空气温度检测应符合下列规定：

①辐射供暖时，宜以房间中央离地0.75m高处的空气温度作为评价依据。

②辐射供冷时，宜以房间中央离地1.1m高处的空气温度作为评价依据。

③温度测量系统准确度应为±0.2℃。

9)辐射供暖供冷系统进出口水温测点宜布置在分水器、集水器上，温度测量系统准确度应为±0.1℃。

(2)竣工验收

1)竣工验收应在辐射供暖供冷系统性能检测合格后进行。

2)竣工验收时，应提供下列文件：

①施工图、竣工图和设计变更文件。

②主要设备和管材、配件等主要材料的出厂合格证及检验报告。

③辐射供暖供冷系统性能检测报告。

④中间验收记录。

⑤冲洗和试压记录。

⑥工程质量检验评定记录。

⑦系统试运行和调试记录。

⑧材料和产品的现场复验报告。

⑨工程使用维护说明书。

附录　辐射供暖地面构造图示

附2.4.1　混凝土填充式供暖地面构造可按图附2.4-1和图附2.4-2设置。

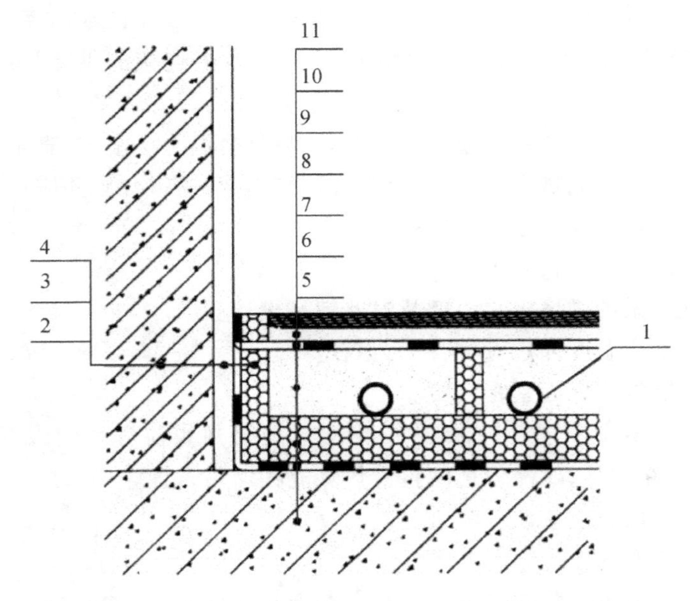

1—加热管;2—侧面绝热层;3—抹灰层;4—外墙;5—楼板或与土壤相邻地面;
6—防潮层(对与土壤相邻地面);7—泡沫塑料绝热层(发泡水泥绝热层);
8—豆石混凝土填充层(水泥砂浆填充找平层);9—隔离层(对潮湿房间);
10—找平层;11—装饰面层

图附 2.4-1 采用泡沫塑料绝热层(发泡水泥绝热层)的混凝土填充式热水供暖地面构造

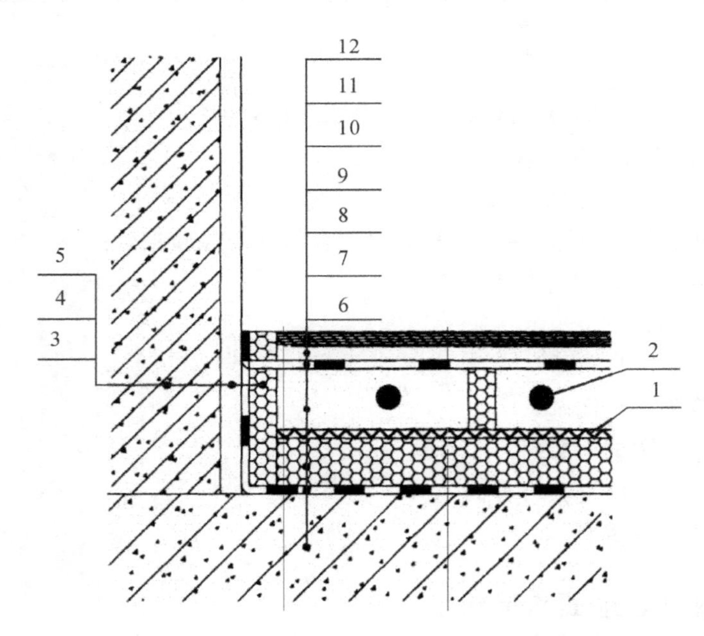

1—金属网;2—加热电缆;3—侧面绝热层;4—抹灰层;5—外墙;6—楼板或与土壤相邻地面;
7—防潮层(对与土壤相邻地面);8—泡沫塑料绝热层(发泡水泥绝热层);
9—豆石混凝土填充层(水泥砂浆填充找平层);10—隔离层(对潮湿房间);11—找平层;12—装饰面层

图附 2.4-2 采用泡沫塑料绝热层(发泡水泥绝热层)的混凝土填充式加热电缆供暖地面构造

附 2.4.2 预制沟槽保温板式供暖地面构造可按图附 2.4-3 至 图附 2.4-6 设置。

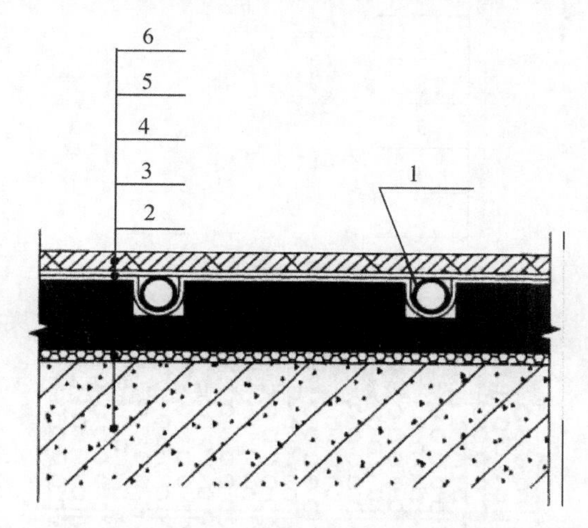

1—加热管或加热电缆；2—楼板；3—可发性聚乙烯(EPE) 垫层；
4—预制沟槽保温板；5—均热层；6—木地板面层

图附 2.4-3 与供暖房间相邻的预制沟槽保温板式供暖地面构造

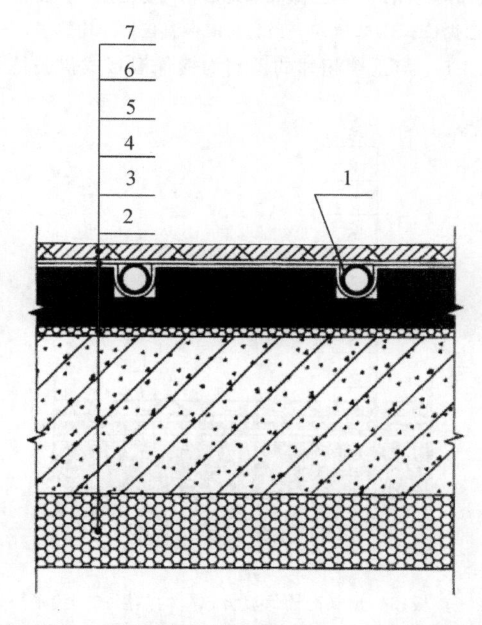

1—加热管或加热电缆；2—泡沫塑料绝热层；3—楼板；4—可发性聚乙烯(EPE) 垫层；
5—预制沟槽保温板；6—均热层；7—木地板面层

图附 2.4-4 与室外空气或不供暖房间相邻的预制沟槽保温板式供暖地面构造

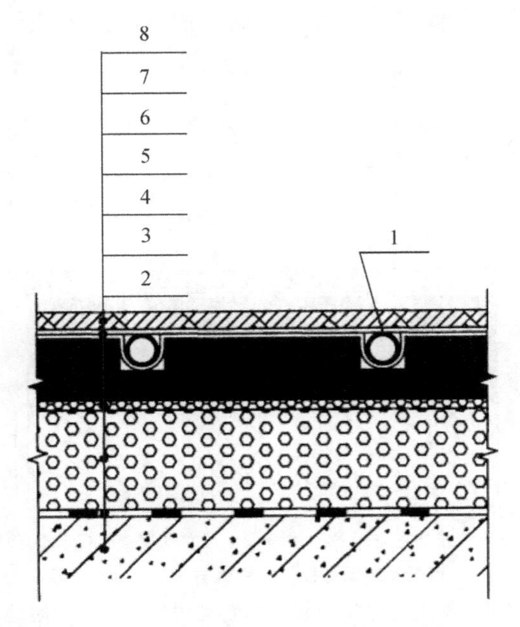

1—加热管或加热电缆;2—与土壤相邻地面;3—防潮层;4—发泡水泥绝热层;
5—可发性聚乙烯(EPE)垫层;6—预制沟槽保温板;7—均热层;8—木地板面层

图附 2.4-5　与土壤相邻的预制沟槽保温板式供暖地面构造

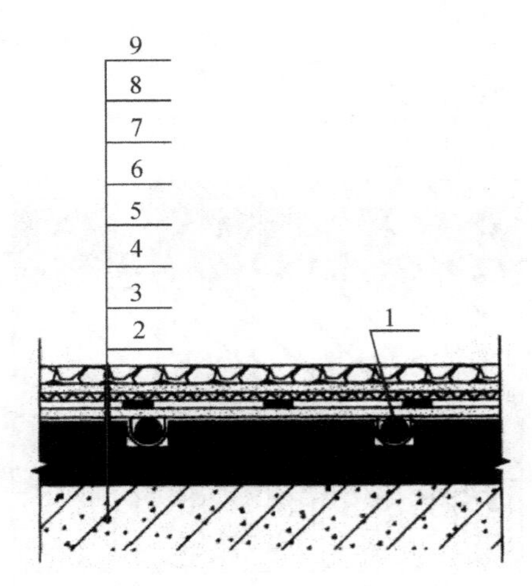

1—加热电缆;2—楼板;3—预制沟槽保温板;4—均热层;5—找平层(对潮湿房间);
6—隔离层(对潮湿房间);7—金属层;8—找平层;9—地砖或石材地面

图附 2.4-6　与供暖房间相邻的预制沟槽保温板式加热电缆供暖地面构造

附 2.4.3　预制轻薄供暖板供暖地面构造可按图附 2.4-7 至图附 2.4-10 设置。

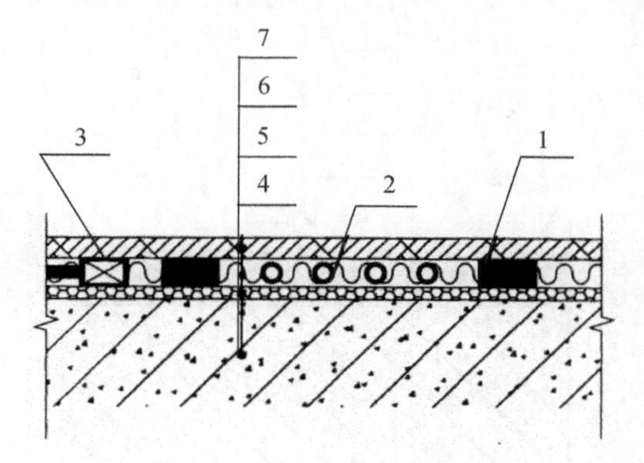

1—木龙骨；2—加热管；3—二次分水器；4—楼板；5—可发性聚乙烯（EPE）垫层；6—供暖板；7—木地板面层

图附 2.4-7　与供暖房间相邻的预制轻薄供暖板式供暖地面构造（一）

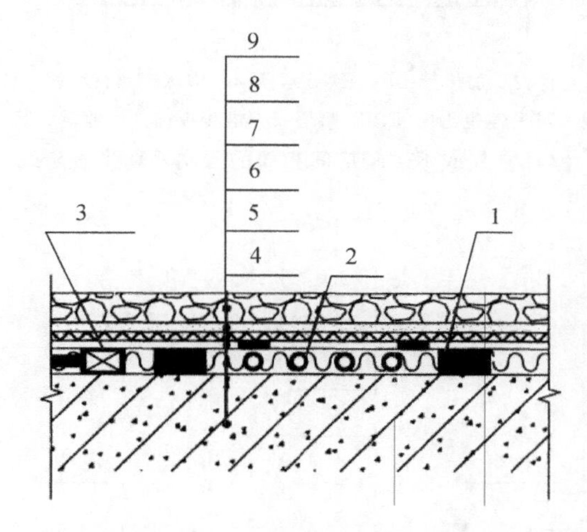

1—木龙骨；2—加热管；3—二次分水器；4—楼板；5—供暖板；

6—隔离层（对潮湿房间）；7—金属层；8—找平层；9—地砖或石材面层

图附 2.4-8　与供暖房间相邻的预制轻薄供暖板式供暖地面构造（二）

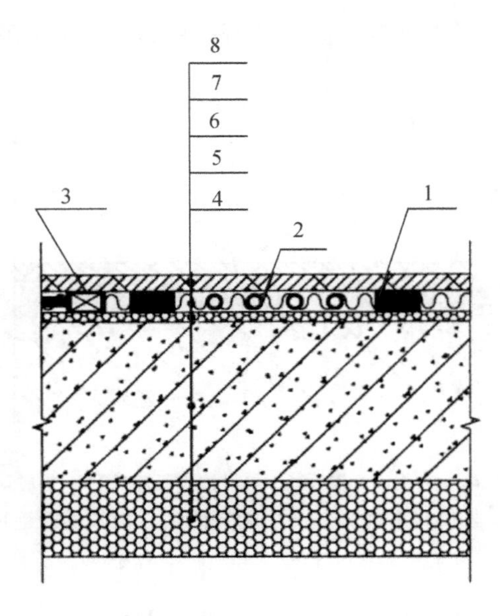

1—木龙骨;2—加热管;3—二次分水器;4—泡沫绝热材料;5—楼板;
6—可发性聚乙烯(EPE)垫层;7—供暖板;8—木地板面层

图附 2.4-9 与室外空气或不供暖房间相邻的预制轻薄供暖板式供暖地面构造

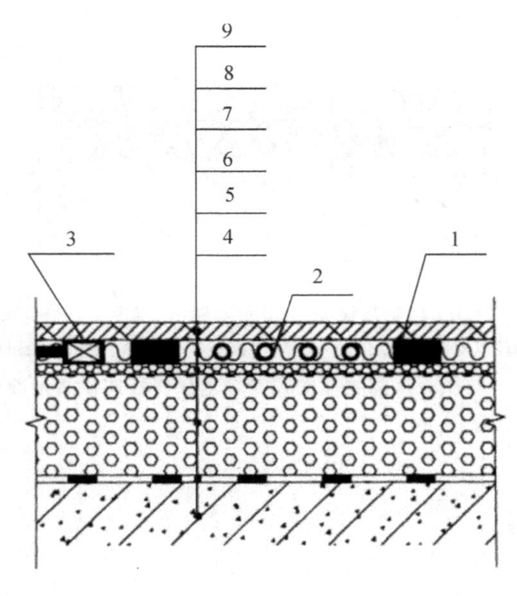

1—木龙骨;2—加热管;3—二次分水器;4—与土壤相邻地面;5—防潮层;
6—发泡水泥绝热层;7—可发性聚乙烯(EPE)垫层;8—供暖板;9—木地板面层

图附 2.4-10 与土壤相邻的预制轻薄供暖板式供暖地面构造

2.5　太阳能热水设备及管道安装工程施工工艺标准

本工艺标准适用于一般工业和民用建筑的普通平板直管式太阳能热水器及管道安装。工程施工应以设计图纸和有关施工质量验收规范为依据。

2.5.1　材料与设备要求

(1)太阳能热水器、热水箱的型号、规格、性能应符合设计要求,成品应有出厂合格证。

(2)集热器的材料要求

1)透明罩要求对短波太阳辐射的透过率高,对长波热辐射的反射和吸收率高,耐气候性、耐久性、耐热性好,质轻并有一定强度。宜采用3～5mm厚的含铁量少的钢化玻璃。

2)集热板和集热管表面应为黑色涂料,应具有耐气候性,附着力大,强度高。

3)集热管要求导热系数高,内壁光滑,水流摩擦阻力小,不易锈蚀,不污染水质,强度高,耐久性好,易加工,宜采用铜管和不锈钢管,一般采用镀锌碳素钢管或合金铝管。筒式集热器可采用厚度2～3mm的塑料管(硬聚氯乙烯)等。

4)集热板应有良好的导热性和耐久性,不易锈蚀,宜采用铝合金板、铝板、不锈钢板或经防腐处理的钢板。

5)集热器应有保温层和外壳,保温层可采用矿棉、玻璃棉、泡沫塑料等,外壳可采用木材、钢板、玻璃钢等。

(3)热水系统的管材与管件宜采用镀锌碳素钢管及管件,其规格、种类应符合设计要求。管壁内外镀锌均匀,无锈蚀、无飞刺。管件无偏扣、乱扣、扣丝不全或角度不准等现象。管材与管件均应有出厂合格证。

2.5.2　主要机具

(1)机具:垂直吊运机、套丝机、砂轮锯、煨管机、电锤、电钻、电焊机、电动试压泵等。

(2)工具:套丝板、管钳、活扳手、钢锯、压力钳、手锤、电气焊工具、钢卷尺、盒尺、直角尺、水平尺、线坠、量角器、毛刷、棉纱等。

2.5.3　作业条件

(1)设置在屋面上的太阳能热水器、热水箱应在屋面做完保护层并达到强度后安装。

(2)屋面结构应能承受新增加太阳能热水器设备的荷载。

(3)阳台上的太阳能热水器应在阳台栏板安装完并有安全防护措施后方可进行。

(4)太阳能热水器安装的位置应保证充分的日照。

2.5.4 施工工艺

(1)工艺流程

安装准备→支座架制作安装→热水器设备组装→配水管路安装→管路系统试压→管路系统冲洗→管道防腐→系统调试运行

(2)安装准备

1)根据设计要求开箱核对热水器的规格、型号是否正确,配件是否齐全。

2)清理现场,画线定位。

(3)支座架制作安装

应根据设计详图配制,一般为成品现场组装。支座架地脚盘安装应符合设计要求。

(4)热水器设备组装

1)管板式集热器是目前广泛使用的集热器,与贮热水箱配合使用,倾斜安装。集热器玻璃安装宜顺水搭接或框式连接。

2)集热器安装方位:在北半球,集热器的最佳方位是朝向正南,最大偏移角度不得大于15°。

3)集热器安装的最佳倾角应根据使用季节和当地纬度,按下列规定确定:

①在春、夏、秋三季使用时,倾角设置采用当地纬度。

②仅在夏季使用时,倾角设置比当地纬度小10°。

③全年使用或仅在冬季使用时,倾角设置比当地纬度大10°。

4)直接加热的贮热水箱制作安装

①给水应引至水箱底部,可采用补给水箱或漏斗配水方式。

②热水应从水箱上部流出,接管高度一般比上循环管进口低50～100mm。为保证水箱内的水能全部使用,应将水箱底部接出管与上部热水管并联。

③上循环管接至水箱上部,一般比水箱顶低200mm左右,但要保证正常循环时淹没在水面以下,并使浮球阀安装后工作正常。

④下循环管接自水箱下部,为防止水箱沉积物进入集热器,出水口宜高出水箱底50mm以上。

⑤由集热器上、下集管接往热水箱的循环管道,应有不小于0.005的坡度。

⑥水箱应设有泄水管、透气管、溢流管和需要的仪表装置。

⑦贮热水箱安装要保证正常循环,贮热水箱底部必须高出集热器最高点200mm以上,上、下集管设在集热器以外时应高出600mm以上。

(5)配水管路安装

1)自然循环系统管道安装

①为减少循环水头损失,应尽量缩短上、下循环管道的长度和减少弯头数量,应采用大于4倍曲率半径、内壁光滑的弯头和顺流三通。

②管路上不宜设置阀门。

③在设置几台集热器时,集热器可以并联、串联或混联,各种连接方式分别见图2.5.1

到图 2.5.5。但要保证循环流量均匀分布。为防止短路和滞流，循环管路要对称安装，各回路的循环水头损失平衡。

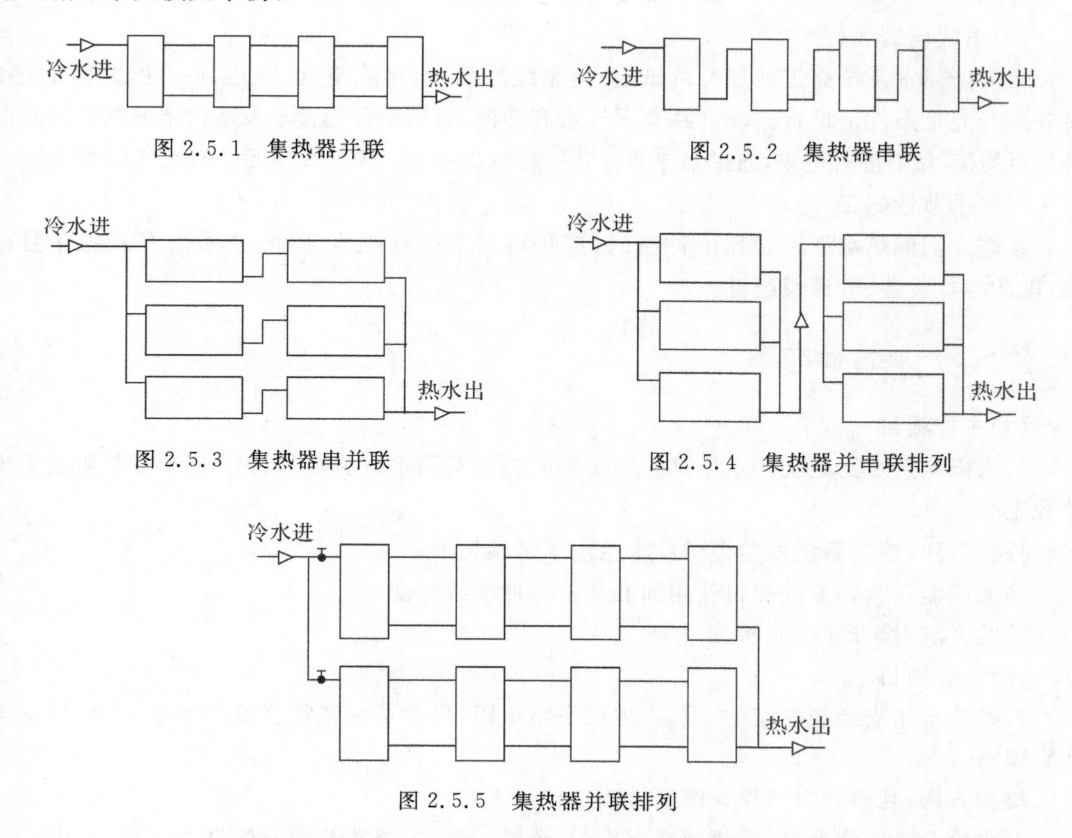

图 2.5.1 集热器并联

图 2.5.2 集热器串联

图 2.5.3 集热器串并联

图 2.5.4 集热器并串联排列

图 2.5.5 集热器并联排列

④为防止气阻和滞流，循环管路(包括上、下集管)安装应有不小于 0.01 的坡度，以便于排气。管最高点应设通气管或自动排气阀。

⑤循环管路系统最低点应加泄水阀，使系统存水能全部泄净。每台集热器出口应加温度计。

2)机械循环系统适合大型热水器设备使用。安装要求与自然循环基本相同，还应注意以下几点：

①水泵安装应能满足在 100℃高温下正常运行。

②间接加热系统高点应加膨胀管或膨胀水箱。

(6)管路系统试压

应在未做保温前进行水压试验，其压力值应为管道系统工作压力的 1.5 倍。最小不低于 0.5MPa，试验压力下 10min 内压力不降、不渗不漏。

(7)管路系统冲洗

太阳能热水系统试压完毕后应做冲洗工作。冲洗应用自来水连续进行，要求以系统最大设计流量或不小于 1.5m/s 的流速进行冲洗，直到出水口的水色和透明度与进水目测一致为合格。

(8)管道防腐

详见本书1.12节“室内外管道及设备防腐工程施工工艺标准”。

(9)系统调试运行

太阳能热水系统交工前进行调试运行,系统注满水,排除空气,在达到一定集热温度和室外阳光充足条件下检查循环管路有无气阻和滞流,机械循环检查水泵运行情况及各回路温升是否均衡,做好温升记录,通过集热器温升一般为3~5℃。符合要求后办理交工验收手续。

(10)季节性施工

冬季太阳能热水系统试压或冲洗时,应采取可靠措施把水泄净,或采取有效的保温措施,以防冻坏设备、管道及配件。

2.5.5 质量标准

(1)主控项目

1)太阳能热水器系统的水压试验结果和贮热水箱满水试验必须符合设计要求和施工规范规定。

检验方法:检查系统试验记录和水箱满水试验记录。

2)太阳能热水器系统交付使用前必须进行冲洗或吹洗。

检验方法:检查冲洗或吹洗记录。

(2)一般项目

1)贮热水箱支架或底座的安装应埋设平整牢固,尺寸及位置符合设计要求,水箱与支架接触紧密。

检验方法:观察和对照设计图纸检查。

2)水箱涂漆应附着良好,漆膜厚度均匀,色泽一致,无流淌及污染现象。

检验方法:观察检查。

3)贮热水箱支架或底座的安装应埋设平整牢固,尺寸及位置符合设计要求,水箱与支架接触紧密并做好防腐隔离。

检验方法:观察和对照设计图纸检查。

4)水箱涂漆应附着良好,漆膜厚度均匀,色泽一致,无流淌及污染现象。

检验方法:观察检查。

5)太阳能热水器安装的允许偏差和检验方法见表2.5.1。

表2.5.1 太阳能热水器安装的允许偏差和检验方法

项目			允许偏差	检验方法
板式直管太阳能热水器	标高	中心距地面/mm	±20	尺量
	固定安装朝向	最大偏移角	不大于15°	分度仪检查

2.5.6 成品保护

(1)集热器在运输和安装过程中应加以保护,防止玻璃破碎。

(2)温控仪表应在交工前安装,防止丢失和损坏。
(3)太阳能热水器冬季不使用时应把系统水泄净。

2.5.7 安全与环保措施

(1)在屋面施工范围内应搭设防护设施。
(2)管道吊装时,应有专人指挥,倒链应完好可靠,吊件下方禁止站人。
(3)工程所用的材料、漆料要符合环保要求。
(4)现场剩余材料要及时回收、分拣、归类,施工垃圾要及时清运到指定地点处理。
(5)现场用水不得满地漫流,造成污染。

2.5.8 应注意的问题

(1)正确调整集热器的安装方位和倾角,使其保证最佳日照强度。
(2)调整上下循环管的坡度和缩短管路,防止气阻、滞流和减小阻力损失。
(3)太阳能热水器的安装位置应避开其他建筑物的阴影,保证充分的日照强度。
(4)太阳能热水器安装时,应避免设在烟囱和其他产生烟尘设施的下风向,以防烟尘污染透明罩影响透光,也应避开风口,以减少热损失。
(5)太阳能热水器的支架安装要可靠、牢固,支架高度如果在屋面高点要考虑防雷接地。

2.5.9 质量记录

(1)材料及设备的出厂合格证,材料及设备进场检验记录和相关部门的检测报告。
(2)管路系统的预检、隐蔽检查记录。
(3)管路系统的试压、冲洗记录。
(4)贮热水箱满水试验记录。
(5)系统的调试记录。
(6)分项工程质量验收记录。

2.6 室外供热管道安装工程施工工艺标准

本工艺标准适用于厂区及民用建筑群住宅(小区)饱和蒸汽压力不大于0.7MPa、热水温度不超过130℃的室外采暖及生活热水供应管道(包括直埋、地沟或架空管道)安装工程。工程施工应以设计图纸和有关施工质量验收规范为依据。

2.6.1 材料要求

(1)管材、碳素钢管、无缝钢管、镀锌碳素钢管应有产品合格证,管材不得弯曲、锈蚀,无飞刺、重皮及凹凸不平等缺陷。

(2)管件符合现行标准,有出厂合格证,无偏扣、乱扣、方扣、断丝和角度不准等缺陷。

(3)各类阀门有出厂合格证,规格、型号、强度和严密性试验符合设计要求。丝扣无损伤,铸造无毛刺、无裂纹,开关灵活严密,手轮无损伤。

(4)附属装置:减压器、疏水器、过滤器、补偿器、法兰等应符合设计要求,应有产品合格证及说明书。

(5)辅料:型钢、圆钢、管卡、螺栓、螺母、油麻、垫片、电气焊条等符合设计要求。

2.6.2 主要机具

(1)机具:砂轮锯、坡口机、套丝机、台钻、电焊机、煨弯器、电锤等。

(2)工具:套丝板、压力案、管钳、活扳手、手锯、手锤、台虎钳、电气焊工具、水准仪、经纬仪、压力表、钢丝钳、剪刀、圆头锤、錾子、梯子、钢卷尺、水平尺、小线等。

2.6.3 作业条件

(1)安装无地沟管道时,必须在沟底找平夯实,沿管线铺设位置无杂物,沟宽及沟底标高尺寸复核无误。

(2)安装地沟内的干管,应在管沟砌完后、盖沟盖板前,安装好托、吊、卡架。

(3)安装架空的干管,应先搭好脚手架,稳装好管道支架后进行。

(4)施工图纸应经设计、建设及施工单位会审,并办理会审记录。

(5)编制施工方案,做好技术交底。根据施工图纸及现场实际情况绘制施工草图。

2.6.4 施工工艺

(1)工艺流程

1)直埋管道安装流程

放线定位→砌井、铺底砂→挖管沟→除锈、防腐、保温→管道敷设→管道配件安装→水压试验→防腐、保温修补→填盖细砂→回填土夯实→冲洗→调试验收

2)地沟管道安装流程

放线定位→挖土方→砌管沟→卡架制作安装→管道预制安装→管道配件安装→水压试验→防锈漆修补→防腐、保温→盖沟盖板→回填土→冲洗→调试验收

3)架空管道安装流程

放线定位→卡架制作安装→管道预制安装→管道配件安装→水压试验→防锈漆修补→防腐、保温→冲洗→调试验收

(2)直埋管道安装

1)埋地敷设是将供热管道直接埋设于土壤中的敷设方式。目前采用较多的结构形式为整体式预制保温管,即将采暖管道、保温层和保护外壳三者紧密地粘结在一起,形成一个整体,如图 2.6.1 所示。

预制保温管(也称为“管中管”)多采用硬质聚氨酯泡沫塑料作为保温材料。它是由多元醇和异氰酸盐两种液体混合发泡固化而形成的。预制保温管的保护外壳多采用高密度聚乙

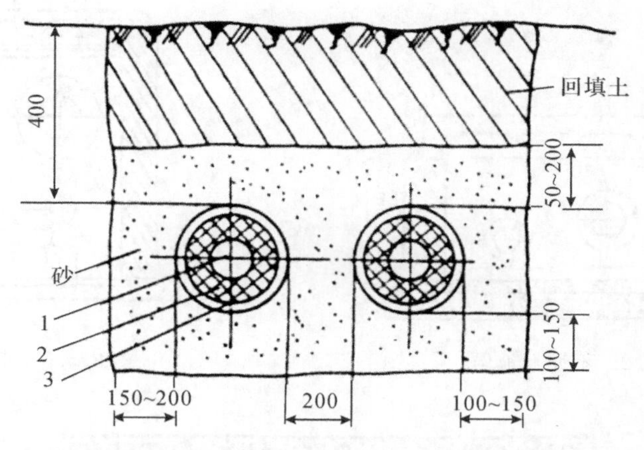

1—钢管;2—硬质聚氨酯泡沫塑料保温层;3—高密度聚乙烯保温外壳

图 2.6.1 预制保温管直埋敷设示意

烯硬质塑料管,其在工厂或现场制造。预制保温管的两端留有约 200mm 长的裸露钢管,以便在现场管线的沟槽内焊接,最后再将接口处做保温处理。

2)根据设计图纸的位置,进行测量、打桩、放线、挖土、地沟垫层处理等。

3)根据场地土质条件与直埋管的埋置深度,决定管沟开挖方式及边坡是否进行必要处理。为便于管道安装,挖沟时应将挖出来的土堆放在沟边一侧,土堆底边应与沟边保持 0.6～1m 的距离,沟底要求打平夯实,以防止管道弯曲受力不均。

4)管道下沟前,应检查沟底标高、沟宽尺寸是否符合设计要求。应检查保温管的保温层是否有损伤,如果局部有损伤,应将损伤部位放在上面,并做好标记,便于统一修理。

5)管径不大于 200mm 的管道应先在沟边进行分段焊接,每段长度为 25～35m。放管时,可根据现场实际情况用吊车放入沟内,也可以利用人工进行。

6)沟内管道焊接,连接前必须清理管腔,找平、找直,焊接处要挖出操作坑,其大小要便于焊接操作。

7)阀门、配件、补偿器支架等,应在施工前按施工要求预先放在沟边沿线,并在试压前安装完毕。

8)管道水压试验,应按设计要求和规范规定,办理隐检试压手续,试验后把水泄净。

9)管道防腐,应预先集中处理,管道两端留出焊口的距离。焊口处的防腐在试压完后再处理。

10)回填土时要在保温管四周填 100mm 细砂,再填 300mm 素土,用人工分层回填土并夯实。管道穿越马路处应根据设计要求进行处理,一般情况下,当埋深少于 800mm 时,应做简易管沟,加盖混凝土盖板,沟内填砂处理。

(3)地沟管道安装

1)地沟敷设,根据其尺寸是否适于维修人员通行,可分为不通行、半通行和通行地沟,并分别见图 2.6.2、图 2.6.3 和图 2.6.4。

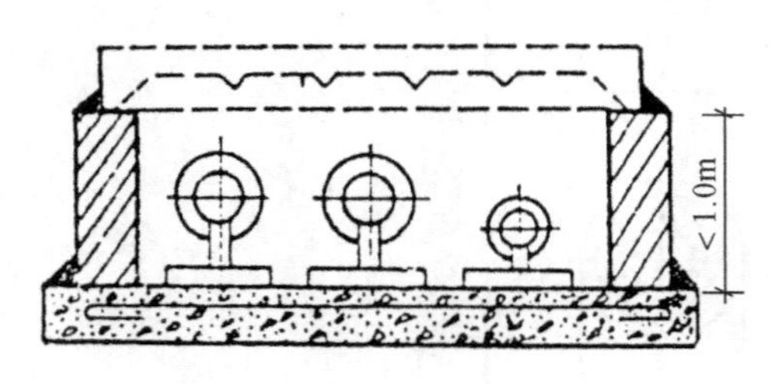

图 2.6.2　不通行地沟

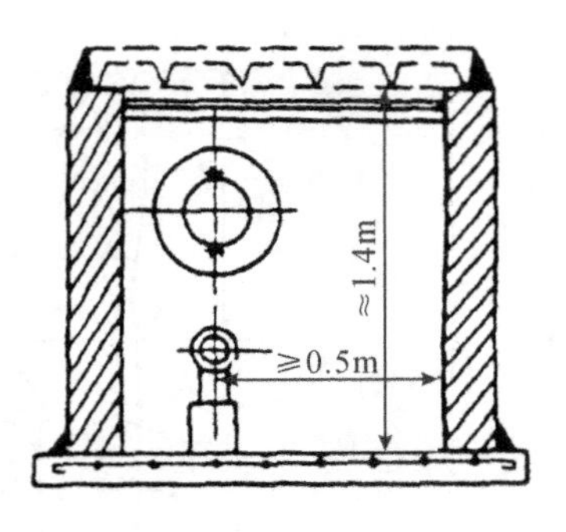

图 2.6.3　半通行地沟

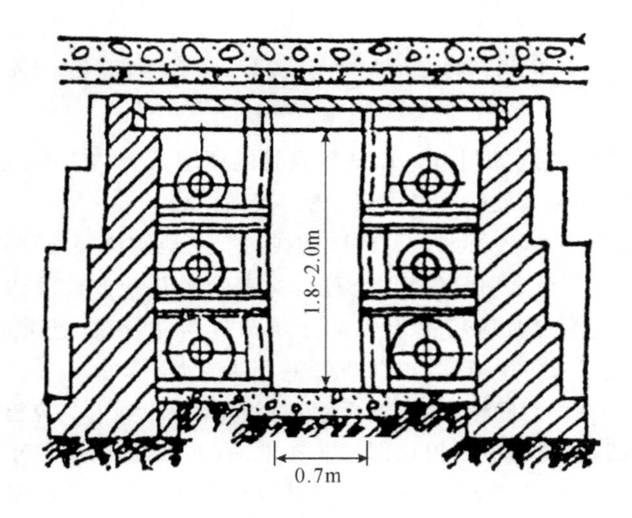

图 2.6.4　通行地沟

2)在不通行地沟安装管道时,应在土建垫层完毕后立即进行安装。

3)土建打好垫层后,按图纸标高进行复查并在垫层上弹出地沟的中心线,按规定间距安放支座及滑动支架。

4)管道应先在沟边分段连接,管道放在支座上时,用水平尺找平、找正。安装在滑动支架上时,要在补偿器拉伸并找正位置后才能焊接。

5)通行地沟的管道应安装在地沟的一侧或两侧,支架应采用型钢。管道的间距和坡度应按设计规定确定,设计无要求时可按表 2.6.1 施工。

表 2.6.1　支架最大间距　(单位:mm)

管径		15	20	25	32	40	50	70	80	100	125	150	200
间距	不保温	2.5	2.5	3.0	3.0	3.5	3.5	4.5	4.5	5.0	5.5	5.5	6.0
	保温	2.0	2.0	2.5	2.5	3.0	3.5	4.0	4.0	4.5	5.0	5.5	5.5

6)支架安装要平直牢固,同一地沟内有几层管道时,安装顺序应从最下面一层开始,再安装上面的管道。为了便于焊接,焊接连接口要选在便于操作的位置。

7)遇有伸缩器时,应在预制时按规范要求做好预拉伸并做好支撑,按位置固定,与管道连接。

8)管道安装时坐标、标高、坡度、甩口位置、变径等复核无误后,再把吊卡架螺栓紧好,最后焊牢固定卡处的止动扳。

9)冲水试压,冲洗管道,办理隐检手续,冲水后把水泄净。

10)管道防腐保温,应符合设计要求和施工规范规定,最后将管沟清理干净。

(4)架空管道安装

1)供热管道敷设在地面上或附墙支架上属架空敷设。按照支架的高度不同分低支架、中支架和高支架,其示意图分别参见图 2.6.5 和图 2.6.6。

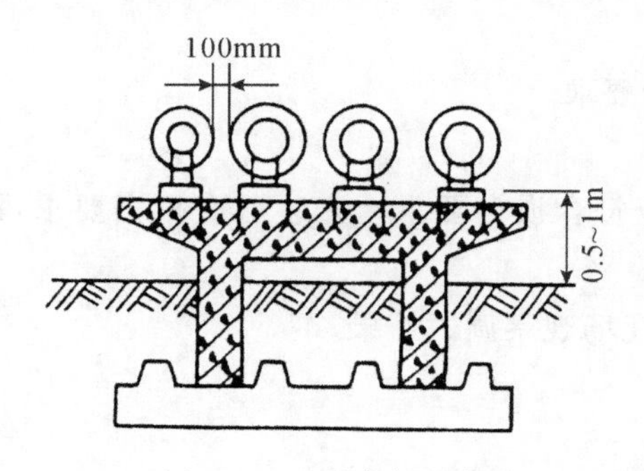

图 2.6.5　低支架示意

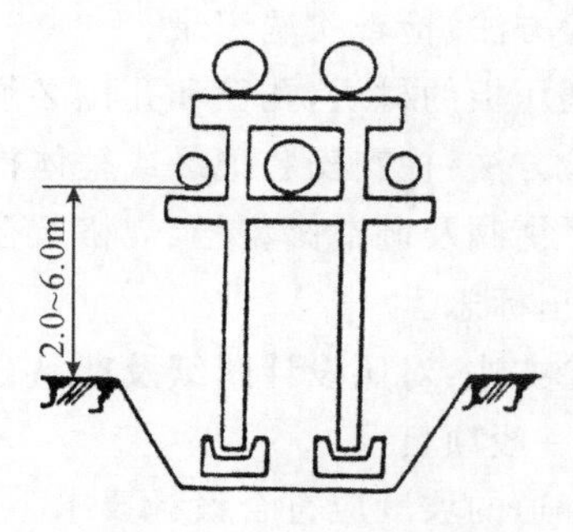

图 2.6.6　中、高支架示意

2)按设计规定的安装位置、坐标,量出支架上的支座位置,安装支座。

3)支架安装牢固后,进行架设管道安装。管道和管件应在地面组装,长度以便于吊装为宜。

4)管道吊装,可采用机械或人工起吊,绑扎管道的钢丝绳的吊点位置,以使管道不产生弯曲为准。已吊装尚未连接的管段,要用支架上的卡子固定好。

5)采用丝扣连接的管道,吊装后随即连接;采用焊接的,管道吊装就位后及时焊接。焊缝不许设在托架和支座上,管道间的连接焊缝与支架间的距离应大于 150mm。

6)按设计的规定位置,分别安装阀门、集气罐、补偿器等附属设备并与管道连接好。管道安装完毕后要用水平尺在每段管上进行一次复核,找正、调直,使管道在一条直线上。

7)摆正在安装好管道穿结构处的套管,填堵管洞,预留口处应加好临时管堵。

8)按设计或规定的要求压力进行试压冲洗,合格后办理验收手续,冲水后把水泄净。

9)管道防腐保温应符合设计要求和施工规范规定,注意做好保温层外的防雨、防潮等保护措施。最后将管沟内的剩余施工材料清理干净。

2.6.5　质量标准

(1)主控项目

1)埋设、铺设在沟槽内和架空管道的水压试验结果,必须符合设计要求和施工规范规定。

检验方法:检查管网或分段试验记录。

2)管道固定支架的位置和构造必须符合设计要求和规范规定。

检验方法:观察和对照设计图纸检查。

3)伸缩器的位置必须符合设计要求,并应按规定进行预拉伸。

检验方法:对照设计图纸检查和检查预拉伸记录。

4)减压器调压后的压力必须符合设计要求。

检验方法:检查调压记录。

5)除污器过滤网的材质、规格和包扎方法必须符合设计要求和施工规范规定。

检验方法:解体检查。

6)供热管网竣工后或交付使用前必须进行吹洗。

检验方法:检查吹洗记录。

7)调压板的材质,孔径和孔位必须符合设计要求。

检验方法:检查安装记录或解体检查。

8)平衡阀及调节阀型号、规格及公称压力应符合设计要求。安装后应根据要求进行调试,并做出标志。

检验方法:对照设计图纸及产品合格证,并现场观察调试结果。

(2)一般项目

1)管道的坡度应符合设计要求。

检验方法:用水准仪(水平尺)、拉线和尺量检查或检查测量记录。

2)碳素钢管道的螺纹连接应符合以下规定:螺纹加工精度符合国标规定,螺纹清洁、规整,无断丝或缺丝,连接牢固,管螺纹根部有外露螺纹。镀锌碳素钢管无焊接口,镀锌层无破损,螺纹露出部分防腐良好,接口处无外露油麻等缺陷。

检验方法:观察或解体检查。

3)碳素钢管道的法兰连接应符合以下规定:对接平行、紧密,与管子中心线垂直,螺杆露出螺母长度一致,且不大于螺杆直径 1/2。衬垫材料符合设计要求,且无双层。

检验方法:观察检查。

4)碳素钢管的焊接应符合以下规定:焊口平直度,焊缝加强面符合施工规范规定,焊口面无烧穿、裂纹、结瘤、夹渣及气孔等缺陷,焊波均匀一致。

检验方法:观察或用焊接检测尺检查。

5)阀门安装应符合以下规定:型号、规格、耐压强度和严密性试验结果符合设计要求和施工规范规定,安装位置、进出口方向正确,连接牢固紧密,启闭灵活,朝向便于使用,表面洁净。

检验方法:手扳检查和检查出厂合格证、试验单。

6)管道支(吊、托)架的安装应符合以下规定:构造正确,埋设平正牢固,排列整齐,支架与管子接触紧密。

检验方法:观察和尺量检查。

7)管道和金属支架涂漆应符合以下规定:油漆种类和涂刷遍数符合设计要求,附着良好,无脱皮、起泡和漏漆,漆膜厚度均匀,色泽一致,无流淌及污染现象。

检验方法:观察检查。

8)埋地管道的防腐层应符合以下规定:材质和结构符合设计要求和施工规范规定,卷材与管道以及各层卷材间粘贴牢固,表面平整,无皱折、空鼓、滑移和封口不严等缺陷。

检验方法:观察或切开防腐层检查。

9)室外供热管道安装的允许偏差和检验方法应符合表 2.6.2 的规定。

表 2.6.2 室外供热管道安装的允许偏差和检验方法 (单位:mm)

项次	项目			允许偏差	检验方法
1	坐标		敷设在沟槽内及架空	20	用水准仪(水平尺)、直尺、拉线
			埋地	50	
2	标高		敷设在沟槽内及架空	±10	尺量检查
			埋地	±15	
3	水平管道纵、横方向弯曲	每 1m	管径小于或等于 100	1	用水准仪(水平尺)、直尺、拉线及尺量检查
			管径大于 100	1.5	
		全长(25m 以上)	管径小于或等于 100	不大于 13	
			管径大于 100	不大于 25	
4	弯管	椭圆率 $(D_{max}-D_{min})/D_{max}$	管径小于或等于 100	10/100	用外卡钳和尺量检查
			管径 125~400	8/100	
		折皱不平度	管径小于或等于 100	4	
			管径 125~400	5	
			管径 250~400	7	

注:D_{max}、D_{min} 分别为管子的最大外径和最小外径。

2.6.6 成品保护

(1)管沟的直立壁和边坡,在开挖过程中要加以保护,以防坍塌,雨季施工时要设置挡板、排水沟,防止地面水流进沟底。

(2)管架运至安装地点时应采取临时加固措施,防止途中变形。地脚螺栓的装配面应干燥、洁净,不得在雨天安装螺栓固定的管架。

(3)管道坡口加工后,若不及时焊接,应采取措施,特别是在雨季施工期,更须防止已成形的坡口锈蚀,严重影响焊接质量。

(4)伸缩器预制后,应放在平坦的场地,防止伸缩器变形。

(5)管道安装后,其分支和甩口处要用临时活堵封口,严防污物进入管沟。管道不得用作吊拉负荷及支撑、蹬踩,或在施工中当固定点。盖沟盖板时应注意保护,不得碰撞损坏。各类阀门、附属装置应装保护盖板,不得污染,砸碰损坏。

(6)管道保温时,严禁借用相邻管道搭设跳板。保护层若为石棉水泥保护壳,施工时应用塑料布盖好下层管道,防止石棉水泥灰落在下层管道上。保温后的管道严禁踩踏或承重。

(7)水压试验后,必须及时将管道内的水放尽,以免冻坏管道及阀件。

(8)冲洗过程中,要设专人看守,严禁污物进入管道内。冲洗水严禁排入热力管沟内。蒸汽吹洗时,防止排气进入沟内破坏保护管道的保温层。

(9)通热时,要设专人看管正在调节的阀件,严禁随便拧动,以免扰乱通热调节程序。

(10)刚刷过油漆的管道不得脚踩。刷完油漆后,应将滴在地面、墙面及其他物品、设备上的油漆清除干净。

(11)盖沟盖板时,应注意保护,不得碰撞损坏。

(12)各类阀门、附属装置应装保护盖板,不得污染、砸碰、损坏。

(13)经除锈、刷漆防腐处理后的管材、管件、型钢、托吊架等金属制品,宜放在有防雨、雪措施的专用场地,周围不准放杂物。

2.6.7 安全与环保措施

(1)开挖沟槽,沟深度超过1.5m时,要按土质和沟深进行放坡或加可靠支撑。沟边1m以内不得堆土、堆料和停放机具。1m以外堆土,其高度不宜超过1.5m。沟槽与附近建筑物的距离不得小于1.5m,当小于1.5m时必须采取加固措施。

(2)管沟的开挖和埋管,应尽量避开雨期。在雨期挖土方时,必须排水畅通,边坡稳定。

(3)电焊操作人员应在工具、操作、劳保各方面严格遵守有关专业规定。电焊机应设有防雨罩、安全保护罩。在切断开关时,应戴干燥手套。

(4)吊车的起重臂、钢丝绳和管架要与架空电线保持一定的距离。索具、吊钩、卡环及其他起重工具,使用前应进行检查,若发现断丝、磨损超过规定,均不可使用。

(5)地沟内应使用安全照明、防水电线。施工人员要戴安全帽。

(6)高空作业要扎好安全带,严禁酒后操作。工具用后要放进专用袋中,不准放在架子或梯子上,防止落下砸人。

(7)除设有符合规定的装置外,不得在施工现场焚烧油漆等会产生有毒、有害烟尘和恶臭气体的物质。

(8)采取有效措施处理施工中的废弃物。

(9)采取措施控制施工过程中产生的扬尘。

(10)对产生噪声的施工机械,应采取有效的控制措施,减轻噪声,避免扰民。

(11)禁止将有毒、有害废弃物用作土方回填。

(12)妥善处理泥浆水,未经处理不得直接排入城市排水设施和河流。

2.6.8 应注意的问题

(1)管道坡度不均匀或倒坡。原因是托、吊架间距过大,造成局部管道下垂,坡度不匀。安装干管后又开口,接口以后不调直。

(2)热水供热系统通暖后,局部不热。原因是干管敷设的坡度不够或倒坡,系统的排气装置位置不正确,使系统中的空气不能顺利排出,或有异物泥沙堵塞。

(3)蒸汽系统不热。原因是蒸汽干管倒坡,无法排除干管中的沿途凝结水,疏水器失灵,或干管及凝结水管在返弯处未安装排气阀门及低点排水阀门。

(4)管道焊接弯头处的外径不一致。原因是压制弯头与管道的外径不一致。采用压制弯头时,必须使其外径与管道外径相同。

(5)地沟内间隙太小,维修不便。原因是安装管道时排列不合理或施工前没认真审查图纸。

(6)试压或调试时,管道被堵塞。主要是由于安装时预留口没装临时堵,掉进杂物造成的。

2.6.9 质量记录

(1)主要材料和设备出厂应有合格证、质量证明书、检测报告及进场检验记录。

(2)管道系统预检记录。

(3)伸缩器的预拉记录。

(4)系统隐蔽工程检查记录。

(5)系统试验记录(管道强度、严密性试验记录,冲洗试验记录等)。

(6)系统通气、通热水调试记录。

(7)检验批质量验收记录。

2.7 供热锅炉及附属设备安装工程施工工艺标准

本标准适用于建筑供热和生活热水供应的额定工作压力不大于1.25MPa、热水温度不超过130℃的整套蒸汽和热水锅炉及辅助设备安装工程。工程施工应以设计图纸和有关施工质量验收规范为依据。

2.7.1 材料设备要求

(1)锅炉必须符合设计要求,应有产品合格证书、焊接检验报告、安装使用说明书、质量技术监督部门的质量监督检验证书。技术资料应与实物相符,锅炉铭牌、型号、出厂编号、主要技术参数等应与质量证明书一致。

(2)锅炉设备外观应完好无损,炉墙绝热层无空鼓、无脱落,炉拱无裂纹、无松动,受压元件可见部位无变形、无损坏。焊接无缺陷,人孔、手孔、法兰结合面无凹陷、撞伤、径向沟痕等缺陷。

(3)锅炉配套附件的附属设备应齐全完好,规格、型号、数量应与图纸相符,阀门、安全阀、压力表等均有出厂合格证。根据设备清单对所有设备及零部件进行清点验收。对缺损件应做记录并及时解决。清点后应妥善保管。

(4)各种金属管材、型钢及管件的规格、型号符合设计要求,并符合产品出厂质量标准,外观质量良好,不得有损伤、锈蚀或其他表面缺陷。

2.7.2 主要机具

(1)机具:起重机械、卷扬机、磨管机、胀管机、弯管机、千斤顶、砂轮机、套丝机、紧固胀管器、翻边胀管器、手电钻、冲击钻、砂轮锯、角向磨光机、内磨机、交直流电焊机、电烤箱、试压泵等。

(2)工具:各种扳手、夹钳、手锯、手锤、榔头、剪子、滑轮、道木、滚杠、钢丝绳、大绳、索具、气焊工具等。

(3)量具:水准仪、经纬仪、电子硬度计、内径百分表、弹簧拉力计、钢板尺、钢卷尺、卡钳、塞尺、水平仪、水平尺、游标卡尺、焊缝检测器、温度计、压力表、线坠等。

2.7.3 作业条件

(1)施工员应熟悉锅炉及附属设备图纸、安装使用说明书、锅炉房设计图纸,并核查技术文件中有无当地劳动、环保、节煤等部门关于设计、制造、安装、施工等方面的审查批准签章,未经审批,不准施工。

(2)施工现场应具备满足施工的水源、电源,大型机具运输车辆进出的道路,材料及机具存放场地和仓库等;冬、雨季施工时应有防寒、防雨措施及消防安全措施;锅炉房主体结构、设备基础完工,经验收合格后达到安装条件。

(3)检验土建施工时预留的孔洞、沟槽及各类预埋铁件的位置、尺寸、数量应符合设计图纸要求。

(4)锅炉及附属设备的基础尺寸、位置应符合设计图纸和制造厂资料要求。混凝土基础外观质量不得有蜂窝、麻面、裂纹、孔洞、露筋等缺陷,混凝土强度等级必须达到设计要求。

(5)施工现场应有安全消防措施。冬、雨季施工时应有防寒、防雨措施。

(6)施工方案已经编制,并经审批后向作业班组进行详细的技术交底、安全交底。

(7)从事锅炉安装中焊接受压元件工作的焊工,必须有劳动部门颁发的焊工合格证件。

2.7.4 施工工艺

(1)工艺流程

基础检查、放线、验收→锅炉本体安装→燃油、燃气锅炉安装→锅炉附属设备安装→管道阀门和仪表安装→管道及设备防腐→水压试验→管道及设备保温→炉排冷态试运转→烘炉→煮炉→试运行及安全阀定压→锅炉房热工监测和热工控制→总体验收→换热站安装

(2)基础检查、放线及验收

1)检查基础的几何尺寸、预埋件、预留孔、地脚螺栓、要求与图纸和施工验收规范相符合。检查基础表面土建施工质量及基础平整度。

2)根据土建单位提供的基础轴线、标高基准线,依据锅炉房图纸及设备尺寸确定设备纵横安装的基准线和标高线。主要包括:

①锅炉纵向中心基准线或锅炉支架纵向基准线。

②锅炉炉排前轴基准线或锅炉前面板基准线。

③炉排传动装置的纵、横向中心基准线。

④省煤器纵、横向中心基准线。

⑤除尘器纵、横向中心基准线。

⑥鼓风机、引风机的纵、横向中心基准线。

⑦水泵、钠离子交换器纵、横向中心基准线。

⑧锅炉基础标高准点，在锅炉基础上或基础四周选有关的若干地点分别做标记，各标记间的相对位移不应超过 3mm。

3)当基础各分部尺寸及坐标位置不符合要求时，必须经过修正达到安装要求后再进行安装。基础放线及验收应有记录，并作为竣工资料归档。

(3)锅炉本体安装

设备安装前要熟悉有关设备技术文件，掌握设备的结构特点和箱体尺寸、重量，并根据运输道路的情况确定设备运输路线、搬运方法，对大型或重大设备要事先编制设备安装方案。

1)锅炉运输

执行设备安装方案。水平运输可利用吊车、挑架、滚杠、道木、卷扬机、千斤顶等运到锅炉房内。垂直运输可用吊车、起重机、桅杆等垂直起吊。

①运输前应先选好路线，确定锚点位置，稳好卷扬机，铺好道木。

②用千斤顶将锅炉前端(先进锅炉房的一端)顶起放进滚杠，用卷扬机牵引前进，在前进过程中，随时倒滚杠和道木。道木必须高于锅炉基础，以保障基础不受损坏。

2)锅炉找正

锅炉运到基础上以后，不撤滚杠，先进行找正。应达到下列要求：

①锅炉炉排前轴中心线应与基础前轴中心基准线相吻合，允许偏差±2mm。

②锅炉纵向中心线与基础纵向中心基准线相吻合，或锅炉支架纵向中心线与条形基础纵向中心基准线相吻合，允许偏差±10mm。

3)锅炉就位

①撤滚杠时用道木或木方将锅炉一端垫好。用两个千斤顶将锅炉的另一端顶起，撤出滚杠，落下千斤顶，使锅炉一端落在基础上。再用千斤顶将锅炉另一端顶起，撤出剩余的滚杠和木方，落下千斤顶使锅炉全部落到基础上。如果不能直接落到基础上，应再垫木方逐步使锅炉平稳地落到基础上。

②锅炉就位后应进行校正，因为锅炉在就位过程中可能产生位移。应用千斤顶校正，直到找正的允许偏差以内。

4)锅炉找平

①锅炉纵向找平

a. 用水平尺(水平尺长度不小于 600mm)放在炉排的纵向排面上，检查炉排面的纵向水平度。检查点最少为炉排前后两处。要求炉排面纵向应水平或炉排面略坡向炉膛后部。最大倾斜度不大于 10mm。

b. 当锅炉纵向不平时，可用千斤顶将过低的一端顶起，在锅炉的支架下垫以适当厚度的钢板，使锅炉的水平度达到要求。垫铁叠加不得超过两块，间距一般为 500～1000mm。

②锅炉横向找平

a. 用水平尺(长度不小于 600mm)放在炉排的横向排面上，检查炉排面的横向水平度，检查点最少为炉排前后两处，炉排的横向倾斜度不得大于 1/1000(炉排的横向倾斜过大会导致炉排跑偏)。

b.当炉排横向不平时,用千斤顶将锅炉一侧支架同时顶起,在支架下垫以适当厚度的钢板,垫铁的间距一般为500～1000mm。

5)炉底风室的密封要求

①锅炉支架的底板与基础之间必须用符合设计要求的水泥砂浆堵严,并在支架的内侧与基础之间用水泥砂浆抹成斜坡。

②锅炉支架的底板与基础之间的密封砖应砌筑严密,墙的两侧抹水泥砂浆。

③当锅炉安装完毕后,基础的预留孔洞应砌好,用水泥砂浆抹严。

6)炉排减速机安装

一般快装锅炉的炉排减速机由制造厂装配成整机运到现场进行安装。

①开箱点件检查设备、零部件是否齐全,根据图纸核对其规格、型号是否符合设计要求。

②检查机体外观和零部件不得有损坏,输出轴及联轴器应光滑,无裂纹、无锈蚀,油杯、扳把等无丢失和损坏。

③根据需要配制符合实际尺寸的地脚螺栓、斜垫铁等零件。准备起重和安装所需的工具、量具及其他用品。

④减速机就位及找正、找平

a.将垫铁放在画好基准线和清理好预留孔的基础上,靠近地脚螺栓预留孔。

b.将减速机上好地脚螺栓(螺栓露出螺母1～2扣),吊装在垫铁上,减速机纵、横中心线与基础纵、横中心基准线相吻合。

c.根据炉排输入轴的位置和标高进行找正、找平,用水平仪和更换垫铁厚度或打入楔形铁的方法加以调整。同时还应对联轴器进行找正,以保证减速机输出轴与炉排输入轴对正同心。用卡箍及塞尺的方法对联轴器找同心。减速机的水平度和联轴器的同心度、两联轴节端面之间的间隙以设备随机技术文件为准。

⑤设备找平、找正后,即可对地脚螺栓孔灌注混凝土。灌注时应捣实,防止地脚螺栓倾斜。待混凝土强度达到75%以上时,方可拧紧地脚螺栓,在拧紧螺栓时应进行水平的复核。无误后将机内加足机械油准备试车。

⑥减速机试运行:安装完成后,联轴器的连接螺栓暂不安装,先进行减速机单独试车。试车前先拧松离合器的弹簧压紧螺母,把扳把放到空挡上,接通电源试电机。检查电机运转方向是否正确和有无杂音,正常后将离合器由低速到高速进行试运转,无问题后安装好联轴器的螺栓,配合炉排冷态试运行。在运行过程中调整好离合器的压紧弹簧能自动弹起。弹簧不能压得过紧,防止炉排断片或卡住。离合器不能离开,以免把炉排拉坏。

7)平台扶梯安装

①长、短支撑的安装:先将支撑座孔中的杂物清理干净,然后安装长、短支撑,支撑安装要正,螺栓应涂机油、石墨,然后拧紧。

②平台安装:平台应基本水平,平台与支撑连接螺栓要拧紧。

③安装平台扶手柱和栏杆:平台扶手柱要垂直于平台,螺栓连接要拧紧,栏杆煨弯处应一致美观。

④安装爬梯、扶手柱及栏杆:爬梯上端与平台用螺栓连接,找正后将下端焊在锅炉支架板上或焊接耳板,与耳板用螺栓连接。扶手柱及栏杆有焊接接头时,焊后应光滑。

(4)燃油、燃气锅炉安装

1)燃油、燃气锅炉的后部或烟管上应按设计设防爆门,位置应有利于泄压,当爆炸气体可能危及操作人员安全时,防爆门上应设泄压导向管。

2)锅炉及辅机、水处理设备的安装符合设备制造厂的技术要求。设备基础必须待设备到货并与设计图核对无误后,方可施工。

3)设备安装时,应避免设备、安装材料集中堆放在楼板上。利用建筑柱、梁起吊设备时,必须事先核实梁、柱的承载能力。

4)燃油系统必须设二级过滤器,中燃油过滤器(60 目/英寸,即滤口尺寸为 0.25mm)设于日用油箱出口管段上;细燃油过滤器(140 目/英寸,即滤口尺寸为 0.106mm)设于燃烧器入口管段上。

5)燃气总管上,应装设总关闭阀。总关闭阀设在安全和便于操作的位置,高度宜 1.0～1.2m。燃气管入户前应装设紧急切断阀。

6)燃气管道上应装设放散管、取样口和吹扫口。其位置应能满足将管道内的燃气或空气吹净的要求。放散管应设有阻火器。放散管的管径应根据吹扫段的容积和吹扫时间确定。吹扫量按吹扫容积的 10～20 倍计算,吹扫时间可采用 15～20min。引出管不得直接通向大气,应通向储存和处理装置。

7)高层建筑锅炉房设在地下室、楼层中间或顶层时,应由设计单位负责,做到符合以下条件,而且应事先征得市、地级及以上安全监察机构同意。

①选用热水锅炉的额定出口热水温度不应高于 95℃,单台锅炉的额定热功率不应大于 7MW。单台蒸汽锅炉的额定蒸汽压力不应超过 1.6MPa,额定蒸发量不应超过 4t/h。当楼层高度产生的静压超过锅炉承压能力时,应采取间接换热方式。

②每台锅炉必须有可靠的报警及连锁保护装置。

③锅炉房内必须有疏散通道和强制通风措施。

8)燃油锅炉的日用油箱容积不应超过 1 立方米,并严禁把油箱设置在锅炉上方。宜单独设置日用油箱房间,并按防爆要求考虑房间的通风和其他措施。

9)燃气蒸汽锅炉所用燃气系统,宜采用低压(小于 5kPa)和中压(5～150kPa)系统,不宜采用高压(0.3～0.8MPa)系统,燃气压力过高或不稳定时应设调压装置,调压装置不应设置在地下建筑物内。

10)锅炉与建筑物之间的净距应满足操作、检修及辅助设备布置需要。炉前净距:锅炉容量 1～4t/h,不宜小于 3.0m;锅炉容量 6～20t/h,不宜小于 4.0m。炉侧面和后面的通道锅净距:锅炉容量 1～4t/h,不宜小于 0.8m;锅炉容量 6～20t/h,不宜小于 1.5m。

11)燃油、燃气管道、热水管道、蒸汽管道安装后试压验收,按《工业金属管道工程施工规范》(GB 50235—2010)进行。

(5)锅炉附属设备安装

1)设备基础检查和垫铁、基架安装。

①基础质量复查:与锅炉基础画线测定方法相同。

a.基础混凝土强度等级符合设计要求,外表面不应有裂缝、蜂窝、孔洞、露筋及剥落等现象。若不合格应视其严重程度、缺陷所在位置的重要关系,做出处理,直至合格为止。

b. 检查基础与锅炉的相对位置及本身各部分尺寸是否符合设计要求。

首先以锅炉纵向、横向中心线及厂房建筑标高基准线为依据，画定并核对基础上的纵向和横向中心线及其标高。按基础上校正过的中心线及标高，再测定基础几何尺寸、地脚螺栓孔的大小、位置、间距和垂直度。预埋铁件的位置、数量和可靠性应符合设计要求。

c. 画定中心线时，应先画出主要中心线，即纵、横向十字中心线，两线应相互垂直，并用油漆在基础上做出明显标记。

②基础的修整与基架安装

a. 鼓风机、引风机底部设有金属基架。基础表面的标高、水平度、平滑度难以一次浇灌达到要求。应先修整基础，用垫铁找准标高，并使垫铁与基础间有密实及平稳的接触。

b. 基础修整找平后，进行二次灌浆。如图 2.7.1 所示。找平时用水平尺测定纵、横向水平度。凡无基架的设备基础应用凿子凿成毛面，使表面无油污，保证二次灌浆时与基础结合牢固。

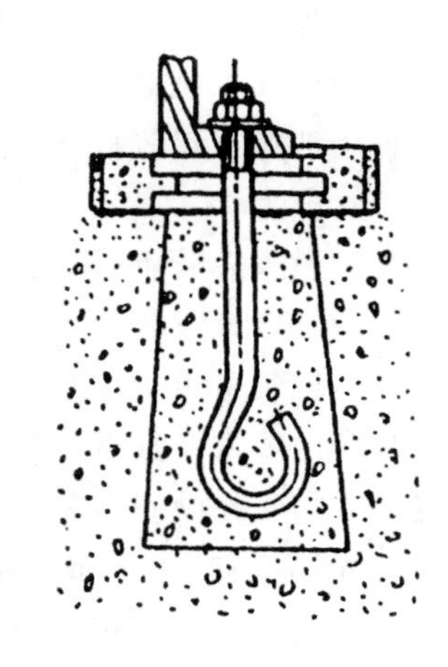

图 2.7.1　地脚螺栓、垫铁和二次灌浆示意图

c. 基架安装时，先画上纵、横向中心线，基架与垫铁设备的接合面均应清理干净，再把基架吊放在事先放置、调整好的垫铁上。再调整基架在平面上的位置。应使基架上的纵、横向中心线与基础上的纵、横向中心线重合，将基架与基础间的地脚螺栓逐一拧紧。

d. 二次灌浆若不是及时施工，尚须先复查基架有无移动过。

2)省煤器安装

①省煤器可以单根安装或为地面组合整体安装，要求整体组件出厂。安装前要认真检查省煤器外观尺寸及质量，检查省煤器管周围嵌填的石棉绳是否严密牢固，外壳箱板是否平整，翼片有无损坏，无问题后方可进行安装。整体安装时会影响吊升的炉构件应后安装固定。

②支架安装：将螺栓孔内的杂物清理干净，并用水冲洗。再将支架上好地脚螺栓，放在清理好预留孔的基础上，然后调整支架的位置、标高和水平度。

③安装省煤器

a. 钢管式省煤器安装要求做通球试验。铸铁省煤器安装宜逐根(或组)进行水压试验，试验压力为 $1.25P+0.5$MPa(P 为锅炉工作压力)，无渗漏为合格。同时进行省煤器安全阀的调整。安全阀的开启压力应为装置点工作压力的 1.1 倍，或为锅炉工作压力的 1.1 倍。

b. 用三木搭或其他吊装设备将省煤器安装在支架上，并检查省煤器的进口装置、标高是否与锅炉烟气出口相符，以及两口的距离和螺栓孔是否相符，通过调整支架的位置和标高，达到烟管安装的要求。最后将下部槽钢与支架焊在一起。

④支架的位置和标高找好后灌注混凝土，混凝土的强度等级应比基础强度等级高一级，并应捣实和养护(拦混凝土时最好用豆石)。当混凝土强度达到 75%以上时，将地脚螺栓拧紧。

⑤省煤器安装的允许偏差应符合表 2.7.1 的要求。

表 2.7.1 安装铸铁省煤器的允许偏差

序号	项 目	允许偏差
1	支承架的水平方向位置偏差	±3mm
2	支承架的标高偏差	±5mm
3	支承架的纵、横不平度	1/1000

3)螺旋出渣机安装

①先将出渣机通过安装孔斜放在基础坑内。

②将漏灰接口板安装在锅炉板的下部。

③安装锥形渣斗,上好漏灰接口板与渣斗之间的连接螺栓。

④吊起出渣机的筒体,与锥形渣斗连接好,锥形渣斗下口长方形的法兰与筒体长方形法兰之间要加橡胶垫或油浸扭制的石棉盘根(应加在螺栓内侧),拧紧后不得漏水。

⑤安装出渣机的吊耳和轴承底座,在安装轴承底座时要使轴承与螺旋轴保持同心。

⑥调好安全离合器的弹簧,用扳手扳转蜗杆,使螺旋轴转动灵活。油箱内应加入符合要求的机械油。

⑦安好后接通电源和水源,检查转动方向是否正确、离合器的弹簧是否跳动。冷态试车2小时,无异常声音和不漏水为合格,并做好试车记录。

4)电气控制箱(柜)安装

①控制箱安装位置应在锅炉的前方,便于监视锅炉的运行、操作及维修。

②控制箱的地脚螺栓位置要正确,控制箱安装时要找正、找平,灌注牢固。

③控制箱装好后,可敷设控制箱到各个电机和仪器仪表的配管,穿导线。控制箱及电气设备外壳应接地良好。待各个辅机安装完毕后接通电源。

5)液压传动装置安装

①对预埋板进行清理和除锈。

②检查和调整使铰链架纵、横中心线与滑轨纵、横中心线相符,以确保铰链架的前后位置有较大的调节量。调整后将铰链架的固定螺栓稍加紧固。

③把液压缸的活塞杆全部拉出(最大行程),并将活塞杆的长拉脚与摆轮连接好,再把活塞缸与铰链架连接好。然后根据摆轮的位置和图纸的要求找好滑轨的位置,焊牢。最后认真检查调整铰链的位置并将螺栓拧紧。

④液压箱安装:液压箱按设计位置放好,液压箱内要清洗干净。箱内应加入滤清机械油,冬季采用10号机械油,夏季采用20号机械油。

⑤安装地下油管:地下油管采用无缝钢管,在现场煨弯和焊接管接头,钢管内应除锈,清理干净。

⑥安装高压软管:高压软管应安装在油缸与地下油管之间,安装时应将丝头和管接头内铁屑、毛刺清除干净,丝头连接处用聚四氟乙烯薄膜或麻丝白铅油作填料,最后把高压软管上好。

⑦安装高压铜管:先将管接头分别装在油箱和地下油管的管口上,按实际距离将铜管截断,然后退火煨弯,两端穿好锁母,用扩口工具扩口,最后把铜管安装好,拧紧锁母。

⑧电气部分安装:先将行程撞块和行程开关架装好,再装行程开关。行程开关架安装要

牢固。上行程开关的位置在摆轮拨爪略超过棘轮槽为宜,下行程开关的位置在能使炉排前进 80mm 或活塞不到缸底为宜。定位时可打开摆轮的前盖直观定位。

⑨油管路的清洗和试压

a. 把高压软管与油缸相接的一端卸开,放在空油桶内,然后启动油泵,调节溢流阀调压手轮,逆时针放置,使油压维持在 0.2MPa,再通过人工方法控制行程开关,使两条油管都得到冲洗。冲洗的时间为 15～20min。每条油管最少冲洗 2～3 次。冲洗完毕把高压软管装好。

b. 油管试压:利用液压箱的油泵即可进行。启动油泵,通过调节溢流阀的手轮,使油压逐步升至 3.0MPa。在此压力下活塞动作一个行程,油管、接头和液压缸均无泄漏为合格,并立即把油压调到炉排的正常工作压力。因油压长时间超载会使电机烧毁。

炉排正常工作时油泵工作压力如下:1～2t/h 链条炉,油压为 0.6～1.2MPa;4t/h 链条炉,油压为 0.8～1.5MPa。

⑩摆轮内部应洗后加入适量的 20 号机油,上下链油杯中应注满黄油。

⑪液压传动装置冲洗、试压应做记录。

6)鼓风机及风管安装

①安装鼓风机

先检查基础位置、质量是否符合图纸要求,无误后将上好地脚螺栓的鼓风机抬到基础上就位。由于风机壳一侧比电机一侧重,需将风机壳一侧垫好,再用垫铁将电机找平、找正,最后用混凝土将地脚螺栓孔灌注好。待混凝土强度达到 75%时再复查风机是否水平。

②安装风管

a. 当采用砖砌地下风道时,地下风道内壁要用水泥砂浆抹光滑。风道要严密,风机出口与风管之间、风管与地下风道之间连接要严密,防止漏风。

b. 当采用钢板风道时,风道法兰连接要严密。

c. 安装调节风门时,应注意不要装反,应标明开、关方向。

d. 最后检查一下安装调节风门后试拨转动是否灵活,定位是否可靠。

③风机试运行

接通电源,先进行点试,检查风机转向是否正确,有无摩擦和振动现象,无问题后进行试车。运转时检查电机和轴承升温是否正常,一般不高于室温 40℃为正常。风机冷运行不少于 2 小时,并做好运行记录。

7)除尘器安装

①安装前首先核对除尘器的旋转方向与引风机的旋转方向是否一致,安装位置是否便于清灰、运灰。除尘器落灰口距地面高度一般为 0.6～1.0m。检查除尘器内壁耐磨涂料有无脱落。

②安装除尘器支架:将地脚螺栓安装在支架上,然后把支架放在画好基准线的基础上。

③安装除尘器:支架安装好后,吊装除尘器,紧好除尘器与支架连接的螺栓。吊装时根据情况(立式或卧式)可分段安装,也可整体安装。除尘器的蜗壳与锥形体连接的法兰要连接严密,用 ϕ10 的石棉扭绳作垫料,垫料应加在连接螺栓的内侧。

④烟管安装:先从省煤器的出口或锅炉后烟箱的出口安装烟管和除尘器的扩散管。烟管之间的法兰连接用 ϕ10 石棉绳作垫料,连接要严密。烟管安装好后,检查扩散管的法兰与

除尘器的进口法兰位置是否合适，如果略有不合适可适当调整除尘器支架的位置和标高，使除尘器与烟管连接妥当。

⑤检查除尘器的垂直度和水平程度：除尘器和烟管安装好后，检查除尘器及支架的垂直度和水平程度。除尘器的垂直度和水平误差为1/1000，然后在地脚螺栓孔内灌注混凝土，待混凝土的强度达到75%时，将地脚螺栓拧紧。

⑥安装锁气器：锁气器是除尘器的重要部件，是保证除尘器效果的关键部位之一，因此锁气器的连接处和舌形板接触要严密，配重或挂环要合适。

⑦现场制作烟管时，除尘器应按图纸位置安装，最后安装烟管。为了减少阻力，应尽量减少拐弯和缩短烟管。制作弯头（“虾米腰”）时其弯曲半径不应小于管径的1.5倍。制作除尘器的扩散管时，扩散管的渐扩角度不得大于20°（如图2.7.2所示）。

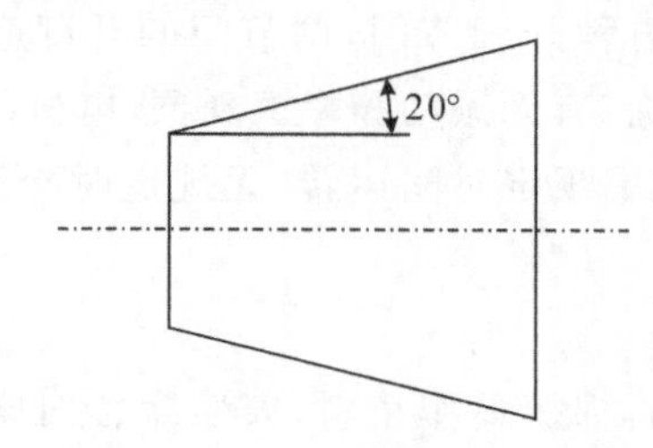

图2.7.2 扩散管渐扩角度

8)引风机安装

①安装引风机和电机

a.用人抬或机械吊装设备，把引风机和电机（用皮带连接的先安电机滑轨）分别安装在放好基准线和清好预留孔的基础上，上好地脚螺栓，螺母应外露1～2扣，用成对的垫铁放在机座下进行找平、找正。

锅炉出厂不配带烟管时，引风机可以按图纸的位置、标高进行找平、找正，引风机的位置决定了烟管的尺寸。

锅炉出厂配带烟管时，引风机的位置和标高应根据除尘器的位置和标高以及烟管的实际尺寸来确定，以避免安装中改动烟管。

b.引风机安装要求：

纵向水平度0.2/1000；

横向水平度0.3/1000；

风机轴与电机轴若不同心，径向位移不大于0.05mm；

靠背轮的间隙应符合通用规定（一般2～10mm）；

如用皮带轮连接时，引风机和电机的两皮带轮的平行度允许偏差应小于1.5mm，两皮带轮槽应对正，允许偏差应小于1mm；

风机壳安装应垂直。

c.联轴器（靠背轮）找同心。

d.安装烟管时应使之自然吻合，不得强行连接，更不允许将烟道重量压在引风机上。

e.安装调节风门时应注意不要装反，应标明开、关方向。

f. 安装完后试拨转动,检查是否有过紧或与固定部分碰撞现象,发现有不妥之处必须调整好松紧度。

②灌注混凝土:混凝土的标号应比基础标号高一级,灌注捣固时不得使地脚螺栓歪斜,灌注后要养护。

③安装冷却水管:冷却水管应干净畅通,排水管应安漏斗,便于直接观察出水的大小,可用阀门调整。安装后应按要求进行水压试验,如果无规定,试验压力不低于 0.4MPa,可参考给水管安装要求。

④轴承箱清洗加油。

⑤安装安全罩,安全罩的螺栓应拧紧。

⑥引风机试运行:试运行前先用手转动引风机,检查是否灵活。试运转时先关闭调节阀门,然后接通电源启动,启动后再稍开调节门,调节门的开度应使电机的电流不超过额定电流。检查引风机的转向是否正确,有无振动和摩擦现象,电机的温度是否正常。一般情况下冷运转时间不得过长,应按说明书规定时间运转,无规定时冷运转时间不得超过 5min,并做好试运行记录。

9)钢烟囱安装

①每节烟囱之间用 $\phi10$ 的石棉扭绳作垫料,安装螺栓时螺帽在上,连接要严密牢固,组装好的烟囱应基本成直线。

②当烟囱超过周围建筑物时要按设计要求安装避雷针。

③在烟囱的适当高度处(无规定时为 2/3 处)安装拉紧绳,最少 3 根,互为 120°。拉紧绳的固定装置采用焊接或其他方法安装牢固。在拉紧绳距地面不少于 3m 处安装绝缘子。拉紧绳与地锚之间用花篮螺栓拉紧,锚点的位置要合理牢固,应使拉紧绳与地面的斜角少于 45°。

④用吊装设备把烟囱吊装就位,用拉紧绳调整烟囱的垂直度,垂直度的要求为 1/1000,全高不超过 20mm。最后检查拉紧绳的松紧度,拧紧绳卡和基础螺栓。

10)水泵安装

①用人工或其他方法将上好地脚螺栓的水泵就位在基础上,与基准线相吻合,并用水平尺在底座水平加工面上利用垫铁调整找平,泵底座不应有明显的偏斜。

②找平、找正后进行混凝土灌注。

③联轴器(靠背轮)找正,泵与电机轴的同心度、两轴水平度、两联轴节端面之间的间隙以设备技术文件的规定为准。

④找正方法见引风机安装。

⑤轴承箱清洗加油。

⑥水泵试运转

a. 先单独试运转电机,转动无异常现象,转动方向无误。

b. 安装联轴器的连接螺栓:安装前应用手转动水泵轴,应转动灵活无卡阻、杂音及异常现象,然后再连接联轴器的螺栓。

c. 泵启动前应先关闭出口阀门(以防启动负荷过大),然后启动电机。当泵达到正常运转速度时,逐步打开出口阀门,使其保持工作压力。检查水泵的轴承温度(不超过外界温度 35℃,其最高温度不应大于 75℃),轴封是否漏水、漏油。

11)软化水设备安装

①锅炉设备做到安全、经济运行,与锅炉水处理有直接关系。新安装的锅炉没有水处理措施不准投入运行。

②低压锅炉的炉外水处理一般采用钠离子交换水处理方法。多采用固定床顺流再生、逆流再生和浮动床三种工艺,由设计决定。

③钠离子交换器安装前,先检查设备表面有无撞痕,罐内防腐有无脱落。若有脱落应做好记录,采取措施后再安装。为防止树脂流失,应检查布水喷嘴和孔板垫布有无损坏,若有损坏应更换。

④安装钠离子交换器:用人工或吊装设备将上好地脚螺栓的离子交换器就位在画好基准线的基础上,用垫铁找直、找正,视镜应安装在便于观看的方向,罐体垂直度应小于1/1000。找正、找直后灌注混凝土,当混凝土强度达到75%时,可将地脚螺栓拧紧。在吊装时要防止损坏设备。

⑤设备配管:应用镀锌钢管或塑料管,采用螺纹连接,丝扣处涂白铅油、麻丝或聚四氟乙烯薄膜(生料带)做填料,接口要严密。所有阀门安装的标高和位置应便于操作,配管的支架严禁焊在罐体上。

⑥配管完毕后,根据说明书进行水压试验,检查法兰接口、视镜、丝头,以不渗漏为合格。

⑦装填新树脂时,应避免杂物混入罐内。树脂层装填高度按设备说明书要求进行。

⑧盐水箱(池)安装:如果用塑料制品,按图纸位置放好即可;如果用钢筋混凝土浇筑或砖砌盐池,应分为溶盐池和配比池两部分,为防止盐内的泥沙和杂物进到配比池内,在溶盐池内加过滤层,无规定时,一般底层用30～50mm厚的木板,并在其上打出ϕ8mm的孔,孔距为5mm,木板上铺200mm厚的石英石,粒度为ϕ10～ϕ20mm,石英石上铺上1～2层麻袋布。

12)砌筑炉墙

①砌筑炉墙前应先清理基础表面,将炉墙轮廓标高和有关中心线测量出来,标记在钢架或附近的结构物上,以备砌筑时检查用。

②炉墙砌筑时,各层砖均应按规定要求错缝,无论是内外层还是上下层均不得有垂直的通缝。砖缝的耐火泥浆和水泥砂浆应饱满、均匀。灰浆不应混有杂质和易燃物。耐火砖有缺陷的表面应朝向火焰。

③耐火砖墙砌筑的同时应进行红砖墙或硅藻土砖墙的砌筑,耐火砖单独砌筑的高度不应超过9层。外层砖墙砌筑时,应在适当部位埋入直径为20mm的钢管短管,以便于烘炉时炉墙砌体中的水汽逸出。

④耐火砖内墙的转角处应按设计要求留伸缩缝,缝宽可为25mm,并用石棉绳浸以耐火灰浆填充。炉墙与孔或门的铁框、钢架、穿墙管、汽包、悬挂炉顶的边缘等均不能直接接触,而应用石棉绳或石棉板嵌垫。

⑤锅炉耐热混凝土炉墙应严格按设计规定施工,其表面应平整、无裂缝(发丝裂纹除外),并不应有蜂窝等缺陷。

(6)管道阀门和仪表安装

1)管道阀门和仪表的安装要严格按设计图纸进行。应核对阀门的种类、规格、型号并标记阀门的开关方向和介质流向。

2)阀门内部及法兰面应清洗干净,阀门均应进行强度和严密性试验,合格才可安装。

①阀体的强度试验:试验压力应为公称压力的1.5倍,阀体和填料处无渗漏为合格。

②严密性试验:试验压力为公称压力,以阀芯密封面不漏为合格。

3)进出口有方向性的阀门,应注意方向正确,不得装错。只能水平安装的阀门不得安装在立管段上。

4)阀门与管道连接时直线段应与轴线一致。管道交叉时应角度正确,安装部位应便于维修。手轮位置要方便操作、整齐美观。

5)操作传动机构,将阀门开关几次,检查开、闭到位是否符合要求,开关应灵活,方向应正确。

6)安全阀安装

①额定蒸发量大于0.5t/h的锅炉,最少设两个安全阀(不包括省煤器);额定蒸发量小于或等于0.5t/h的锅炉,至少设一个安全阀。额定热功率大于1.4MW的锅炉,至少应装设两个安全阀;额定热功率小于或等于1.4MW的锅炉,至少应装设一个安全阀。

②安全阀应逐个进行严密性试验,应检查其起始压力、起座压力及回落压力。安全阀应无泄漏和冲击现象。安全阀经调整检查合格后应做标记。

③安全阀应在锅炉水压试验合格后再安装,因为水压试验压力大于安全阀的工作压力。水压试验时,安全阀管座可用盲板法兰封闭。如果用钢板加死垫,试完压后应立即将其拆除。

④安全阀的排气管应直通室外安全处,排气管的截面积不应小于安全阀出口的截面积。排气管应坡向室外并在最低点的底部装泄水管,并接到安全处。排气管和排水管上不得装阀门。

⑤安全阀应垂直安装,并装在锅炉锅筒、集箱的最高位置。在安全阀和锅筒之间或安全阀和集箱之间,不得装有取用蒸汽的气管和取用热水的出水管,并不许装阀门。

7)水位表安装

①每台锅炉至少应装两个彼此独立的水位表。但额定蒸发量小于或等于0.5t/h的锅炉、电加热锅炉、额定蒸发量小于或等于2t/h,且装有一套可靠的水位示控装置的锅炉、装有两套各自独立的远程水位显示装置的锅炉可以装一个直读式水位表。

②水位表安装前应检查旋塞转动是否灵活,填料是否符合使用要求,不符合要求时应更换填料。水位表的玻璃管或玻璃板应干净透明。

③水位表在安装时,应使水位表的两个表口保持垂直和同心,玻璃管不得损坏,填料要均匀,接头应严密。

④水位表的泄水管应接到安全处。当泄水管接至排污管的漏斗时,漏斗与排污管之间应加阀门,防止锅炉排污时从漏斗冒汽伤人。

⑤当锅炉装有水位报警器时,报警器的泄水管可与水位表的泄水管接在一起,但报警器泄水管上应单独安装一个截止阀,不允许在合用管段上仅装一个阀门。

⑥水位表安装好后应画出最高、最低水位的明显标志。最低安全水位比可见边缘水位至少应高25mm。最高安全水位比可见边缘水位至少应低25mm。

⑦采用玻璃管水位表时应装有防护罩,防止损坏伤人。采用双色水位表时,每台锅炉只能装一个,另一个装普通(无色的)水位表。

8)压力表安装

①弹簧管式压力表安装

a.工作压力小于2.5MPa的锅炉，压力表精度不应低于2.5级；

b.出厂时间超过半年的压力表，应经计量部门重新校验，合格后进行安装；

c.表盘刻度为工作压力的1.5～3倍(宜选用2倍工作压力)，锅炉本体的压力表公称直径应不少于150mm，表体位置端正，便于观察；

d.压力表应有存水弯，压力表与存水弯之间应装有三通旋塞；

e.压力表应垂直安装，垫片制作要规矩，垫片表面应涂机油石墨，丝扣部分涂白铅油，连接要严密。安装完后在表盘上或表壳上画出明显的标志，标出最高工作压力。

②电接点压力表的安装同弹簧管式压力表，其作用有以下两点。

a.报警：把上限指针定位在最高工作压力刻度位置，当活动指针随着压力增高与上限指针相接触时，电接点压力表与电铃接通进行报警。

b.自控停机：把上限指针定位在最高工作压力刻度上，把下限指针定位在最低工作压力刻度上，当压力增高使活动指针与上限指针相接触时可自动停机。停机后压力逐步下降，降到活动指针与下限指针接触时电接点压力表能自动启动，使锅炉继续运行。

③以上两种接法应定期进行试验，检查其灵敏度，有问题应及时处理。

9)温度表安装

①内标式温度表安装：温度表的丝扣部分应涂白铅油，密封垫应涂机油石墨，温度表的标尺应朝向便于观察的方向。

②压力式温度表安装：温度表的丝扣部分应涂白铅油，密封垫应涂机油石墨，温度表的感温器端部应装在管道中心，温度表的毛细管应固定好，防止碰断，其多余部分应盘好固定在安全处。温度表的表盘应安装在便于观察的位置。安装完后应在表盘上或表壳上画出最高运行温度的标志。

③压力式电接点温度表的安装：与压力式温度表安装相同。报警和自控停机同电接点压力表的安装。

10)排污阀安装

①锅炉的排污管应尽量减少弯头，所用弯头应煨制，其半径R应不小于管直径的1.5倍。排污管应接到室外。明管部分应加固定支架。

②每根排污管上应安装开关、慢速排污阀各一个，安装时不允许用螺纹连接。排污阀的开关和柄应在外侧，以确保操作方便。

(7)管道及设备防腐

管道与设备防腐按本书1.12节有关条款施工。在涂刷油漆前，必须清除管道及设备表面的灰尘、污垢、锈斑、焊渣等物。油漆的种类及厚度按设计规定，并应均匀，不得有脱皮、起泡、流淌和漏涂等缺陷。

(8)水压试验

1)水压试验应报请当地质量技术监督部门参加。

2)试验前的准备工作

①将锅筒、集箱内部清理干净后封闭人孔、手孔。

②检查锅炉本体的管道、阀门有无漏加垫片、漏装螺栓和未紧固等现象。

③应关闭排污阀、主汽阀和上水阀。

④安全阀的管座应用盲板封闭,并在一个管座的盲板上安装放气管和放气阀,放气管的长度应超出锅炉的保护壳。

⑤锅炉试压管道和进水管道接在锅炉的副汽阀上为宜。

⑥应打开锅炉的前后烟箱和烟道,便于试压时检查。

⑦打开副汽阀和放气阀。

⑧至少应装两块经计量部门校验合格的压力表,并将其旋塞转到相通位置。

3)试验时对环境温度的要求

①水压试验应在环境温度(室内)高于5℃时进行。

②在低于5℃进行水压试验时,必须有可靠的防冻措施。

4)试验时对水温的要求

①水温一般应在20～70℃。

②当施工现场无热源时可用自来水试压,但要等锅筒内水温与周围气温较为接近或无结露时,方可进行水压试验。

5)锅炉水压试验的压力规定见表2.7.2。

表2.7.2 锅炉水压试验压力值 (单位:MPa)

项次	设备名称	工作压力 P	试验压力
1	锅炉本体	<0.8	1.5P但不小于0.2
		0.8～1.6	P+0.4
		>1.6	1.25P
2	可分式省煤器	任何压力	1.25P+0.5
3	过热器	任何压力	与锅炉本体试验压力相同
4	非承压锅炉	大气压力	0.2

6)水压试验步骤和验收标准

①向炉内上水。打开自来水阀门向炉内上水,待锅炉最高点放气管见水无气后关闭放气阀,最后把自来水阀门关闭。

②用试压泵缓慢升压,至0.3～0.4MPa时应暂停升压,进行一次检查和必要的紧固螺栓工作。

③待升至工作压力时,应停泵检查各处有无渗漏或异常现象,再升至试验压力后停泵,在试验压力下保持20min,然后缓慢降至工作压力进行检查。检查期间压力应保持不变。达到下列要求为试验合格:

a.在受压元件金属壁和焊缝上没有水珠和水雾。

b.胀口处不滴水珠。

c.水压试验后没有发现残余变形。

④水压试验结束后,应将炉内水全部放净以防冻,并拆除所加的全部盲板。

⑤水压试验结果，应记录在《工业锅炉安装工程质量证明书》中，并有参加验收人员签字，最后存档。

(9)管道及设备保温

管道及设备的保温应按本书 2.8 节的有关条款进行施工。管道、设备与容器的保温应在防腐和水压试验之后进行。

(10)炉排冷态试运转

1)清理炉膛、炉排，尤其是容易卡住炉排的铁块、焊渣、焊条头和铁钉等必须清理干净。然后将炉排各部位的油杯加满润滑油。

2)炉排冷运转连续不少于 8h，试运转速度最少应在两级以上。经检查和调整应达到以下要求：

①检查炉排有无卡住和拱起现象，如果炉排有拱起现象，可通过调整炉排前轴的拉紧螺栓消除。

②检查炉排有无跑偏现象，要钻进炉膛内检查两侧主炉排片与两侧板的距离是否基本相等。不等时说明跑偏，应调整前轴相反一侧的拉紧螺栓(拧紧)，使炉排走正。如果拧到一定程度后还不能纠偏，还可以稍松另一侧的拉紧螺栓，使炉排走正。

③检查炉排长销轴与两侧板的距离是否大致相等，通过一字形检查孔，用榔头间接打击过长的，使长销轴与两侧板的距离相等。同时还要检查有无漏装垫圈和开口销，如果有，应停转炉排，装好后再运转。

④检查链条与链轮啮合是否良好，各链轮齿是否同位，如果严重不同位，应与制造厂联系解决。

⑤检查炉排片有无断裂，若有断裂则等到炉排转到一字形检查孔的位置时，停炉排把备片换上再运转。

⑥检查煤闸板吊链的长短是否相等。检查各风室的调节门是否灵活。

⑦冷态试运行结束后应填好记录，甲乙双方签字。

(11)烘炉

1)准备工作

①锅炉本体及工艺管道全部安装完毕，水压试验合格。

②锅炉的附属设备、软水设备、化验设备、水泵等已达到使用要求。

③锅炉辅机包括鼓风机、引风机、出渣机、除尘器及电气控制仪表安装完毕并调试合格，并同时加满润滑油。

④编制烘炉方案及烘炉升温曲线，选好炉墙测温点，准备好测温仪表和记录表格。

⑤关闭排污阀、主汽阀、副汽阀，打开上水阀，开启一个安全阀，如果有省煤器，开启省煤器循环管阀门，然后将合格软化水上至比锅炉正常水位稍低点的位置。

⑥准备好适量的木柴和燃煤，木柴上不能带有铁钉或其他金属材料。

2)烘炉方法及要求

①整体快装锅炉均采用轻型炉墙，根据炉墙潮湿程度，一般烘烤时间为 3～6d。

②木柴烘炉：打开炉门、烟道闸板，开启引风机，强制通风 5min，以排除炉膛和烟道内的潮气和灰尘，然后关闭引风机。打开炉门和点火门，在炉排前部 1.5m 范围内铺上厚度为

30～50mm的炉渣,在炉渣上放置木柴和引燃物。点燃木柴,小火烘烤。自然通风,缓慢升温,排烟温度第一天不得超过80℃,后期不超过160℃。烘烤约2～3d。

③煤炭烘炉:木柴烘烤后期,逐渐添加煤炭燃料,并间断引风和适当鼓风,使炉膛温度逐步升高,同时间断开动炉排,防止炉排过烧损坏。烘烤约1～3d。

④整个烘炉期间要注意观察炉墙、炉拱情况,按时做好温度记录,最后画出实际升温曲线图。

3)注意事项

①火焰应保持在炉膛中央,燃烧均匀,升温缓慢,不能时旺时弱。烘炉时锅炉不升压。

②烘炉期间应注意及时补进软水,保持锅炉正常水位。

③烘炉中后期应适量排污,每6～8h可排污一次,排污后及时补水。

④煤炭烘炉时应尽量减少炉门、看火门开启次数,防止冷空气进入炉膛内,使炉墙产生裂损。

(12)煮炉

1)为了节约时间和燃料,在烘炉末期进行煮炉。一般采用碱性溶液煮炉,加药量根据锅炉锈蚀、油污情况及锅炉水容量而定。如果锅炉出厂说明书未作规定,可按表2.7.3规定计量加药量。

表2.7.3 锅炉加药量 (单位:kg/t炉水)

药品名称	铁锈较薄	铁锈较厚
氢氧化钠(NaOH)	2～3	3～4
磷酸三钠 $Na_3PO_4 \cdot 12H_2O$	2～3	2～3

注:表中药品用量按100%纯度计算,无磷酸三钠可用碳酸钠(Na_2CO_3)代替,用量为磷酸三钠的1.5倍。

2)将两种药品按用量配好后,用水溶解成液体,从上人孔处或安全阀座处,缓慢加入炉体内。然后封闭人孔或安全阀。操作时要注意对化学药品腐蚀性采取防护措施。

3)升压煮炉:加药后间断开动引风机,适量鼓风使炉膛温度和锅炉压力逐渐升高,进入升压煮炉。当压力升至0.4MPa时,连续煮炉12h,煮炉结束后停火。

4)煮炉结束后,待锅炉蒸汽压力降至零,水温低于70℃时,方可将炉水放掉,待锅炉冷却后,打开人孔和手孔,彻底清除锅筒和集箱内部的沉积物,并用清水冲洗干净,检查锅炉和集箱内壁,无油垢、无锈斑为煮炉合格。

5)最后经甲乙双方共同检验,确认合格,并在检验记录上签字盖章后,方可封闭人孔和手孔。

(13)试运行及安全阀定压

锅炉在烘炉、煮炉合格后,应进行48h的带负荷连续试运行,同时应进行安全阀的热状态定压检验和调整。

1)准备工作

①准备充足的燃煤,供水、供电、运煤、除渣系统均能满足锅炉满负荷连续运行的需要。

②对于单机试车、烘炉、煮炉中发现的问题或故障,应全部进行排除、修复和更换。

③由具有合格证的司炉工负责操作,并在运行前熟悉各系统流程。操作中严格执行操作规程。试运行工作由甲乙双方配合进行。

2)点火运行

①将合格的软水上至锅炉最低安全水位,打开炉膛门、烟道门自然通风 10～15min。添加燃料及引火木柴,然后点火,开大引风机的调节阀,使木柴引燃,然后关小引风机的调节阀,间断开启引风机,使火燃烧旺盛,而后手工加煤并开启鼓风机,当燃煤燃烧旺盛时可关闭点火门向煤斗加煤,间断开动炉排。此时应观察燃烧情况,进行适当拨火,使煤能连续燃烧。同时调整鼓风量和引风量,使炉膛内维持 2～3mm 水柱的负压,使煤逐步正常燃烧。

②升火时炉膛温升不宜太快,避免锅炉受热不均产生较大的热应力而影响锅炉寿命。一般情况从点火到燃烧正常,时间不得少于 3～4h。

③运行正常后应注意水位变化,炉水受热后水位会上升,超过最高水位时,通过排污保持水位正常。

④当锅炉压力升至 0.05～0.1MPa 时,应进行压力表管和水位表的冲洗工作。以后每班冲洗一次。

⑤当锅炉压力升至 0.3～0.4MPa 时,对锅炉范围内的法兰、人孔、手孔和其他连接螺栓进行一次热状态下的紧固。随着压力升高及时消除人孔、手孔、阀门、法兰等处的渗漏,并注意观察锅筒、联箱、管道及支架的热膨胀是否正常。

3)安全阀定压

①试运行正常后,可进行安全阀的调整工作,安全阀开启压力规定符合施工规范及设计要求。

②定压顺序和方法

a.锅炉装有两个安全阀时,其中一个按表 2.7.15 中较高值定压,另一个按较低值定压。装有一个安全阀时,应按较低值定压。安全阀调整顺序为先调整确定锅筒上开启压力较高的安全阀,然后再调整确定开启压力较低的安全阀。

b.对弹簧式安全阀,先拆下安全阀的阀帽的开口销,取下安全阀提升手柄和安全阀的阀帽,用扳手松开紧固螺母,调松调整螺杆,放松弹簧,降低安全阀的排汽压力,然后逐渐由较低压力调整到规定压力,当听到安全阀有排气声而不足规定开启压力值时,应将调整螺杆顺时针转动压紧弹簧,这样反复几次逐步将安全阀调整到规定的开启压力。在调整时,观察压力表的人与调整安全阀的人要配合好,当弹簧调整到安全阀能在规定的开启压力下自动排汽时,就可以拧紧紧固螺母。

c.对杠杆式安全阀,要先松动重锤的固定螺栓,再慢慢移动重锤,移远为加压,移近为降压,当重锤移到安全阀能在规定的开启压力下自动排汽时,就可以拧紧重锤的固定螺栓。

d.省煤器安全阀的调整定压与弹簧式安全阀和杠杆式安全阀相同。其升压和控制压力的方法是将锅炉给水阀临时关闭,靠给水泵升压,用调节省煤器循环管阀门的大小来控制安全阀开启压力。当锅炉需上水时,应先保证锅炉上水后再进行调整。安全阀调整完毕后,应及时把锅炉给水阀门打开。

4)定压工作完成后,应做一次安全阀自动排汽试验,启动合格后应加锁或铅封。同时将正确的开启压力、起座压力、回座压力记入《工业锅炉安装工程质量证明书》中。

5)注意事项

a.安全阀定压调试应由两人配合操作,严防蒸汽冲出伤人及高空坠落事故的发生。

b. 安全阀定压调试记录应由甲乙双方共同签字盖章。

c. 要保持正常水位,防止缺水和满水事故。

d. 当使用单位提出按实际运行压力调整安全阀的开启压力,而锅炉配套安全阀无法调出较低的开启压力时,应更换相应工作压力的弹簧。更换弹簧可参照表 2.7.4。

表 2.7.4 安全阀弹簧工作压力等级 (单位:MPa)

安全阀公称压力	弹簧工作压力				
	P_{I}	P_{II}	P_{III}	P_{IV}	P_{V}
1.0	0.05～0.1	0.1～0.25	0.25～0.4	0.4～0.6	0.6～1.0
1.6	0.25～0.4	0.4～0.6	0.6～1.0	1.0～1.3	1.3～1.6

(14)锅炉房热工监测和热工控制

1)热工监测

①锅炉机组必须根据设计按下列规定设置监测仪表:

a. 蒸汽锅炉机组根据每台锅炉额定蒸发量的不同,配置监测仪表。

b. 热水锅炉机组按规定配置监测仪表。

②燃油锅炉、燃气锅炉除配备上述仪表外,还必须装设下列参数的指示仪表。

a. 燃气锅炉:燃烧器前的燃气压力,锅炉后或锅炉尾部受热面后的烟气温度。

b. 燃油锅炉:

i. 燃油器前的油温和油压。

ii. 带中间回油燃烧器前的回油油压。

iii. 蒸汽雾化燃烧器前蒸汽压力。

iv. 空气雾化燃烧器前空气压力。

c. 锅炉后或锅炉尾部受热面后的烟气温度。

d. 锅炉房各辅助设备应按规定装设仪表,监测各运行介质的参数。

e. 锅炉房必须装设报警信号装置。

f. 锅炉房应装设供经济合算的计量仪表。

③热工监测和热工控制仪表的设置应符合下列要求:

a. 温度测试取源部件应安装在介质温度变化灵敏和具有代表性的位置上。在管道上安装时,取源部件的轴线与管道轴线相交。电热偶的取源部件宜远离强磁场。

b. 压力测试取源部件应安装在介质流速稳定的位置,其端部不应超过设备或管道的内壁。在管道上安装时,测气体压力应布置在管道的上半部;测蒸汽压力应布置在与管道水平轴线成 0°～45°夹角的上半部或下半部。

c. 流量测试取源部件(孔板、喷嘴或文丘里管)的安装位置要求和测压取源部件安装要求相同。同时要求在其上下游侧管道保持一定的直管段。测蒸汽流量时,两个冷凝器的安装标高必须一致。

2)热工控制

①锅炉房下列设备和工艺系统应根据设计设置自动调节或远距离控制装置:

a. 蒸汽锅炉应设置给水自动调节装置。其中额定蒸发量≤4t/h 的锅炉，可设位式给水自动调节装置；额定蒸发量≥6t/h 的锅炉，宜设连续给水自动调节装置。

b. 采用备用电动给水泵宜装设自动投入装置。

c. 热水系统应设置自动补水装置；加压膨胀水箱应设置水位和压力自动调节装置。

d. 热交换站(间)宜设置加热介质流量自动调节装置。

e. 热力除氧设备应设置水位自动调节装置和蒸汽压力自动调节装置。

f. 真空除氧设备应设置水位自动调节装置和进水温度自动调节装置。

g. 喷水式减温装置宜设置蒸汽压力和温度自动调节装置。

h. 燃油、燃气锅炉宜装设燃烧过程自动调节装置(微机控制)。整套锅炉的自动控制或者同一锅炉房内多台锅炉综合协调自动控制，宜采用集散控制系统。

i. 蒸发量≥6t/h 或热功率≥4.2MW 的锅炉，宜设置风机进风门的远距离控制装置。

j. 电力驱动的设备、阀门和烟风道阀门可按需要设置远距离控制装置。

k. 重油输配系统的油罐、油加热器应装设油温自动调节装置。

l. 循环流化床锅炉应设置炉床温度控制，宜设置料层压差控制。

m. 热力除氧设备应设置水位自动调节装置和进水温度自动调节装置。

n. 真空除氧设备应设置水位自动调节装置和进水温度自动调节装置。

o. 燃油、燃气锅炉，应设置点火程序控制和熄火保护装置。

p. 锅炉最低进水温度应进行控制。

②锅炉房下列设备和工艺系统应根据设计设置电气连锁装置。

a. 燃油、燃气锅炉，应设置下列电气连锁装置：

i. 鼓风机故障时，自动切断燃料供应。

ii. 燃油、燃气压力低于规定值时，自动切断燃油或燃气供应。

b. 连续机械化运煤系统的各运煤设备之间进行电气连锁装置。

c. 连续机械除灰渣系统的各设备之间应进行连锁装置。

d. 运煤和煤制备设备应与其局部通风和除尘装置连锁。

e. 燃油、燃气锅炉和配备燃烧自动控制的燃煤锅炉，对其燃料供应系统和通风系统的设备，应按程序控制要求，实现自动连锁控制。

f. 层燃锅炉的鼓风机、引风机和锅炉炉排减速箱等加煤设备之间，应装设电气连锁装置。

g. 锅炉的鼓风机、引风机之间，应设置自动连锁装置。启动时先开引风机，停机时先停鼓风机。

③锅炉房的下列设备和工艺系统应根据设计设置自动保护装置。

a. 蒸汽锅炉应设备极限低水位保护装置，蒸发量≥6t/h 的锅炉，应设置蒸汽超压保护装置。

b. 热水锅炉应设置在锅炉运行压力降低到热水可能汽化、水温升高超过规定值或循环水泵突然停止运行时，能自动切断燃料供应和停止鼓风机、引风机运行的保护装置。

c. 燃油、燃气锅炉和煤粉锅炉，应设置点火程序控制和熄火保护装置。

(15)总体验收

在锅炉试运行末期，建设单位、安装单位和当地劳动部门、环保部门共同对锅炉及附属设备进行总体验收。总体验收应进行下列几个方面的检查：

1)检查由安装单位填写的锅炉、锅炉房设备及管道的施工安装记录、质量检验记录。

2)检查锅炉、附属设备及管道安装是否符合设计要求,热力设备和管道的保温、刷油是否合格。

3)检查各安全附件安装是否合理正确,性能是否可靠,压力容器有无合格证明。

4)锅炉房电气设备安装是否正确、安全可靠;自动控制、信号系统及仪表是否调试合格、灵敏可靠。

5)检查上煤、燃烧、除渣系统的运行情况有无跑风漏烟;检查消烟除尘设备的效果和锅炉附属设备噪声是否合格。

6)检查水处理设备及给水设备的安装质量,查看水质是否符合低压锅炉水质标准。

7)检查烘炉、煮炉、安全阀调试记录,了解试运行时各项参数能否达到设计要求。

8)检查与锅炉安全运行有关的各项规定(如安全疏散、通道、消防、安全防护)落实和执行情况。

9)总体验收合格后,由安装单位按照有关要求整理竣工技术文件,并交由建设单位,作为建设单位向当地质量技术监督部门申请办理锅炉使用登记证的证明文件之一,并存入锅炉技术档案中。

(16)换热站安装

1)对热交换器按压力容器的技术规定进行检查。交换器应随器带制造图、强度计算、材质、焊接、水压试验等合格证明,以及使用说明书等有关技术资料。卧式热交换器如图 2.7.3 所示。

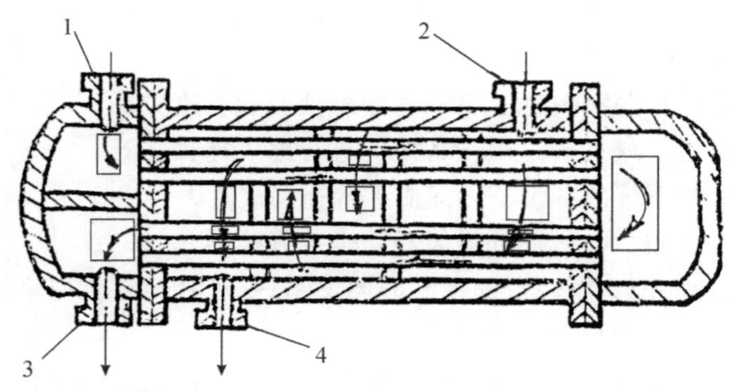

1—冷水入口;2—蒸汽入口;3—热水出口;4—回水出口

图 2.7.3 卧式热交换器

2)热交换器安装前,先把座架安装在合格的基础或预埋铁件上。

3)用水准仪或水平尺、线坠找正、找平、找垂直,同时核对标高和相对位置。然后拧紧地脚螺栓进行二次灌浆,或者将座架支腿焊在预埋铁件上,埋设或焊接都应牢固。

4)吊起热交换器坐落在架上,找平、找正、坐稳。核对进汽(水)口和出水口标高应符合设计规定。前封头与墙壁距离不小于蛇形管长度。

5)安装连接件、管件、阀件。按本工艺标准相关部分要求,安装、拧紧各法兰件。

6)按设计图纸进行配管、配件,安装仪表。各种控制阀门应布置在便于操作和维修的部位。仪表安装位置应便于观察和更换。交换器蒸汽入口处应按要求安装减压装置。交换器上应装压力表和安全阀。回水入口应设置温度计,热水出口设温度计和放气阀。如果锅炉设有连续排污时,可将排污水加到回水中补充到交换器和系统中。

7)热交换器应以最大工作压力的 1.5 倍做水压试验。蒸汽部分应根据蒸汽入口压力加 0.3MPa,装水部分应不小于 0.4MPa。

在试验压力下,保持 5min 压力不降为合格;试压合格后,按设计要求保温。

8)卧式热交换器等设备保温,适用泡沫混凝土、水泥珍珠岩、岩棉制品、硬聚氨酯泡沫塑料、超细玻璃棉制品、玻璃纤维制品、矿渣棉制品、水泥蛭石制品、硅藻土制件、石棉灰胶泥、石棉硅藻土胶泥等保温材料(一般为板状),应按设计要求采用。

由于设备表面积较大,受热胀冷缩的影响,保温层易与设备脱离,因此在水箱或设备外部焊上钩钉固定保温层,钩钉一般为 200~250mm(或按图中说明或标注确定);钩钉高度等于保温层厚度,外部抹好保护壳。

保温结构做法见图 2.7.4、图 2.7.5、图 2.7.6。

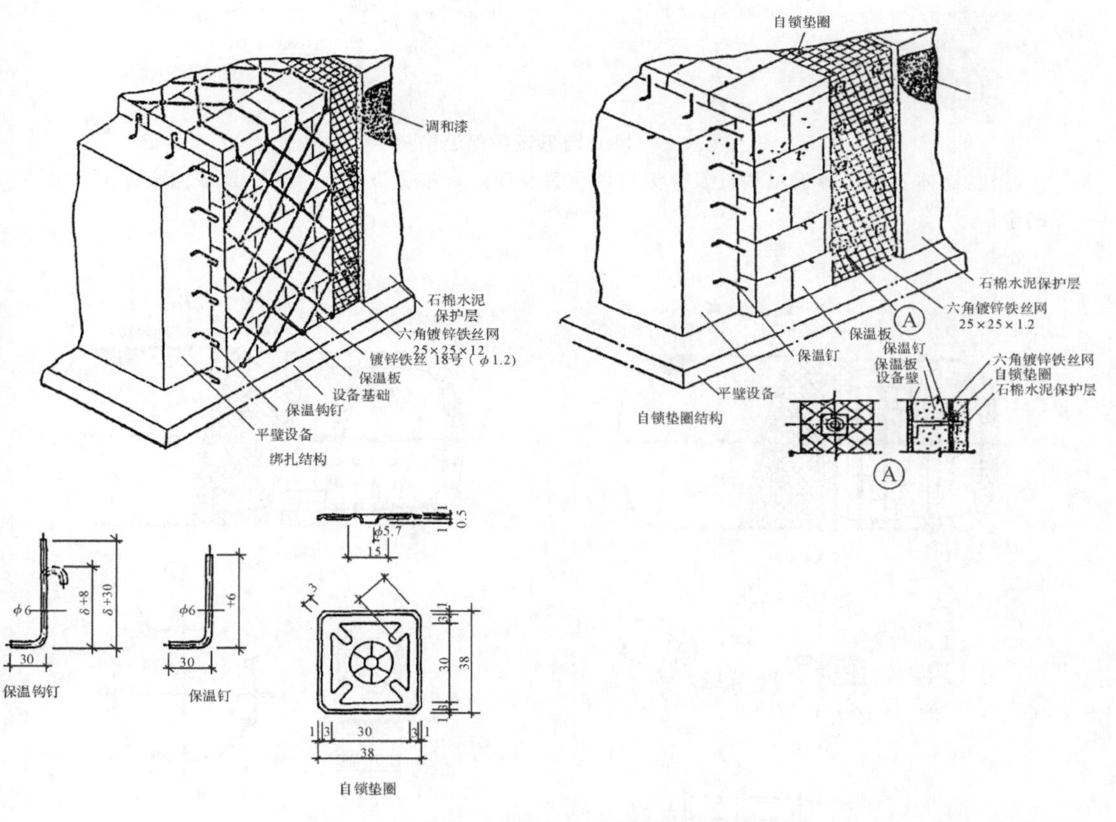

图 2.7.4 平壁设备保温结构

注:1. 本图为平壁设备使用保温板,采用绑扎和嵌处锁垫圈结构,保温钩钉和保温钉的间距为 250mm。自锁垫圈用 0.5mm 黑铁皮制作,钝化处理过。

2. 设备高度大于 2m 时,每隔 2~3m 处焊支承板 3 周,板宽为保温层厚度的 3/4,板厚为 5mm。

3. 设备底部可采用同样做法。

4. δ 为保温层厚度。

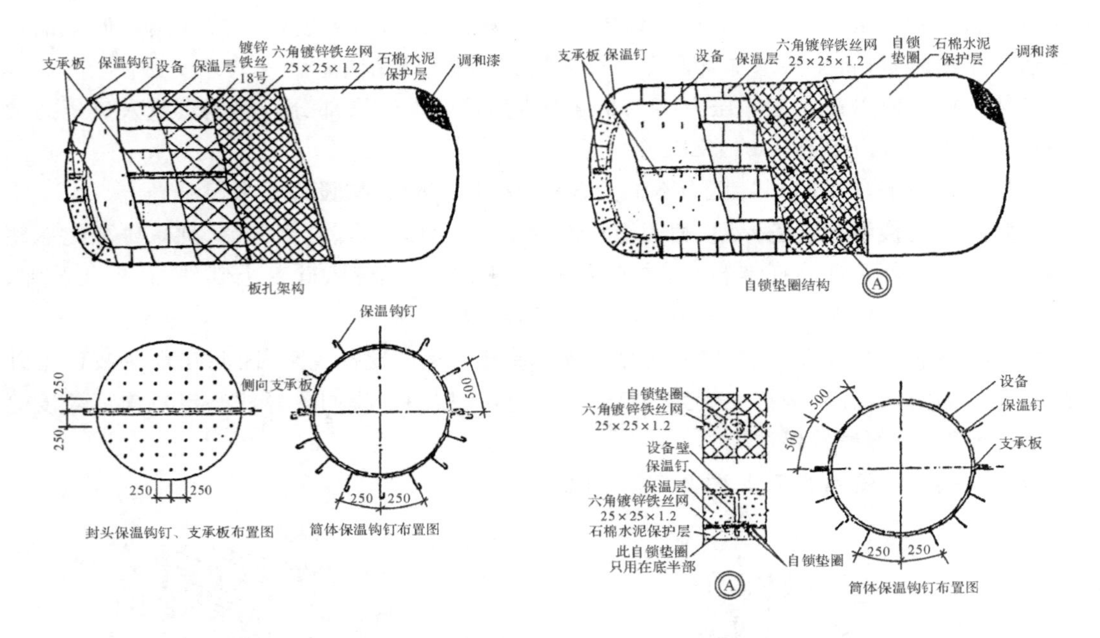

图 2.7.5 卧式圆形设备保温结构(一)

注:筒体及封头焊保温钩钉及保温钉的位置及间距可根据设备直径大小及保温板外形尺寸确定。

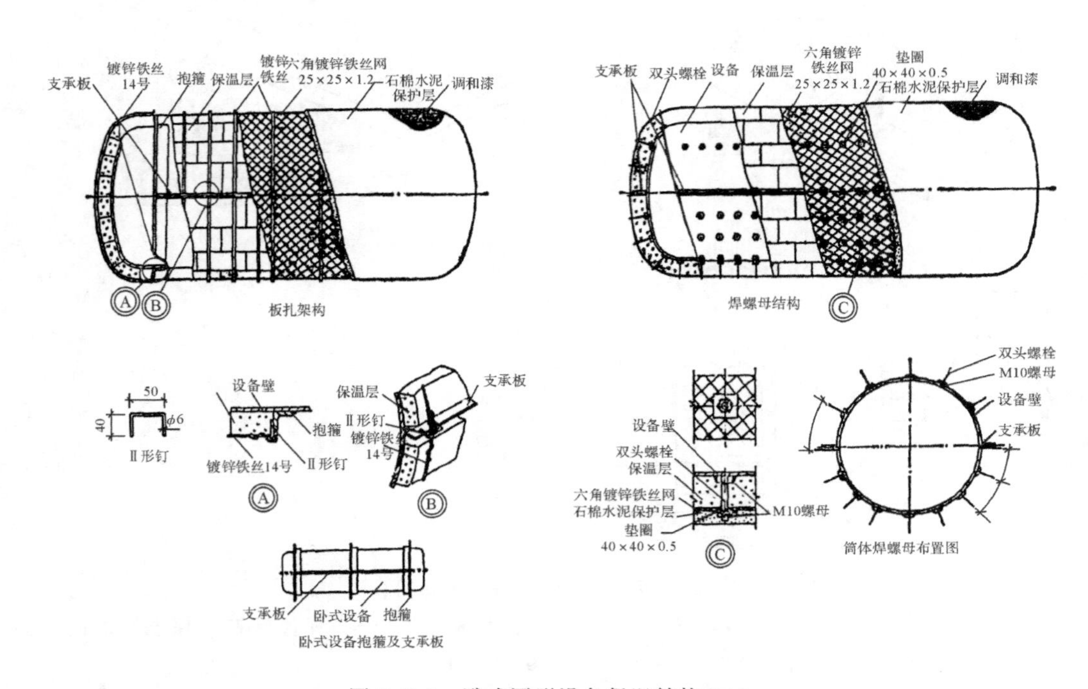

图 2.7.6 卧式圆形设备保温结构(二)

注:捆扎结构用于直径在 1m 以下。大于 1m 时可在抱箍上焊保温钉或保温钩钉,采用其他结构形式。抱箍的间距为 1.0～1.5m,抱箍间焊支承板,支承板上再焊钩钉。抱箍用角钢制作,角钢高度同钩钉高度。

2.7.5 质量标准

(1)锅炉安装

1)主控项目

①锅炉设备基础的混凝土强度必须达到设计要求,基础的坐标、标高、几何尺寸和螺栓孔位置应符合表 2.7.5 的规定。

表 2.7.5 锅炉及辅助设备基础的允许偏差和检验方法

<table>
<tr><th>项次</th><th colspan="2">项目</th><th>允许偏差/mm</th><th>检验方法</th></tr>
<tr><td>1</td><td colspan="2">基础坐标位置</td><td>20</td><td>经纬仪、拉线和尺量</td></tr>
<tr><td>2</td><td colspan="2">基础各不同平面的标高</td><td>0,−20</td><td>水准仪、拉线的尺量</td></tr>
<tr><td>3</td><td colspan="2">基础平面外形尺寸</td><td>20</td><td rowspan="3">尺量检查</td></tr>
<tr><td>4</td><td colspan="2">凸台上平面尺寸</td><td>0,−20</td></tr>
<tr><td>5</td><td colspan="2">凹穴尺寸</td><td>+20,0</td></tr>
<tr><td rowspan="2">6</td><td rowspan="2">基础上平面水平度</td><td>每米</td><td>5</td><td rowspan="2">水平仪(水平尺)和楔形塞尺检查</td></tr>
<tr><td>全长</td><td>10</td></tr>
<tr><td rowspan="2">7</td><td rowspan="2">竖向偏差</td><td>每米</td><td>5</td><td rowspan="2">经纬仪或吊线和尺量</td></tr>
<tr><td>全高</td><td>10</td></tr>
<tr><td rowspan="2">8</td><td rowspan="2">预埋地脚螺栓</td><td>标高(顶端)</td><td>+20,0</td><td rowspan="2">水准仪、拉线和尺量</td></tr>
<tr><td>中心距(根部)</td><td>2</td></tr>
<tr><td rowspan="3">9</td><td rowspan="3">预埋地脚螺栓孔</td><td>中心位置</td><td>10</td><td rowspan="2">尺量</td></tr>
<tr><td>深度</td><td>−20,0</td></tr>
<tr><td>孔壁垂直度</td><td>10</td><td>吊线和尺量</td></tr>
<tr><td rowspan="4">10</td><td rowspan="4">预埋活动地脚螺栓锚板</td><td>中心位置</td><td>5</td><td>拉线和尺量</td></tr>
<tr><td>标高</td><td>+20,0</td><td rowspan="3">水平尺和楔形塞尺检查</td></tr>
<tr><td>水平度(带槽锚板)</td><td>5</td></tr>
<tr><td>水平度(带螺纹孔锚板)</td><td>2</td></tr>
</table>

②非承压锅炉,应严格按照设计或产品说明书的要求施工。锅筒顶部必须敞口或装设大气连通管,连通管上不得安装阀门。

检验方法:对照设计图纸或产品说明书检查。

③以天然气为燃料的锅炉的天然气释放管或大气排放管不得直接通向大气,应通向贮存或处理装置。

检验方法:对照设计图纸检查。

④两台或两台以上的燃油炉共用一个烟囱时,每一台锅炉的烟囱上均应配备风阀或挡板装置,并应具有操作调节和闭锁功能。

检验方法:观察和手扳检查。

⑤锅炉的锅筒和水冷壁的下集箱及后棚管的后集箱的最低处排污阀及排污管道不得采用螺纹连接。

检验方法:观察检查。

⑥锅炉的汽、水系统安装完毕后,必须进行水压试验。水压试验的压力应符合表2.7.6的规定。

表2.7.6 水压试验压力规定 (单位:MPa)

项次	设备名称	工作压力 P	试验压力
1	锅炉本体	$P<0.59$	$1.5P$ 但不小于0.2
		$0.59\leqslant P\leqslant 1.18$	$P+0.3$
		$P\leqslant 1.18$	$1.25P$
2	可分式省煤器	P	$1.25P+0.5$
3	非承压锅炉	大气压力	0.2

注:1.工作压力 P 对蒸汽锅炉指锅筒工作压力,对热水锅炉额定出水压力;

2.铸铁锅炉水压试验同热水锅炉;

3.非承压锅炉水压试验压力为0.2MPa,试验期间压力应保持不变。

检验方法:

a.在试验压力下10min内压力降不超过0.02MPa;然后降至工作压力进行检查,压力不降,不渗、不漏。

b.观察检查,不得有残余变形,受压元件金属壁和焊缝上不得有水珠和水雾。

⑦机械炉排安装完毕后应做冷态运转试验,连续运转时间不应少于8h。

检验方法:观察运转试验全过程。

⑧锅炉本体管道和管件焊接的焊缝质量应符合下列规定:

a.焊缝外形尺寸应符合图纸和工艺文件的规定,焊缝高度不得低于母材表面,焊缝与母材应圆滑过渡。

b.焊缝及热影响区表面应无裂纹、未熔合、未焊透、夹渣、弧坑和气孔等缺陷。

c.管道焊口尺寸的允许偏差应符合表2.7.7的规定。

表2.7.7 钢管管道焊口允许偏差和检验方法

项次	项目		允许偏差	检验方法
1	焊口平直度	管壁厚10mm以内	管壁厚1/4	焊接检验尺和游标卡尺检查
2	焊缝加强面	高度	+1mm	
		宽度		
3	咬边	深度	<0.5mm	直尺检查
		连续长度	25mm	
		总长度(两侧)	小于焊缝长度的10%	

d.无损探伤的检测结果应符合锅炉本体设计的相关要求。

检验方法:观察和检验无损探伤检测报告。

2)一般项目

①锅炉安装的坐标、标高、中心线和垂直度的允许偏差应符合表2.7.8的规定。

表2.7.8 锅炉安装的允许偏差和检验方法

项次	项目		允许偏差/mm	检验方法
1	坐标		10	经纬仪、拉线和尺量
2	标高		±5	水准仪、拉线和尺量
3	中心线垂直度	卧式锅炉炉体全高	3	吊线和尺量
		产式锅炉炉体全高	4	吊线和尺量

②组装链条炉排安装的允许偏差应符合表2.7.9的规定。

表2.7.9 组装链条炉排安装的允许偏差和检验方法

项次	项目		允许偏差/mm	检验方法
1	炉排中心位置		2	经纬仪、拉线和尺量
2	墙板的标高		±5	水准仪、拉线和尺量
3	墙板的垂直度,全高		3	吊线和尺量
4	墙板间两对角线的长度之差		5	钢丝线和尺量
5	墙板框的纵向位置		5	经纬仪、拉线和尺量
6	墙板顶面的纵向水平度		长度1/1000且≯5	拉线、水平尺和尺量
7	墙板间的距离	跨距≤2m	+3,0	钢丝线和尺量
		跨距>2m	+5,0	
8	两墙板的顶面在同一水平面上相对高差		5	水准仪、吊线和尺量
9	前轴、后轴的水平度		长度1/1000	拉线、水平尺和尺量
10	前轴、后轴和轴心线相对标高差		5	水准仪、吊线和尺量
11	各轨道在同一水平面上的相对标高差		5	水准仪、吊线和尺量
12	相邻两轨道间的距离		±2	钢丝线和尺量

③往复炉排安装的允许偏差应符合表2.7.10的规定。

表2.7.10 往复炉排安装的允许偏差和检验方法

项次	项目	允许偏差/mm	检验方法
1	两侧板的相对标高	3	水准仪、吊线和尺量

续表

项次	项目		允许偏差/mm	检验方法
2	两侧板间的距离	跨距≤2m	+3,0	钢丝线和尺量
		跨距>2m	+4,0	
3	两侧板的垂直度,全高		3	吊线和尺量
4	两侧板间对角线的长度之差		5	钢丝线和尺量
5	炉排片的纵向间隙		1	钢板尺量
6	炉排两侧的间隙		2	

④铸铁省煤器破损的肋片数不应大于总肋片数的5%,有破损肋片的根数不应大于总根数的10%。铸铁省煤器支承架安装的允许偏差应符合表2.7.11的规定。

表2.7.11　铸铁省煤器支承架安装的允许偏差和检验方法

项次	项目	允许偏差/mm	检验方法
1	支承架的位置	3	经纬仪、拉线和尺量
2	支承架的标高	0,−5	水准仪、吊线和尺量
3	支承架的纵、横向水平度(每米)	1	水平尺和塞尺检查

⑤锅炉本体安装应按设计或产品说明书要求布置坡度并坡向排污阀。

检验方法:用水平尺或水准仪检查。

⑥锅炉由炉底送风的风室及锅炉底座与基础之间必须封、堵严密。

检验方法:观察检查。

⑦省煤器的出口处(或入口处)应按设计或锅炉图纸要求安装阀门和管道。

检验方法:对照设计图纸检查。

⑧电动调节阀门的调节机构与电动执行机构的转臂应在同一平面内动作,传动部分应灵活,无空行程及卡阻现象,其行程及伺服时间应满足使用要求。

检验方法:操作时观察检查。

(2)辅助设备及管道安装

1)主控项目

①辅助设备基础的混凝土强度必须达到设计要求,基础的坐标、标高、几何尺寸和螺栓孔位置必须符合表2.7.4的规定。

②风机试运转,轴承温升应符合下列规定:

a.滑动轴承温度最高不得超过60℃。

b.滚动轴承温度最高不得超过80℃。

检验方法:用温度计检查。

③轴承径向单振幅应符合下列规定:

a.风机转速小于1000r/min时,不应超过0.10mm。

b.风机转速在1000～1450 r/min时,不应超过0.08mm。

检验方法:用测振仪表检查。

④分汽缸(分水器、集水器)安装前应进行水压试验,试验压力为工作压力的 1.5 倍,但不得小于 0.6MPa。

检验方法:试验压力下 10min 内无压降、无渗漏。

⑤敞口水箱、罐安装前应做满水试验;密闭箱、罐应以工作压力的 1.5 倍做水压试验,但不得小于 0.4MPa。

检验方法:满水试验满水后静置 24h 不渗不漏;水压试验在试验压力下 10min 内无压降,不渗不漏。

⑥地下直埋油罐在埋地前应做气密性试验,试验压力降不应小于 0.03MPa。

检验方法:在试验压力下观察 30min 不渗不漏,无压降。

⑦连接锅炉及辅助设备的工艺管道安装完毕后,必须进行系统的水压试验,试验压力为系统中最大工作压力的 1.5 倍。

检验方法:在试验压力下 10min 内压力降不超过 0.05MPa,然后降至工作压力进行检查,不渗不漏。

⑧各种设备和主要通道的净距离如设计不明确时不应小于 1.5m,辅助的操作通道净距离不应小于 0.8m。

检验方法:尺量检查。

⑨管道连接的法兰、焊缝和连接管件以及管道上的仪表、阀门的安装位置应便于检修,并不得紧贴墙壁、楼板或管架。

检验方法:观察检查。

⑩管道的焊接质量应符合下列要求:

a. 焊缝外形尺寸应符合图纸和工艺文件的规定,焊缝高度不得低于母材表面,焊缝与母材应圆滑过渡;

b. 焊缝及热影响区表面应无裂纹、未熔合、未焊透、夹渣、弧坑和气孔等缺陷。

检验方法:观察检查。

2)一般项目

①锅炉辅助设备安装的允许偏差应符合表 2.7.12 的规定。

表 2.7.12 锅炉辅助设备安装的允许偏差和检验方法 (单位:mm)

项次	项目			允许偏差	检验方法
1	送风机、引风机	坐标		10	经纬仪、拉线和尺量
		标高		±5	水准仪、拉线和尺量
2	各种静置设备(各种容器、箱罐等)	坐标	15	经纬仪、拉线和尺量	
		标高	±5	水准仪、拉线和尺量	
		垂直度(每米)	2	吊线和尺量	

续表

项次	项目			允许偏差	检验方法
3	离心式水泵	泵体水平度(每米)		0.1	水平尺和塞尺检查
		联轴器同心度	轴向倾斜(每米)	0.8	水准仪、百分表(测微螺钉)和塞尺检查
			径向位移	0.1	

②连接锅炉及辅助设备的工艺管道安装的允许偏差应符合表 2.7.13 的规定。

表 2.7.13　工艺管道安装的允许偏差和检验方法 (单位:mm)

项次	项目		允许偏差	检验方法
1	坐标	架空	15	水准仪、拉线和尺量
		地沟	10	
2	标高	架空	±15	水准仪、拉线和尺量
		地沟	±10	
3	水平管道纵、横方向弯曲	DN≤100	2‰,最大 50	直尺和拉线检查
		DN>100	3‰,最大 70	
4	立管垂直度		2‰,最大 15	吊线和尺量
5	成排管道间距		3	直尺尺量
6	交叉管的外壁或绝热层间距		10	

③单斗式提升机安装应符合下列规定:

a. 导轨的间距偏差不大于 2mm。

b. 垂直式导轨的垂直度偏差不大于 1‰;倾斜式导轨的倾斜度偏差不大于 2‰。

c. 料斗的吊点与料斗垂心在同一垂直线上,重合度偏差不大于 10mm。

d. 行程开关位置应准确,料斗运行平稳,翻转灵活。

检验方法:吊线坠、拉线及尺量检查。

④安装锅炉送风机、引风机,转动应灵活无卡碰等现象;送风机、引风机的转动部位应设置安全防护装置。

检验方法:观察和启动检查。

⑤水泵安装的外观质量检查:泵壳不应有裂纹、砂眼及凹凸不平等缺陷;多级泵的平衡管路应无损伤或折陷现象;蒸汽往复泵的主要部件、活塞及活动轴必须灵活。

检验方法:观察和启动检查。

⑥手摇泵应垂直安装。安装高度如果设计无要求,泵中心距地面为 800mm。

检验方法:吊线和尺量检查。

⑦水泵试运转,叶轮与泵壳不应相碰,进、出口部位的阀门应灵活。轴承温升应符合产品说明书的要求。

检验方法:通电、操作和测温检查。

⑧注水器安装高度,如果设计无要求,中心距地面为1.0～1.2m。

检验方法:尺量检查。

⑨除尘器安装应平稳牢固,位置和进、出口方向应正确。烟管与引风机连接时应采用软接头,不得将烟管重量压在风机上。

检验方法:观察检查。

⑩热力除氧器和真空除氧器的排气管应通向室外,直接排入大气。

检验方法:观察检查。

⑪软化水设备罐体的视镜应布置在便于观察的方向。树脂装填的高度应按设备说明书要求进行。

检验方法:对照说明书,观察检查。

⑫管道及设备保温层的厚度和平整度的允许偏差应符合表2.7.14的规定。

表2.7.14 管道及设备保温层的厚度和平整度的允许偏差和检验方法

项次	项目		允许偏差/mm	检验方法
1	厚度		$+0.1\delta$ -0.05δ	用钢针刺入
2	表面平整度	卷材	5	用2m靠尺、楔形塞尺检查
		涂抹	10	

注:δ为保温层厚度。

⑬在涂刷油漆前,必须清除管道及设备表面的灰尘、污垢、锈斑、焊渣等物。涂漆的厚度应均匀,不得有脱皮、起泡、流淌和漏涂等缺陷。

检验方法:现场观察检查。

(3)安全附件安装

1)主控项目

①锅炉和省煤器安全阀的定压和调整应符合表2.7.15的规定,锅炉上装有两个安全阀时,其中的一个按表中较高值定压,另一个按较低值定压;装有一个安全阀时,应按较低值定压。

检验方法:检查定压合格证书。

表2.7.15 安全阀定压规定

项次	工作设备	安全阀开启压力/MPa
1	蒸汽锅炉	工作压力+0.02
		工作压力+0.04
2	热水锅炉	1.12倍工作压力,但不少于工作压力+0.07
		1.14倍工作压力,但不少于工作压力+0.10
3	省煤器	1.10倍工作压力

②压力表的刻度极限值应大于或等于工作压力的1.5倍,表盘直径不得小于100mm。

检验方法:现场观察和尺量检查。

③安装水表符合下列规定:

a.水表应有指示最高、最低安全水位的明显标志,玻璃板(管)的最低可见边缘应比最低安全水位低25mm。

b.玻璃管式水位表应有防护装置。

c.电接点式水位表的零点应与锅筒正常水位重合。

d.采用双色水位表时,每台锅炉只能装设一个,另一个装置普通水位表。

e.水位表应有放水旋塞(或阀门)和接到安全地点的放水管。

检验方法:现场观察和尺量检查。

④锅炉的高、低水位报警器和超温、超压报警器及连锁保护装置必须按设计要求安装齐全和有效。

检验方法:启动、联动试验并做好试验记录。

⑤蒸汽锅炉安全阀应安装通向室外的排汽管。热水锅炉安全阀泄水管应接到安全地点。在排汽管和泄水管上不得装设阀门。

检验方法:现场观察检查。

2)一般项目

①安装压力表必须符合下列规定:

a.压力表必须安装在便于观察和吹洗的位置,并防止受高温、冰冻和振动的影响,同时要有足够的照明。

b.压力表必须设有存水弯管。存水弯管采用钢管煨制时,内径不应小于10mm;采用铜管煨制时,内径不应小于6mm。

c.压力表与存水弯之间应安装三通旋塞。

检验方法:观察和尺量检查。

②测压仪表取源部件在水平工艺管道上安装时,取压口的方位应符合下列规定:

a.测量液体压力的,在工艺管道的下半部与管道的水平中心线成0°~45°夹角范围内。

b.测量蒸汽压力的,在工艺管道的上半部或下半部与管道的水平中心线成0°~45°夹角范围内。

c.测量气体压力的,在工艺管道的上半部。

检验方法:现场观察和尺量检查。

③安装温度计应符合下列规定:

a.安装在管道和设备上的套管温度计,底部应插入流动介质内,不得装在引出管段上或死角处。

b.压力式温度计的毛细管应固定好并有保护措施,其转弯处的弯曲半径不应小于50mm,温包必须全部浸入介质内。

c.热电偶温度计的保护套管应保证规定的插入深度。

检验方法:现场观察和尺量检查。

④温度计与压力表在同一管道上安装时，按介质流动方向，温度计应在压力表下游处安装，如果温度计需在压力表上游安装，其间距不应小于300mm。

检验方法：现场观察和尺量检查。

(4)烘炉、煮炉和试运行

1)主控项目

①锅炉火焰烘炉应符合下列规定：

a.火焰应在炉膛中央燃烧，不应直接烧烤炉墙及炉拱。

b.烘炉时间一般不少于4d，升温应缓慢，后期烟温不应高于160℃，且持续时间不应少于24h。

c.链条炉排在烘炉过程中应定期转动。

d.烘炉的中、后期应根据锅炉水质情况排污。

检验方法：计时测温、操作观察量检查。

②烘炉结束后应符合下列规定：

a.炉墙壁经烘烤后没有变形、裂纹及塌落现象。

b.炉墙壁砌筑砂浆含水率在7%以下。

检验方法：测试及观察检查。

③锅炉在烘炉、煮炉合格后，应进行48h的带负荷连续试运行，同时应进行安全阀的热状态定压检验和调整。

检验方法：检查烘炉、煮炉及试运行全过程。

2)一般项目

煮炉时间一般应为2～3d，如果蒸汽压力较低，可适当延长煮炉时间。非砌筑或浇注保温材料保温的锅炉，安装后可直接进行煮炉。煮炉结束后，锅筒和集箱内壁应无油垢，擦去附着物后金属表面应无锈斑。

检验方法：打开锅筒和集箱的检查孔检查。

(5)换热站安装

1)主控项目

①热交换器应以最大工作压力的1.5倍做水压试验。蒸汽部分应不低于蒸汽供汽压力加0.3MPa；热水部分应不低于0.4MPa。

检验方法：在试验压力下，保持10min压力不降。

②高温水系统中，循环水泵和热交换器的相对安装位置应按设计文件施工。

检验方法：对照设计图纸检查。

③壳管式热交换器的安装，如果设计无要求，其封头与墙壁或屋顶的距离不得小于换热管的长度。

检验方法：现场观察和尺量检查。

2)一般项目

①换热站内设备安装的允许偏差应符合本的规定。

②换热站内的循环泵、调节阀、减压器、疏水器、除污器、流量计等安装应符合《建筑给水排水及采暖工程施工质量验收规范》(GB 50242—2002)的相关规定。

③换热站内管道安装的允许偏差应符合《建筑给水排水及采暖工程施工质量验收规范》(GB 50242—2002)的规定。

④管道及设备保温层的厚度和平整度的允许偏差应符合《建筑给水排水及采暖工程施工质量验收规范》(GB 50242—2002)规定。

2.7.6 成品保护

(1)当锅炉设备安装完工后与土建交叉作业时,应做好防护措施,禁止把架子搭在设备与管道上,防止损坏已安装好的设备、管道、阀门、仪表。进行地面施工时,不得损坏地下管道及已安装好的设备。

(2)当土建需搭架子进行工程修补或抹灰喷浆时,不得把架子搭在设备或管道上。

(3)土建人员进行修补、喷浆时应有妥善的保护措施,防止损坏已安装好的设备、管道、阀门、仪表。

(4)锅炉安装过程中,要遮盖好敞口部位。

(5)锅炉设备安装时,锅炉房应门窗齐全并能上锁,防止设备、阀门、仪表及材料的损坏和丢失。

(6)锅炉试压后要及时放尽存水。

(7)冬季施工时要有防冻措施,防止设备及管道冻坏。

(8)土建工程已趋竣工,安装时要注意门窗、玻璃不要碰坏,不要弄脏已喷好的墙面,不要轻易破坏屋顶及地面,如果必须破坏,应与有关方面商定处理方案后方可进行。

2.7.7 安全与环保措施

(1)现场操作人员均经过有针对性的操作培训,并应持证上岗。

(2)锅炉在水平运输或吊装作业时,操作人员应以起重工为主,统一指挥,并执行起重有关规定。非操作人员不得进入吊装作业区。

(3)锅炉本体吊装受力点应牢固可靠,锚点严禁拴在砖柱、砖墙或其他不稳固的构筑物上。

(4)煮炉操作人员必须穿好防护服,戴上护目镜。

(5)严格按照机具使用要求使用施工设备,现场电源符合现场施工用电规定。

(6)锅筒内施焊,要有监护人并加强通风措施,照明用电电压应低于12V,要设有绝缘垫防止发生事故。

(7)无损检测操作前,检测人员必须穿铅制射线防护服,戴防射线含铅护目镜和个人辐射剂量笔,并对检测人员逐一进行被照射剂量监督。

(8)剔槽、打洞时,应戴好防护眼镜。

(9)调制化学清洗药品时,操作人员要做好专项劳动保护,防止烧伤。

(10)试压、冲洗排放污水要经沉淀池沉淀后方可排入市政管网。

(11)煮炉用化学药品要专门存放,运输过程中注意不要遗洒。

(12)煮炉排水应经中和及沉淀后方可排入市政管网。

(13)显影液等探伤用化学药品要专门存放,防止遗洒污染。废液体要有专用容器收集并及时处理。

(14)施工现场要做到活完场清，杂物废料应及时回收处理。

2.7.8　应注意的问题

(1)防止风、烟道跑风、漏烟

由于法兰填料加得不正确，石棉绳加在法兰连接螺栓的外边，造成螺栓孔漏风，或靠墙和距地面近的螺栓拧得不紧，造成接口漏风。应将法兰填料加在法兰连接螺栓的内侧；螺栓应拧紧，漏加螺栓处应补齐。

(2)防止地下砖风道漏风

由于砖风道盖板缝未抹严造成漏风。应在安装水泥盖板时安装一块抹严一块，最后把上边盖板缝抹严。

(3)防止炉排跑偏

由于炉排前后轴不平行造成炉排跑偏。应调整主动轴的调节螺母。

(4)防止水泵噪声大

由于靠背轮不同心造成水泵噪声大，应用工具重新找同心。

(5)两只水位表水位差过大

其产生的原因是锅炉安装不垂直或锅炉制造时孔距不水平和管座不水平。应在锅炉安装时用垫铁找直。若管座不水平，应用乙炔加热调平。若制造孔距不水平，应与制造厂联系解决。

(6)锅炉安装气焊时易产生的主要缺陷为水口裂纹、过烧、气孔、咬边、未熔合和焊瘤等，焊接时要注意采取相应工艺措施，防止缺陷产生。

(7)氩弧焊时易产生的缺陷主要是气孔，防止办法主要是注意选择焊枪型号，不能小号枪大电流超负荷使用而使之过热，造成钨极夹头变形。另外，要适时更换新夹头，保护气体和背面成形气体流量要合适，不能太大。

(8)手工电弧焊垂直固定焊口常易产生的缺陷主要有条状夹渣、咬边和表面成形不良等。防止办法主要是仔细清理层间夹渣，焊接时要选用合适的焊接电流、焊条角度和焊接速度。

2.7.9　质量记录

(1)锅炉必须具备图纸、水力计算书、产品合格证书、安装使用说明书、劳动部门的质量监检证书、锅炉的制造质量证明书(内容包括材质化验证明、焊缝的探伤记录及返修记录)、锅炉房设计图纸、厂家的生产许可证。主要材料应有材料的产品合格证或质量鉴定文件。

(2)施工单位的安装执照、焊工的压力容器上岗证号和劳动局的允准安装的批文。

(3)材料和设备的进场检验记录。设备开箱检查记录。

(4)设备基础和设备及管道系统的预检记录。

(5)焊接材料实验报告、焊缝外观质量检查记录，无损探伤报告、热处理报告等。

(6)锅炉本体安装记录。

(7)安全附件及管道安装记录。

(8)安全阀整定记录。

(9)管道系统的单项压力试验记录。

(10)管路系统的隐蔽检查记录。

(11)锅炉本体试压记录。

(12)系统压力试验记录。

(13)系统的冲洗记录。

(14)炉排冷态试运转记录。

(15)炉烘、煮炉记录。

(16)锅炉的压力容器附属设备,如软水设备、热交换设备等,应有生产厂家的生产许可证、产品的出厂合格证、材质化验证明、焊缝的探伤记录及返修记录、劳动部门的质量监检证书。

(17)锅炉的附属设备、软水设备、化验设备、水泵等安装质量记录。

(18)锅炉辅机包括鼓风机、引风机、出渣机、除尘器及电气控制仪表的安装质量记录。

(19)各设备单机试运转记录。

(20)系统 72 小时试运转记录。

(21)劳动部门质量验收记录。

2.8 管道、设备保温及功能标识施工工艺标准

本工艺标准适用于供采暖、生活用热水或蒸汽管道及设备的保温和给水、排水管道的防结露保温施工。工程施工应以设计图纸和有关施工质量验收规范为依据。

2.8.1 管道保温结构组成和材料要求

管道保温结构由保温层和保护层两部分组成。

(1)保温层

常用的保温方法有预制式、缠绕式、涂抹式、浇灌式、填充式、喷涂式。

1)预制式保温

将保温材料制成板状、弧形块、管壳等形状的制品,用捆扎或粘结方法安装在设备或管道上形成保温层。适用此法的保温材料主要有泡沫混凝土、石棉、矿渣棉、岩棉、玻璃棉、膨胀珍珠岩和硬质泡沫塑料等。

预制式保温结构见图 2.8.1。

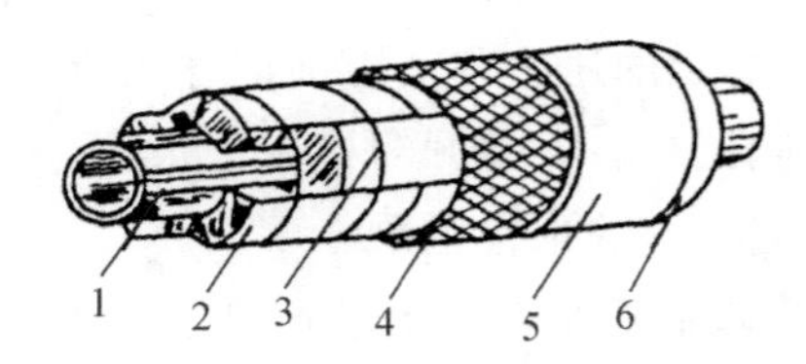

1—管道;2—保温层;3—镀锌铁丝;4—镀锌铁丝网;5—保护层;6—油漆

图 2.8.1 弧形预制保温瓦保温结构

2)缠绕式保温

将绳状或片状的保温材料缠绕捆扎在管道或设备上形成保温层。如石棉绳、石棉布、纤维类保温毡都采用此施工方法。用纤维类(如岩棉、矿渣棉、玻璃棉)保温毡进行管道保温,在管道工程上应用较多。图 2.8.2 为其保温结构示意图。

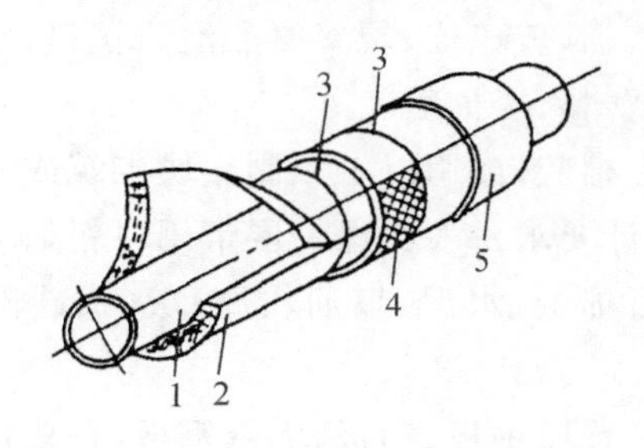

1—管道;2—保温毡或布;3—镀锌铁皮;4—镀锌铁丝网;5—保护层

图 2.8.2 缠绕式保温结构

3)涂抹式保温

涂抹式是将保温材料用水调成胶泥,分层涂抹于管子上。这种方式多用于石棉硅藻土、石棉粉的保温。先涂底层厚 5mm 左右,干燥后再涂下一层,每层厚为 10～15mm,直至达到设计要求厚度为止。涂抹时应尽量做到厚薄均匀,对于垂直管段可在管子上每隔 2～4m 焊接一支撑环,以防保温材料坠落。要求保温层必须干透后,才能做保护层。涂抹式保温宜在环境温度不低于 5℃时施工,如果温度过低,应采取防冻措施。

4)浇灌式保温

浇灌式常在不通行地沟和直埋敷设时采用。浇灌材料多为泡沫混凝土。把配好的原料注入钢制的模具内,在管外直接发泡成型。硬质泡沫塑料现已使用。如在套管或模具中灌注聚氨酯硬质泡沫塑料,发泡固化后形成管道保温层。浇灌式保温的保温层为一连续整体,有利于保温和对管道的保护。

5)喷涂式保温

利用喷涂设备,将保温材料喷射到管道、设备表面上形成保温层。无机保温材料(膨胀珍珠岩、膨胀蛭石、颗粒状石棉等)和泡沫塑料等有机保温材料均可用于喷涂法施工,其特点是施工效率高,保温层整体性好。

(2)保护层

根据保护层所选用材料的不同,一般可分为涂抹式保护层,金属保护层,毡、布类保护层。

1)涂抹式保护层

涂抹式保护层就是将塑性泥团状的材料涂抹在保温层上。常用的材料有石棉水泥砂浆和沥青胶泥等,需要分层涂抹。

2)金属保护层

金属保护层一般采用镀锌钢板或不镀锌的黑薄钢板,也可采用薄铝板、铝合金板等材料,宜应用在架空敷设上。

3)毡、布类保护层

毡、布类保护层材料,目前多采用玻璃布沥青油毡、铝箔或玻璃钢等。玻璃布长期遭受日光曝晒容易断裂,宜应用在室内或管沟管道上。

(3)保温材料的性能、规格应符合设计要求,并应有产品质量合格证和材质检验报告。一般常用的材料有:

1)预制瓦块,有泡沫混凝土、珍珠岩、蛭石、石棉瓦块等。

2)管壳制品,有岩棉、矿渣棉、玻璃棉、硬聚氨酯泡沫塑料、聚苯乙烯泡沫塑料管壳等。

3)卷材,有聚苯乙烯泡沫塑料、岩棉等。

4)其他材料,有铅丝网、石棉灰,或用以上预制板块砌筑或粘结等。

(4)保护层材料应符合设计要求。各类保护层常用材料如下。

1)涂抹式保护层:沥青、石棉绒、水泥、煤油、石棉灰(或硅藻土粉)、粉煤灰(或麻刀)、镀锌铁丝网等。

2)金属保护层:镀锌钢板、普通钢板、铝板、不锈钢板、自攻螺丝等。

3)毡、布类保护层:玻璃丝布、Π形铁钉、油漆或防火涂料、沥青、镀锌铁丝。

2.8.2 主要机具

(1)机具:砂轮锯、电焊机。

(2)工具:钢筋、布剪、手锤、剁子、弯钩、铁锹、灰桶、平抹子、圆弧抹子。

(3)其他:钢卷尺、钢针、靠尺、楔形塞尺等。

2.8.3 作业条件

(1)管道及设备的保温在防腐及水压试验合格后方可进行,如果需先做保温层,应将管道的接口及焊缝处留出,待水压试验合格后再将接口处保温。

(2)建筑物的吊顶及管井内需要做保温的管道,必须在防腐试压合格、保温完成隐检合格后,土建才能最后封闭,严禁颠倒工序施工。

(3)保温前必须将地沟管井内的杂物清理干净,施工过程遗留的杂物,应随时清理,确保地沟畅通。

(4)湿作业的灰泥保护壳在冬季施工时要有防冻措施。

2.8.4 施工工艺

(1)工艺流程

1)预制瓦块保温

散瓦→断镀锌钢丝→和灰→抹填充料→合瓦→钢丝绑扎→填缝→抹保护壳→喷涂功能标识

2)缠绕式保温

裁料→缠裹保温材料→包扎保护层→喷涂功能标识

3)涂抹保温

胶泥配制→涂抹→干燥→保护层→喷涂功能标识

4)设备及箱罐钢丝网石棉灰保温

焊钩钉→刷油→绑扎钢丝网→抹石棉灰→抹保护层→喷涂功能标识

(2)预制式保温施工

一般管径≤80mm 时，采用半圆形管壳；若管径＞100mm，则采用扇形瓦或梯形瓦。

1)各种预制瓦块运至施工地点，在沿管线散瓦时必须确保瓦块的规格、尺寸与管道的管径相配套。

2)安装保温瓦块时，应将瓦块内侧抹 5～10mm 的石棉灰泥作为填充料。瓦块的纵缝搭接应错开，横缝应朝上下。

3)预制瓦块根据直径大小选用 18～20 号镀锌钢丝进行绑扎、固定，绑扎接头不宜过长，并将接头插入瓦块内。

4)预制瓦块绑扎完后，应用石棉灰泥将缝隙外填充，勾缝抹平。

5)外抹石棉水泥保护层(其配比为石棉灰∶水泥＝3∶7)按设计规定厚度抹平压光，设计无规定时，其厚度为 10～15mm。

6)立管保温时，其层高小于或等于 5m，每层应设一个支撑托盘，层高大于 5m 时，每层应不少于 2 个。支撑托盘应焊在管壁上，其位置应在立管卡子上部 200mm 处，托盘直径不大于保温层的厚度。

7)保温管道的支架处应留膨胀伸缩缝，并用石棉绳或玻璃棉填塞。

8)用预制瓦块做管道保温层，在直线管段上每隔 5～7m 应留一条间隙为 5mm 的膨胀缝，在弯管处管径小于或等于 300mm 时应留一条间隙为 20～30mm 的膨胀缝。膨胀缝用石棉绳或玻璃棉填塞。弯管处留膨胀缝的位置见图 2.8.3。

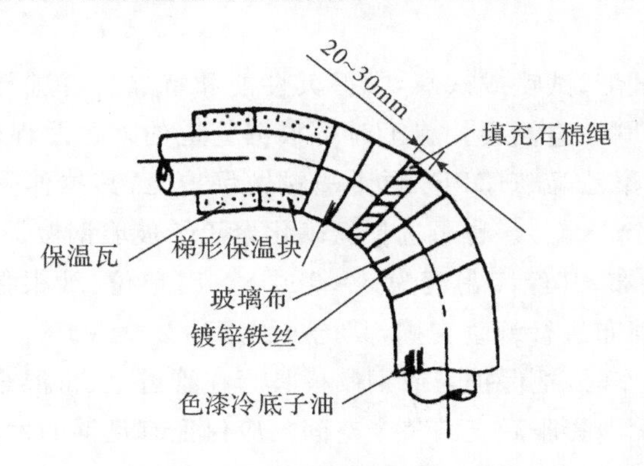

图 2.8.3 弯管处膨胀缝的位置

9)用管壳制品做保温层，其操作方法一般由两人配合，一人将管壳缝剖开对包在管上，两手用力挤住，另外一人缠裹保护壳。缠裹时用力要均匀，压茬要平整，粗细要一致。若采用不封边的玻璃丝布做保护壳，要将毛边折叠，不得外露。

(3)缠绕式保温施工

1)先将矿渣棉毡或玻璃棉毡按管道外圆周长加搭接长度剪成条块待用。

2)把按管道规格剪成的条块缠绕在管道上。缠绕时将棉毡压紧。如果一层棉毡厚度达不到保温厚度，可用两层或三层棉毡。

3)缠绕时,应使棉毡的横向接缝紧密结合,如果有缝隙,应用矿渣棉或玻璃棉填塞。其纵向接缝应放在管道顶部,搭接宽度为50～300mm(按保温层外径确定)。

4)当保温层外径小于ϕ500时,棉毡外面用ϕ1～ϕ1.4镀锌铁丝包扎,间隔为150～200mm;当外径大于等于ϕ500时,除用镀锌铁丝捆扎外,还应以30mm×30mm镀锌铁丝网包扎。

5)使用石棉绳(带)时,可将石棉绳(带)直接缠绕在管道上。根据保温层厚度及石棉绳(带)直径可缠一层或两层,两层之间应错开,缝内填石棉泥。

(4)涂抹式保温施工

1)将石棉硅藻土或碳酸镁石棉粉用水调成胶泥待用。

2)再用六级石棉和水调成稠浆并涂抹在管道表面上,一次涂抹厚度为5mm。

3)等该涂抹底层干燥后,再将待用胶泥往上涂抹。涂抹应分层进行,每层厚度为10～15mm。前一层干燥后,再涂抹后一层,达到保温厚度为止。管道转弯处保温层应有伸缩缝,中间填石棉绳。

4)施工直立管道的保温层时,应先在管道上焊接支撑环,然后再涂抹保温胶泥。

支撑环的间距为2～4m。

当管径大于等于150mm时,支撑环由2～4块宽度等于保温层厚度的扁钢组成。

当管径小于150mm时,可直接在管道上捆扎几道铁丝作为支撑环。

5)进行涂抹式保温层施工时,其环境温度应在5℃以上。

(5)浇灌式保温施工

1)聚氨酯硬质泡沫塑料由聚醚和多元异氰酸酯加催化剂、发泡剂、稳定剂等原料按比例调配而成。

2)发泡前,先进行试配、试喷或试灌,掌握其性能和特点后再进行大面积保温作业。浇灌前应先在管的外壁涂刷一遍氰凝。施工时可根据管道的外径及保温层厚度,首先预制保护壳。一般选择高密度聚乙烯(HDPE)硬质塑料做保护壳,其拉伸强度≥2.0MPa,线膨胀系数为1.2×10^{-2}mm/(m·℃)。也可选择氯磺化聚乙烯玻璃钢做保护壳,所用的玻璃布为中碱无捻粗纱玻璃纤维布,其经纬密度为6×6或8×8(单位:纱根数/cm^2),厚度为0.3～0.5mm,可用长纤维玻璃布进行缠绕支撑,其抗拉强度达2.94MPa。

3)现场发泡预制操作时,把保护壳或钢制模具套在管道上,将混合均匀的液体直接灌进安装好的模具内,经过发泡膨胀后充满整个空间。应保证有足够的发泡时间。

4)当采用保护壳的预制发泡保温管道时,安装后应处理好接头。外套管塑料壳与原管道塑料外壳的搭接长度每端不小于30mm,安装前需做好标记,保持两端搭接均匀。外套管接头发泡操作时,先在外套管的两端上部各钻一孔,其中一孔用来浇灌,另一孔用来排气。浇灌时,接头套管内应保持干燥,发泡环境温度保持在15～35℃。

5)聚氨酯发泡应充满整个接头里的环形空间,发泡完毕后,即用与外壳相同的材料注塑堵死两个孔洞。接头内环形空间的发泡容量一般可计算控制在60～70kg/m^3内,使接头发泡衔接部分严密无空隙。

(6)填充式保温施工

保温材料为散料,对于可拆配件的保温可采用这种方法。

1)施工时,在管壁固定好圆钢制成的支撑环,环的厚度和保温层厚度相同,然后用铁皮、铝皮或铁丝网包在支承环的外面,再填充保温材料。

2)填充法也可把多孔材料预制成的硬质弧形块作为支撑结构,其间距约为900mm。平织铁丝网按管道保温外周尺寸裁剪下料,并经卷圆机加工成圆形,才可包覆在支撑圆周上进行矿渣棉填充。

3)填充保温结构宜采用金属保护壳。

(7)喷涂式保温施工

干式喷涂适合于无机材料(膨胀珍珠岩、膨胀蛭石、硅酸铝纤维、石棉和颗粒状矿渣棉等)和有机材料(各种聚氨酯泡沫塑料、聚异氰脲酸酯泡沫塑料等)。

喷涂前,先在管段的外壁装好一副装配式的保温层胎具,用喷枪将混合均匀的发泡液直接喷涂在绝热防腐层的表面。为避免涂液在绝热面上流淌,严格计算好发泡时间,使其加快发泡速度。

(8)保护层施工方法

1)油毡玻璃丝布保护层

将350号石油沥青油毡剪成宽度为保温层外圆周长加50～60mm、长度为油毡宽度的长条待用。

将待用长条以纵横搭接长度约50mm的方式包在保温层上,横向接缝用沥青封口,纵向接缝布置在管道侧面且缝口朝下。

油毡外面用中$\phi1$～$\phi1.6$镀锌铁丝捆扎,并应每隔250～300mm捆扎一道,不得连续缠绕;当绝热层外径大于$\phi600$时,则用50mm×50mm的镀锌铁丝网捆扎在绝热层外面。

将玻璃丝布以螺旋形缠绕于油毡外面。

油毡玻璃丝布保护层表面应缠绕紧密,不得有松动、脱落、翻边、皮褶和鼓包等缺陷,且应按设计要求涂刷沥青或油漆。

2)石棉水泥保护层

当设计无要求时,可按72%～77%的32.5级以上的普通硅酸盐水泥,20%～25%的4级石棉、3%的防水粉(重量比),用水搅拌成胶泥。

当涂抹保温层外径小于等于$\phi200$时,可直接往上抹胶泥,形成石棉水泥保护层;当保温层外径大于$\phi200$时,先在保温层上用30mm×30mm镀锌铁丝网包扎,外面用$\phi1.8$mm镀锌铁丝捆扎,然后再抹胶泥。

当设计无明确规定时,保护层的厚度可按保温层外径大小来决定,即当保温层外径小于350mm时为10mm,外径大于350mm时为15mm。

石棉水泥保护层表面应平整、圆滑、无明显裂纹,端部棱角应整齐,并按设计要求涂刷面漆。

3)金属保护层

将厚度0.3～0.5mm的镀锌铁皮或厚度为0.5～1mm的铝皮,以管道保温层外周长作为宽度剪切下料,再用压边机压边,用滚圆机滚圆成圆筒状。

将金属圆筒套在保温层上,且不留空隙。使纵缝搭接口朝下,纵向搭接长度不少于30mm;环向接口应按管道坡向搭接,每段金属圆筒的环向搭接长度为30mm。

金属圆筒紧贴保温层后，进行紧固，间距为200～250mm。

(9)阀门、附件保温

按设计要求进行阀门、附件保温。阀门、附件应采用涂抹法保温。保温层的两侧应留出70～80mm的间隙，并在保温层端部抹60°～70°的斜坡，以利于更换检修。

(10)设备及箱罐保温

设备及箱罐保温一般表面比较大，目前采用较多的有砌筑泡沫混凝土块或珍珠岩块，外抹麻刀、白灰、水泥保护壳。

采用铅丝网石棉灰保温做法，是在设备的表面外部焊一些钩钉固定保温层，钩钉的间距一般为200～250mm，钩钉直径一般为6～10mm，钩钉高度与保温层厚度相同。将裁好的钢丝网用钢丝与钩钉固定，再往上抹石棉灰泥，第一次抹不宜太厚，防止粘结不牢下垂脱落，待第一遍有一定强度后，再继续分层抹，直至达到设计要求的厚度。完成后达到强度，再抹保护壳，要求抹光压平。

(11)管道标识

按设计要求对管道表面或防腐层、保温层表面涂不同颜色的涂料、色环、箭头，以区别管道内流动介质的种类和流动方向。若无设计要求，应按表2.8.1中的相应要求执行。

表2.8.1　管道标识

管道名称	颜色	
	底色	色环
过热蒸汽管	红	黄
饱和蒸汽管	红	—
凝结水管	绿	红
热水供水管	绿	黄
热水回水管	绿	褐

公称直径小于150mm的管道，色环宽度为30mm，间距为1.5～2m；公称直径为150～300mm的管道，色环宽度为50mm，间距为2～2.5m；公称直径大于300mm的管道，色环的宽度和间距可适当加大。用箭头表明介质流动方向。箭头一般涂成白色，在浅底的情况下，也可将箭头涂成红色或其他颜色，以鲜明为准则。

2.8.5　质量标准

(1)一般规定

1)管道、设备和容器的保温，应在防腐和水压试验合格后进行。

检查方法：检查水压试验记录，检查防腐记录。

2)保温的设备和容器，应采用粘结保温钉固定保温层，其间距一般为200mm。当需采用焊接钩钉固定保温层时，其间距一般为250mm。

检查方法：观察检查。

(2)主控项目

1)直埋无补偿供热管道,回填前应注意检查预制保温外壳及接口的完好性。回填应按设计要求进行。

检验方法:回填前现场核验和观察。

2)直埋管道的保温应符合设计要求,接口在现场发泡时,接头处厚度应与管道保温厚度一致,接头处保护层必须与管道保护层一体,符合防潮防水要求。

检验方法:对照图纸,观察检查。

(3)一般项目

1)保温材料的强度、容重、导热系数、规格、厚度及保温做法应符合设计要求及施工规范的规定。

检验方法:检查保温材料出厂合格证及说明书。

2)保温层表面平整,做法正确,搭茬合理,封口严密,无空鼓及松动。

检验方法:观察检查。

3)管道及设备保温层的厚度和平整度的允许偏差应符合表 2.8.2 的规定。

表 2.8.2 管道及设备保温层的厚度和平整度的允许偏差及检验方法

项目名称		允许偏差/mm	检验方法
保温厚度		$+0.1\delta$	用钢针刺入保温层和尺量检查
		$+0.05\delta$	
表面平整度	卷材或板材	5	用 2m 靠尺和楔形塞尺检查
	涂抹或其他	10	

注:δ 为保温层厚度。

2.8.6 成品保护

(1)管道及设备的保温,必须在地沟及管井内已进行清理、不再有下道工序损坏保温层的前提下,方可进行。

(2)一般管道保温应在水压试验合格,防腐已做完后方可施工,不能颠倒工序。

(3)保温材料进入现场不得雨淋或存放在潮湿场所。

(4)保温后留下的碎料,应由负责施工的班组自行清理。

(5)明装管道的保温,土建若喷浆在后,应有防止污染保温层的措施。

(6)如果在特殊情况下需拆下保温层进行管道处理或其他工种在施工中损坏保温层,应及时按原要求进行修复。

2.8.7 安全与环保措施

(1)油漆及易燃、易爆材料,必须存放在专用库房内,不得与其他材料混放在一起。挥发性油料须装入密闭容器内妥善保管。

(2)油漆涂料涂刷时应戴口罩、手套等护具,并在操作区内保持新鲜空气流通,以防止中毒现象发生。

(3)从事矿渣棉、岩棉、玻璃纤维棉(毡)等作业时,衣领、袖口、裤脚应采取防护措施。

(4)聚氨酯泡沫塑料现场浇灌发泡,应采取必要的防护措施。

(5)所使用的油料、漆料要符合环保要求。

(6)沾有油漆的棉纱、破布等废弃物,应收集存放在有盖的金属容器内,及时处理掉。

2.8.8 应注意的问题

(1)为防止保温层脱落,主保温层要用镀锌铁丝网绑紧,并留出规定的伸缩缝。做保温层时,不要踩在已做完的保温层上。

(2)避免保温材料使用不当。施工前应熟悉图纸,了解设计要求,做好技术交底,不允许擅自变更保温做法,应严格按设计要求施工。

(3)保温层厚度必须按设计要求规定施工,涂抹前根据厚度做圆弧形样板和测量厚度钢针,边涂抹边检查测量,边抹灰。

(4)防止表面粗糙不美观,操作要认真,要求要严格。

(5)避免空鼓、松动不严密。预制式保温材料大小要合适,缠裹时用力要均匀,搭茬位置要合理。

(6)制品应在室内堆放,若在室外堆放时,下面应设隔热板,上面设置防雨设施。做完保温层再做胶泥保护层时,应用喷壶洒水,不得用胶管浇水。

(7)制品运输要有包装。装卸要轻拿轻放。对缺棱掉角处、断块处与拼缝不严处,应使用与制品材料相同的材料填补充实。

2.8.9 质量记录

(1)绝热材料等产品质量合格证、检测报告和进场检验记录。

(2)隐蔽工程检查记录。

(3)预检记录。

(4)检验批质量验收记录。

(5)分项工程质量验收记录。

主要参考标准名录

[1] 辽宁省建设厅. 建筑给水排水及采暖工程施工质量验收规范:GB 50242—2002[S]. 北京:中国建筑工业出版社,2002.

[2]《建筑安装分项工程施工工艺规程》(DBJ T01-26—2003)

[3] 北京城建集团. 建筑给排水、暖通、空调、燃气工程施工工艺标准:QCJJT-JS02—2004[S]. 北京:中国计划出版社,2004.

[4] 中国建筑总公司. 给排水与采暖工程施工工艺规程:ZJQ00-SG-010—2003[S]. 北京:中国建筑工业出版社,2004.

[5] 强十渤,程协瑞. 安装工程分项施工工艺手册(第一分册管道工程)[S]. 北京:中国

计划出版社,2001.

[6] 编委会.建筑给水排水及采暖工程施工与质量验收实用手册[M]. 北京:中国建材工业出版社,2004.

[7] 辽宁省建设厅.暖、卫、燃气、通风空调建筑设备分项工艺标准[S].2 版. 北京:中国建筑工业出版社,2001.

3 智能建筑安装工程施工工艺标准

3.1 卫星接收及有线电视系统安装工程施工工艺标准

本标准适用于有线电视系统(包括卫星电视、闭路电视和共用天线)的安装工程。工程施工应以设计图纸和《智能建筑工程施工规范》(GB 50606—2010)及《智能建筑工程质量验收规范》(GB 50339—2013)等规范为依据。

3.1.1 材料、设备要求

(1)设备器材准备除应符合《智能建筑工程施工规范》(GB 50606—2010)第 3.2.2 节的规定外,还应符合下列规定:

1)有源设备均应通电检查。

2)主要设备和器材应选用具有国家新闻出版广播电影电视总局或有资质的机构颁发的有效认定标识的产品。

(2)天线:应根据设计要求,针对不同的接收频道、接收卫星、电场强度、接收环境及系统规模选择开路天线和卫星天线,以满足接收图像品质要求,并应有产品合格证。

(3)固定及连接件:各种铁件(角钢、槽钢、扁钢、圆钢等)应全部采用镀锌处理。如果不能镀锌处理,应进行防腐处理。各种规格的机螺钉、金属胀管螺栓、木螺钉、垫圈、弹簧垫等均应采用镀锌处理。

(4)用户终端盒:用户终端盒分为明装和暗装,暗装盒分塑料盒和铁盒两种。用户终端面板分单孔和双孔,插座插孔输出阻抗为 75Ω,并应有产品合格证和"CCC"认证标识。

(5)电视电缆:应采用屏蔽性能较好的物理高发泡聚乙烯绝缘电缆,特性阻抗为 75Ω,并应有产品合格证及"CCC"认证标识。对于现场环境有干扰的,可选用双屏蔽电缆;对于需要架空架设的电缆,可选用自承式电视电缆;室外电缆宜采用黑色护套电缆。

(6)分支、分配器等无源器件:选型应符合设计要求,并应有产品合格证及"CCC"认证标识。

(7)机房设备:接收机、调制器、解调器、混合器、放大器、高频头、净化电源、机柜等设备应按设计要求选型,设备外观应完整无损,配件应齐全,并应有产品合格证及"CCC"认证标识。进口产品应提供原产地证明、商检证明、检测报告及安装、使用、维护说明书的中文文本。在设备安装前应进行电气测试,检查设备是否工作正常。

(8)其他材料:焊条、防水弯头、焊锡、焊剂、插接件、绝缘子、天线基础预埋件、避雷器等。

3.1.2　机具设备

(1)安装器具:手电钻、电锤、电工组合工具、电烙铁、电焊机、接头专用工具、大绳、安全带、梯子、工具袋。

(2)测试器具:场强仪、测试天线、监视器、万用表、兆欧表、指南针、量角仪、水平尺、铅锤等。

3.1.3　作业条件

(1)施工单位应取得国家相关职能部门或本行业、本专业职能部门颁发的接收及有线电视系统工程施工资质。

(2)屋面防水、装饰装修前,已经做好卫星接收天线基础和预埋管。

(3)预埋管和用户盒、箱施工完毕。

(4)土建内部装修施工完毕,门窗锁齐全,同轴电缆敷设已完毕。

(5)机房内供电电源及接地端子已施工完毕。

(6)施工图纸齐全,已经会审。

(7)施工方案编制完毕并经审批。

(8)施工前应组织施工人员熟悉设计图纸、施工方案及专业设备安装使用说明书,并进行有针对性的施工前培训及安全、技术交底。

(9)建筑物内暗管设施应符合现行行业标准《有线电视分配网络工程安全技术规范》(GY 5078—2008) 第 4.3 节的技术要求。

(10)卫星接收及有线电视系统工程施工前应具备相应的现场勘查、设计文件及图纸等资料,并应按照设计图纸施工。

3.1.4　施工工艺

(1)工艺流程

天线位置选择→天线安装→前端设备安装→传输部分安装→用户终端安装→系统接地→系统调试

(2)天线位置选择

天线位置选择由设计单位负责,安装时应以设计图为依据,一般应符合下列原则与要求。

1)接收现场应开阔空旷,避开接收电波传输方向上的遮挡物和周围的金属构件,并避开可能造成干扰的因素(高压电力线、电梯机房、飞机航道、微波干扰带、工业干扰等),且不要离公路太近。

2)架设天线高度应尽量提高,避开周围高大建筑物产生的阴影区,并可提高接收电平,有利于改善系统信噪比。

3)卫星接收天线安装位置亦可选择在无遮挡的地面,那样既可利用建筑物阻挡微波干扰路径,又可以降低卫星接收天线在屋顶的风荷载,提高系统安装的安全性。

4)天线的位置宜选择在整个系统的中心,以便向四周放射式敷设干线,减少干线的传输长度。前端机房与天线接收站的距离应小于50m。

5)安装天线前,应采用测试天线、监视器和场强仪在现场进行勘测,选择接收图像品质最佳的位置及安装高度。

6)卫星接收天线应在避雷针保护范围内,避雷装置应有良好的接地系统,接地电阻应小于4Ω。

7)避雷装置的接地应独立走线,不得将避雷接地与接收设备的室内接地线共用。

(3)天线安装

1)卫星接收天线安装:安装原则应严格按照产品说明书,并由专业技术人员操作。

①天线避雷:当天线位于建筑物避雷针保护范围之内时,天线不用设避雷针。当位于保护范围之外时,可在主反射面上沿和副反射面顶端各安装一个避雷针,其高度应覆盖整个主反射面,见图3.1.1,或单独安装避雷针,其安装高度应确保天线置于其保护范围之内,见图3.1.2。避雷针应有独立引下线,严禁避雷针接地与室内接收设备接地线共用。

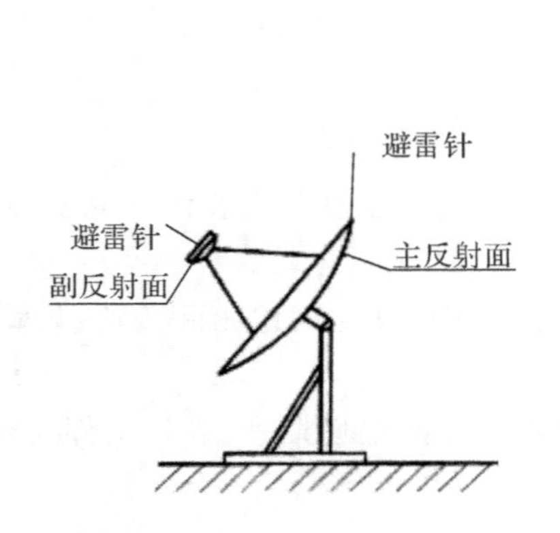

图3.1.1　在卫星接收天线上安装避雷针

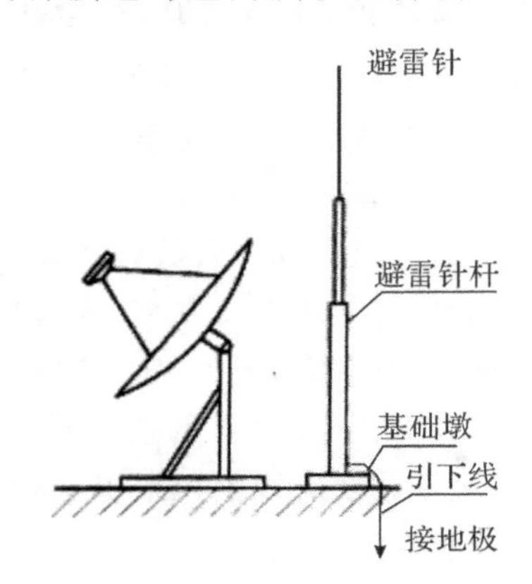

图3.1.2　在卫星接收天线旁单独安装避雷针

②天线面的整体吊装:将拼装完的天线面整体吊装在已安装好的天线主杆上,并用螺栓连接。在拼装过程中应注意要将吊装的承重点固定在天线面的骨架上,防止在吊装过程中承重中心偏离,造成天线面倾斜或损坏天线面。若天线直径大于4m,应编制天线吊装方案,并制定严密的安全保障措施,确保吊装过程中设备和人员的安全。

③天线方向选择:调整卫星天线的俯仰角和方位角,使得监视图像噪点为最少或没有,并注意不同电视卫星频道图像品质的均衡。

2)开路天线安装的一般要求

①几副开路天线可共杆架设,也可单独分开架设。天线间必须保持距离,立杆水平间距不小于5m;同一方向的立杆前后距离不小于15m。一般不采用前后架设天线,同一根立杆两层天线间距不应小于较长波长天线工作波的$\lambda/2$(λ为波长),且最小间距不小于1m。天线的左右间距应大于较长波长天线工作波的λ,见图3.1.3。

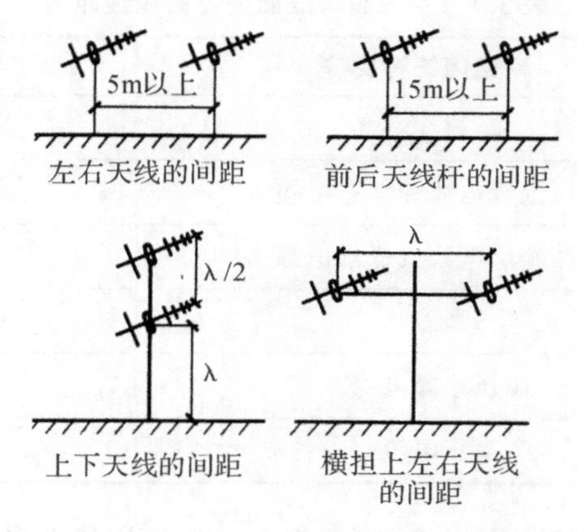

图 3.1.3　天线的间距

②天线高度的选择：天线距离地面或屋顶的高度不应小于一个波长。应考虑电波在传播过程中，不仅有反射（会造成图像重影），还应考虑因空气介质的不均匀性产生的折射现象。适当调整水平位置和高度，以接收信号品质最佳为准。

③天线方向选择：选择电平最强的天线方向。一般开路天线的最大接收方向应对准电视发射塔，但为了避开干扰源或前方遮挡物，可根据实际情况，把接收天线的最大接收方向稍微调偏一些。

④开路天线基座的预埋：天线基座应随土建结构施工，在做屋面顶板时做好预埋螺栓。预埋螺栓不应小于 $\phi 25 \times 250$，明装接地引下线圆钢直径不应小于 $\phi 8$，暗敷设圆钢直径不应小于 $\phi 12$（也可在基座预埋 2 根 25mm×4mm 的扁钢），与基座钢板焊接；基座钢板厚度不应小于 6mm；基座高度不应低于 200mm；用水泥砂浆将基座平面、立面抹平、抹齐。同时预埋好地锚，三点夹角在 120°位置上，拉环采用 $\phi 8$ 以上镀锌圆钢制成，底部与结构钢筋焊接，焊接长度为圆钢直径的 6 倍，同时除掉焊药皮，并用水泥砂浆抹平整。

3）天线竖杆与拉线的安装

①多节杆组成的竖杆：多节杆组成的竖杆应从下至上逐段变细变短，各段应焊接牢固，见图 3.1.4。

a. D、C 两段长度之和不小于一个波长（一般为 2.5～6m；否则会影响天线正常接收）。

b. B 段为固定天线部分，其长度与固定天线的数量有关，通常为 3m 左右。

c. A 段为避雷针，一般采用 $\phi 20$ 圆钢，长度大于 2.5m。

②天线与照明线及高压线保持一定的距离，以防止因大风、地震而倒塌造成的触电事故，见表 3.1.1。

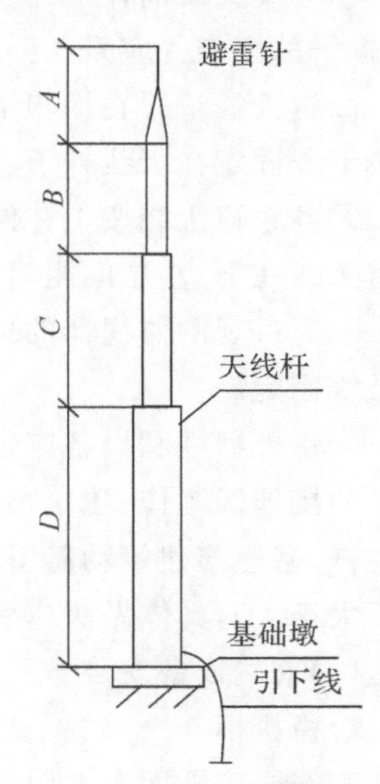

图 3.1.4　天线杆制作

表 3.1.1　天线与照明线及高压线距离

电压	架空电缆种类	与电视天线的距离/m
低压架空线	裸线	＞
	低压绝缘电线和多芯电缆	＞1
	高压绝缘电线或低压电源	＞0.6
高压架空线	裸线	＞1.2
	高压绝缘电线	＞0.8
	高压电源	＞0.4

③竖杆：首先将上、中、下节杆焊接好，再将天线杆的拉线套绑扎，挂在杆上；各拉线钢索卡应卡牢固；中间绝缘瓷珠套接好；花篮螺栓松至适当位置，并放在拉线预定地锚位置，将天线杆放在起杆的位置，杆底放在基础钢板上；全部准备就绪。现场指挥口令应统一，将杆立起，起杆时用力应均匀，防止杆身摆动。然后利用花篮螺栓校正拉线的松紧程度，使天线杆垂直于基础钢板，并用肋板将杆与基础钢板焊牢。用 8＃～10＃铅丝把花篮螺栓封住。拉线与竖杆的角度一般为 30°～45°。如果天线杆过高，可采用双层拉线。拉线位置应避开天线接收电磁波的方向。

④拉线地锚必须与建筑物钢筋牢固连接，不得将拉线固定在屋顶透气管、水管等构件上。

4)天线的安装

①架设天线前，应对天线进行检查和测试。天线的振子应水平放置，相邻振子间应平行，振子的固定件应采用弹簧垫和平垫，固定牢固。馈线应固定好，并在接头处留出防水弯。

②将天线组装在横担上，用绳子通过杆顶滑轮，将组装好天线的横担吊到安装位置，用天线卡子固定在天线杆上。

③各频道天线按上述做法组装在天线杆上的安装位置，其原则为高频道天线在上边，低频道天线在下边，层间距离大于 $\lambda/2$。

④通过观测监视器的接收图像和读取场强仪的测量值，确定天线的最佳接收方位，然后将天线固定。

⑤室外器件和设备应做防水处理。

5)接地线制作：建筑物有避雷网时，可用 25mm×4mm 的扁钢或不小于 $\phi10$ 的圆钢将天线主杆、基座与建筑物避雷网连成一体。天线必须在避雷针保护角范围之内。接地电阻值应不大于 1Ω，具体做法应根据设计图纸施工。

(4)前端设备安装

1)稳机柜

①按机房平面布置图进行机柜定位，制作基础槽钢并将机柜稳装在槽钢基础上。

②机柜安装完毕，成排柜顶部应在同一平面上。垂直度偏差和水平偏差均不应大于 2mm。

③机柜上的各种零件不得脱落或碰坏。漆面如果有脱落应予以补漆。各种标志应完

整、清晰。

④机柜前面应留有1.5m空间，机柜背面离墙距离应不小于0.8m，以便于操作和检修。

2)设备安装：在机柜上安装设备应根据使用功能进行有机的组合排列。使用随机柜配置的螺钉、垫片和弹簧垫片将设备固定在机柜上。每个设备的上下应留有不小于50mm的空间，以保证设备的散热，空隙处采用专用空白面板封装。对于非标准机柜安装的设备，可采用标准托盘安装。彩色监视器应采用电视机专用托盘和面板安装。

3)设备布线与标识

①机房内通常采用地面线槽，电缆由机柜底部引入。电缆敷设应顺直，无扭绞；电缆进出线槽部位、转弯处两侧300mm处应设置固定点。

②按图纸进行机房设备布线。机房供电电源引至净化电源后，再分别供机房内设备使用。机柜背侧各电视电缆和电源线应分别布放在机柜的两侧线槽内，按回路分束绑扎。安装于机柜内的设备应标识设备所接收的频道。电缆的两端应留有适当余量，并做永久性标记。

4)设备接地：室外架空电缆应先经过避雷器后才能引入机房设备。机房内的避雷器、机柜(箱)、设备金属外壳、电缆金属护套(或屏蔽层)的接地线均应汇接在机房总接地母排上。前端机房的总接地装置接地电阻不大于1Ω。

(5)传输部分安装

1)有源设备(干线放大器、分支干线放大器、延长放大器、分配放大器)的安装

①安装位置应严格按照施工图纸进行确定。

②明装：电视电缆需要通过电线杆架空时，野外型放大器吊装在电线杆上或左右1m以内的地方，且固定在电缆吊线上。野外型放大器应采用密封橡皮垫圈防水密封，并采用散热良好的铸铝外壳，外壳的连接面宜采用网状金属高频屏蔽圈，保证良好接地，插接件要有良好的防水、抗腐蚀性能，最外面采用橡皮套防水。不具备防水条件的放大器及其他器件要安装在防水金属箱内。

③暗装：电视箱体内放置一块配电板，箱体内器件均采用机螺钉固定在箱体内的配电板上；配电板上的设备走线均由板的背面引至板前侧。在箱体的门板处要贴箱内设备的系统图，并在上面标明电缆的走向及信号输入、输出电平，以便以后维修检查。

④放大器箱内应留有检修电源。

⑤放大器宜安装在建筑物设备间或弱电室内，应固定在放大器箱底板上，放大器箱室内安装高度不宜小于1.2m，放大器箱应安装牢固。

⑥放大器箱及放大器等有源设备应做良好接地，箱内应设有接地端子。

⑦干线放大器输入、输出的电缆应留有不小于1m的余量；放大器未使用的端口应接入75Ω终端电阻。

2)光工作站安装

①光工作站应安装在机房或设备间内。

②光工作站应配备专用设备箱体。光工作站应牢固安装在专用设备箱体内。

③光工作站的供电装置应采用交流(220V)电源专线供电，供电装置应固定良好，与光工作站间距不应小于0.5m。

④光工作站、设备箱体和供电装置应按设计要求良好接地,箱内应设有接地端子。

3)电缆敷设

①干线电缆的长度应根据图纸的设计长度进行选配或定做,以避免干线电缆传输过程中的电缆接续。

②电缆采用穿管敷设时,应扫清管路,将电缆和管内预留的带线绑扎在一起,用带线将电缆拉到管道内。

③管与其他管线的最小间距应符合现行行业标准《有线电视分配网络工程安全技术规范》(GY 5078—2008)中表4.3.8的规定。

④线缆弯曲度不应小于线缆规定的弯曲半径,在拐弯处要留有余量;在布线前,两端应贴有表明起始和终端位置的标签,且书写清晰和正确;在铺设过程中,不应受到挤压、撞击和猛拉引起变形。

⑤电缆架空敷设时,应先将电缆吊索用夹板固定在电缆杆上,再用电缆挂钩把电缆托在吊索上。挂钩的间距宜为0.5～0.6m。根据气候条件应留有一定垂度。

⑥当架空电缆或沿墙敷设电缆引入地下时,在距离地面不小于2.5m的地方采用钢管保护;钢管应埋入地下0.3～0.5m。

⑦直埋电缆时,必须用具有铠装层的电缆,其埋深不得小于0.8m。紧靠电缆处要用细土覆盖100mm,盖好沟盖板,并做标记。在寒冷的地区应埋在冻土层以下。

4)同轴电缆连接器安装

①同轴电缆连接器安装应保证电缆的内、外导体分别连接可靠。

②同轴电缆连接器与设备接口连接时,应防止紧固过度。

③同轴电缆的内外导体与连接器的针芯、壳体接触应良好。

④同轴电缆连接器安装尚应符合现行行业标准《有线电视网络工程施工及验收规范》(GY 5073—2005)中第6.1.6条的规定。

5)分支分配器的安装

①分支分配器的安装位置和型号应符合设计文件要求。

②电缆在分支分配器箱内应留有不小于箱体周长一半的余量。

③分支分配器与同轴电缆相连,其连接器应与同轴电缆型号匹配,并应连接可靠,防止信号泄露。

④电缆与电缆连接应采用连接器紧密接合,不得松动、脱出。

⑤系统所有支路的末端及分配器、分支器的空置输出端口均应接75Ω终端电阻。

⑥分支分配器应安装在分支分配器箱内或放大器箱内,并用机螺钉固定在箱内配电板上。

⑦箱体尺寸应根据箱内设备的数量而定,箱体采用铁制,可装有单扇或双扇箱门,箱体内预留接地螺栓。

6)除安装在设备间和弱电室(含竖井)外,其他情况下的放大箱、分支分配箱、过路箱和终端盒宜采用墙壁嵌入式安装方式。

7)箱体内的线缆敷设应按照设计要求,其弯曲时不得小于线缆规定的弯曲半径;每条线缆应连接可靠,并应做好标识。

8)放大箱、分支分配箱、过路箱安装高度为底边距地不宜低于0.3m。

(6)用户终端安装

1)检查、修理盒口:检查盒口是否平整。暗盒的外口应与墙面齐平;盒子标高应符合设计要求,若无要求,电视用户终端插座距地面宜为0.3m。

2)暗装的终端盒面板应紧贴墙面,四周应无缝隙,安装应端正、牢固。

3)明装的终端盒和面板配件应齐全,与墙面的固定螺丝钉不得少于2个。

4)接线压接:先将盒内电缆剪成100～150mm的长度,然后将25mm的电缆外绝缘护套剥去,再把外导线铜网打散,编成束,留出3mm的绝缘台和12mm芯线,将芯线压住端子,用Ω形卡压牢铜网处,见图3.1.5。

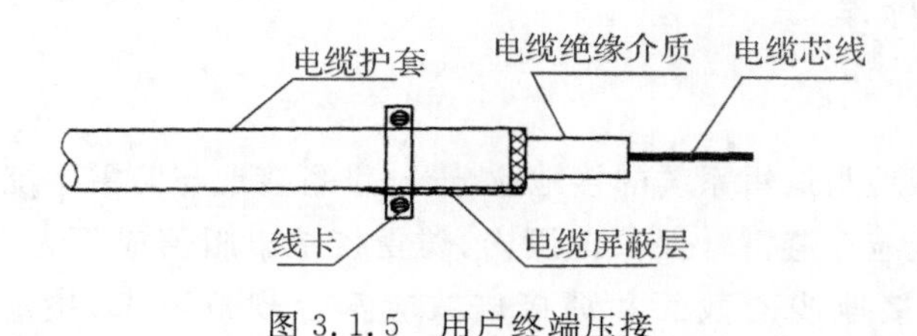

图3.1.5　用户终端压接

5)固定面板:用户插座的阻抗为75Ω,用机螺钉将面板固定。

(7)系统接地

1)屏蔽层及器件金属接地:为了减少对有线电视系统内器件的干扰(包括高频干扰和交流电干扰)和防止雷击,器件金属外壳要求接地良好,全部连通。

2)金属管路及线槽应与建筑防雷接地连为整体的接地。

(8)系统调试

1)天线调试

①应测试天线底座接地电阻值。

②开路天线架设完毕后,应检查各接收频道的安装位置是否正确;卫星电视天线的俯仰角和方位角是否正确。

③用场强仪测量天线接收信号的电平值,微调天线的方向,使场强仪的电平指示达到最大。同时在观察接收的电视图像品质和伴音质量为最佳时,固定天线,并将天线的信号引下馈线绑扎整齐。

2)前端设备调试

①将各频道的电视信号接入混合器,用场强仪测试混合器的检测口,调整各频道的输出电平值,使各频道的输出电平差在2dB以内。若调整混合器的调整旋钮无法达到2dB的电平差时,可对电平值高的频道增加衰减器。

②设置并调整卫星接收机的接收频率及其他参数,适当调整调制器的输出电平至该设备的标称电平值,并通过混合器的输出检测口测试,再适当调整混合器的信道调谐旋钮和放大器输出电平,最终使混合器的输出电平差在±1dB,且电平值符合设计要求。

③机房前置放大器(或干线放大器)的调试:按设计要求,调整放大器的输出电平旋钮、均衡旋钮(或更换适当衰减值、均衡值插片)达到设计的电平值。通常做法是,放大器的输出电平不宜大于100dB(对于系统规模大、传输链路长的系统,建议采用更低电平),相邻频道

的电平差在±0.75dB以内,各频道间的电平差在±2dB以内。

④前端设备调试合格后,应填写前端测试记录表,并将信号传输至干线系统。

3)干线放大器的调试:依据设计的电平值进行调试,调整输出电平及输出电平的斜率,并填写放大器电平测试记录表。

4)分配网的调试:按照设计要求,调整分配放大器的输出电平和斜率,填写放大器电平测试记录表。

检测用户终端电平,并填写用户终端电平记录表。用户终端电平应控制在64±4dB。使用彩色监视器观察图像品质,看其是否清晰,是否有雪花或条纹、交流电干扰等。

3.1.5 质量标准

(1)主控项目

1)天线系统的接地与避雷系统的接地应分开,设备接地与防雷系统接地应分开。

2)卫星接收天线应在避雷针保护范围内,防雷接地电阻值应不大于4Ω,联合接地电阻值不大于1Ω。防雷接地线的截面和焊接倍数应符合规范要求,接地端连接导体应牢固可靠。

3)卫星天线馈电端、阻抗匹配器、天线避雷器、高频连接器和放大器应连接牢固,并应采取防雨、防腐措施。

4)避雷针高度正确,保护范围满足要求,避雷器安装应符合要求。

5)电视图像质量的主观评价应不低于4分,具体标准见表3.1.2。

表3.1.2 图像的主观评价标准

等级	图像质量损伤程度
5分	图像上不察觉有损伤或干扰存在
4分	图像上有稍微可察觉的损伤或干扰,但令人讨厌
2分	图像上损伤或干扰较严重,相当令人讨厌
1分	图像上损伤或干扰极严重,不能观看

检验方法:观测检查。

6)系统质量的测试参数要求和测试方法,应符合现行国家标准《电视和声音信号的电缆分配系统》(GB/T 6510—1996)的规定。

检验方法:仪器测试。

(2)一般项目

1)有线电视系统各设备、器件、盒、箱、电缆等的安装应符合设计要求,布局合理,排列整齐,牢固可靠,线缆连接正确,压接牢固。

2)机柜并排摆放时,两台机柜间的缝隙不应大于2mm;机柜面板应在同一平面上,并与基准线平行,前后偏差不应大于2mm。

3)开路接收天线安装正确,振子排列整齐,增益高,频带特性要好,方向性强,能够抑制干扰，消除重影，并保持良好的图像品质和伴音，固定部位牢固，各间距符合要求。

4)放大器箱体内门板内侧应贴箱内设备的接线图，并应标明电缆的走向及信号输入、输出电平。

5)暗装的用户盒面板应紧贴墙面，四周应无缝隙，安装应端正、牢固。

6)分支分配器与同轴电缆应连接可靠。

检验方法：观察检查或仪器测试。

3.1.6 成品保护

(1)在屋面安装开路天线、主杆及卫星天线时，不得损坏屋面防水及装修。

(2)在吊顶内的箱、盒安装部件时，不得损坏龙骨和吊顶。

(3)修补浆活时，应对器件加强保护，防止器件损坏。

(4)使用高梯时，不得碰坏门窗和墙面。

3.1.7 安全与环保措施

(1)当风力大于四级或在雷雨天气，严禁进行高空或户外安装作业。

(2)架设天线等高空作业时，操作人员必须佩戴安全带。

(3)架设天线主杆时，应安排充足的施工人员，且用力一致，不宜过猛，防止在竖杆过程中造成倾倒，砸伤人员。

(4)使用吊车吊装天线时，天线的重量与吊车的载重应相符，吊点应连接可靠、牢固。

(5)在搬运设备、器材时，不要碰伤人。

(6)施工现场的垃圾、废料应堆放在指定地点，及时清运并洒水降尘，严禁随意抛撒。

(7)现场强噪声施工机具，应采取相应措施，最大限度地降低噪声。

3.1.8 应注意的质量问题

(1)针对无电视信号的问题，可相应采取措施。

1)前端电源失效或有源设备失效：应检查供电电压或测量有无输入信号。

2)接收天线系统故障：应检查传输线、插接头、前端变频器、前端天线放大器等是否短路或开路。

3)线路放大器的电源失效：检查输入插头是否开路，再检测电源保险丝、电源等，从故障端至信号源端检查各放大器的输出信号和工作电源是否正常。

4)干线电缆故障：检查首端至各级放大器间的电缆是否开路或短路，并检查各种电缆插头。

(2)针对电视图像有雪花的问题，可采取以下措施：

1)天线接收系统故障，检查前端接收信号的图像是否清晰，天线的朝向是否偏离。

2)前端设备有故障，检查有源设备的输入、输出是否正常；若设备正常，检测电缆馈线等是否短路。

3)传输线路故障，由故障源向节目源方向检查每台放大器的输出信号和放大器供电电源是否正常。

4)分配网络中的无源器件是否有短路,电缆是否损坏。

(3)针对电视图像重影的问题,可采取如下措施:

1)对前端的信号变换频道进行传输处理,以免因接收信号的场强过强,形成前重影。

2)调整天线的位置,避开反射造成的后重影。

(4)为防止图像出现条纹、横道干扰,可采取如下措施:

1)调整(降低)放大器的输出电平,且不宜超过放大器的标称值。

2)调整各频道的电平,使各频道间的电平差在允许的范围内。

3)对有源设备、无源设备外壳及电缆的屏蔽层做可靠接地。

3.1.9 质量检查

(1)有线数字电视系统下行测试应符合现行行业标准《有线电视广播系统技术规范》(GY/T 106—1999)和《有线数字电视系统技术要求和测量方法》(GY/T 221—2006)的有关规定,主要技术要求应符合表 3.1.3 中的规定。

表 3.1.3 系统下行输出口技术要求

序号	测试内容		技术要求
1	模拟频道输出口电平		60~80dBμV
2	数字频道输出口电平		50~75dBμV
3	频道间电平差	相邻频道电平差	≤3dB
		任意模拟/数字频道间	≤10dB
		模拟频道与数字频道间电平差	0 ~10dB
4	MER(调试误差比)	64QAM,均衡关闭	≥24dB
5	BER(比特出错概率)	24h,Rs 解码后(短期测量可采用 15min,应不出现误码)	≤1×10^{-11}
		参考 GY5075	≤1×10^{-6}
6	C/N(模拟频道)		≥43dB
7	载波交流声比(HUM)(模拟)		≤3%
8	数字射频信号与噪声功率比		≥26dB(64QAM)
9	载波复合二次差拍比(C/CSO)		≥54dB
10	载波复合三次差拍比(C/CSO)		≥54dB

(2)有线数字电视系统上行测试应符合现行行业标准《HFC网络上行传输物理通道技术规范》(GY/T 180—2001)的有关规定，主要技术要求应符合表3.1.4中的规定。

表3.1.4　系统上行主要技术要求

序号	测试内容	技术要求
1	上行通道频率范围	5～65MHz
2	标称上行端口输入电平	100dBμV
3	上行传输路由增益差	≤10dB
4	上行通道频率响应	≤10dB(7.4～61.8MHz)
		≤1.5dB(7.4～61.8MHz 任意3.2MHz范围内)
5	信号交流声调制比	≤7%
6	载波/汇集噪声	≥20dB(Ra 波段)
		≥26dB(Rb、Rc 波段)

(3)系统的工程施工质量应符合国家现行标准《有线电视网络工程设计标准》(GB 50200—2018)和《卫星电视地球接收站验收调试规范》(GYJPDF 40—1989)的有关规定，其工程施工质量检查应符合表3.1.5中的规定。

表3.1.5　系统施工质量检查

项目		质量检查
卫星天线	天线	1.天线支座和反射面安装牢固 2.天线支座的安装方位对着南方，天线方位角可调范围符合标准 3.天线调节机构应灵活、连续，锁定装置应方便牢固，有防锈蚀、灰沙措施 4.天线反射面应有防腐蚀措施
	馈源	1.馈源的极化转换结构方便，转换时不影响性能 2.水平极化面相对地平面能微调±45° 3.馈源口有密封措施，防止雨水进入波导 4.法兰盘连接处和电缆插接处应有防水措施
	避雷针及接地	1.避雷针安装高度正确 2.接地线符合要求 3.各部位电气连接良好 4.接地电阻不大于4Ω

续表

项目	质量检查
前端机房(含设备间的质量检查)	1.机房通风、空调散热等设备应按照设计要求安装 2.机房应有避雷防护措施、接地措施 3.机房供电方式、供电路数 4.机房供电有备用电源(采用 UPS 电源),需测试电源备份切换,供电中断后能保证多长时间供电不断 5.设备及部件安装地点正确 6.按设计留足预留长度光缆,按合适的曲率半径盘留 7.光缆终端盒安装应平稳,远离热源 8.从光缆终端盒引出单芯光缆或尾巴光缆所带的连接器,按设计要求插入 ODF/ODP 的插座。暂时不用的插头和插座均应盖上防尘防侵蚀的塑料帽 9.光纤在终端盒内的接头应稳妥固定,余纤在盒内盘绕的弯曲半径应大于规定值 10.连接正确、美观、整齐 11.进、出缆线符合要求,标识齐全、正确
传输设备	1.所用设备(光工作站/放大器)型号与设计一致 2.各连接点正确、牢固、防水 3.空余端正确处理、外壳接地 4.有避雷防护措施(接地),接地电阻不大于 4Ω 5.箱内电缆线排列整齐,标识准确醒目
分支分配器	1.分支分配器箱齐全,位置合理 2.分支分配器安装型号与设计型号相符 3.端口输入/输出连接正确 4.空余端口安装终结电阻 5.电缆长度预留适当,箱内电缆排列整齐
缆线及接插件	1.缆线走向、布线和敷设合理、美观;标识齐全、正确 2.缆线弯曲、盘接符合要求 3.缆线与其他管线间距符合要求 4.电缆接头的规格、程式与电缆完全匹配 5.电缆接头与电缆的配合紧密(压线钳压接牢固程度),无脱落、松动等 6.电缆接头与分支分配器 F 座/设备接头配合紧密,无松动等 7.接头屏蔽良好,无屏蔽网外露,铝管电缆接头制作过程中无外屏蔽变形或折断 8.电缆接头制作完成后,电缆的芯线留驻长度应适当,其长度范围应高出接头端面 0~2mm 9.接插部件牢固,防水、防腐蚀

续表

项目	质量检查
供电器、电源线	符合设计、施工要求;有防雷措施
用户设备	1.布线整齐、美观、牢固 2.用户盒安装位置正确、安装平整 3.用户接地盒、避雷器安装符合要求

3.1.10 质量记录

(1)材料、设备出厂合格证、生产许可证、安装技术文件及“CCC”认证及证书复印件。
(2)材料、构配件进场检验记录。
(3)设备开箱检验记录。
(4)设计变更、工程洽商记录。
(5)隐蔽工程检查记录。
(6)预检记录。
(7)工程安装质量及观感质量验收记录。
(8)系统试运行记录。
(9)分项工程质量检测记录。
(10)子系统检测记录。
(11)电线、电缆导管和线槽敷设分项工程质量验收记录。
(12)插座、开关安装分项工程质量验收记录。
(13)前端设备测试记录。
(14)光节点调试记录。
(15)放大器调试记录。
(16)放大器电平记录。
(17)用户终端电平记录。

3.2 广播系统安装工程施工工艺标准

本标准适用于建筑工程中广播系统的安装。工程施工应以设计图纸和《智能建筑工程施工规范》(GB 50606—2010)及《智能建筑工程质量验收规范》(GB 50339—2016)等规范为依据。

3.2.1 材料、设备要求

(1)前端部分:主要选用FM/AM调谐器、电唱机、激光唱机、传声器(话筒)、调音台、前置放大器、功率放大器、频率均衡器、压缩限制器、延时器、混响器等。

(2)传输部分:分线箱、控制器、电线电缆等。电线电缆的选择应符合设计要求,可选用屏蔽线或双绞线,其规格参见表3.2.1。

表3.2.1　电线电缆规格

导线规格	铜丝股数 每股铜丝线径/mm	导线截面积/mm²	每根导线每1000m的电阻值/Ω
12/0.15		0.2	7.5
16/0.15		0.2	6
23/0.15		0.4	4
40/0.15		0.7	2.2
40/0.193		1.14	1.5

(3)终端部分:扬声器、音箱、声柱、控制开关、音量控制器等设备。

(4)上述设备材料应根据设计要求选型,对设备、材料和软件进行进场检验,并填写进场检验记录。设备应有产品合格证、检测报告、"CCC"认证标识、安装及使用说明书等。如果是进口产品,则需提供原产地证明和商检证明、配套提供的质量合格证明和检测报告,以及安装、使用、维护说明书的中文文本。设备安装前,应根据使用说明书进行全部检查,方可安装。

(5)镀锌材料:镀锌钢管、镀锌线槽、金属膨胀螺栓、金属软管、接地螺栓。

(6)其他材料:塑料胀管、接线端子、钻头、焊锡、焊剂、绝缘胶布、塑料胶布、接头等。

3.2.2　机具设备

(1)安装器具:手电钻、冲击钻、电工组合工具、梯子。

(2)测试器具:250V兆欧表、500V兆欧表、对讲机、水平尺、小线。

3.2.3　作业条件

(1)机房装修已完毕,门、窗、门锁装配齐全完整。

(2)线缆沟、槽、管、盒、箱施工完毕。

(3)有源部件均应通电检查,并确认其实际功能和技术指标与标称相符。

(4)硬件设备及材料应重点检查安全性、可靠性及电磁兼容性等项目。

(5)吊顶的扬声器预留孔按实际尺寸已经留好,音箱吊架安装完成。

(6)线缆绝缘电阻摇测值必须大于0.5MΩ。

(7)施工图纸齐全,已经会审。

(8)施工方案编制完毕并经审批。

(9)施工前应组织施工人员熟悉图纸、方案及专业设备安装使用说明书,并进行有针对性的培训及安全、技术交底。

3.2.4 施工工艺

(1)工艺流程

管路敷设→分线箱安装→线缆敷设→终端设备安装、配线→机房设备安装→系统调试

(2)管路敷设

参见本书第3.7.4节的相关内容。

(3)分线箱安装

1)暗装箱体面板应与建筑装饰面配合严密。严禁采用电焊或气焊将箱体与预埋管口焊接。

2)分线箱安装高度设计有要求时以设计要求为准,设计无要求时,底边距地面不低于1.4m。

3)明装壁挂式分线箱、端子箱或声柱箱时,先将引线与箱内导线用端子做过渡压接,然后将端子放回接线箱。找准标高进行钻孔,埋入膨胀螺栓进行固定。要求箱底与墙面平齐。

4)线管不便于直接敷设到位时,线管出线口与设备接线端子之间必须采用金属软管连接,不得将线缆直接裸露,金属软管长度不大于1m。

(4)线缆敷设

1)布放线缆应排列整齐,不拧绞,尽量减少交叉,交叉处粗线在下,细线在上。

2)管内穿线不应有接头,接头必须在盒(箱)处接续。

3)进入机柜后的线缆应分别进入机架内分线槽或分别绑扎固定。

4)所敷设的线缆两端必须做标记。

5)室外广播传输线缆应穿管埋地或在电缆沟内敷设,室内广播传输线缆应穿管或用线槽敷设。

6)广播系统的功率传输线缆应用专用线槽和线管敷设。

7)当广播系统具备消防应急广播功能时,应采用阻燃线槽、阻燃线管和阻燃线缆敷设。

8)广播系统功率传输线路的绝缘电压等级应与其额定传输电压相容,其接头不得裸露,电位不等的接头应分别进行绝缘处理。

(5)终端设备安装、配线

1)扬声器的安装应符合设计要求,固定要安全可靠,水平和俯仰角应能在设计要求的范围内灵活调整。

①广播扬声器的声辐射应指向广播服务区。

②当周围有高大建筑物和高大地形地物时,应避免安装不当而产生回声。

2)吊顶内、夹层内利用建筑结构固定扬声器箱支架或吊杆时,必须检查建筑结构的承重能力,征得设计方同意后方可施工。在灯杆等其他物体上悬挂大型扬声器时,也必须根据其承重能力,征得设计方同意后安装。

3)广播扬声器与广播线路之间的接头应接触良好,不同电位的接头应分别绝缘,宜采用压接套管和压接工具连接。

4)具有不同功率和阻抗的成套扬声器,事先按设计要求将所需接用的线间变压器的端

头焊出引线,剥去10～15mm绝缘外皮待用。

5)吸顶式扬声器,将扬声器引线用端子与盒内导线连接好(连接时软线应刷锡),然后将端子放回接线盒,使扬声器与顶棚贴紧,用螺钉将扬声器固定在吊顶支架板上。当采用弹簧固定扬声器时,将扬声器托入吊顶内再拉伸弹簧,将扬声器罩勾住并使其紧贴在顶棚上,并找正位置,见图3.2.1。

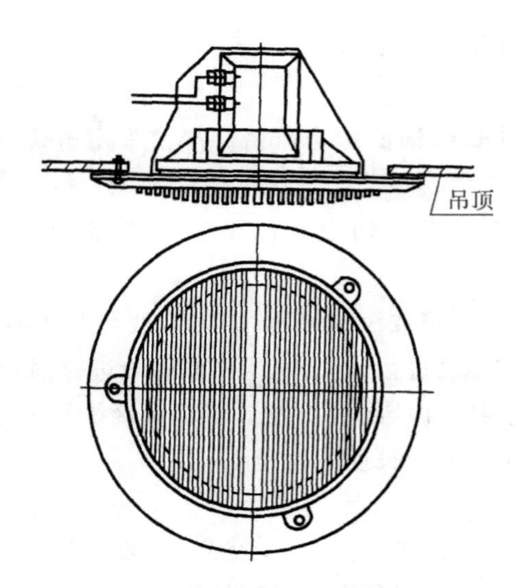

图3.2.1　扬声器吸顶安装示意

(6)机房设备安装

1)大型机柜采用槽钢基础时,应先检查槽钢基础的平直度及尺寸是否满足机柜安装要求。

2)根据机柜底座固定孔距,在基础槽钢上钻孔,用镀锌螺栓将柜体与基础槽钢固定牢固。多台机柜并列时,应拉线找直,从一端开始顺序安装。机柜安装应横平、竖直。

3)机柜上设备安装顺序应符合设计要求,设备面板排列整齐,带轨道的设备应推拉灵活。

4)安装控制台要摆放整齐,安装位置应符合设计要求。

(7)系统调试

1)接线前,将已布放的线缆再次进行对地与线间绝缘摇测,绝缘电阻值必须大于0.5MΩ。机房设备采用专用接头与线缆进行连接,且压接牢固。设备及电缆屏蔽层应压接好保护地线,接地电阻值应不大于1Ω。

2)设备安装完后,各设备先进行单机调试,然后按音源、系统回路进行系统调试。调试时分别在机房内和现场监听各路广播的音质效果并调整各路功率放大器的输出,以保证各路音源的音量一致。

3)调试准备

①广播系统设备与第三方联动系统设备接口应完成并符合设计要求。

②设备的各种选择开关应置于指定位置。设备通电前,检查所有供电电源变压器的输出电压,均应符合设备说明书的要求。

③各级硬件设备按设备说明书的操作程序,应逐级通电、自检正常。

④包括系统网络结构图、设备接线图和设备操作、安装、维护说明书等调试资料应齐全。

4)设备调试

①通电调试时,应先将所有设备的旋钮旋到最小位置,并应按前级到后级的次序,逐级通电开机。

②将所有音源的输入均调节到适当的大小,并应对各个广播分区进行音质试听,根据检查结果进行初步调试。

③广播扬声器安装完毕后,应逐个广播分区进行检测和试听。

④应对各个广播分区以及整个系统进行功能检查,并根据检查结果进行调整,应使系统的应急功能符合设计要求。

⑤应有计划地反复模拟正常的运行操作,操作结果应符合设计要求。

⑥系统调试持续加点时间不应小于 24h。

⑦应对系统电声性能指标进行测试,并在测试的基础上进行调整,系统电声性能指标应符合设计要求。

⑧系统调试应做好记录。

3.2.5 质量标准

(1)主控项目

对广播系统进行检测,应符合下列要求:

1)系统的输入、输出不平衡度,音频线的敷设,接地形式及安装质量均应符合设计要求,设备之间阻抗匹配合理。

2)放声系统应分布合理,符合设计要求,扬声器、控制器、插座板等设备安装应牢固可靠,导线连接应排列整齐,线号应正确清晰。

3)最高输出电平、输出信噪比、声压级和频宽的技术指标应符合设计要求。

4)通过对响度、音色和音质的主观评价,评定系统的音响效果。

5)功能检测

①业务宣传、背景音乐和公共寻呼插播。

②紧急广播与公共广播公用设备时,其紧急广播由消防分机控制,具有最高优先权,在火灾和突发事故发生时,应能强制切换为紧急广播并以最大音量播出。

③功率放大器应冗余配置,并在主机故障时,按设计要求备用主机自动投入运行。

④公共广播系统应按设计要求分区控制,分区的划分不得与消防分区的划分产生矛盾。

⑤系统应能在手动或警报信号触发的 10s 内,向相关广播区播放警示信号(含警笛)、警报语声文件或实时指挥语声。以现场环境噪声为基准,紧急广播的信噪比不应小于 15dB。

(2)一般项目

1)同一室内的吸顶扬声器应排列均匀。同一室内壁装扬声器安装高度应一致,平整牢固,装饰罩不应有损伤,而且应平整。

2)各设备导线连接正确、可靠、牢固。箱内电缆(线)应排列整齐,线路编号正确清晰。线路较多时应绑扎成束,并在箱(盒)内留有适当余量。

检验方法:观察检查。

3)机柜安装的允许偏差应满足表 3.2.2 的规定。

表 3.2.2 机柜安装允许偏差

项目	允许偏差	检查方法
广播机柜安装的垂直偏差	≤1.5‰	尺量
并列广播机柜正面平面的前后偏差	≤2mm	尺量
两台机柜中间缝隙	≤2mm	尺量

3.2.6 成品保护

(1)安装扬声器(箱)时,应注意保持吊顶、墙面整洁。

(2)安装完毕的扬声器应加强保护措施,防止碰伤及损坏。

3.2.7 安全与环保措施

(1)交叉作业时应注意周围环境,禁止乱抛工具和材料。

(2)在高空安装大型扬声器时,必须搭设脚手架。不得坐在管子上开孔和锯管。禁止在已通介质和带压力的管道上开孔。

(3)设备通电调试前,必须检查线路接线是否正确,确认无误后,方可通电调试。

(4)施工现场的垃圾、废料应堆放在指定地点,及时清运并洒水降尘,严禁随意抛撒。

(5)现场强噪声施工机具,应采取相应措施,最大限度地降低噪声。

3.2.8 应注意的质量问题

(1)设备之间、干线与端子处应压接牢固,防止导线松动或脱落。

(2)使用屏蔽线时,外铜网应与芯线分开,以防信号短路。

(3)应将屏蔽线和设备外壳可靠接地,以防噪声过大。

(4)传输线路

1)各路传输配线应正确,不应有短路、断路、混路等故障。

2)接线端子编号应齐全、正确。

(5)绝缘电阻

1)应测量线与线、线与地的绝缘电阻。

2)应对每一回路的电阻进行分回路测量。

3)广播线线间绝缘电阻不应小于 1MΩ。

(6)接地电阻

1)广播功率放大器、避雷器等的工频接地电阻不应大于 4Ω。

2)共用接地系统接地电阻不应大于 1Ω。

(7)电源试验

1)应在电源开关上做以通断操作检查电源显示信号的试验。

2)应对备用电源切换装置进行检测蓄电池的输出电压的检查试验。
3)应对整流充电装置进行检查测量。
4)应做模拟停电试验。

3.2.9　质量记录

与本书3.1.10节相同。

3.3　电话插座与组线箱安装工程施工工艺标准

本标准适用于电话通信系统的电话插座与组线箱安装工程。工程施工应以设计图纸和《智能建筑工程施工规范》(GB 50606—2010)及《智能建筑工程质量验收规范》(GB 50339—2016)等规范为依据。

3.3.1　材料、设备要求

(1)电话出线面板:其规格、型号应符合设计要求,有产品合格证及"CCC"认证标识,表面不应有破损、划痕等缺陷。

(2)电话组线箱、分线箱:其规格、型号应符合设计要求,有产品合格证及"CCC"认证标识,且不得有破损现象,箱体表面光滑平整。

(3)电线电缆:其型号、规格应符合设计要求,并有产品合格证及"CCC"认证标识。电缆网中电话电缆应采用综合护层塑料绝缘市话电缆,规格见表3.3.1。

表3.3.1　电话电缆规格

型号及规格	电缆外径/mm	重量/(kg/km)
HYA10×2×0.5	10	119
HYA20×2×0.5	13	179
HYA30×2×0.5	14	238
HYA50×2×0.5	17	357
HYA100×2×0.5	22	640
HYA200×2×0.5	30	1176
HYA300×2×0.5	36	1667
HYA400×2×0.5	41	2217
HYA600×2×0.5	48	3229
HYA1200×2×0.5	66	6190

(4)其他材料:螺钉、螺栓、扁钢等。

3.3.2 机具设备

(1)安装器具:手电钻、冲击钻、电工组合工具、梯子。

(2)测试器具:250V 兆欧表、500V 兆欧表、对号器、水平尺、钢尺、小线。

3.3.3 作业条件

(1)线缆沟、槽、管、盒、箱施工完毕。

(2)装饰装修工作完成,箱(盒)口已修好。

(3)施工图纸齐全,已经会审。

(4)施工方案编制完毕并经审批。

(5)施工前应组织施工人员熟悉图纸、方案及专业设备安装使用说明书,并进行有针对性的培训及安全、技术交底。

3.3.4 施工工艺

(1)工艺流程

管路敷设→组线箱安装→线缆敷设→电话插座安装→校对线号

(2)管路敷设

见本书 3.7.4 节的相关内容。

(3)组线箱安装

1)组线箱设备安装牢固,位置符合设计要求。

2)组线箱与电力、照明线路及设施、煤气管道、热力管道等最小距离为 300mm。

3)引入组线箱的钢管应套丝,用锁紧螺母与箱体连接,并采用护口进行保护。丝扣露出锁紧螺母 2~3 扣。组线箱门应开启灵活,油漆完好。

4)暗装组线箱及有关技术数据见图 3.3.1、表 3.3.2、表 3.3.3。

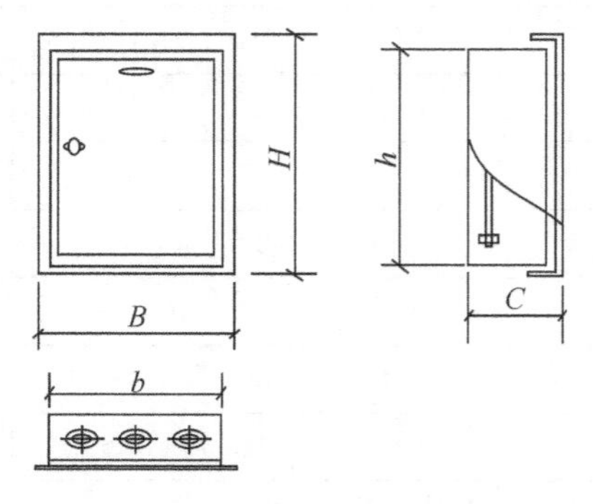

图 3.3.1 XRH01 型电话组线箱外形尺寸

表 3.3.2 XRH01 型电话组线箱外形尺寸 (单位:mm)

型号	分项						
	用途	接线对数	外形尺寸			安装尺寸	
			B	*H*	*C*	*b*	*h*
XRH01-1	终端箱	20 对以下	200	350	130	140	290
XRH01-2		30 对	250	500	130	190	440
XRH01-3		40 对、60 对	300	500	130	240	440
XRH01-4		80 对	300	650	130	240	590
XRH01-5		100 对	300	800	160	240	740
XRH01-6		150 对	400	900	160	340	840
XRH01-7	中间箱	20 对以下	300	500	130	240	440
XRH01-8		30 对	300	600	130	240	540
XRH01-9		40 对、60 对	400	650	160	340	590
XRH01-10		80 对	400	800	160	340	740
XRH01-11		100 对	400	900	160	340	840
XRH01-12		150 对	500	1000	160	440	940

表 3.3.3 电话线对数与端子板排列关系

接线对数	20	30	40	60	80	100	150
端子板排列			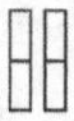	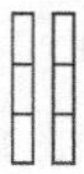		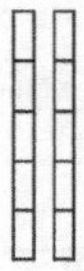	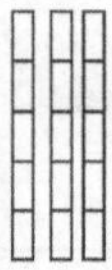

5)箱体应压接好保护接地线,接地电阻不应大于 1Ω。

(4)线缆敷设

1)在穿线前应将箱(盒)内的杂物清除干净,并对电话电缆进行绝缘摇测,合格后进行编号,用带线将线缆穿入管中。

2)将组线箱内的导线,剥去绝缘层,按编号将导线压接在接线端子板上,留有适当余量,固定牢固,做好标识。

(5)电话插座安装

1)电话插座面板接线时,将预留在盒内的导线剥出适当长度的芯线,压接在面板端子上,将多余导线盘回盒内,使用配套螺钉将面板固定,将接好线的面板找平、找正。

2)面板安装的标高和位置应符合设计要求。一般明装插座盒距地面高度为 1.8m,暗装插座盒距地面高度为 0.3m。

3)插座盒上方有暖气管时,其间距应大于 200mm;下方有暖气管时,其间距应大于

300mm。

(6)校对线号

根据施工图按组线箱内导线的编号,用便携式电话逐一核对各终端接线编号是否正确,做好记录。

3.3.5 质量标准

(1)主控项目

1)组线箱规格、型号符合设计要求。

2)导线绝缘电阻值必须大于 0.5MΩ。

3)导线压接必须牢固,编号必须正确。

4)组线箱金属外壳与电缆屏蔽层必须可靠接地。

检验方法:观察检查或仪表测试。

(2)一般项目

1)组线箱(盒)内应清洁无杂物,面板无劈裂、翘曲、变形等现象。

2)组线箱、分线箱安装必须牢固,安装允许偏差应符合表 3.3.4 的规定。

表 3.3.4 组线箱、分线箱安装允许偏差

项目	允许偏差
箱体垂直度(高<500mm)	≤1.5mm
箱体垂直度(高≥500mm)	≤2mm
盘面安装的垂直度	≤1.5%

3)用户出线盒面板允许偏差应符合表 3.3.5 的规定。

表 3.3.5 用户出线盒面板允许偏差

项目		允许偏差/mm
用户出线盒面板	同一场所高差	≤5
	垂直度	≤0.5

检验方法:观察检查和吊线尺量。

3.3.6 成品保护

(1)安装面板时,应注意保持墙面、地面的整洁,不得损伤和破坏墙面及地面。

(2)应对已安装完毕的组线箱和面板加强保护,防止被污染及损坏。

3.3.7 安全与环保措施

(1)交叉作业时应注意周围环境,禁止乱抛工具和材料。

(2)设备通电调试前,必须检查线路接线是否正确,保护措施是否齐全,确认无误后,方可通电调试。

(3)登高作业时,脚手架和梯子应安全可靠,脚手架不得铺有探头板,梯子应有防滑措施,不允许两人同梯作业。

(4)施工现场的垃圾、废料应堆放在指定地点,及时清运并洒水降尘,严禁随意抛撒。

(5)现场强噪声施工机具,应采取相应措施,最大限度降低噪声。

3.3.8 应注意的质量问题

(1)应及时清除盒、箱内杂物,以防盒、箱内管路堵塞。

(2)导线在箱、盒内应预留适当余量,并绑扎成束,防止盒、箱内导线杂乱。

(3)导线压接应牢固,以防导线松动或脱落。

3.3.9 质量记录

(1)材料、设备出厂合格证、生产许可证、安装技术文件及"CCC"认证及证书复印件。

(2)材料、构配件进场检验记录。

(3)设备开箱检验记录。

(4)设计变更、工程洽商记录。

(5)隐蔽工程检查记录。

(6)预检记录。

(7)电线、电缆导管和线槽敷设分项工程质量验收记录

(8)插座、开关安装分项工程质量验收记录。

3.4 楼宇自动控制系统安装工程施工工艺标准

本标准适用于建筑工程中楼宇自控系统的安装。工程施工应以设计图纸和《智能建筑工程施工规范》(GB 50606—2010)及《智能建筑工程质量验收规范》(GB 50339—2016)等规范为依据。

3.4.1 材料、设备要求

(1)主要设备要求

前端部分:主要包括网络控制器、计算机、不间断电源、打印机、控制台。

终端部分:主要包括各类传感器、电动阀、电磁阀等执行机器。

传输部分:主要包括电缆、DDC(直接数字控制)控制器等。

1)工程所用设备型号、规格、数量、质量在施工前应进行检查,应有出厂检验证明材料,并符合设计要求。

2)经检验的设备应做好记录,不合格的器件应单独存放,以备核查与处理。

3)工程中使用的缆线、器材应与订货合同或封存的产品样品的规格、型号、等级相符。

4)备品、备件及各类资料应齐全。

5)各种型材的材质、规格、型号应符合设计文件的规定,表面应光滑、平整,不得变形、断裂。

6)管材采用钢管、硬质聚氯乙烯管时,其管身应光滑、无伤痕,管孔无变形,材质及孔径、壁厚应符合设计要求。

7)各种铁件的材质、规格均应符合质量标准,不得有歪斜、扭曲、毛刺、断裂或破损。

8)设备的表面处理和镀层应均匀、完整,表面光洁,无脱落、气泡等缺陷。

9)各类前端执行器的型号、尺寸等应符合图纸要求,并有出厂合格证。

10)设备在进场前应委托鉴定单位对其各项功能等进行检测,并出具检测报告。

(2)线缆要求

1)工程使用的对绞电缆或专用线缆,其型号、规格应符合设计的规定和合同要求。

2)电缆所附标志、标签内容应齐全、清晰。

3)电缆外护线套需完整无损,电缆应附有出厂质量检验合格证及本批量电缆的技术指标。

4)电缆的电气性能抽验应从本批量电缆中的任意三盘中各截出 100m 长度,加上工程中所选用的接插件进行抽样测试,并做测试记录。

(3)其他材料:镀锌钢管、镀锌线槽、金属膨胀螺栓、金属软管、接地螺栓、塑料胀管、机螺钉、平垫、弹簧垫圈、接线端子、绝缘胶布、接头等。

3.4.2 主要机具

(1)安装器具:管/锁钳、斜嘴钳、电钻、钻头、钢锯、偏嘴钳、螺丝刀(偏头、十字花)、板岩锯、通条、剪丝钳、多用刀、绳子、拉绳、冲击工具、电缆夹、布线支架等。

(2)测试器具:250V 兆欧表、500V 兆欧表、水平尺、小线。

(3)调试仪器:楼宇自控系统专用调试仪器。

3.4.3 作业条件

(1)线缆沟、槽、管、箱、盒施工完毕。

(2)中央控制室内土建装修完毕,温、湿度达到使用要求。

(3)空调机组、冷却塔及各类阀门等安装完毕。

(4)暖通、水系统管道、变配电设备等安装完毕。

(5)电梯安装完毕。

(6)接地端子箱安装完毕。

(7)导线间绝缘电阻经摇测符合设计要求,并编号完毕。

(8)施工图纸齐全,已经会审。

(9)施工方案编制完毕并经审批。

(10)施工前应组织施工人员熟悉图纸、方案及专业设备安装使用说明书,并进行有针对性的培训及安全、技术交底。

3.4.4 施工工艺

(1)工艺流程

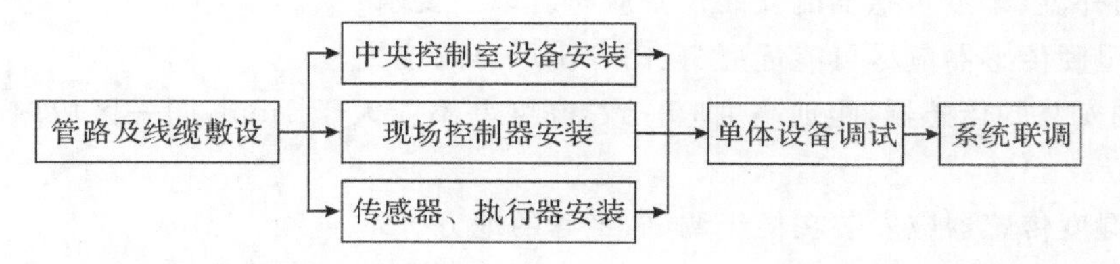

(2)管路及线缆敷设参见本书第3.7.4节。

(3)中央控制室设备安装

1)设备在安装前应进行检验,并符合下列要求:

①设备外形完好无损,内外表面漆层完好。

②设备外形尺寸,设备内主板及接线端口的型号、规格符合设计要求,备品、备件齐全。

2)按照设计图纸连接主机、不间断电源、打印机、网络控制器等设备。

3)设备安装应紧密、牢固,安装用的紧固件应做防锈处理。

4)设备底座应与设备相符,其上表面应保持水平。

5)中央控制室及网络控制器等设备的安装要符合下列规定:

①控制台、网络控制器应按设计要求进行排列,根据柜的固定孔距在基础槽钢上钻孔,安装时从一端开始逐台就位,用螺栓固定,用小线找平、找直后再将各螺栓紧固。

②对引入的电缆或导线进行校线,按图纸要求编号。

③标志编号应与图纸一致,字迹清晰,不易褪色;配线应整齐,避免交叉,固定牢固。

④交流供电设备的外壳及基础应可靠接地。

⑤中央控制室一般应根据设计要求设置接地装置。当采用联合接地时,接地电阻不应大于1Ω。

(4)现场控制器安装

1)现场控制器箱安装方法见图3.4.1。

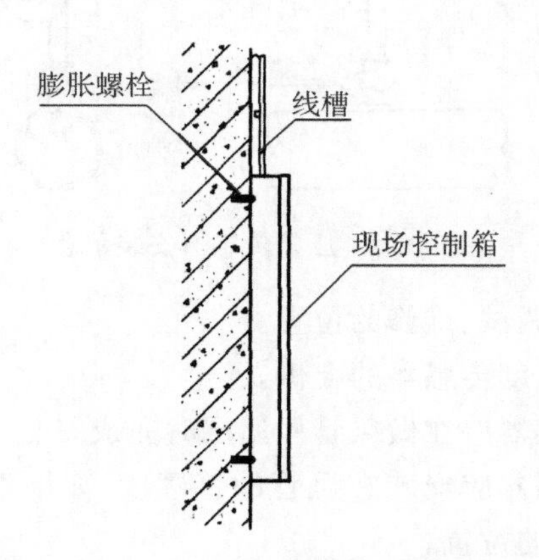

图3.4.1 现场控制器箱安装示意

2）现场控制器接线应按照图纸和设备说明书进行，并对线缆进行编号。

（5）传感器、执行器安装

1）温、湿度传感器的安装

①室内外温、湿度传感器的安装位置应符合以下要求：

a. 温、湿度传感器应尽可能远离窗、门和出风口的位置。

b. 并列安装的传感器，距地高度应一致，高度差不应大于1mm，同一区域内高度差不应大于5mm。

c. 温、湿度传感器应安装在便于调试、维修的地方。

②温度传感器至现场控制器之间的连接应符合设计要求，应尽量减少因接线引起的误差。镍温度传感器的接线电阻值应小于3Ω，1kΩ铂温度传感器的接线总电阻值应小于1Ω。

③风管型温、湿度传感器的安装应符合下列要求：

a. 传感器应安装在风速平稳，能反映温、湿度变化的位置。

b. 风管型温、湿度传感器应在做风管保温层时完成安装。

④水管温度传感器的安装应符合下列要求：

a. 水管温度传感器宜在暖通水管路完毕后进行安装。

b. 水管温度传感器的开孔与焊接工作，必须在工艺管道防腐、衬里、吹扫和压力试验前进行。

c. 水管温度传感器的安装位置应在水流温度变化灵敏和具有代表性的地方，不宜选择在阀门等阻力件附近、水流流束死角和振动较大的位置。

2）压差传感器安装见图3.4.2。

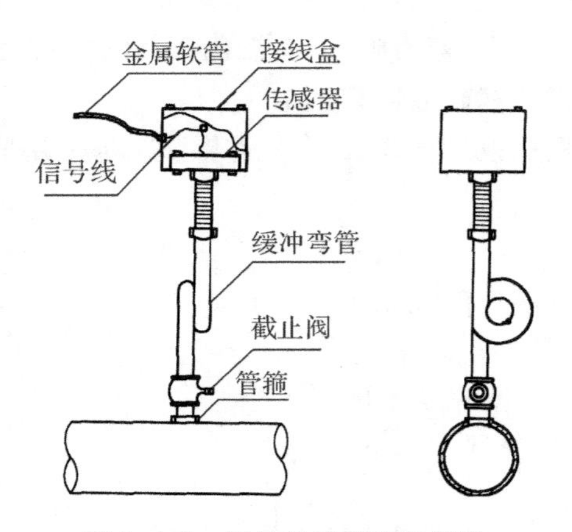

图3.4.2 压差传感器安装示意

①传感器宜安装在便于调试、维修的位置。

②传感器应安装在温、湿度传感器的上侧。

③风管型压力、压差传感器应在做风管保温层时完成安装。

④风管型压力、压差传感器应安装在风管的直管段，如果不安装在直管段，则应避开风管内通风死角和蒸汽排放口的位置。

⑤水管型压力与压差传感器应在暖通水管路安装完毕后进行安装，其开孔与焊接工作

必须在工艺管道的防腐、衬里、吹扫和压力试验前进行。

⑥水管型压力、压差传感器不宜在管道焊缝及其边缘处开孔及焊接。

⑦水管型压力、压差传感器宜安装在管道底部和水流流束稳定的位置，不宜安装在阀门附近、水流流束死角和振动较大的位置。

⑧风压压差开关安装见图 3.4.3。

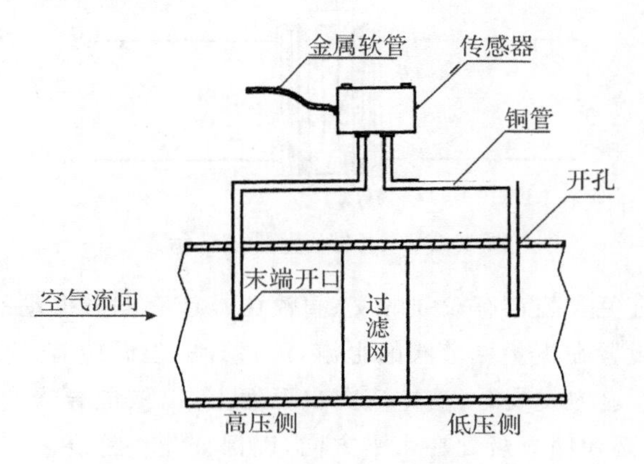

图 3.4.3　压差开关安装示意

a. 安装压差开关时，宜将薄膜处于垂直于平面的位置。

b. 风压压差开关的安装应在做风管保温层时完成。

c. 风压压差开关宜安装在便于调试、维修的地方。

d. 风压压差开关安装完毕后应做密闭处理。

e. 风压压差开关的线路应通过软管与压差开关连接。

f. 风压压差开关应避开蒸汽排放口。

3)水流开关安装方法见图 3.4.4。

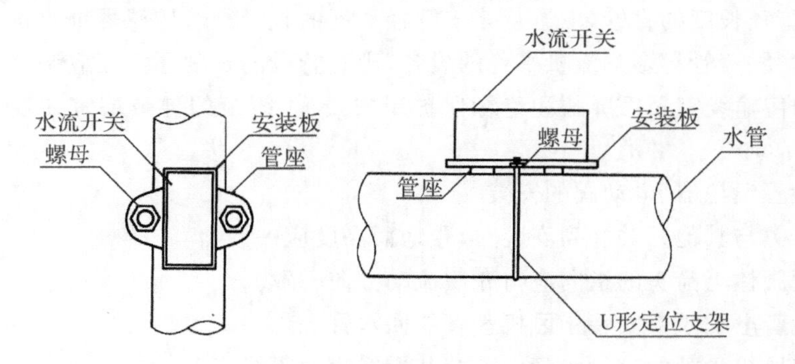

图 3.4.4　水流开关安装示意

①水流开关的安装，应与工艺管道预制、安装同时进行。

②水流开关的开孔与焊接工作，必须在工艺管道的防腐、衬里、吹扫和压力试验前进行。

③水流开关宜安装在水平管段上，不应安装在垂直管段上。

④水流开关宜安装在便于调试、维修的地方。

4)流量传感器的安装

①电磁流量计安装方法见图 3.4.5。

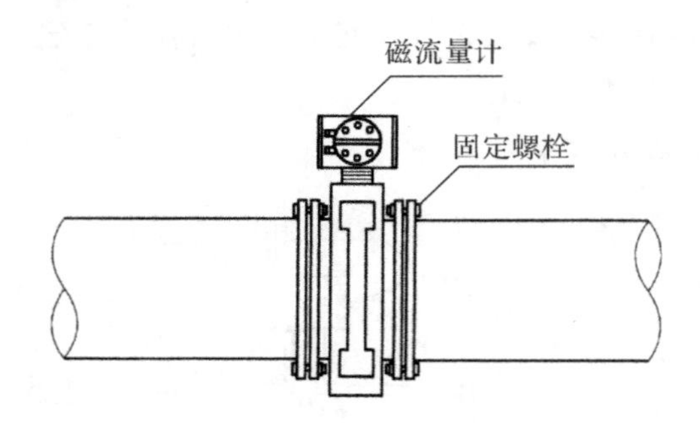

图 3.4.5　电磁流量计安装示意

a. 电磁流量计应避免安装在有较强的交、直流磁场或有剧烈振动的场所。

b. 电磁流量计应设置在流量调节阀的上游,流量计的上游应有一定的直管段。

c. 在垂直的工艺管道内安装时,液体流向自下而上,以保证导管内充满被测液体或不致产生气泡;水平安装时必须使电极处在水平方向,以保证测量精度。

②涡轮式流量传感器

a. 涡轮式流量传感器宜安装在便于维修并避开强磁场、剧烈振动及热辐射的场所。

b. 涡轮式流量传感器安装时要水平,流体的流动方向必须与传感器壳体上所示的流向标志一致。如果没有标志,可按下列所述判断流向:

i. 流体的进口端导流器比较尖,中间有圆孔。

ii. 流体的出口端导流器不尖,中间没有圆孔。

c. 当可能产生逆流时,流量传感器后面应装设逆止阀。

d. 流量传感器需要装在一定长度的直管上,以确保管道内流速平稳。流量传感器上游应留有 10 倍管径长度的直管,下游留 5 倍管径长度的直管。若传感器前后的管道中安装有阀门和管道缩径、弯管等影响流量平稳的设备,则直管段的长度还需相应调整。

e. 信号的传输线宜采用屏蔽和绝缘保护层的线缆,线缆的屏蔽层宜在现场控制器侧一点接地。

5)风机盘管温控器、电动阀的安装

①温控开关与其他开关并列安装时,距地面高度应一致。

②电动阀阀体上箭头的指向应与介质流动方向一致。

③风机盘管电动阀应安装于风机盘管的回水管上。

④四管制风机盘管的冷热水管电动阀共用线应为零线。

6)电磁阀、电动阀的安装

①电磁阀、电动阀安装前应按安装使用说明书的规定检查线圈与阀体间的绝缘电阻值。

②电磁阀、电动阀在安装前宜进行模拟动作和试压试验。

③空调器的电磁阀、电动阀旁一般应装有旁通管路。

④电磁阀、电动阀的口径与管道通径不一致时,应采用渐缩管件,且结合处不允许有间隙、松动现象。同时电动阀口径一般不应低于管道口径两个等级。

⑤执行机构应固定牢固，操作手轮应处于便于操作的位置，并注意安装的位置便于维修、拆装。

⑥执行机构的机械传动应灵活，无松动或卡涩现象。

⑦有阀位指示装置的电磁阀、电动阀，阀位指示装置应面向便于观察的位置。

⑧电磁阀、电动阀一般安装于回水管道。

⑨阀体上箭头的指向应与介质流动方向一致，并应垂直安装于水平管道上，严禁倾斜安装。

⑩大型电动调节阀安装时，为避免给调节阀带来附加压力，应安装支架，在有剧烈震动的场所，应同时采取抗震措施。安装于室外的电磁阀、电动阀应加防护罩。

⑪在管道冲洗前，应将阀体完全打开。

7)风阀控制器的安装方法见图 3.4.6。

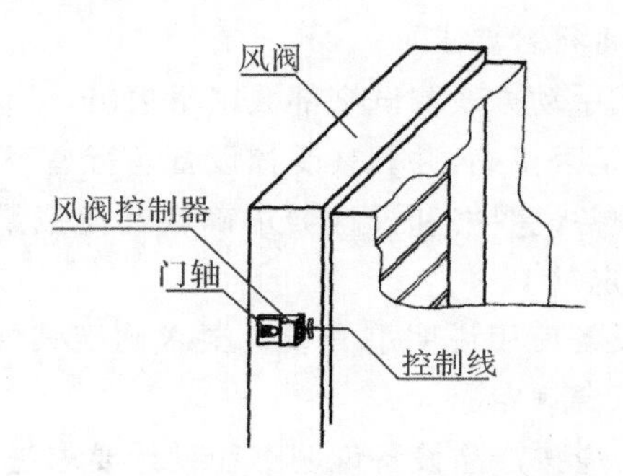

图 3.4.6　风阀控制器安装示意

①风阀控制器安装前应按安装使用说明书的规定检查工作电压、控制输入、线圈和阀体间的电阻等，应符合设计和产品说明书的要求，风阀控制器与风阀门轴的连接应固定牢固。风阀控制器在安装前宜进行模拟动作试验。

②风阀控制器上的开闭箭头的指向应与阀门开闭方向一致。

③风阀的机械机构开闭应灵活，无松动或卡涩现象。

④如果风阀控制器不能直接与风门挡板轴相连接，则可通过附件与挡板轴相连，但其附件装置必须保证风阀控制器旋转角度的调整范围。

⑤风阀控制器应与风阀门轴垂直安装，垂直角度不小于 85°。

⑥风阀控制器的输出力矩必须与风阀所需要的相匹配，符合设计要求。

⑦风阀控制器安装后，风阀控制器的开闭指示位置应与风阀的实际状况一致，风阀控制器宜面向便于观察的位置。

(6)单体设备调试

1)调试程序

①楼宇自控系统调试必须具备下列条件：

a. 楼宇自控系统的全部设备包括现场的各种阀门、执行器、传感器等全部安装完毕，线路敷设和接线全部符合图纸及设计的要求。

b. 楼宇自控系统的受控设备及其自身的系统安装完毕，且调试合格；同时其设备或系统的测试数据必须满足自身系统的工艺要求，具备相应的测试记录。

c. 检测楼宇自控系统设备与各联动系统设备的数据传输符合设计要求。

d. 确认设计图纸、产品供应商的技术资料、软件和规定的其他功能和连锁、联动程序的控制要求。

②现场控制器测试调试程序

a. 数字量输入测试

信号电平的检查：按设备说明书和设计要求确认接点的输入和电压、电流等信号是否符合要求。

动作试验：按上述不同信号的要求，用程序方式或手动方式对全部测点进行测试，并将测试值记录下来。

b. 数字量输出测试

信号电平的检查：按设备说明书和设计要求确认继电器开关的输出起/停(ON/OFF)、输出电压或电流开关特性是否符合要求。

动作试验：用程序方式或手动方式测试全部数字量输出，记录其测试数值并观察受控设备的电气控制开关工作状态是否正确，并观察受控设备运行是否正常。

c. 模拟量输入测试：按设备说明书和设计要求确认其模拟量输入的类型、量程(容量)、设定值(设计值)是否符合规定。

d. 模拟量输出测试：按设备使用说明书和设计要求确定其模拟量输出的类型、量程(容量)与设定值(设计值)是否符合规定。

e. 现场控制器功能测试：应按产品设备说明书和设计要求进行，通常进行运行可靠性测试和现场控制器软件主要功能及其实时性测试。

2)空调单体设备的调试

①新风机单体设备调试

a. 检查新风机控制柜的全部电气元器件有无损坏，内部与外部接线是否正确，严防强电电源串入现场控制器。

b. 按监控点表要求，检查装在新风机上的温度和湿度传感器、电动阀、风阀、压差开关等设备的位置、接线是否正确，并检查输入、输出信号的类型、量程是否和设计一致。

c. 在手动位置确认风机在手动控制状态下已运行正常。

d. 确认现场控制器和 I/O 模块的地址码设置正确。

e. 现场控制器送电并接通主电源开关后，观察现场控制器和各元件状态是否运行正常。

f. 用笔记本电脑或手提检测器检测所有模拟量输入点送风温度和风压的量值，并核对其数值是否正确。记录所有开关量输入点(风压开关和防冻开关等)的工作状态是否正常。强置所有的开关量输出点开与关，确认相关的风机、风门、阀门等工作正常。强置所有模拟量输出点、输出信号，确认相关的电动阀(冷热水调节阀)的工作正常及其位置调节能跟随变化，并打印记录结果。

g. 启动新风机，新风阀门应连锁打开，送风温度调节控制应投入运行。

h. 模拟送风温度大于送风温度设定值，热水调节阀逐渐减小开度直至全部关闭(冬天工况)；或者冷水阀逐渐加大，开度直至全部打开(夏天工况)。模拟送风温度小于送风温度设定值时，确认其冷热水阀运行工况与上述完全相反。

i. 模拟送风湿度小于送风湿度设定值时，加湿器运行湿度调节。

j. 新风机停止运转，则新风门以及冷热水调节阀门、加湿器等应回到全关闭位置。

k. 单体调试完成时，应按工艺和设计要求在系统中设定其送风温度、湿度和风压的初始状态。

l. 对于四管制新风机，可参照上述规定进行。

②空调机单体设备调试

a. 启动空调机时，新风门、回风门、排风门等应联动打开，进入工作状态。

b. 空调机启动后，回风温度应随着回风温度设定值改变而变化，在经过一定时间后应能稳定在回风温度设定值范围之内。如果回风温度跟踪设定值的速度太慢，可以适当提高比例积分微分调节器(PID)的放大作用；如果系统稳定后，回风温度和设定值的偏差较大，可以适当提高 PID 调节的积分作用；如果回风温度在设定值上下明显地作周期性波动，其偏差超过范围，则应先降低或取消微分作用，再降低比例放大作用，直到系统稳定为止。PID 参数设置的原则是：首先保证系统稳定，其次满足其基本的精度要求；各项参数值设置精度不高，应避免系统振荡，并有一定余量。当系统调试不能稳定时，应考虑有关的机械或电气装置中是否存在妨碍系统稳定的因素，做仔细检查并排除这样的干扰。

c. 如果空调机是双环控制，那么内环以送风温度作为反馈值，外环以回风温度作为反馈值，以外环的调节控制输出作为内环的送风温度设定值。一般内环为 PID 调节，不设置微分参数。

d. 空调机停止转动时，新风机风门、排风门、回风门、冷热水调节阀、加湿器等应回到全关闭位置。

e. 变风量空调机应按控制功能变频或分挡变速的要求，确认空气处理机的风量、风压随风机的速度也相应变化。当风压或风量稳定在设计值时，风机速度应稳定在某一点上，并按设计和产品说明书的要求记录 30％、50％、90％风机速度时相对应的风压或风量(变频、调速)；还应在分挡变速时测量其相应的风压与风量。

f. 模拟控制新风门、排风门、回风门的开度限位应满足空调风门开度要求。

③空调冷热源设备调试

a. 按设计和产品技术说明书规定，在确认主机、水泵、冷却塔、风机、电动蝶阀等相关设备单独运行正常的情况下，通过进行全部 AO(模拟量输出)、AI(模拟量输入)、DO(数字量输出)、DI(数字量输入)点的检测，确认其满足设计和监控点表的要求。启动自动控制方式，确认系统各设备可以按设计和工艺要求的顺序投入运行、关闭、自动退出运行。

b. 增加或减少空调机运行台数，增加其冷热负荷，检验平衡量的方向和数值，确认能启动或停止的冷热机组的台数能满足负荷需要。

c. 模拟一台设备故障停运以及整个机组停运，检验系统是否自动启动一个备用的机组投入运行。

④变风量系统末端装置单体调试

变风量系统末端单体检测的项目和要求应按设计和产品供应商说明书的要求进行，变风量系统末端通常应进行如下检查与检试：

a. 按设计图纸要求检查变风量系统末端、变风量系统控制器、传感器、阀门、风门等设备的安装和变风量系统控制器电源、风门和阀门的电源是否正确。

b. 用变风量系统控制软件检查传感器、执行器工作是否正常。

c. 用变风量系统控制软件检查风机运行是否正常。

d. 测定并记录变风量系统末端一次风最大流量、最小流量及二次风流量是否满足设计要求。

e. 确认变风量系统控制器与上位机通信正常。

⑤风机盘管单体调试

a. 检查电动阀门和温度控制器的安装和接线是否正确。

b. 确认风机和管路已处于正常运行状态。

c. 观察风机在高、中、低三速的状态下电动开关阀风机、阀门工作是否正常。

d. 操作温度控制器的温度设定按钮和模式设定按钮,风机盘管的电动阀应有相应的变化。

e. 如风机盘管控制器与现场控制器相连,则应检查主机对全部风机盘管的控制和监测功能(包括设定值修改、温度控制调节和运行参数)。

⑥空调水二次泵及压差旁通调试

a. 如果压差旁通阀门采用无位置反馈,则应做如下测试:

打开调节阀驱动器外罩,观测并记录阀门从全关至全开所需时间和全开到全关所需时间,取此两者较大者作为阀门"全行程时间"参数输入现场控制器输出点数据区。

b. 按照原理图和技术说明的内容,进行二次泵压差旁通控制的调试。先在负载侧全开一定数量调节阀,其流量应等于一台二次泵额定流量,接着启动一台二次泵运行,然后逐个关闭已开的调节阀,检验压差旁通阀门旁路。在上述过程中应同时观察压差量值是否基本稳定在设定值范围之内。

c. 按照原理图和技术说明的内容,检验二次泵的台数控制程序,是否能按预定的要求运行。其中负载侧总流量先按设备参数规定,这个数值可在经过一年的负载高峰期,获得实际峰值后,结合每台二次泵的负荷适当调整。在发生二次泵台数启/停切换时,应注意压差测量值也应基本稳定在设定范围之内。

d. 检验系统的连锁功能,每当有一次机组在运行,二次泵便应同时投入运行,只要有二次泵在运行,压差旁通控制便应同时工作。

3)给排水系统单体设备的调试

①检查各类水泵的电气控制柜与现场控制器之间的接线应正确,严防强电串入现场控制器。

②按监控点表的要求检查装于各类水箱、水池的水位传感器、温度传感器、水量传感器等设备的位置、接线是否正确。

③确认受控设备在手动控制状态下运行正常。

④对给排水系统中的液位、压力等参数的检测及水泵运行状态的监控和报警进行测试。

⑤在现场控制器侧,检测该设备 AO、AI、DO、DI 应满足设计、监控点和联动连锁的要求。

4)变配电、照明系统单体设备调试

①按图纸和变送器接线要求检查变送器与现场控制器、配电箱、柜的接线是否正确,量程是否匹配,检查通信接口是否符合设计要求。

②利用工作站数据读取和现场测量的方法对电压、电流、(无功)功率、功率因数、用电量等各项参数的测量和记录准确性、真实性进行检查。

③按照明系统设计和监控要求检查控制顺序、时间和分区方式是否正确。

④检查照明系统控制动作的正确性,并检查其手动开关功能。

⑤检查柴油发电机组及相应的控制箱、柜的监控是否正常。

⑥对电压、电流、有功(无功)功率、功率因数、用电量等各项参数的图形显示功能进行验证。

⑦对报警信号进行验证。

5)电梯监控系统的设备调试

①检查电梯监控系统的接线和通信接口是否符合要求。

②通过工作站对电梯的运行状态进行监视,并检查其图形显示功能。

③检查电梯监控的故障报警功能。

(7)系统联调

1)控制中心设备的接线检查。按系统设计图纸要求,检查主机与网络器、开关设备、现场控制器、系统外部设备(包括 UPS 电源、打印设备)、通信接口(包括与其他子系统)之间的连接、传输线型号规格是否正确。检查通信接口的通信协议、数据传输格式、速率等是否符合设计要求。

2)系统通信检查。主机及其相应设备通电后,启动程序检查主机与本系统其他设备通信是否正常,确认系统内设备无故障。

3)对整个楼控系统监控性能和联动功能进行测试,要求满足设计图纸及系统监控点表的要求。

3.4.5 质量标准

(1)主控项目

1)空调与通风系统功能检测

建筑设备监控系统应对空调系统的温度和湿度及新风量自动控制、预定时间表自动启停、节能优化控制等控制功能进行检测。应着重检测系统测控点(温度、相对湿度、压差和压力等)与被控设备(风机、风阀、加湿器及电动阀门等)的控制稳定性、响应时间和控制效果,并检测设备连锁控制和故障报警的正确性。

检测数量为每类机组按总数的 20%抽检,且不得少于 5 台,每类机组不足 5 台时全部检测。被检测机组全部符合设计要求为检测合格。

2)变配电系统功能检测

建筑设备监控系统应对变配电系统的电气参数和电气设备工作状态进行监测。检测时应利用工作站数据读取和现场测量的方法对电压、电流、有功(无功) 功率、功率因数、用电量等各项参数的测量和记录进行准确性和真实性检查,显示的电力负荷及上述各参数的动态图形能比较准确地反映参数变化情况,并对报警信号进行验证。

检测方法为抽检,抽检数量按每类参数抽 20%,且数量不得少于 20 点,数量少于 20 点时全部检测。被检参数合格率 100%时为检测合格。

对高低压配电柜的运行状态、电力变压器的温度、应急发电机组的工作状态、储油罐的液位、蓄电池组及充电设备的工作状态、不间断电源的工作状态等参数进行检测时,应全部检测,合格率 100%时为检测合格。

3)公共照明系统功能检测

建筑设备监控系统应对公共照明设备(公共区域、过道、园区和景观)进行监控,应以光照度、时间表等为控制依据,设置程序控制灯组的开关,检测时应检查控制动作的正确性;并检查其手动开关功能。

检测方式为抽检,按照明回路总数的 20%抽检,数量不得少于 10 路,总数少于 10 路时应全部检测。抽检数量合格率 100%时为检测合格。

4)给排水系统功能检测

建筑设备监控系统应对给水系统、排水系统和中水系统进行液位、压力等参数检测以及对水泵运行状态的监控和报警进行验证。检测时应通过工作站参数设置或人为改变现场测控点状态,监视设备的运行状态,包括自动调节水泵转速、投运水泵切换及故障状态报警和保护等项是否满足设计要求。

检测方式为抽检,抽检数量按每类系统的 50%,且不得少于 5 套,总数少于 5 套时全部检测。被检系统合格率 100%时为检测合格。

5)热源和热交换系统功能检测

建筑设备监控系统应对热源和热交换系统进行系统负荷调节、预定时间表自动启停和节能优化控制。检测时应通过工作站或现场控制器对热源和热交换系统的设备运行状态、故障等的监视、记录与报警进行检测,并检测对设备的控制功能。

核实热源和热交换系统能耗计量与统计资料。

检测方式为全部检测,被检系统合格率 100%时为检测合格。

6)冷冻和冷却水系统功能检测

建筑设备监控系统应对冷水机组、冷冻冷却水系统进行系统负荷调节、预定时间表自动启停和节能优化控制。检测时应通过工作站对冷水机组、冷冻冷却水系统设备控制和运行参数、状态、故障等的监视、记录与报警情况进行检查,并检查设备运行的联动情况。

核实冷冻水系统能耗计量与统计资料。

检测方式为全部检测,满足设计要求时为检测合格。

7)电梯和自动扶梯系统功能检测

建筑设备监控系统应对建筑物内电梯和自动扶梯系统进行监测。检测时应通过工作站对系统的运行状态与故障进行监视,并与电梯和自动扶梯系统的实际工作情况进行核实。

检测方式为全部检测,合格率 100%时为检测合格。

8)建筑设备监控系统与子系统(设备)间的数据通信接口功能检测

建筑设备监控系统与带有通信接口的各子系统以数据通信的方式相连接时,应在工作站监测子系统的运行参数(含工作状态参数和报警信息),并和实际状态核实,确保准确性和响应时间符合设计要求;对可控的子系统,应检测系统对控制命令的响应情况。

数据通信接口应按《智能建筑工程质量验收规范》(GB 50339—2013)第3.2.7节的规定对接口进行全部检测,检测合格率100%时为检测合格。

9)中央管理工作站与操作分站功能检测

对建筑设备监控系统中央管理工作站与操作分站功能进行检测时,应主要检测其监控和管理功能,检测时应以中央管理工作站为主,对操作分站主要检测其监控和管理权限以及数据与中央管理工作站的一致性。

应检测中央管理工作站显示和记录的各种测量数据、运行状态、故障报警等信息的实时性和准确性,以及对设备进行控制和管理的功能,并检测中央管理工作站控制命令的有效性和参数设定的功能,保证中央管理工作站的控制命令被无冲突地执行。

应检测中央管理工作站数据的存储和统计(包括检测数据、运行数据)、历史数据趋势图显示、报警存储统计(包括各类参数报警、通信报警和设备报警)情况,中央管理工作站存储的历史数据时间应大于3个月。

应检测中央管理工作站数据报表生成及打印功能、故障报警信息的打印功能。

应检测中央管理工作站操作的方便性,人机界面应符合友好、汉化、图形化要求,图形切换流程清楚易懂,便于操作。对报警信息的显示和处理应直观有效。

应检测操作权限,确保系统操作的安全性。以上功能全都满足设计要求时为检测合格。

10)系统实时性检测

采样速度、系统响应时间应满足合同技术文件与设备工艺性能指标的要求;抽检10%且不少于10台,少于10台时全部检测,合格率90%及以上时为检测合格。

报警信号响应速度应满足合同技术文件与设备工艺性能指标的要求;抽检20%且不少于10台,少于10台时全部检测,合格率100%时为检测合格。

11)系统可维护功能检测

应检测应用软件的在线编程(组态)和修改功能,在中央站或现场进行控制器或控制模块应用软件的在线编程(组态)、参数修改及下载,全部功能得到验证为合格,否则为不合格。

设备、网络通信故障的自检测功能,自检必须指示出相应设备的名称和位置,在现场设置设备故障和网络故障,在中央站观察结果显示和报警,输出结果正确且故障报警准确者为合格,否则为不合格。

12)系统可靠性检测

系统运行时,启动或停止现场设备,不应出现数据错误或产生干扰,影响系统正常工作。检测时采用远动或现场手动启/停现场设备,观察中央站数据显示和系统工作情况,工作正常的为合格,否则为不合格。

切断系统电网电源,转为UPS供电时,系统运行不得中断。电源转换时系统工作正常的为合格,否则为不合格。

中央站冗余主机自动投入时,系统运行不得中断;切换时系统工作正常的为合格,否则为不合格。

(2)一般项目

1)现场设备安装质量检查

现场设备安装质量应符合《配电柜、成套控制柜(屏、台)和动力、照明配电箱(盘)安装施工工艺标准》(VI102)和《低压电动机、电加热器及执行机构检查接线安装施工工艺标准》及设计文件和产品技术文件的要求,检查合格率达到100%时为合格。

①传感器:每种类型传感器抽检10%且不少于10台,传感器少于10台时全部检查。

②执行器:每种类型执行器抽检10%且不少于10台,执行器少于10台时全部检查。

③控制箱(柜):各类控制箱(柜)抽检20%且不少于10台,少于10台时全部检查。

2)现场设备性能检测

①传感器精度测试,检测传感器采样显示值与现场实际值的一致性。依据设计要求及产品技术条件,按照设计总数的10%进行抽测,且不得少于10个,总数少于10个时全部检测,合格率达到100%时为检测合格。

②控制设备及执行器性能测试,包括控制器、电动风阀、电动水阀和变频器等,主要测定控制设备的有效性、正确性和稳定性。测试核对电动调节阀在零开度、50%和80%的行程处与控制指令的一致性及响应速度。测试结果应满足合同技术文件及控制工艺对设备性能的要求。

检测为20%抽测,但不得少于5个,设备数量少于5个时全部测试,检测合格率达到100%时为检测合格。

3)根据现场配置和运行情况对以下项目做出评测:

①控制网络和数据库的标准化、开放性。

②系统的冗余配置,主要指控制网络、工作站、服务器、数据库和电源等。

③系统可扩展性,控制器I/O口的备用量应符合合同技术文件要求,但不应低于I/O口实际使用数的10%;机柜至少应留有10%的卡件安装空间和10%的备用接线端子。

④节能措施评测,包括空调设备的优化控制、冷热源自动调节、照明设备自动控制、风机变频调速、VAV(变风量系统)控制等。根据合同技术文件的要求,通过对系统数据库记录分析、现场控制效果测试和数据计算后做出是否满足设计要求的评测。

结论为符合设计要求或不符合设计要求。

3.4.6 成品保护

(1)安装摄像机支架、护罩、解码器箱时,应保持吊顶、墙面整洁。

(2)对现场安装的解码器箱和摄像机做好防护措施,避免碰撞及损伤。

(3)机房内应采取防尘、防潮、防污染及防水措施。为防止损坏设备应将门窗关好,并派专人负责。

3.4.7 安全与环保措施

(1)交叉作业时应注意周围环境,禁止乱抛工具和材料。

(2)设备通电调试前,必须检查线路接线是否正确,保护措施是否齐全,确认无误后,方可通电调试。

(3)登高作业时,脚手架和梯子应安全可靠,脚手架不得铺有探头板,梯子应有防滑措施,不允许两人同梯作业。

(4)施工现场的垃圾如线头、包装箱等,应堆放在指定地点,及时清运并洒水降尘,严禁随意抛撒。

(5)现场强噪声施工机具,应采取相应措施,最大限度降低噪声。

3.4.8　应注意的问题

(1)安装应牢固,如果有不合格现象应及时修理好。

(2)导线压接松动,反圈,绝缘电阻值低,应重新将压接不牢的导线压接牢固,反圈的应按顺时针方向调整过来,绝缘电阻值低于标准值的应找出原因,否则不准投入使用。

(3)压接导线时,应认真摇测各回路的绝缘电阻,如果造成调试困难,应拆开压接导线重新进行复核,直到准确无误为止。

(4)探测器被刷浆活污染,应将其清理干净。

(5)运行中出现误报,应检查接地电阻值是否符合要求,是否有虚接现象,直到调试正常为止。

(6)现场控制器与各种配电箱、柜和控制柜之间的接线应严格按照图纸施工,严防强电串入现场控制器。

(7)严格检查系统接地电阻值及接线,消除或屏蔽设备及连线附近的干扰源,防止通信不正常。

3.4.9　质量记录

与 3.2.10 节相同。

3.6　火灾自动报警及消防联动系统安装工程施工工艺标准

本标准适用于建筑工程中火灾自动报警及消防联动系统的安装、检测。工程施工应以设计图纸和《智能建筑工程施工规范》(GB 50606—2010)、《智能建筑工程质量验收规范》(GB 50339—2016)及《火灾自动报警系统施工及验收标准》(GB 50166—2019)等规范为依据。

3.5.1　材料、设备要求

(1)明确各类火灾探测器、离子式探测器、光电式探测器、线性感烟探测器、感温式火灾探测器等的材质、规格、型号应符合设计文件的规定,表面应光滑、平整,不得变形、断裂。

(2)设备的表面处理和镀层应均匀、完整,表面光洁,无脱落、气泡等缺陷,有出厂合格证。

(3)前端探测器、各类缆线、管材、联动装置等设备在进场前均应委托鉴定单位对其各项功能进行检测,并出具检测报告。

(4)镀锌材料:镀锌钢管、镀锌线槽、金属膨胀螺栓、金属软管、接地螺栓。

(5)其他材料:塑料胀管、机螺钉、平垫圈、弹簧垫圈、接线端子、绝缘胶布、接头等。

3.5.2 主要机具

与3.4.2节相同。

3.5.3 作业条件

(1)线缆沟、槽、管、箱、盒施工完毕。

(2)主机房内土建、装饰作业完工,温、湿度达到使用要求。

(3)机房内接地端子箱安装完毕。

(4)火灾自动报警系统工程的施工单位必须是公安消防监督机构认可的单位,并受其监督。

(5)导线间绝缘电阻经摇测符合国家规范要求,并编号完毕。

(6)施工图纸齐全,已经会审。

(7)施工方案编制完毕并经审批。

(8)施工前应组织施工人员熟悉图纸、方案及专业设备安装使用说明书,并进行有针对性的培训及安全、技术交底。

(9)火灾自动报警系统与应急指挥系统和智能化集成系统进行集成时,应对外提供通信接口和通信协议,并应符合《智能建筑工程施工规范》(GB 50606—2010)的有关规定。

(10)材料与设备准备

1)火灾自动报警系统的主要设备和材料选用应符合设计要求,并应符合现行国家标准《火灾自动报警系统施工及验收标准》(GB 50166—2019)第2.2节的规定。

2)火灾应急广播与广播系统共用一套系统时,广播系统共用设备应是国家认证的产品,其产品名称、型号、规格应与检验报告一致。

3)桥架、线缆、钢管、金属软管、阻燃塑料管、防火涂料以及安装附件等应符合防火设计要求。

4)应根据现行国家标准《火灾自动报警系统施工及验收标准》(GB 50166—2019)的有关规定,对线缆的种类、电压等级进行检查。

3.5.4 施工工艺

(1)工艺流程

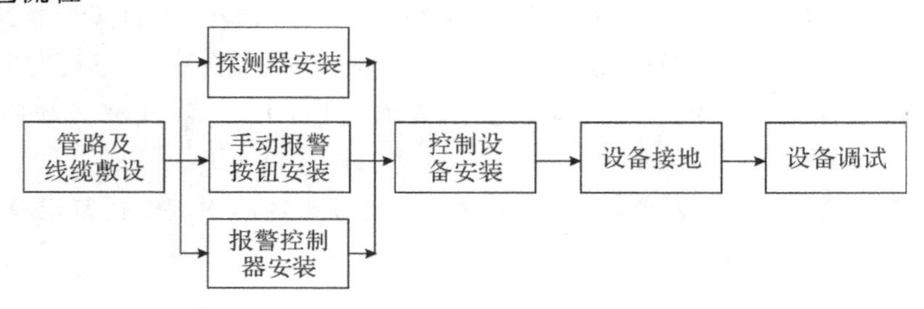

(2)管路及线缆敷设

1)火灾自动报警系统的管线敷设应使用桥架和专用线管敷设,参见本书 3.7.4 节的有关内容进行施工。

2)火灾自动报警系统管线敷设,应根据设计要求,对导线的种类、电压等级进行检查。

3)在管内或线槽内的穿线,应在建筑抹灰及地面工程结束后进行。在穿线前,应将管内或线槽内的积水及杂物清除干净。

4)火灾报警系统应单独布线,不同系统、不同电压等级、不同电流类别的线路,不应穿在同一管内或线槽的同一槽孔内。

5)从接线盒、线槽等处引到探测器底座、控制设备、扬声器的线路,应当采用金属软管保护时,其长度不应大于 2m。

6)导线在管内或线槽内,不应有接头或扭结。导线的接头应在接线盒内焊接或用端子连接。

7)敷设在多尘或潮湿场所管路的管口和管子连接处,均应按设计要求做密封处理。

8)管路超过下列长度时,应在便于接线处装设接线盒:

①管子长度每超过 45m,无弯曲时。

②管子长度每超过 30m,有 1 个弯曲时。

③管子长度每超过 20m,有 2 个弯曲时。

④管子长度每超过 12m,有 3 个弯曲时。

9)金属管子入盒时,盒外侧应套锁母,内侧应装护口;在吊顶内敷设时,盒的内外侧均应套锁母。塑料管入盒应采取相应的固定措施。

10)在吊顶内敷设管路和线槽时,必须采用金属管、金属线槽,宜采用单独的卡具吊装或支撑物固定。吊装线槽或管路的吊杆直径不应小于 6mm。

11)线槽的直线段应每隔 1.0～1.5m 设置吊点或支点,在下列部位也应设置吊点或支点:

①线槽始端、终端及接头处。

②距接线盒 0.2m 处。

③线槽走向改变或转角处。

④直线段不大于 3m 处。

12)线槽接口应平直、严密,槽盖应齐全、平整、无翘角。并列安装时,槽盖应便于开启。

13)管线经过建筑物的变形缝(包括沉降缝、伸缩缝、抗震缝等)处,应采取补偿措施,导线跨越变形缝的两侧应固定,并留有适当余量。

14)火灾自动报警系统导线敷设后,应对每回路的导线用 500V 的兆欧表测量绝缘电阻,其对地绝缘电阻值不应小于 20MΩ。

15)埋入非燃烧体的建筑物、构筑物内的电线保护管,其保护层厚度不应小于 30mm。

16)如果因条件限制,强电和弱电线路共用一个竖井,应分别布置在竖井的两侧。

17)暗装消火栓箱配管时应从侧面进线,接线盒不应放在消火栓箱的后侧。

18)火灾自动报警系统的传输线路应采用铜芯绝缘线或铜芯电缆,阻燃耐火性能符合设计要求,其电压等级不应低于交流 250V。

19)火灾报警器的传输线路应选择不同颜色的绝缘导线,探测器的“+”线为红色,“—”线为蓝色,其余线应根据不同用途采用其他颜色区分。同一工程中相同用途的导线颜色应一致,接线端子应有标号。

(3)火灾探测器的安装

1)点型火灾探测器的安装位置应符合下列规定:

①探测器至墙壁、梁边的水平距离不应小于0.5m。

②探测器0.5m内不应有遮挡物。

③探测器至空调送风口边的水平距离不应小于1.5m,至多孔送风顶棚孔口的水平距离,不应小于0.5m。

④在宽度小于3m的内走道顶棚上设置探测器时,宜居中布置,感温探测器的安装间距,不应超过10m,感烟探测器的安装间距,不应超过15m。探测器距端墙的距离,不应大于探测器安装间距的一半,见图3.5.1。

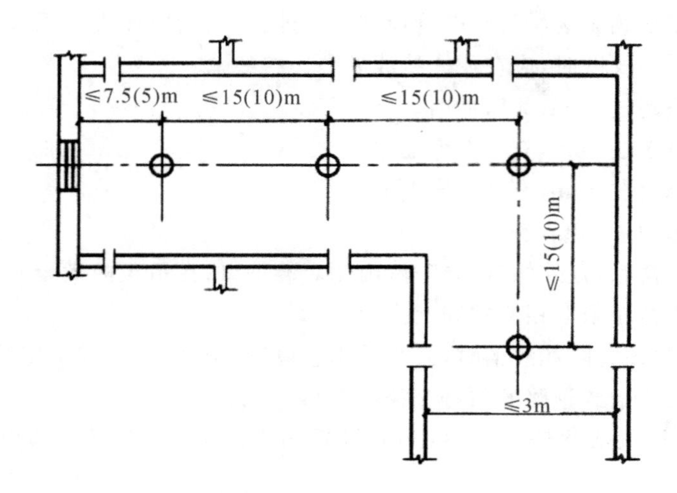

图3.5.1 探测器在宽度小于3m的走道布置

⑤探测器宜水平安装,当必须倾斜安装时,倾斜角不应大于45°。

2)可燃气体探测器的安装应符合下列要求:

①安装位置和安装高度应依据所探测气体的性质而定,当探测的可燃气体比空气重时,探测器安装在可能出现泄漏点的下方;当探测的可燃气体比空气轻时,探测器安装在上方。

②在探测器周围应适当留出更换和标定的空间。

③在有防爆要求的场所,应按防爆要求施工。

④线性可燃气体探测器在安装时,应使发射器和接收器的窗口避免日光直射,且在发射器与接收器之间不应有遮挡物,两组探测器之间的距离不应大于14m。

3)红外光束感烟火灾探测器的安装,应符合下列安装条件:

①发射器和接收器应安装在同一条直线上,见图3.5.2。

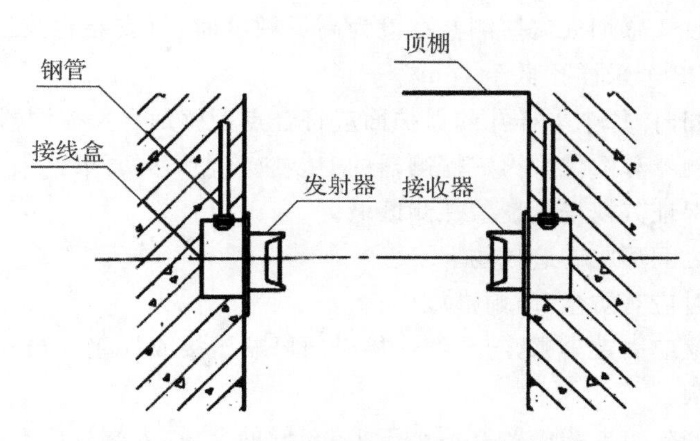

图 3.5.2 红外光束感烟火灾探测器安装示意

②光线通路上不应有遮挡物或干扰源。

③相邻两组红外光束感烟探测器水平距离应不大于 14m，探测器距侧墙的水平距离不应大于 7m，且不应小于 0.5m。

④当探测区域的高度不大于 20m 时，光束轴线至顶棚的垂直距离宜为 0.3～1.0m；当探测区域的高度大于 20m 时，光束轴线距探测区域的地(楼)面高度不宜超过 20m。

⑤发射器和接收器之间的探测区域长度不宜超过 100m。

⑥探测器光束距顶棚一般为 0.3～0.8m，且不得大于 1m。

⑦探测器发出的光束应与顶棚水平，远离强磁场，避免阳光直射，底座应牢固地安装在墙上。

4)缆式探测器的安装应符合以下要求：

①缆式探测器用于监测室内火灾时，可敷设在室内的顶棚下，其线路距顶棚的垂直距离应小于 0.5m，见图 3.5.3。

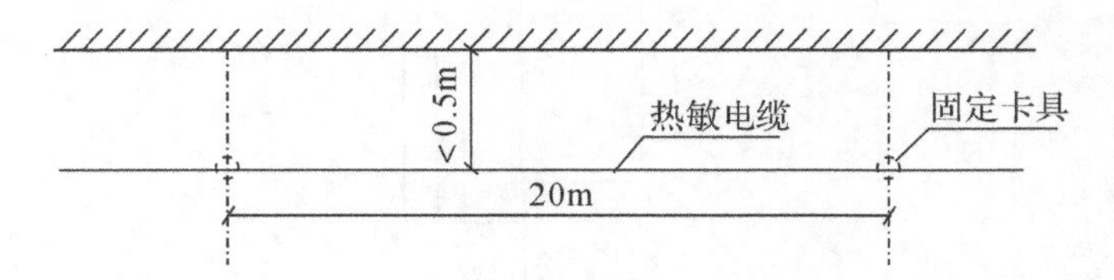

图 3.5.3 热敏电缆在顶棚下安装示意

②热敏电缆安装在电缆托架或支架上时，应紧贴电力电缆或控制电缆的外护套，呈正弦波方式敷设。

③热敏电缆敷设在传送带上时，可直接敷设于被保护传送带的上方及侧面。

④热敏电缆安装于动力配电装置上时，应与被保护物有良好的接触。

⑤热敏电缆敷设时应用固定卡具固定牢固，严禁硬性折弯、扭曲，防止护套破损。必须弯曲时，弯曲半径应大于 200mm。

5)通过管路采样的吸收式感烟火灾探测器的安装应符合下列要求：

①采样管应固定牢固，采样管(含直管)长度和采样孔应符合产品说明书的要求。

②非高灵敏度的吸收式感烟火灾探测器不宜安装在天棚高度大于 16m 的场所。

③高灵敏度吸收式感烟火灾探测器在设为高灵敏度时,可安装在天棚高度大于 16m 的场所,并保证至少有 2 个采样孔低于 16m。

④安装在大空间时,每个采样孔的保护面应符合点型感烟火灾探测器的保护面积要求。

6)点型火灾探测器和图像型火灾探测器的安装应符合下列要求:

①安装位置应保证其视场角覆盖探测区域。

②与保护目标之间不应有遮挡物。

③安装在室外时应有防尘、防雨措施。

7)探测器的底座应固定牢靠,与导线连接必须可靠压接或焊接。当采用焊接时,不得使用带腐蚀性的助焊剂。

8)探测器底座的外接导线应留有不小于 150mm 的余量,入端处应有明显标志。

9)探测器底座的穿线孔宜封堵,安装完毕后的探测器底座应采取保护措施。

10)探测器的确认灯应面向便于人员观察的主要入口方向。

11)探测器在即将调试时方可安装,在安装前应妥善保管,并应采取防尘、防潮、防腐蚀措施。

12)在电梯井、升降机井设置探测器时其位置宜在井道上方的机房顶棚上。

(4)手动火灾报警按钮的安装

1)手动火灾报警按钮的安装位置和高度应符合设计要求,见图 3.5.4。

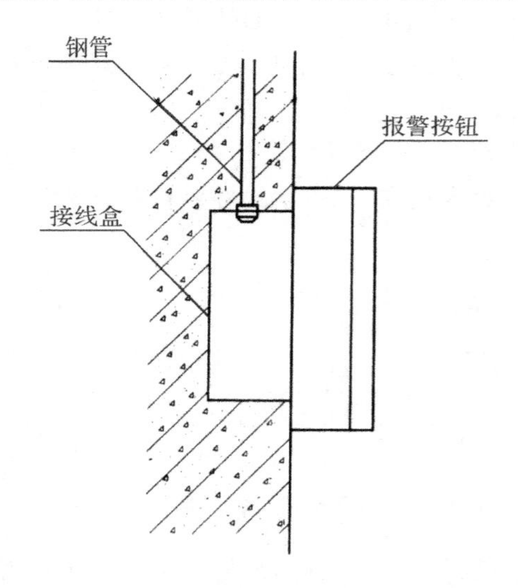

图 3.5.4　手动报警按钮安装示意

2)手动火灾报警按钮应安装牢固,且不得倾斜。

3)手动火灾报警按钮的外接导线应留有不小于 10cm 的余量,且在其端部应有明显标志。

4)手动火灾报警按钮应安装在明显和便于操作的部位。当安装在墙上时,其底边距地(楼)面高度宜为 1.3～1.5m。

(5)火灾报警控制器的安装

1)火灾报警控制器(以下简称控制器)在墙上安装时,其底边距地(楼)面高度不应小于

1.5m;落地安装时,其底边宜高出地坪 0.1～0.2m。

2)控制器应安装牢固,不得倾斜。安装在轻质墙上时,应采取加固措施。

3)引入控制器的电缆或导线,应符合下列要求：

①配线应整齐,避免交叉,并应固定牢靠。

②电缆芯线和所配导线的端部均应标明编号,并与图纸一致,字迹清晰不易褪色。

③端子板的每个接线端上的接线不得超过 2 根。

④电缆芯和导线应留有不小于 200mm 的量。

⑤导线应绑扎成束。

⑥导线引入线穿线后在进线管处应封堵。

4)控制器的主电源应有明显的永久性标志,并应直接与消防电源连接,严禁使用电源插头,控制器与其外接备用电源之间应直接连接。

5)控制器的接地应牢固,并有明显标志。

(6)消防控制设备的安装

1)消防控制设备在安装前,应进行功能检查,不合格者不得安装。

2)当消防控制设备的外接导线采用金属软管作套管时,软管的长度不宜大于 2m,且应采用管卡固定,其固定点间距不应大于 0.5m。金属软管与消防控制设备的接线盒(箱)应采用锁母固定,并应根据配管规定接地。

3)端子箱和模块箱宜设置在弱电间,应根据设计高度固定在墙壁上,安装时应端正牢固。

4)消防控制室引出的干线和火灾报警器及其他的控制线路应分别绑扎成束,汇集在端子的板的两侧,左侧应为干线,右侧应为控制线路。

5)消防控制设备外接导线的端部应有明显标志。

6)消防控制设备盘(柜)内不同电压等级、不同电流类别的端子应分开,并有明显标志。

(7)模块安装

1)同一报警区域内的模块宜集中安装在金属内。

2)模块应独立支撑或固定,安装牢固,并应采取防潮、防腐蚀等措施。

3)模块的连接导线应留有不小于 15cm 的余量,其端部应有明显标志。

4)隐蔽安装时,在安装处应有明显的部位显示和检修孔。

(8)火灾应急广播扬声器和火灾警报装置安装

1)火灾应急广播扬声器和火灾警报装置安装牢固可靠,表面不应有破损。

2)火灾光警报装置应安装在安全出口附近明显处,距地面 1.8m 以上。光警报器与消防应急疏散指示标志不宜在同一面墙上,安装在同一面墙上时,距离应大于 1m。

3)扬声器和火灾声警报装置宜在报警区域内均匀安装。

(9)消防专用电话安装

1)消防电话、电话插孔、带电话插孔的手动报警按钮宜安装在明显、便于操作的位置。当在墙面上安装时,其底边距地(楼)面高度宜为 1.3～1.5m。

2)消防电话和电话插孔应有明显的永久性标志。

(10)消防设备应急电源安装

1)消防设备应急电源的电池应安装在通风良好的地方,当安装在密封环境中时应有通风措施。

2)酸性电池不得安装在带有碱性介质的场所,碱性电池不得安装在带有酸性介质的场所。

消防设备应急电源不应安装在靠近带有可燃气体的管道、仓库、操作间等场所。

3)单相供电额定功率大于 30kW、三相供电额定功率大于 120kW 的消防设备应安装独立的消防应急电源。

(11)系统接地装置的安装

1)工作接地线应采用铜芯绝缘导线或电缆,不得利用镀锌扁铁或金属软管。

2)由消防控制室引至接地体的工作接地线,在通过墙壁时,应穿入钢管或其他坚固的保护管。

3)消防控制设备的外壳及基础应可靠接地,接地线应引入接地端子箱。

4)消防控制室应根据设计要求设置专用接地箱作为工作接地。接地电阻应符合规范要求。

5)工作接地线与保护线必须分开。不得利用金属软管保护接地导体。

6)交流供电和 36V 以上直流供电的消防用电设备的金属外壳应有接地保护,其接地线应和电气保护接地干线(PE)相连接。

7)接地装置施工完毕后,应按规定测量接地电阻,并做好记录。及时做隐蔽工程验收,验收应包括下列内容:

①测量接地电阻,并做记录。

②查验应提交的技术文件。

③审查施工质量。

(12)系统调试

1)火灾自动报警系统设备单机调试

①分别对每一回路的线缆进行测试,检查是否存在短路、断路等故障,并检查工作接地和保护接地是否连接正确、可靠。

②对消防报警主机进行编程,并进行汉化图形显示。

③对系统每一回路中的每一个探测器应进行模拟火灾响应试验和故障报警试验,检验其可靠性。

④对手动报警按钮逐一进行动作测试,对消防联动控制器进行动作测试。

⑤对楼层显示器、警报器、警铃等设备的功能进行测试。

⑥逐一检查广播系统扬声器的音质及音量,并进行选层广播、消防强切等测试。

⑦逐一对消防电话进行通话试验,并对消防控制室内的外线电话进行拨通测试。

⑧对区域报警控制器的功能进行测试。

⑨对集中报警控制器的下列功能进行测试:

a. 火灾报警自检功能。

b. 消音、复位功能。

c. 故障报警功能。

d. 火灾优先功能。

e.报警记忆功能。

⑩对电源自动转换和备用电源的自动充电功能及备用电源的欠压和过压报警功能进行检测，在备用电源连续充放电3次后，主电源和备用电源应能自动转换。

2)联动系统设备单机调试

①在联动系统设备单机自调合格之前禁止打开联动控制器的电源。

②对联动系统线路进行测试，排除线路故障。

③检查控制模块接线端子的压线是否正确、可靠。

④检查控制信号电平是否符合设计要求。

⑤对系统需联动控制的通风、给排水、消防水、强电、弱电、电梯及防火卷帘门的设备进行现场模拟联动试验，确保联动设备单机运行正常。

a.风阀、风机等设备自调合格后，检查其对消防系统控制信号的动作响应是否正确，并检查是否有反馈信号返回消防主机。

b.水流指示器、信号阀、报警阀、喷淋泵等设备自调合格后，对各防火分区内的喷淋管末端逐一进行放水试验，检查水流指示器是否报警准确；对信号阀进行手动开关，检验其动作信号报警是否准确；对报警阀进行放水试验，检查水力警铃及压力开关报警是否准确；检查喷淋泵的运行状态、工作泵和备用泵的转换，检测反馈信号是否正确。

c.消防泵自调合格后，检查消防泵的运行状态、工作泵和备用泵的转换，检测反馈信号是否正确。

d.防火卷帘门自调合格后，检查防火卷帘门对消防控制信号的响应，并检查是否有反馈信号返回主机。

e.非消防电源控制装置自调合格后，检查其对系统控制信号的动作响应是否正确，并检查是否有反馈信号返回消防主机。

f.电梯自调合格后，主机发出控制信号，电梯迫降至首层，并有反馈信号返回消防主机。

3)系统联合调试

①联动系统设备单机调试合格后，对消防报警主机进行联动控制逻辑编程。

②将联动主机的转换开关设为自动状态，以防火分区为单位分层进行系统联合调试。

③对探测器进行模拟火灾试验，监测主机及现场报警状态，预设报警联动动作及反馈信号，并在现场逐一进行核实。

④使用火灾报警按钮模拟火灾状态，监测主机及现场报警状态，预设报警联动动作及反馈信号，并在现场逐一进行核实。

⑤使用消火栓按钮模拟火灾状态，监测主机及现场报警状态，消火栓泵运行状态，并在现场进行核实。

⑥喷淋系统末端进行放水模拟火灾状态，监测主机及现场报警状态，预设报警联动动作及反馈信号，并在现场逐一进行核实。

⑦手动拉动防火阀使其动作，模拟火灾状态，监测主机及现场报警状态，预设报警联动动作及反馈信号，并在现场逐一进行核实。

⑧系统按有关规定连续试运行数小时无故障后，填写火灾自动报警系统调试报告。

3.5.5 质量标准

(1)主控项目

1)探测器、模块、报警按钮等的类别、型号、位置、数量、功能等符合设计要求。

2)消防电话插孔型号、位置、数量、功能等应符合设计要求。

3)火灾应急广播位置、数量、功能等应符合设计要求,且应能在手动或报警信号触发 10s 内切断公共广播,播出火警广播。

4)火灾报警控制器功能、型号应符合设计要求,火灾自动报警系统与消防设备的联动应符合设计要求。

5)在智能建筑工程中,火灾自动报警及消防联动系统的检测应按《火灾自动报警系统施工及验收标准》(GB 50166—2019)的规定执行。

6)火灾自动报警及消防联动系统应是独立的系统。

7)除《火灾自动报警系统施工及验收标准》(GB 50166—2019)中规定的各种联动外,当火灾自动报警及消防联动系统还与其他系统具有联动关系时,应按规范要求拟定检测方案,并按检测方案进行,但检测程序不得与《火灾自动报警系统施工及验收标准》(GB 50166—2019)的规定相抵触。

8)火灾自动报警系统的电磁兼容性防护功能,应符合《消防电子产品环境试验方法及严酷等级》(GB 16838—2005)的有关规定。

9)检测火灾报警控制器的汉化图形显示界面及中文屏幕菜单等功能,并进行操作试验。

10)检测消防控制室向建筑设备监控系统传输、显示火灾报警信息的一致性和可靠性,检测与建筑设备监控系统的接口、建筑设备监控系统对火灾报警的响应及其火灾运行模式,应采用在现场模拟发出火灾报警信号的方式进行。

11)检测消防控制室与安全防范系统等其他子系统的接口和通信功能。

12)检测智能型火灾探测器的数量、性能及安装位置,普通型火灾探测器的数量及安装位置。

13)新型消防设施的设置情况及动能检测应包括以下几项:

①早期烟雾探测火灾报警系统;

②大空间早期火灾智能检测系统、大空间红外图像矩阵火灾报警及灭火系统;

③可燃气体泄漏报警及联动控制系统。

14)公共广播与紧急广播系统共用时,应符合《火灾自动报警系统设计规范》(GB 50116—2019)的要求,并执行本书 3.2.5 节相关内容的规定。

15)安全防范系统中相应的视频安防监控(录像、录音)系统、门禁系统、停车场(库)管理系统等对火灾报警的响应及火灾模式操作等功能的检测,应采用在现场模拟发出火灾报警信号的方式进行。

16)当火灾自动报警及消防联动系统与其他系统合用控制室时,应满足《火灾自动报警系统施工及验收标准》(GB 50166—2019)和《智能建筑设计标准》(GB 50314—2015)的相应规定,但消防控制系统应单独设置,其他系统也应合理布置。

检验方法:仪器仪表检查及功能测试。

(2)一般项目

1)探测器、模块、报警按钮等安装牢固,确认灯朝向正确,且配件齐全,无损伤变形和破损等现象。

2)探测器、模块、报警按钮等导线连接必须可靠压接或焊接,并应有标志,外接导线应有余量。

3)探测器安装位置应符合保护半径、保护面积要求。

检验方法:观察检查及现场测量。

3.5.6 自检自验

(1)系统自检自验准备应符合下列规定:

1)应在系统安装调试完成后进行。

2)系统设备及回路接线应正确,应检查所有回路和电气设备绝缘情况,不应有松动、虚焊、错线或脱落现象,并应做记录。

3)系统自检自验应与相关专业配合进行,且相关专业的联动设备应处于正常工作状态。

(2)系统自检自验应符合下列规定:

1)应先分别对器件及设备逐个进行单机通电检查(包括报警控制器、联动控制盘、消防广播等),正常后方可进行系统检查。

2)火灾自动报警系统通电后,应按现行国家标准《消防联动控制系统》(GB 16806—2006)的要求对设备进行功能检测。

3)单机检查和各消防设备检测完毕后,应进行系统联动检测。

4)消防应急广播与公共广播系统共用时,应能在手动或警报信号触发的 10s 内切换并播放火警广播。

5)火灾自动报警系统与安全防范系统的联动应符合国家标准《民用建筑电气设计标准》(GB 51348—2019) 第 13.4.7 条的规定。

3.5.7 成品保护

(1)报警探测器应先装上底座,戴上防尘罩,调试时再安装探头。

(2)端子箱和模块箱在安装完毕后,箱门应上锁,并对箱体进行保护。

(3)易损坏的设备如手动报警按钮、扬声器、电话及电话插座面板等应最后安装,且做好保护措施。

(4)安装探测器时应注意保持墙体的整洁。

(5)探测器、联动设备应有防破坏、防拆卸等功能。

3.5.8 安全与环保措施

与本书 3.4.7 节相同。

3.5.9 应注意的问题

(1)安装应牢固,若有不合格现象应及时修理好。

(2)导线压接松动,反圈,绝缘电阻值低,应重新将压接不牢的导线压牢固,反圈的应按顺时针方向调整过来,绝缘电阻值低于标准值的应找出原因,否则不准投入使用。

(3)压接导线时,应认真摇测各回路的绝缘电阻,如果调试困难,应拆开压接导线重新进行复核,直到准确无误为止。

(4)探测器被刷浆活污染,应将其清理干净。

(5)运行中出现误报,应检查接地电阻值是否符合要求,是否有虚接现象,直到调试正常为止。

(6)摇测导线绝缘电阻时,应将火灾自动报警系统设备从导线上断开,以防止损坏设备。

(7)设备上压接的导线,要按设计和厂家要求编号,防止接错线。

(8)调试时应先单机后联调,对于探测器等设备要求全数进行功能调试,不得遗漏,以确保火灾自动报警系统整体运行有效。

3.5.10 质量记录

与本书 3.1.10 节相同。

3.6 综合布线系统安装工程施工工艺标准

本标准适用于建筑工程中电气综合布线系统安装工程。工程施工应以设计图纸和有关施工质量验收及《综合布线系统工程验收规范》(GB/T 50312—2016)为依据,并符合相关智能化规范验收规定。

3.6.1 材料、设备要求

(1)主要材料、设备

主要材料设备包括传输部分,即对绞电缆、光缆、光线接头、光纤耦合器等,机房部分,即交接箱、机柜、各类配线架、配线模块、跳线等,终端部分,即信息插座、光纤插座、8 位模块式通用插座、多用户信息插座等。

1)工程所用材料设备的型号、规格、数量、质量在施工前应进行检查,应有出厂检验证明材料,并符合设计要求。

2)经检验的材料设备应做好记录,对不合格的应单独存放,以备检查与处理。

3)工程中使用的缆线、器材应与订货合同或封存的产品样品在规格、型号、等级上相符。

4)备品、备件及各类资料应齐全。

5)各种型材的材质、规格、型号应符合设计文件的规定,表面应光滑、平整,不得变形、断裂。

6)预埋金属线槽、过线盒、接线盒及桥架表面涂覆或镀层均匀、完整,不得变形、损坏。

7)管材采用钢管、硬质聚氯乙烯管时,其管身应光滑、无伤痕,管孔无变形,孔径、壁厚应符合设计要求。

8)管道采用水泥管路时,应按通信管道工程施工及验收中相关规定进行检验。

9)各种铁件的材质、规格均应符合质量标准,不得有歪斜、扭曲、毛刺、断裂或破损。

10)设备的表面处理和镀层应均匀、完整,表面光洁,无脱落、气泡等缺陷。

(2)缆线的要求

1)工程使用的对绞电缆和光缆型号、规格应符合设计的规定和合同要求。

2)电缆所附标志、标签内容应齐全、清晰。

3)电缆外护线套需完整无损,电缆应附有出厂质量检查检验合格证和本批量电缆的技术指标。

4)电缆的电气性能抽验应从本批量电缆中的任意三盘中各截出100m长度,加上工程中所选用的接插件进行抽样测试,并做测试记录。

5)光缆开盘后应先检查光缆外表有无损伤,光缆端头封装是否良好。

6)综合布线系统工程采用光缆时,应检查光缆合格证及检验测试数据,在必要时,可测试光纤衰减和光纤长度。测试要求如下。

①衰减测试:宜采用光纤测试仪进行测试。测试结果如果超出标准或与出厂测试数值相差太大,应用光功率计测试,再加以比较,判断是测试误差还是光纤本身衰减过大。

②长度测试:要求对每根光纤进行测试,测试结果应一致,如果在同一盘光纤中,光纤长度差异较大,则应从另一端进行测试或做通光检查,以判定是否有断纤现象存在。

7)光纤接插软线(光跳线)检验应符合下列规定:

①光纤接插软线两端的活动连接器(活接头)端面应装配有合适的保护盖帽。

②每根光纤接插软线中光纤的类型应有明显的标记,选用应符合设计要求。

(3)接插件要求

1)配线模块和信息插座及其他接插件的部件应完整,检查塑料材质是否满足设计要求。

2)保安单元过压、过流保护各项指标应符合有关规定。

3)光纤插座的连接器使用形式和数量、位置应与设计相符。

(4)配线设备要求

1)光、电缆交接设备的形式、规格应符合设计要求。

2)光、电缆交接设备的编排及标志名称应与设计相符。各类标志应统一,标志位置正确、清晰。

(5)有关对绞电缆电气性能、机械特性、光缆传输性能及接插件的具体技术指标和要求,应符合设计要求。

(6)其他材料:镀锌钢管、镀锌线槽、金属膨胀螺栓、金属软管、接地螺栓、接线盒、地面插座、塑料线槽及其附件。塑料线槽其敷设场所的环境温度不得低于−15℃,其阻燃性能氧指数不应低于27%。

3.6.2 主要工具

(1)安装器具:管锁钳、斜嘴钳、电钻、钻头、钢锯、偏嘴钳、螺丝刀(偏头、十字花)、板岩锯、通条、剪丝钳、多用刀、绳子、拉绳、冲击工具、电缆夹、布线支架等。

(2)测试器具:网络测试仪、光时域反射仪、万用表、兆欧表、铅笔、皮尺、水平尺、小线、线坠等。

(3)专用工具:剥线器、压线工具、光纤熔接机、显微镜、切割工具、玻璃磨光盘、烘干箱。

3.6.3 作业条件

(1)线缆沟、槽、管、箱、盒施工完毕。

(2)土建装修工程完工,线路全部贯通。

(3)配线间、设备间的环境温度、湿度、照度等均应符合设计要求,通风良好,且室内无危险物品,消防器材齐全。

(4)导线间绝缘电阻经摇测符合国家规范要求,并编号完毕。

(5)施工图纸齐全,已经会审。

(6)施工方案编制完毕,并经审批。

(7)施工前应组织施工人员熟悉图纸、方案及专业设备安装使用说明书,并进行有针对性的培训及安全、技术交底。

3.6.4 施工工艺

(1)工艺流程

管线敷设→线缆敷设→设备安装→线缆端接→系统调试→系统验收

(2)管线敷设

参见本书第 3.7.4 节的相关内容。

(3)线缆敷设

1)管路采用地下通信管网时,应符合设计要求。

2)线缆敷设应以设计图纸为依据,一般应符合下列要求:

①线缆的布放应自然平直,线缆间不得缠绕、交叉等。

②线缆不应受到外力的挤压,与线缆接触的表面应平整、光滑,以免造成线缆的变形与损伤。

③线缆在布放前两端应贴有标签,以表明起始和终端位置,标签书写应清晰。

④对绞电缆、光缆及建筑物内其他弱电系统的线缆应分隔布放,且中间无接头。

⑤线缆端接后应有余量。在交接间、设备间对绞电缆预留长度以设计图为依据,一般为 0.5~1m,工作区为 10~30mm,光缆在设备端预留长度一般为 3~5m。

⑥线槽内允许容纳综合布线电缆根数见表 3.6.1。

表 3.6.1 线槽内允许容纳综合布线电缆根数

线槽规格宽×高/(mm×mm)	4 对对绞电缆					大对数电缆(非屏蔽)			
	超五类(非屏蔽)	超五类(屏蔽)	六类(非屏蔽)	六类(屏蔽)	七类	25 对(三类)	50 对(三类)	100 对(三类)	25 对(五类)
	各系列线槽容纳电缆根数								
50×50	30(50)	19(33)	19(33)	14(24)	11(19)	7(12)	4(8)	2(4)	4(7)
100×50	62(104)	41(68)	41(68)	50(30)	24(40)	15(25)	9(16)	5(8)	9(15)
100×70	89(148)	58(97)	58(97)	71(43)	34(57)	21(36)	14(23)	7(12)	13(22)
200×70	180(301)	119(198)	119(198)	87(145)	69(116)	44(73)	28(48)	15(25)	27(45)
200×100	261(436)	172(288)	172(288)	126(210)	101(168)	63(106)	41(69)	21(36)	39(65)
300×100	394(658)	260(434)	260(434)	190(317)	152(253)	96(160)	62(104)	32(54)	59(99)
300×150	598(997)	522(658)	522(658)	288(481)	230(384)	145(242)	95(159)	49(83)	90(150)
400×150	792(1320)	702(871)	702(871)	382(637)	305(509)	192(321)	126(210)	65(109)	119(119)
400×200	1063(1773)	787(1170)	787(1170)	513(855)	410(684)	259(431)	169(282)	88(147)	160(267)

⑦线缆的弯曲半径应符合下列规定：

a. 对绞电缆的弯曲半径应大于电缆外径的 8 倍。

b. 主干对绞电缆的弯曲半径应至少为电缆外径的 10 倍。

c. 光缆的弯曲半径应大于光缆外径的 20 倍。

d. 非屏蔽 4 对对绞电缆弯曲半径不宜小于电缆外径的 4 倍。

⑧采用牵引方式敷设大对数电缆和光缆时，应制作专用线缆牵引端头。

⑨布放光缆时，光缆盘转动应与光缆布放同步，光缆牵引的速度一般为 10m/min。

⑩布放线缆的牵引力应小于线缆允许张力的 80%，对光缆瞬间最大牵引力不应超过光缆允许的张力，主要牵引力应加在光缆的加强芯上。

⑪对绞电缆与电力电缆最小净距应符合表 3.6.2 的规定，与其他管线最小净距应符合表 3.6.3 的规定。

表 3.6.2 对绞电缆与电力电缆最小净距 (单位：mm)

条件	范围		
	<2kV·A(～380V)	2～5kV·A(～380V)	5kV·A(～380V)
对绞电缆与电力线平行敷设	130	300	600

续表

条件	范围		
	<2kV·A (~380V)	2~5kV·A (~380V)	5kV·A (~380V)
有一方在接地的槽道或管道中	70	150	300
双方均在接地的槽道或钢管中	10	80	150

表 3.6.3 对绞电缆与其他管线最小净距 (单位:mm)

管线种类	平行净距	垂直交叉净距
避雷引下线	1000	300
保护地线	50	20
热力管(不包封)	500	500
热力管(包封)	300	300
给排水管	150	20
煤气管	300	20

3)地面线槽和暗管敷设线缆应符合下列规定:

①敷设管道的两端应有标志,并做好带线。

②敷设暗管宜采用钢管或阻燃硬质(PVC)塑料管。暗管敷设对绞电缆时,管道的截面利用率应为25%~30%。

③地面线槽应采用金属线槽,线槽的截面利用率不应超过40%。

④采用钢管敷设的管路,应避免出现超过2个90°的弯曲(否则应增加过线盒),且弯曲半径应大于管径的6倍。

4)安装电缆桥架和线槽敷设线缆应符合下列规定:

①桥架顶部距顶棚或其他障碍物不宜小于300mm,桥架内横断面利用率不应超过50%。

②电缆桥架、线槽内线缆垂直敷设时,在线缆的上端和每间隔1.5m处,应将线缆固定在桥架内支撑架上;水平敷设时,线缆应顺直,尽量不交叉,进出线槽部位、转弯处的两侧300mm处应设置固定点。

③在水平、垂直桥架和垂直线槽中敷设线缆时,应对线缆进行绑扎。4对对绞电缆以24根为束,25对或以上主干对绞电缆、光缆及其他电缆应根据线缆的类型、缆径、线缆芯数分束绑扎。绑扎间距不宜大于1.5m,绑扣间距应均匀、松紧适度。

5)在竖井内采用明配管、桥架、金属线槽等方式敷设线缆,应符合以上有关条款要求。竖井内楼板孔洞周边应设置高度为50mm的防水台,洞口用防火材料封堵严实。

6)建筑群子系统采用架空管道、直埋、墙壁明配管(槽)或暗配管(槽)敷设电缆,光缆施工技术要求应符合设计要求。

(4)设备安装

1)机柜安装

①按机房设计平面布置图进行机柜定位,制作基础槽钢并将机柜稳装在槽钢基础上。

②机柜、机架上的各种零件不得脱落或碰坏,漆面不应有脱落及划痕,各种标志应完整、清晰。

③机柜安装完毕后,垂直度偏差不应大于 2mm,水平偏差不应大于 2mm。

④机柜上的各种零部件不得脱落或损坏。漆面若有脱落应予以补漆。各种标志应完整清晰。

⑤机柜前面应留有 1.5m 的操作空间,机柜背面离墙距离应不小于 1m,以便于操作和检修。

⑥壁挂式箱体底边距地应符合设计要求,若无设计要求,安装高度宜为 1.4m。

⑦在机柜内安装设备时,各设备之间要留有足够的间隙,以确保空气流通,有助于设备的散热。

⑧常规住宅楼配线箱外形尺寸见表 3.6.4。

表 3.6.4 住宅楼配线箱外形尺寸 (单位:mm)

规格	外形尺寸		
	宽	高	厚
可安装 1 台 24 口网络交换机(最大外形尺寸 445×305×44.5),提供 24 个数据端口	600	600	105
可安装 2 台 24 口网络交换机(最大外形尺寸 445×305×44.5),1 如 48 口网络交换机(最大外形尺寸 445×305×67),提供 48 个数据端口	650	600	150
125 回线卡接模块	300	200	90
250 回线卡接模块	350	260	90

2)配线架安装

①采用下出线方式时,配线架底部位置应与电缆进线孔相对应。

②各直列配线架垂直度偏差应不大于 2mm。

③接线端子各种标志应齐全。

3)各类配线部件安装

①各部件应完整无损,安装位置正确,标志齐全。

②固定螺钉应紧固,面板应保持在一个水平面上。

4)信息插座模块安装应符合下列要求:

信息插座模块、多用户信息插座、集合点配线模块安装位置和高度应符合设计要求。

信息插座安装在活动地板内或地面上时,应固定在接线盒内,插座面板采用直立和水平等形式,接线盒盖可开启,并应具有防水、防尘、抗压功能。接线盒盖面应与地面齐平。

信息插座在空心砌块墙的安装示意见图 3.6.1。

5)接地要求:安装机柜、配线设备、金属钢管及线槽接地体的接地电阻值应不大于 1Ω,接地导线截面、颜色应符合规范要求。

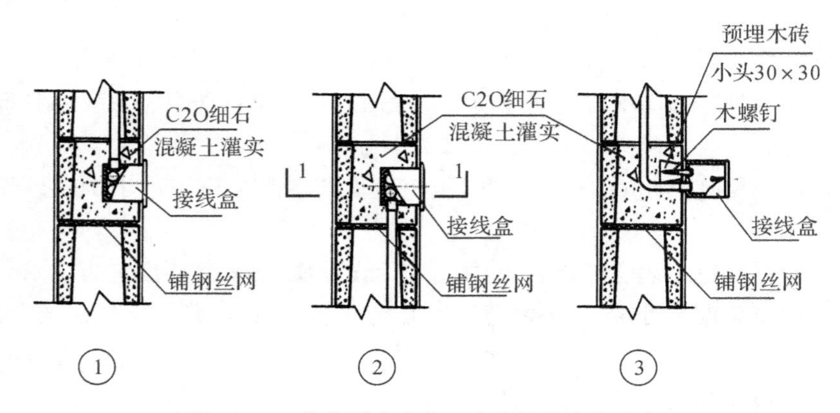

图 3.6.1 信息插座在空心砌块墙的安装示意

(5)线缆端接

1)线缆端接的一般要求:

①线缆在端接前,必须检查标签编号,并按顺序端接。

②线缆终端处必须卡接牢固、接触良好。

③线缆终端安装应符合设计和产品厂家安装手册要求。

2)对绞电缆和连接硬件的端接应符合下列要求:

①使用专用剥线器剥除电缆护套,注意不得刮伤绝缘层,且每对对绞线应尽量保持扭绞状态。非扭绞长度对于 5 类线应不大于 13mm,4 类线应不大于 25mm。对绞线间应避免缠绕和交叉。

②对绞线与 8 位模块式通用插座(RJ45)相连时,必须按色标和线对顺序进行卡接,然后采用专用压线工具进行端接。

插座类型、色标和编号应符合图 3.6.2 的规定。

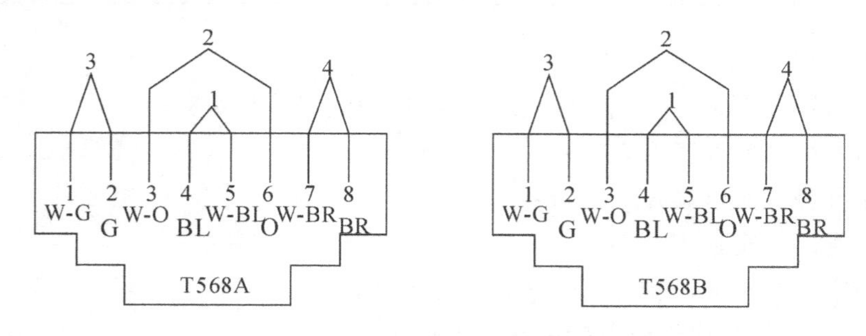

图 3.6.2 8 位模块式通用插座连接规定

③对绞电缆与 8 位模块式通用插座(RJ45)的卡接端子连接时,应按先近后远、先下后上的顺序进行卡接。

④对绞电缆的屏蔽层与插接件终端处屏蔽罩必须可靠接触，线缆屏蔽层应与插接件屏蔽罩 360°圆周接触，接触长度不宜小于 10mm。

3)光缆芯线端接应符合下列要求：

①光纤熔接处应加以保护，使用连接器以便于光纤的跳接。

②连接盒面板应有标志。

③光纤跳线的活动连接器在插入适配器之前应进行清洁，所插位置符合设计要求。

④光纤熔接的平均损耗值为 0.15dB，最大值为 0.3dB。

4)各类跳线的端接

①各类跳线和插件间接触良好，接线无误，标志齐全。跳线选用类型应符合设计要求。

②各类跳线长度应依据现场情况确定，一般对绞电缆不应超过 5m，光缆不应超过 10m。

(6)系统测试

1)综合布线系统测试包括电缆系统电气性能测试及光纤系统性能测试，测试记录表格参见现行国家标准《综合布线系统工程验收规范》(GB/T 50312—2016)第 8.0.7 条。通常测试仪器具有存储、测试、记录功能，可自动输出打印记录。

2)电气性能测试仪按照二级精度，应达到表 3.6.5 的要求。

表 3.6.5　测试仪最低性能要求

性能参数	1～100MHz
随机噪声最低值	65－15log(f/100)dB
剩余近端串音(NEXT)	55－15log(f/100)dB
平衡输出信号	37－15log(f/100)dB
共模抑制	37－15log(f/100)dB
动态精确度	±0.75dB
长度精确度	±1m±4%
回损	15dB

3)电缆、光缆测试仪器必须经过计量部门校验，并取得合格证后，方可在工程中使用。

4)测试仪应能测试 3 类和 5 类对绞电缆布线系统和光纤链路。

5)测试仪表对于一个信息插座的电气性能测试时间宜在 20～50s。

(7)竣工验收

1)系统工程验收应按现行国家标准《综合布线系统工程验收规范》(GB/T 50312—2016)附录 A 表内所列的项目进行检验，若发现不合格项目应及时纠正。

2)系统工程若采用计算机管理和维护，应按专项进行验收。

3.6.5 质量标准

(1)主控项目

1)线缆敷设和端接的检测要求

对以下各项进行检测,要求检测结果符合现行国家标准《综合布线系统工程验收规范》(GB/T 50312—2016)中第6.1.1条、7.0.2条、7.0.3条的规定。

①线缆的弯曲半径;

②预埋线槽和暗管的敷设;

③电源线与综合布线系统线缆应分隔布放,线缆间的最小净距离应符合设计要求;

④建筑物内电、光缆暗管敷设及与其他管线最小净距;

⑤对绞电缆芯线终接;

⑥光纤连接损耗值。

2)建筑群子系统采用架空、管道、直埋敷设的电、光缆,应符合本地网通信线路工程验收的相关规定。

3)机柜、配线架的安装检测除应符合本书以上章节的有关规定以外,还应符合下列要求:

①卡入配线架连接模块内的单根线缆的色标应和线缆的色标一致,大对数电缆按标准色谱的组合规定进行排序。

②端接于RJ45口的配线架的线序及排列方式按T568A或T568B端接标准进行端接,但必须与信息插座模块的线序排列使用同一种标准。

4)信息插座安装在活动地板或地面上时,接线盒应严密防水、防尘。

5)防雷接地电阻值应符合设计要求,设备金属外壳及器件、线缆屏蔽接地线截面的色标应符合设计要求。接地端连接导体应牢固可靠。

6)应采用专用测试仪器对系统的各条链路进行综合布线系统性能检测,其内容包括工程电气性能检测和光纤特性检测。系统的信号传输技术指标应符合设计要求。

检验方法:观察或仪器测试。

(2)一般项目

1)线缆终接应符合本书3.6.4节(5)之1)条的规定。

2)各类跳线的终接应符合本书3.6.4节(5)之4)条的规定。

3)机柜、配线架安装除应符合本书3.6.4节(4)之1)及3.6.4节(4)之2)的规定外,还应符合以下要求:

①机柜不宜直接安装在活动地板上,应按设备的底平面尺寸制作底座。底座直接与地面固定,机柜固定在底座上,底座高度应与活动地板高度相同,然后铺设活动地板。底座水平误差每米不应大于2mm。

②背板式跳线架应经配套的金属背板及接线管理架安装在可靠的墙壁上,金属背板与墙壁应紧固。

③壁挂式机柜底面距地面不宜小于300mm。

④桥架或线槽应直接进入机架或机柜内。

⑤接线端子各种标志应齐全。

4)信息插座的安装要求应执行现行国家标准《综合布线系统工程验收规范》(GB/T 50312—2016)第5.0.3条的规定。

5)光纤芯线终端的连接盒面板应有标志。

6)采用计算机进行综合布线系统管理和维护时，下列内容的检测结果应符合设计要求：

①中文平台、系统管理软件；

②显示所有硬件设备及其楼层平面图；

③显示干线子系统和配线子系统的元件位置；

④实时显示和登录各种硬件设施的工作状态。

检验方法：观察检查或仪器测试。

3.6.6　自检自验

(1)线缆敷设、配线设备安装检验项目及内容应符合表3.6.6的规定。

表3.6.6　线缆敷设、配线设备安装检验项目及内容

阶段	检验项目	检验内容	检验方式
设备安装	配线间、设备机柜	1.规格、外观 2.安装垂直、水平度 3.油漆不得脱落、标志完整齐全 4.各种螺丝必须紧固 5.抗震加固措施 6.接地措施 7.供电措施 8.散热措施 9.照明措施	随工检验
	配线设备	1.规格、位置、质量 2.各种螺丝必须拧紧 3.标识齐全 4.安装符合工艺 5.屏蔽层可靠连接	随工检验
线缆布放(楼内)	线缆暗敷(包括暗敷线槽、地板等方式)	1.线缆规格、路由、位置 2.符合布放线缆工艺要求 3.管槽安装符合工艺要求 4.接地措施	隐蔽工程签证

续表

<table>
<tr><th>阶段</th><th>检验项目</th><th>检验内容</th><th>检验方式</th></tr>
<tr><td rowspan="3">线缆布放
(楼外)</td><td>管道线缆</td><td>1.使用管孔孔位、孔径
2.线缆规格
3.线缆的安装位置、路由
4.线缆的防护设施</td><td>隐蔽工程签证</td></tr>
<tr><td>隧道线缆</td><td>1.线缆规格
2.线缆安装位置、路由
3.线缆安装固定方式</td><td>隐蔽工程签证</td></tr>
<tr><td>其他</td><td>1.线缆路由与其他专业管线的间距
2.设备间设备安装、施工质量</td><td>隐蔽工程签证</td></tr>
<tr><td rowspan="4">缆线端接</td><td>信息插座</td><td>符合工艺要求</td><td rowspan="4">随工检验</td></tr>
<tr><td>配线配件</td><td>符合工艺要求</td></tr>
<tr><td>光纤插座</td><td>符合工艺要求</td></tr>
<tr><td>各类跳线</td><td>符合工艺要求</td></tr>
</table>

(2)综合布线系统测试项目及内容应符合表 3.6.7 的规定。

表 3.6.7 系统测试项目及内容

检验项目	检验内容	检验方式
电缆基本电气性能测试	1.连接图 2.长度 3.衰减 4.近端串扰(两端都应测试) 5.电缆屏蔽层连通情况 6.其他技术	自检
光纤特性测试	1.衰减 2.长度	自检

3.6.7 成品保护

(1)系统设备安装时,不得损坏建筑物,并保持墙面整洁。

(2)安装设置在吊顶内的线缆、线槽时,不得损坏龙骨和吊顶。

(3)应对安装完毕的设备采取必要的保护措施,防止损坏及污染。地面线槽出线口应加强防水措施。

3.6.8 安全与环保措施

(1)在搬运设备、器材过程中,不仅要保证不损伤器材,还要注意不要碰伤人。

(2)施工现场要做到活完场清,现场垃圾和废料等要堆放在指定地点,并及时清运,严禁随意抛撒。

(3)操作工人的手头工具应随手放在工具袋中,严禁乱抛乱扔。

(4)采用光功率计测量光缆时,严禁用肉眼直接观测。

(5)施工现场的垃圾如线头、包装箱等,应堆放在指定地点,及时清运并洒水降尘,严禁随意抛撒。

(6)现场强噪声施工机具,应采取相应措施,以最大限度降低噪声。

3.6.9 应注意的问题

(1)安装应牢固,如果有不合格现象应及时修理好。

(2)导线编号混乱,颜色不统一:应根据产品技术说明书的要求,按编号进行查线,并将标注清楚的异型端子编号管装牢,相同回路的导线应颜色一致。

(3)导线压接松动,反圈,绝缘电阻值低:应重新将压接不牢的导线压牢固,反圈的应按顺时针方向调整过来,绝缘电阻值低于标准值的应找出原因,否则不准投入使用。

(4)端子箱固定不牢固,暗装箱贴脸四周有破口、不贴墙:应重新稳装牢固,贴脸破损进行修复,损坏严重的应重新更换,与墙贴不实的应找一下墙面是否平整,修平后再稳装端子箱。

(5)压接导线时,应认真摇测各回路的绝缘电阻,如果调试困难,应拆开压接导线重新进行复核,直到准确无误为止。

(6)柜(盘)、箱的平直度超出允许偏差:应及时纠正。

(7)柜(盘)、箱的接地导线截面不符合要求、压接不牢:应按要求选用接地导线,压接时应配好防松垫圈且压接牢固,并做明显的接地标记,以便于检查。

(8)柜(盘)、箱等被刷浆活污染:应将其清理干净。

(9)运行中出现误报:应检查接地电阻值是否符合要求,是否有虚接现象,直到调试正常为止。

(10)当抄表系统在管理中心计算机处与其他子系统相连时,必须增加信号分隔器,且要注意接口采用的通信格式。

(11)暗管及孔洞和竖井的位置、数量、尺寸均应符合设计要求。

(12)场所、活动地板防静电措施的接地应符合设计要求。

(13)应提供 220V 单相带地电源插座。

(14)应提供可靠的接地装置。设置接地体时,检查接地电阻值及接地装置应符合设计要求。

(15)交接间、设备间的面积、通风及环境温、湿度应符合设计要求。

3.6.10 质量记录

3.6.10(1)—(11)条分别与本书 3.1.10(1)—(11)条同。

(12)综合布线系统工程电气性能测试记录。

3.7 闭路电视监控系统安装工程施工工艺标准

本标准适用于以监视为主要目的的民用闭路电视监控系统的安装工程。工程施工应以设计图纸和《智能建筑工程施工规范》(GB 50606—2010)、《智能建筑工程质量验收规范》(GB 50339—2016)及《民用闭路监视电视系统工程技术规范》(GB 50198—2011)等为依据。

3.7.1 材料、设备要求

(1)前端部分:矩阵切换控制器、数字矩阵、控制键盘、长延时录像机(或硬盘录像机)、画面分割器、监视器、计算机、系统软件、打印机、不间断电源等。

(2)传输部分:网络交换机、光/电转换器、信号放大器、视频分配器、分线箱、同轴电缆、光缆、电源线、控制线等。

(3)终端部分:摄像机、镜头、云台、解码器、防护罩、支架、红外灯、避雷接地装置等。

(4)上述设备、材料应根据合同文件及设计要求选型,设备、材料和软件进场应验收,并填写验收记录。设备应有产品合格证、检测报告、安装及使用说明书、"CCC"认证标识等。如果是进口产品,则需提供原产地证明和商检证明,配套提供的质量合格证明,检测报告及安装、使用、维护说明书的中文文本。设备安装前,应根据使用说明书进行全部检查,合格后方可安装。

(5)其他材料:镀锌材料、镀锌钢管、镀锌线槽、金属膨胀螺栓、金属软管、塑料胀管、机螺钉、平垫圈、弹簧垫圈、接线端子、绝缘胶布、各类接头等。

3.7.2 机具设备

(1)安装器具:手电钻、冲击钻、电工组合工具、对讲机、BNC 接头专用压线钳、RJ45 专用压线钳、尖嘴钳、剥线钳、光缆接续设备、梯子。

(2)测试器具:250V 兆欧表、500V 兆欧表、万用表、测线仪、寻线仪、水平尺、钢尺、小线、线坠。

3.7.3 作业条件

(1)管理室内土建工程内装修完毕,门、窗、门锁装配齐全、完整。

(2)管理室内、弱电竖井、建筑物其他公共部分及外围的线缆沟、槽、管、箱、盒施工完毕。

(3)施工图纸齐全,已经会审。

(4)施工方案编制完毕并经审批。

(5)施工前应组织施工人员熟悉图纸、方案及专业设备使用说明书,并进行有针对性的培训及安全、技术交底。

3.7.4 施工工艺

(1)工艺流程

桥架、管线敷设→分线箱安装→终端设备安装→机房设备安装→细部处理→系统调试

(2)桥架、管线敷设

1)敷设光缆前,应对光纤进行检查。光纤应无断点,其衰耗值应符合设计要求。

2)核对光缆的长度,并应根据施工图的辐射长度来选配光缆。配盘时应使接头避开河沟、交通要道和其他障碍物。架空光缆的接头应设在杆旁 1m 以内。

3)敷设光缆时,其弯曲半径不应小于光缆外径的 20 倍。光缆的牵引端头应做好技术处理。可采用牵引力自动控制性能的牵引机进行牵引。牵引力应加于加强芯上,其牵引力不应超过 150kg。牵引速度宜为 10m/min。一次牵引的直线长度不宜超过 1km。

4)光缆敷设完毕后,应检查光纤有无损伤,并对光缆敷设损耗进行抽测。确认没有损伤时,再进行接续。

5)架空光缆应在杆下设置伸缩余兜,其数量应根据所在冰凌负荷区级别确定。对负重荷区宜每杆设一个;中负荷区 2～3 根杆宜设一个;轻负荷区可不设,但中间不得绷紧。光缆余兜的宽度宜为 1.52～2m;深度宜为 0.2～0.25m。

6)光缆架设完毕后,应将余缆端头用塑料胶带包扎,盘成圈置于光缆预留盒中。预留盒应固定在杆上。地下光缆引上电杆,必须采用钢管保护。

7)管道光缆敷设时,无接头的光缆在直道上敷设应由人工逐个入孔同步牵引。预先做好接头的光缆,其接头部分不得在管道内穿行。光缆端头应用塑料胶带包好,盘成圈放置在托架高处。

8)光缆的接续应由受过专门训练的人员操作。接续时应采用光功率计或其他仪器进行监视,使接续损耗达到最小。接续后应做好接续保护,并安装好光缆接头护套。

9)光缆敷设后,宜测量通道的总损耗,并用光时域反射计观察光纤通道全程波导衰减特性曲线。在光缆的接续点和终端应做永久性标志。

(3)分线箱安装

1)分线箱安装位置应符合设计要求,当设计无要求时,高度宜为底边距地 1.4m。

2)箱体暗装时,箱体板与框架应与建筑物表面配合严密,严禁采用电焊或气焊将箱体与预埋管焊在一起,管入箱应用锁母固定。

3)明装分线箱时,应先找准标高再钻孔,埋入膨胀螺栓固定箱体。要求箱体背板与墙面平齐。然后将引线与盒内导线用端子做过渡压接,并放回接线端子箱。

4)解码器箱一般安装在现场摄像机附近。安装在吊顶内时,应预留检修口。室外安装时应有良好的防水性,并做好防雷接地措施。

5)当传输线路超长需用放大器时,放大器箱安装位置应符合设计要求,并具有良好的防

水、防尘性。

(4)终端设备安装

1)摄像机安装应满足监视目标视场范围要求。其安装高度:室内离地宜不低于 2.5m;室外离地宜不低于 3.5m。

2)摄像机及其配套装置,如镜头、防护罩、支架、雨刷等设备的安装应灵活牢固,应注意防破坏,并与周边环境相协调,见图 3.7.1。

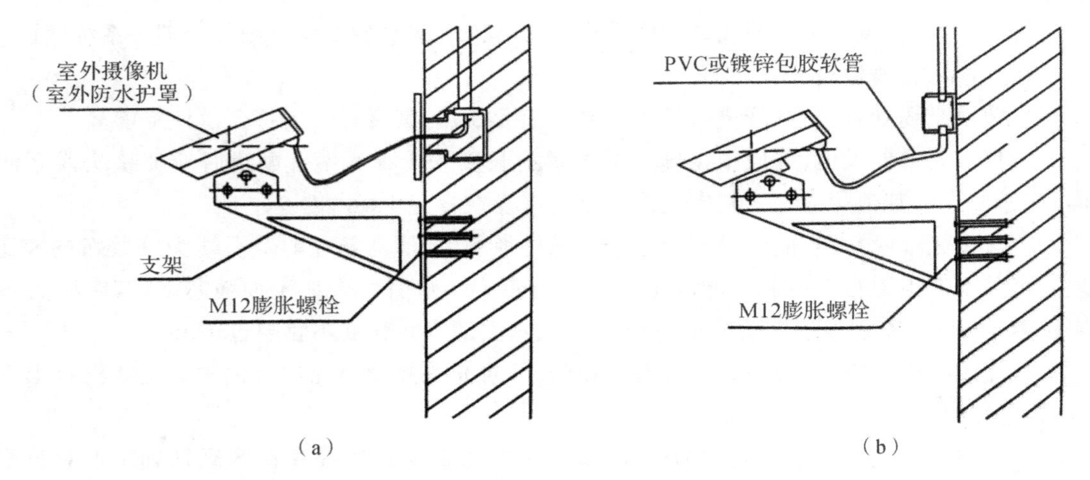

图 3.7.1　摄像机及其配套装备安装

3)电梯厢内的摄像机应安装在厢门上方的左侧或右侧,应能有效监视电梯厢内乘员的面部特征。

4)云台安装应牢固,转动时应无晃动。

5)解码器应安装在云台附近或吊顶内(但须留有检修孔)

6)摄像机及镜头安装前应通电检测,工作应正常。镜头安装时前端尽量避免光源直射。网络摄像机的编码应按设计准确无误。

7)确定摄像机的安装位置时应考虑设备自身安全,其视场不应被遮蔽。

8)架空线入云台时,滴水弯的弯度不应小于电(光)缆的最小弯曲半径。

9)安装室外摄像机、解码器应采取防雨、防腐、防雷措施。

10)当摄像机安装在立杆上时,在现场土壤情况较好(石沙等不导电物质较少)的情况下,可以利用立杆直接接地,把摄像机和防雷器的地线焊接在立杆上。如果现场土壤情况恶劣(石沙等不导电物质较多),则要借用导电设备,利用扁铁和角钢等沿立杆拉下,并将防雷器和摄像机的地线与扁钢妥善焊接,用角钢打入地底 2～3m,与扁钢焊接好。地阻测试根据国标小于 4Ω 即可,见图 3.7.2。

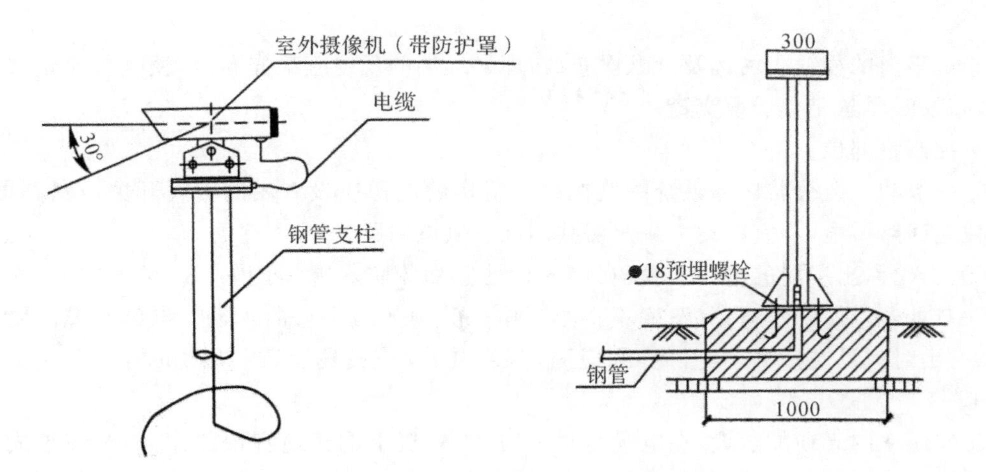

图 3.7.2 摄像机安装在立杆上

11)光端机、编码器和设备箱的安装应符合下列规定：

①光端机或编码器应安装在摄像机附近的设备箱内，设备箱应具有防尘、防水、防盗功能。

②视频编码器安装前应与前端摄像机连接测试，图像传输与数据通信正常后方可安装。

③设备箱内设备排列应整齐、走线应有标识和线路图。

(5)机房设备安装

1)电视墙固定在墙上时，应加设支架固定。电视墙落地安装时，其底座应与地面固定。电视墙安装应竖直平稳，垂直度偏差不得超过1/1000。多个电视墙并排在一起时，面板应在同一平面上，并与基准线平行，前后偏差不大于2mm。两个机架间缝隙不大于2mm。安装在电视墙内的设备应固定牢固、端正。电视墙机架上的固定螺钉、垫片和弹簧垫圈均应紧固，不得遗漏。

2)控制台安装位置应符合设计要求。控制台安放竖直，台面平整，台内插接件和设备接触应可靠，安装应牢固，内部接线应符合设计要求，无扭曲、脱落现象。

3)监视器应安装在电视墙或控制台上。其安装位置应使屏幕不受外来光直射，当有不可避免的光照时，应加遮光罩遮挡。监视器、矩阵主机、长延时录像机、画面分割器、控制键盘等设备外部可操作部分，应暴露在控制台面板外。

(6)细部处理

1)线缆绑扎部位

①插头处的线缆应按布放顺序进行绑扎，防止线缆互相缠绕。线缆绑扎后应保持顺直。水平线缆绑扎扎带的位置应相同，垂直线缆绑扎后应能保持顺直，并与地面垂直。

②应视具体情况选择合适的扎带规格，尽量避免使用多根扎带连接后并扎，以免绑扎后强度降低。扎带扎好后应将多余部分齐根平滑剪齐，在接头处不得带有尖刺。

③线缆绑扎成束时，一般是根据线缆的粗细程度来决定两根扎带之间的距离。扎带间距应为电缆束直径的3～4倍。

④绑扎成束的线缆转弯时，扎带应扎在转角两侧，以避免在线缆转弯处用力过大造成

断芯。

⑤机柜内的显缆应由远及近顺次布放,即最远端的现缆应最先布放,使其位于走线区的底层,布放时尽量避免线缆交错。

2)控制室部位

①一级和二级公共广播系统的监控室或机房的电源应设专用的空气开关或断路器,且宜由独立回路供电,不宜与动力或照明共用同一供电回路。

②引入、引出房屋的电(光)缆,在出入口处应加装防水罩,向上引入、引出的电(光)缆,在出入口处还应做滴水弯,其弯度不得小于电(光)缆的最小弯曲半径。电(光)缆沿墙上下引入、引出时应设支持物。电(光)缆应固定(绑扎)在支持物上,支持物的间隔距离不宜大于1m。

③控制室内光缆的敷设,在电缆走道上时,光端机上的光缆宜预留10m;余缆盘成圈后应妥善放置。光缆至光端机的光纤连接器的耦合工艺应严格按有关要求进行。

④检测视频监控系统的控制功能、监视功能、显示功能、回放功能、报警联动功能和图像丢失报警功能。

(7)系统调试

1)调试摄像机的监控范围、聚焦、环境照度与抗逆光效果等,使图像清晰度、灰度等级达到系统相关技术指标。

2)调试云台和镜头的遥控功能,达到有效工作范围,排除遥控延迟和机械冲击等不良现象。

3)调试视频切换控制主机的操作程序、图像切换、云台镜头摇控、字符叠加等功能,保证工作正常,满足设计要求。

4)检查与调试监视图像与回放图像应清晰、有效,至少应达到可用图像水平。

5)检查摄像机与镜头的配合、控制和功能部件,应保证工作正常。

6)图像显示画面上应叠加摄像机位置、时间、日期等字符。字符应清晰、明显。

7)电梯轿厢内摄像机图像画面应叠加楼层等标识,电梯乘员图像应清晰。

8)当本系统与其他系统进行集成时,应检查系统与集成系统的连网接口及该系统的集中管理和集成控制能力。

9)应检查视频型号丢失报警功能。

10)数字视频系统图像还原性及延时等应符合设计要求。

11)安全防范综合管理系统的文字处理、动态报警信息处理、图表和图像处理、系统操作应在同一套计算机系统上完成。

12)当系统具有报警联动功能时,调试与检查自动开启摄像机电源、自动切换音视频到指定监视器、自动实时录像等功能。系统应叠加摄像时间、摄像机位置(含电梯楼层显示)的标识符,并显示稳定。当系统需要灯光联动时,应检查灯光打开后图像质量是否达到设计要求。

13)对于黑光和星光摄像,要试验夜间无光源和低照度光源环境的图像效果,必须满足设计功能。

3.7.5 质量标准

(1)主控项目

1)视频安防监控系统的检测内容

①系统功能检测:云台转动,镜头、光圈的调节,调焦、变倍,图像切换,防护罩功能的检测。

②图像质量检测:在摄像机的标准照度下进行图像的清晰度及抗干扰能力的检测;检测方法按本书第3.1.5节的表3.1.2的规定对图像质量进行主观评价,主观评价应不低于4分。抗干扰能力按《安防视频监控系统技术要求》(GA/T 367)进行检测。

③系统整体功能检测:功能检测应包括视频安防监控系统的监控范围,现场设备的接入率及完好率,矩阵监控主机的切换、控制、编程、巡检、记录等功能。对数字视频录像式监控系统还应检查主机死机记录、图像显示和记录速度、图像质量、对前端设备的控制功能以及通信接口功能、远端联网功能等。对数字硬盘录像监控系统除检测其记录速度外,还应检测记录的检索、回放等功能。

④系统联动功能检测:联动功能检测应包括与出入口管理系统、入侵报警系统、巡更管理系统、停车场(库)管理系统等的联动控制功能。

⑤视频安防监控系统的图像记录保存时间应满足管理要求。

2)摄像机抽检的数量应不低于20%且不少于3台,摄像机数量少于3台时应全部检测。被抽检设备的合格率为100%时为合格。系统功能和联动功能全部检测,功能符合设计要求时为合格,合格率为100%时为系统功能检测合格。

3)各监控系统设备安装应牢固可靠,导线连接正确,排列整齐,线号正确清晰。导线接头及电缆严禁有拧绞或护层断裂现象。线缆间绝缘电阻值应大于0.5MΩ。

4)系统接地应采用一点接地方式,以达到抗干扰和安全的目的。其保护接地的接地电阻值不应大于1Ω(有特殊要求除外)。接地线压接时,应配有平垫和弹簧垫,压接应牢固可靠。

5)系统应设置防雷接地设施。

检验方法:观察或仪表检查。

(2)一般项目

1)同一区域内的摄像机安装高度应一致,安装牢固。摄像机护罩不应有损伤,并且应平整。

2)各设备、器件的端接应规范。箱内电缆(线)应排列整齐,线路编号正确清晰。线路较多时应绑扎成束,并在箱(盒)内留有适当余量。

3)墙面或顶棚下安装的摄像机、云台及解码器都要生根固定,固定位置不能影响云台及摄像机的转动。

4)视频图像应无干扰纹。

5)摄像机应保持镜头清洁,在其监视范围内不应有遮挡物。

6)室外设备应有防雷保护接地,并应设置线路浪涌保护器。

7)室外的交流供电线路、控制信号线路应有金属屏蔽层并穿钢管埋地敷设。钢管两端应可靠接地。

8)室外摄像机应置于避雷针或其他闪接导体的有效保护范围之内。

9)摄像机立杆接地极防雷接地电阻应小于10Ω。

10)设备的金属外壳、机柜、控制台、外露的金属管、槽、屏蔽线缆外层及浪涌保护器接地端等均应以最短距离与等电位连接网络的接地端子连接。

11)电视墙、控制台安装的允许偏差项目见表3.7.1。

表3.7.1 电视墙、控制台安装的允许偏差

项目	允许偏差	检查方法
电视墙、控制台安装的垂直偏差	1.5‰	尺量
并立电视墙(或控制台)正面平面的前后偏差	2mm	尺量
两台电视墙(或控制台)中间缝隙	2mm	尺量

3.7.6 成品保护

(1)安装摄像机支架、护罩、解码器箱时,应保持吊顶、墙面整洁。

(2)对现场安装的解码器箱和摄像机做好防护措施,避免碰撞及损伤。

(3)机房内应采取防尘、防潮、防污染及防水措施。为防止设备损坏应将门窗关好,并有专人负责。

(4)冬、雨期施工时,应做好设备、成品(半成品)及材料的防护工作(防冻、防潮、防淋、防晒)。

3.7.7 安全与环保措施

(1)交叉作业时应注意周围环境,禁止乱抛工具和材料。

(2)设备通电调试前,必须检查线路接线是否正确,保护措施是否齐全,确认无误后,方可通电调试。

(3)登高作业时,脚手架和梯子应安全可靠,脚手架不得铺有探头板,梯子应有防滑措施,不允许两人同梯作业。

(4)施工现场的垃圾应堆放在指定地点,及时清运并洒水降尘,严禁随意抛撒。

(5)对现场强噪声施工机具,应采取相应措施,最大限度降低噪声。

3.7.8 应注意的质量问题

(1)导线压接应牢固,以防导线松动或脱落。

(2)使用屏蔽线时,应将外铜网与芯线分开,以防信号短路。

(3)应将屏蔽线和设备外壳可靠接地。

(4)在同一区域内安装摄像机时,在安装前应找准位置再安装,以免安装标高不一致。

3.7.9 质量记录

与本书 3.1.10 节(1)—(11)条相同。

3.8 对讲系统安装工程施工工艺标准

本标准适用于一般建筑工程中可视和非可视对讲呼叫系统安装工程。工程施工应以设计图纸和《智能建筑工程施工规范》(GB 50606—2010)及《智能建筑工程质量验收规范》(GB 50339—2016)等规范为依据。

3.8.1 材料、设备要求

(1)可视室内分机

1)可视室内对讲机的要求是:通过室内对讲机,屋主可以看到访客或警卫的影像并实现双向对讲、开锁、监视等功能。

2)设备在进场前应委托鉴定单位对其通话功能、监视功能、夜视功能进行检测,并出具检测报告。

3)设备应有出厂合格证。安装前应确保外形尺寸、型号与图纸相符,金属壳表面涂覆不能露出底层金属,并无起泡、腐蚀、缺口、毛刺、疵点、涂层脱落和砂孔等。

4)塑料外壳表面应无裂痕、褪色及永久性污渍,亦无明显变形和划痕。

(2)非可视室内分机

1)非可视室内对讲机的要求是:通过室内对讲机,屋主可以实现双向对讲、开锁等功能。

2)设备在进场前应委托鉴定单位对其通话功能进行检测,并出具检测报告。

3)设备应有出厂合格证。安装前应确保外形尺寸、型号与图纸相符,塑料外壳表面应无裂痕、褪色及永久性污渍,亦无明显变形和划痕。

(3)相关设备

1)短路隔离器:短路隔离设备的作用是当系统中一个设备因短路或其他原因导致故障时,不会影响整个系统的运行。

2)视频放大器:视频放大器的作用是当视频信号传输距离较远导致衰减时,接入系统起中继放大作用。

3)视频分配器:视频分配器是连接总线与室内机的中间器材,接入系统中起视频分配作用。

4)电源:要求能供给整个系统各个设备的电源,其分为普通和后备式(带蓄电池的)两种。

(4)设备要求

以上设备均有如下要求:

1)设备在进场前应委托鉴定单位对其进行相应的功能检测,并出具检测报告。

2)设备应有出厂合格证。安装前应确保外形尺寸、型号与图纸相符,金属壳表面涂覆不能露出底层金属,并无起泡、腐蚀、缺口、毛刺、疵点、涂层脱落和砂孔等。

3)塑料外壳表面应无裂痕、褪色及永久性污渍,亦无明显变形和划痕。

(5)非可视门口主机

1)可呼叫室内机及管理中心,实现双向对讲,门口机键盘带夜光功能,夜晚操作不受影响。CCD有红外补光功能,夜间也可清晰显示访客图像。可实现多台主机并接组网操作。

2)设备在进场前应委托鉴定单位对其进行功能检测,并出具检测报告。

3)设备应有出厂合格证。安装前应确保外形尺寸、型号与图纸相符,塑料外壳表面应无裂痕、褪色及永久性污渍,亦无明显变形和划痕。

4)按键、开关操作灵活可靠,零部件应紧固无松动。

(6)可视门口主机

1)可呼叫室内机及管理中心,实现可视双向对讲,门口机键盘带夜光功能,夜晚操作不受影响。CCD有红外补光功能,夜间也可清晰显示访客图像。可实现多台主机并接组网操作。

2)设备在进场前应委托鉴定单位对其显示功能、控制功能、通话功能进行检测,并出具检测报告。

3)设备安装前应确保外形尺寸、型号与图纸相符,塑料外壳表面应无裂痕、褪色及永久性污渍,亦无明显变形和划痕。

4)按键、开关操作灵活可靠,零部件应紧固无松动。

(7)非可视管理机

1)要求可连接门口机实现双向通话。可以实现开锁功能,管理员可在管理中心开启各大门锁。可连接电脑或打印机,实现小区智能化安全管理,可实现与主机、分机之间的双向通话。

2)设备在进场前应委托鉴定单位对其进行功能检测,并出具检测报告。

3)设备有出厂合格证,安装前应确保外形尺寸型号与图纸相符,塑料外壳表面应无裂痕、褪色及永久性污渍,亦无明显变形和划痕。

4)按键、开关操作灵活可靠,零部件应紧固无松动。

(8)可视管理机

1)要求可连接门口机实现双向可视通话。可以实现开锁功能,管理员可在管理中心开启各大门锁。可连接电脑或打印机,实现小区智能化安全管理,可实现与主机、分机之间的双向通话。

2)设备在进场前应委托鉴定单位对其功能进行检测,并出具检测报告。

3)设备应有出厂合格证,安装前应确保外形尺寸、型号与图纸相符,塑料外壳表面应无裂痕、褪色及永久性污渍,亦无明显变形和划痕。

4)按键、开关操作灵活可靠,零部件应紧固无松动。

(9)绝缘导线

1)对讲系统的传输线路应采用铜芯绝缘导线或钢芯电缆,其电压等级不应低于交流250V,并有产品合格证。

2)线材在进场前应委托鉴定单位对其功能进行检测,并出具检测报告。

3)对讲系统传输线路的线芯截面选择除满足对讲装置技术条件的要求外,还应满足机械强度的要求。

(10)其他材料:镀锌钢管、镀锌线槽、金属膨胀螺栓、金属软管、塑料胀管、机螺钉、平垫圈、弹簧垫圈、接线端子、绝缘胶布、接头等。

3.8.2 主要机具

(1)安装机具:卡线钳、电工刀、一字改锥、十字改锥、剥线钳、尖嘴钳、手电钻、冲击钻等。

(2)测试工具:万用表、兆欧表、水平尺、钢尺等。

3.8.3 作业条件

(1)土建、内外装修及油漆浆活全部完成。

(2)管线、导线、预埋盒(盒口全部修好)全部完成。

(3)导线间绝缘电阻经摇测符合国家规范要求,并编号完毕。

3.8.4 施工工艺

(1)工艺流程

管路及线缆敷设→对讲机分安装→端子箱安装→管理机安装→调试验收

(2)管路及线缆敷设

1)管路敷设

①暗配管用管材须选用金属管、硬质 PVC 管等。

②暗配管管路宜沿最短的路径敷设,尽量减少弯曲。在相邻拉线盒之间,禁止 S 形弯或 U 形弯。埋入墙体或混凝土构件内的暗配管,其表面保护层厚度不应小于 30mm。

③所有管路接头、管口、进出箱盒处,均应做密封处理,以防混凝土、砂石进入暗配管内。

④暗配管不宜穿越电气设备基础,必须穿越时,应加穿金属保护管并做好接地。

⑤当管道长度大于 30m 或拐弯处多于 2 处时,应加装拉线盒。

⑥保证管道平滑无毛刺。

2)线缆敷设

①系统建筑物内垂直干线应采取金属管、封闭式金属线槽等保护方式进行布线。与裸放的电力电缆的最小净距为 800mm,与放在有接地金属线槽或钢管中的电力电缆的最小净距为 150mm。

②水平子系统应穿钢管埋于墙内,禁止与电力电缆穿在同一管内。

③吊顶内施工时,须穿于 PVC 管或蛇皮软管内;安装设备处须放过线盒,PVC 管或蛇皮软管进过线盒,线缆禁止暴露在外。

④弱电线路的电缆竖井应与强电线路的电缆竖井分别设置。如果受条件限制必须合用同一竖井,应分别布置在竖井的两侧。

⑤穿管绝缘导线或电缆的总截面积不应超过管内截面积的 40%。

⑥敷设于封闭线槽内的绝缘导线或电缆的总截面积不应大于线槽净截面积的50%。

(3)对讲分机安装

先将预留在盒内的导线用剥线钳剥去绝缘外皮,露出线芯10～15mm(注意不要碰掉线号套管),顺时针压接在分机底座的各级接线端上,然后将底座用配套的机螺丝固定在预埋盒上。采用总线制并要进行编码的探测器,应在安装前对照厂家技术说明书的规定,按层或区域事先进行编码分类,然后再按照上述工艺要求安装探测器。

(4)端子箱安装

1)设置在专用竖井内的端子箱,应根据设计要求的高度及位置,采用金属膨胀螺栓将箱体固定在墙壁上(明装),管进箱处应带好护口,将干线电缆和支线分别引入。

2)剥去电缆绝缘层和导线绝缘层,使用校线耳机,两人分别在线路两端逐根核对导线编号。

3)将导线留有一定长度的余量,然后绑扎成束,分别设置在端子板两侧。

4)原则上先压接从中心引来的干线,后压接水平线路。

(5)管理机安装

管理机是一台符合探测器运行条件的PC机。按照PC机放置标准,其应放置在配置中心控制室。按照探测器产品说明安装运行软件,以及用总线将各建筑物探测器接至管理机。

(6)调试验收

对讲系统各种设备的系统调试,由局部到系统进行。在调试过程中应遵照公安部颁发的《中华人民共和国公共安全行业标准》,深入检查各部件和设备安装是否符合规范要求。在各种设备系统连接与试运转过程中,应由有关厂家参加协调,进行统一系统调试,发现问题及时解决,并做好详细的统调记录。

经过统调无误后,再请公安有关部门、建设单位的主要负责人及技术专家进行验收,确认合格后办理交验手续,交付使用。

3.8.5 质量标准

(1)主控项目

1)功能检测

①检查主机(管理主机、楼门主机)与户内分机的通信准确度。

②检查楼门主机与户内分机及电锁强行进入的报警功能,报警应准确、及时。

③检查主机与户内分机的开锁功能,开锁动作应准确、可靠。

④检查失电后系统启动备用电源应急工作的准确性、实时性和信息的存储、恢复能力。

2)软件检测:根据说明书中规定的性能要求,包括时间、适应性、稳定性以及图形化界面友好程度,对软件逐项进行系统功能测试。

3)保护接地的接地电阻值不应大于1Ω。

4)导线的压接必须牢固可靠,线号正确齐全,导线规格符合设计要求。

检验方法:观察检查和仪器测试。

(2)一般项目

1)线接头或线缆敷设严禁有拧绞、护层断裂和表面严重划伤、缺损等现象，必须留有足够的余量以备压接和检测，并且导线或电缆一定要做好线路线号标记。各路导线接头正确牢固，编号清晰，绑扎成束。

2)端子箱内各线路电缆排列整齐，线号清楚，导线绑扎成束，端子号相互对应，字迹清晰。

3)组线箱、盒内应保证清洁无杂物，(可视)对讲机面板、显示屏及话筒也要求保证清洁，没有划痕和破损现象。

4)除设计有特殊要求外，一般都应按以上要求执行，各地线压接应牢固可靠，并有防松垫圈。

检验方法：观察检查。

5)同一楼层可视对讲主机和可视家庭分机安装高度允许偏差 2mm；同一栋楼不同单元的(非)可视门口主机安装高度允许偏差 5mm。

6)镶嵌式和明挂式对讲主机或对讲分机底面要与地面保持水平，允许偏差 1mm。

检验方法：用尺量检查。

3.8.6　成品保护

(1)安装对讲分机时应注意保持墙面的整洁。

(2)端子箱安装完毕后应注意箱门上锁，保护箱体不被污染。

(3)柜(盘)最好及时将门上锁，以防止设备损坏和丢失。

3.8.7　安全与环保措施

(1)交叉作业时应注意周围环境，禁止乱抛工具和材料。

(2)设备通电调试前，必须检查线路接线是否正确、保护措施是否齐全，确认无误后，方可通电调试。

(3)登高作业时，脚手架和梯子应安全可靠，脚手架不得铺有探头板，梯子应有防滑措施，不允许两人同梯作业。

(4)施工现场的垃圾如线头、包装箱等，应堆放在指定地点，及时清运并洒水降尘，严禁随意抛撒。

(5)现场强噪声施工机具应采取相应措施，最大限度地降低噪声。

3.8.8　应注意的问题

(1)对讲分机的盒子有破口，盒子过深及安装不牢固等现象：应将盒子口收平齐，安装应牢固，若有不合格现象应及时修理好。

(2)导线编号混乱，颜色不统一：应根据产品技术说明书的要求，按编号进行查线，并将标注清楚的异型端子编号管装牢，相同回路的导线应颜色一致。

(3)导线压接松动，反圈，绝缘电阻值低：应重新将压接不牢的导线压牢固，反圈的应按顺时针方向调整过来,绝缘电阻值低于标准值的应找出原因,否则不准投入使用。

(4)端子箱固定不牢固,暗装箱贴脸四周有破口、不贴墙:重新稳装牢固,对破损的贴脸进行修复,损坏严重的应重新更换。与墙贴不实的应找一下墙面,看是否平整,修平后再稳装端子箱。

(5)工程安装用线材,应严格按《安装使用手册》的规格选择。

(6)系统布线应远离交流电网等干扰源。

(7)系统电源的分布及配置应严格要求,避免负荷超标导致系统工作失常。

(8)压接导线时,应认真摇测各回路的绝缘电阻,如果调试困难,应拆开压接导线重新进行复核,直到准确无误为止。

(9)基础槽钢不平直,超过允许偏差:槽钢安装前应进行调直,刷好防锈漆,再配合土建施工,找好水平后固定牢固。

(10)柜、盘、箱的平直度超出允许偏差:应及时纠正。

(11)柜(盘)、箱的接地导线截面不符合要求,压接不牢:应按要求选用接地导线,压接时应配好防松垫圈且压接牢固,并做明显的接地标记,以便于检查。

(12)探测器、柜(盘)、箱等被污染:应将其清理干净。

(13)运行中出现误报:应检查接地电阻值是否符合要求,是否有虚接现象,直到调试正常为止。

3.8.9 质量记录

与本书3.1.10节(1)—(11)条相同。

3.8 入侵报警系统安装工程施工工艺标准

本标准适用于建筑工程中入侵报警系统安装工程。工程施工应以设计图纸和《智能建筑工程施工规范》(GB 50606—2010)及《智能建筑工程质量验收规范》(GB 50339—2016)等规范为依据。

3.9.1 材料、设备要求

(1)前端部分:报警通信主机、键盘、声/光报警器、警灯、警铃、计算机(内置系统管理软件)、打印机、不间断电源等。

(2)传输部分:报警控制箱、电线、电缆等。

(3)终端部分:门(窗)磁、主(被)动红外探测器、微波探测器、超声波探测器、双鉴探测器、报警按钮、玻璃破碎探测器、电磁门锁、周界探测器等。

(4)上述设备、材料应根据合同文件及设计要求选型,对设备、材料和软件进行进场验收,并填写验收记录。设备应有产品合格证、检测报告、"CCC"认证标识、安装及使用说明书等。如果是进口产品,则需提供原产地证明和商检证明,配套提供的质量合格证明,检测报告及安装、使用、维护说明书的中文文本。设备安装前,应根据使用说明书进行全部检查,方可安装。

(5)绝缘导线

1)报警系统的传输线路应采用铜芯绝缘导线或钢芯电缆,其电压等级不应低于交流250V,并有产品合格证。

2)报警系统传输线路的线芯截面选择除满足对讲装置技术条件的要求外,还应满足机械强度的要求。

(6)其他材料:镀锌钢管、镀锌线槽、金属膨胀螺栓、金属软管、塑料胀管、机螺钉、平垫圈、弹簧垫圈、接线端子、绝缘胶布、各类接头等。

3.9.2 机具设备

(1)安装器具:手电钻、冲击钻、对讲机、梯子、电工组合工具。

(2)测试器具:250V 兆欧表、500V 兆欧表、水平尺、钢尺、小线。

3.9.3 作业条件

(1)管理室内土建工程内装修完毕,门、窗、门锁装配完整。

(2)管理室内、弱电竖井、建筑物其他公共部分及外围的线缆沟、槽、管、箱、盒施工完毕。

(3)施工图纸齐全,已经会审。

(4)施工方案编制完毕并经审批。

(5)施工前应组织施工人员熟悉图纸、方案及专业设备安装使用说明书,并进行有针对性的培训及安全、技术交底。

3.9.4 施工工艺

(1)工艺流程

管路敷设→报警控制箱安装→线缆敷设→终端设备安装→设备接线、调试

(2)管路敷设:参见本书 3.7.4 节的相关内容。

(3)报警控制箱安装

1)报警控制箱的安装位置、高度应符合设计要求,在无设计要求时,宜安装于较隐蔽或安全的地方,底边距地宜为 1.4m。

2)暗装报警控制箱时,箱体框架应紧贴建筑物表面。严禁采用电焊或气焊将箱体与预埋管焊在一起。管入箱应用锁母固定。

3)明装报警控制箱时,应找准标高,进行钻孔,埋入金属膨胀螺栓进行固定。箱体背板与墙面平齐。

4)报警控制箱的交流电源应单独敷设,严禁与信号线或低压直流电源线穿在同一管内。

(4)线缆敷设

1)布放线缆前应对其进行绝缘测试,电线、电缆线间和线对地间的绝缘电阻值必须大于0.5MΩ,测试合格后方可敷设。

2)布放线缆应排列整齐,不拧绞,尽量减少交叉。交叉处粗线在下,细线在上。

3)管内线缆不得有接头,接头必须在盒(箱)处连接。

4)所敷设的线缆两端必须做好标记。同轴电缆的屏蔽层均需单端可靠接地。

5)线管不能直接进入设备接线盒内时,线管出线口与设备接线端子之间,必须采用金属软管过渡连接,软管长度不得超过 1m,且不得将线缆直接裸露。

(5)终端设备安装

1)报警系统终端设备的安装位置应符合设计要求,并符合以下规定:

①微波探测器灵敏度很高,安装时不要对着门、窗,以免室外活动物体引起误报警。

②超声波探测器容易受风和空气流动的影响,安装时不要靠近排风扇和暖气。

③主动红外探测器在安装时,收、发装置应相互正对,且中间不得有遮挡物,见图 3.9.1。

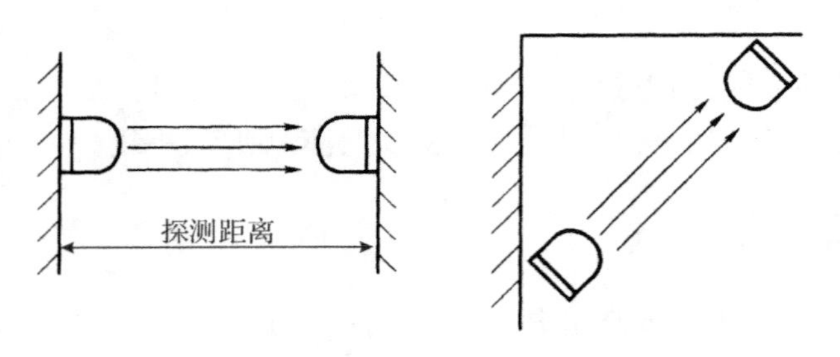

图 3.9.1　主动红外探测器安装位置示意

④被动红外探测器安装时,探测扇区应与入侵方向垂直,被保护区域应在探测扇区范围内,见图 3.9.2。与热源保持 1.5m 以上间距,避免强光直射。同时应注意探测扇区内不应有遮挡物。

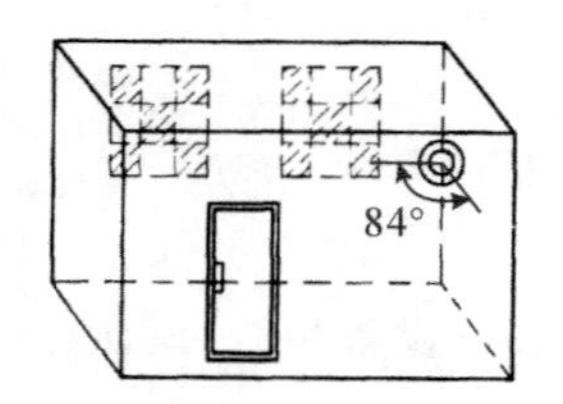

(a)安装在墙角可监视窗户

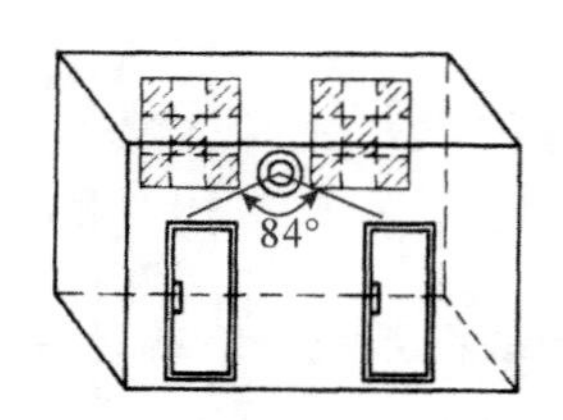

(b)安装在墙面监视门窗

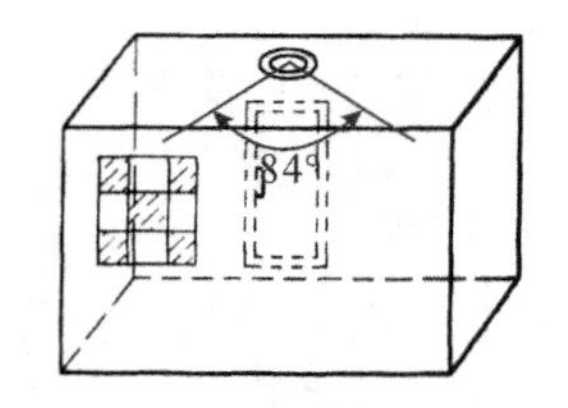

(c)安装在吊顶监视门

图 3.9.2　被动红外探测器的布置方法

⑤安装双鉴探测器时,宜使探测器轴线与保护对象的方向成 45°夹角。

2)探测器安装时,应先将盒内的线缆引出,压接在探测器的接线端子上,将富余线缆盘回盒内,将探测器底座用螺钉固定在盒上。固定要牢固可靠。

(6)设备接线、调试

1)接线前,将已敷设的线缆再次进行对地与线间绝缘摇测,合格后按照设备接线图进行设备端接。

2)入侵报警主机及控制器采用专用接头与线缆进行连接,且压接牢固。设备及电缆屏蔽层应压接好保护地线,接地电阻值不应大于 1Ω。

3)按照施工图纸及产品说明书,连接系统打印机、UPS 电源等外围设备。

4)在计算机管理主机上安装入侵报警系统管理软件,并进行初始化设置。

5)分别对各报警控制器进行地址编码,存储于计算机管理主机内,并进行记录。

6)对探测器进行盲区检测、防动物功能检测、防拆卸功能检测、信号线开路或短路报警功能检测、电源线被剪的报警功能检测、现场设备接入率及完好率测试等。

7)检测系统的撤防、布防功能,关机报警功能,报警系统管理软件(含电子地图)功能检测。

8)应配合安全防范系统联调,检测报警信息传输及报警联动控制功能。

3.9.5 质量标准

(1)主控项目

1)入侵报警系统应进行功能与软件检测,检测内容如下:

①探测器的盲区检测,防动物功能检测。

②探测器的防破坏功能检测应包括报警器的防拆报警功能,信号线开路、短路报警功能,电源线被剪的报警功能。

③探测器灵敏度检测。

④系统控制功能检测应包括系统的撤防、布防功能,关机报警功能,系统后备电源自动切换功能等。

⑤系统通信功能检测应包括报警信息的传输、报警响应功能的检测。

⑥现场设备的接入率及完好率测试。

⑦系统的联动功能检测应包括报警信号对相关报警现场照明系统的自动触发、对监控摄像机的自动启动、视频安防监视画面的自动调入,相关出入口自动启闭,录像设备的自动启动等。

⑧报警系统管理软件(含电子地图)功能检测。

⑨报警信号联网上传功能的检测。

⑩报警系统报警事件存储记录的保存时间应满足管理要求。

2)系统功能和软件全部检测,功能符合设计要求为合格,合格率为100%时为系统功能检测合格。

检查方法:观察检查和仪表测试。

3)保护接地的接地电阻值不应大于1Ω。

检查方法:观察检查和仪表测试。

(2)一般项目

1)红外对射探测器

①要保证接收器在有效范围内接收到发射器发射过来的线束,并要求同组红外对射探测器保持在同一水平线上安装,还要保证在每一对红外对射探测器反射接收范围内不允许有障碍物,以免造成误报警。

②探测器接线正确,外观无损伤和无浆活污染。

2)端子箱内各回路电缆排列整齐,线号清楚,导线绑扎成束,端子号相互对应,字迹清晰。

3)各地线压接应牢固可靠,并有防松垫圈。

4)各路导线接头正确牢固,编号清晰,绑扎成束。

5)同组红外对射探测器在同一水平线上和同一垂直面上分别每 10m 允许偏差 1mm,全长允许偏差 5mm。

检验方法:尺量检查。

3.9.6 成品保护

(1)安装探测器和报警设备时,应注意保持吊顶、墙面整洁。

(2)应对安装完毕的探测器加强保护,防止碰伤及损坏。

3.9.7 安全与环保措施

(1)交叉作业时应注意周围环境,禁止乱抛工具和材料。

(2)设备通电调试前,必须检查线路接线是否正确、保护措施是否齐全,确认无误后,方可通电调试。

(3)登高作业时,脚手架和梯子应安全可靠,脚手架不得铺有探头板,梯子应有防滑措施,不允许两人同梯作业。

(4)施工现场的垃圾、废料应堆放在指定地点,及时清运并洒水降尘,严禁随意抛撒。

(5)现场强噪声施工机具,应采取相应措施,最大限度地降低噪声。

3.9.8 应注意的质量问题

(1)安装应牢固,如果有不合格现象应及时修理好。

(2)导线压接松动,反圈,绝缘电阻值低:应重新将压接不牢的导线压牢固,反圈的应按顺时针方向调整过来,绝缘电阻值低于标准值的应找出原因,否则不准投入使用。

(3)压接导线时,应认真摇测各回路的绝缘电阻,如果调试困难,应拆开压接导线重新进行复核,直到准确无误为止。

(4)探测器被污染:应将其清理干净。

(5)运行中出现误报:应检查接地电阻值是否符合要求,是否有虚接现象,直到调试正常为止。

(6)通常一台防停电电源可带 10 对红外对射接口,若多于 10 台则相应多加防停电电源。

(7)红外对射探头需单独供电。

3.9.9 质量记录

与本书 3.1.10 节(1)—(11)条相同。

3.10 出入口控制(门禁)管理系统安装工程施工工艺标准

本标准适用于建筑工程中出入口控制(门禁)管理系统安装工程。工程施工应以设计图纸和《智能建筑工程施工规范》(GB 50606—2010)及《智能建筑工程质量验收规范》(GB 50339—2016)等规范为依据。

3.10.1 材料、设备

(1)门禁控制器

1)门禁控制器的主要技术指标及其功能应符合设计和使用要求并有产品合格证。

2)设备在进场前应委托鉴定单位对其相应速度、防撬功能等进行检测,并出具检测报告。

3)安装前应确保型号、外形尺寸与图纸相符,塑料外壳表面应无裂痕、褪色及永久性污渍,亦无明显变形和划痕。

4)零部件应紧固无松动。

(2)读卡头(生物识别器)

1)要求能读取卡片中的数据(生物特征信息)。

2)设备在进场前应委托鉴定单位对其读卡功能进行检测,并出具检测报告。

3)安装前应确保型号、外形尺寸与图纸相符,塑料外壳表面应无裂痕、褪色及永久性污渍,亦无明显变形和划痕。

4)零部件应紧固无松动。

(3)内出按钮

1)要求按下能打开门,适用于对出门无限制的情况。

2)设备在进场前由施工单位或建设单位委托鉴定单位对其功能进行检测,并出具检测报告。

3)安装前应确保型号、外形尺寸与图纸相符,塑料外壳表面应无裂痕、褪色及永久性污渍,亦无明显变形和划痕。

(4)电源

1)要求能供给整个系统各个设备的电源,分为普通和后备式(带着电池的)两种。

2)设备在进场前应委托鉴定单位对其功能进行检测,并出具检测报告。

3)安装前应确保型号、外形尺寸与图纸相符,塑料外壳表面应无裂痕、褪色及永久性污渍,亦无明显变形和划痕。

(5)闭门器

1)要求开门后能自动使门恢复至关闭状态。

2)设备在进场前应委托鉴定单位对其功能进行检测,并出具检测报告。

3)安装前应确保型号、外形尺寸与图纸相符,塑料外壳表面应无裂痕、褪色及永久性污渍,亦无明显变形和划痕。

(6)电控锁

1)电控锁的主要技术指标及其功能,应符合设计和使用要求,并有产品合格证。

2)用户根据门的材料、出门要求等需求选取不同的锁具。

3)设备在进场前应委托鉴定单位对其功能进行检测,并出具检测报告。

4)安装前应确保型号、外形尺寸与图纸相符,塑料外壳表面应无裂痕、褪色及永久性污渍,亦无明显变形和划痕。

(7)智能卡

1)要求通过卡片能够开启大门,相当于开门钥匙。

2)设备在进场前应委托鉴定单位对其功能进行检测,并出具检测报告。

3)安装前应确保型号、外形尺寸与图纸相符,塑料外壳表面应无裂痕、褪色及永久性污渍,亦无明显变形和划痕。

(8)绝缘导线

1)门禁系统的传输线路应采用铜芯绝缘导线或钢芯电缆,其电压等级不应低于交流250V,并有产品合格证。

2)门禁系统传输线路的线芯截面选择除满足自动报警装置技术条件的要求外,还应满足机械强度的要求。

3)设备在进场前应委托鉴定单位对其功能进行检测,并出具检测报告。

3.10.2 主要机具

(1)安装器具:手电钻、冲击钻、卡线钳、电工刀、一字改锥、十字改锥、剥线钳、尖嘴钳。

(2)测试器具:万用表、兆欧表、高凳、升降车(或临时搭架子)、工具袋等。

3.10.3 作业条件

(1)土建、内外装修及油漆浆活全部完成,门、窗、门锁安装齐全。

(2)管线、导线、预埋盒(盒口全部修好)全部完成。

(3)导线间绝缘电阻经摇测符合国家规范要求,并编号完毕。

(4)施工图纸齐全,已经会审。

(5)施工方案编制完毕并经审批。

(6)施工前应组织施工人员熟悉图纸、方案及专业设备使用说明书,并进行有针对性的培训及安全、技术交底。

3.10.4 操作工艺

(1)工艺流程

配管与布线→门禁系统安装→端子箱安装→管理机安装→调试验收

(2)对讲系统安装要求

1)配管要求:同本书3.8.4节(2)之1)条。

2)布线要求

①系统建筑物内垂直干线应采取金属管、封闭式金属线槽等保护方式进行布线。与裸放的电力电缆的最小净距为 800mm;与放在有接地金属线槽或钢管中的电力电缆最小净距为 150mm。

②水平子系统应穿钢管埋于墙内,禁止与电力电缆穿同一管内。

③吊顶内施工时,须穿于 PVC 管或蛇皮软管内。安装设备处须放过线盒,PVC 管或蛇皮软管进过线盒,线缆禁止暴露在外。

④弱电线路的电缆竖井应与强电线路的电缆竖井分别设置。如果受条件限制必须合用同一竖井,应分别布置在竖井的两侧。

⑤穿管绝缘导线或电缆的总截面积不应超过管内截面积的 40%。

⑥敷设于封闭线槽内的绝缘导线或电缆的总截面积不应大于线槽净截面积的 50%。

(3)门禁系统安装

1)编码:在安装使用产品之前必须对它进行编码,若使用多个产品组成的联网型门禁系统,它们之间的编码不能一致,以便识别各个门口人员的进出情况。

2)编码方式请按产品说明书操作。

3)卡的注册:在使用产品之前必须将所有用户卡的信息注册至产品的内部存储器中。卡的注册方法采用公司的写卡控制器正确接入产品的总线端,确认无误后,方可进行相关命令操作。

(4)端子箱安装

1)设置在专用竖井内的端子箱,应根据设计要求的高度及位置,采用金属膨胀螺栓将箱体固定在墙壁上(明装),管进箱处应带好护口,将干线电缆和支线分别引入。

2)剥去电缆绝缘层和导线绝缘层,使用校线耳机,两人分别在线路两端逐根核对导线编号。

3)将导线留有一定长度的余量,然后绑扎成束,分别设置在端子板两侧。

4)原则上先压接从中心引来的干线,后压接水平线路。

(5)管理机安装

管理机是一台符合探测器运行条件的 PC 机。按照 PC 机放置标准,其应放置在配置中心控制室。按照探测器产品说明安装运行软件,以及用总线接将各建筑物门禁接至管理机。

(6)调试验收

门禁系统各种设备的系统调试,由局部到系统进行。在调试过程中应遵照公安部颁发的《中华人民共和国公共安全行业标准》,深入检查各部件和设备安装是否符合规范要求。在各种设备系统连接与试运转过程中,应由有关厂家参加协调,进行统一系统调试,发现问题及时解决,并做好详细的统调记录。

经过统调无误后,再请公安有关部门、建设单位进行验收,确认合格后办理交验手续,交付使用。

3.10.5 质量标准

(1)出入口控制(门禁)系统的检测内容

1)出入口控制(门禁)系统的功能检测

①系统主机在离线的情况下,出入口(门禁)控制器独立工作的准确性、实时性和储存信息的功能。

②系统主机对出入口(门禁)控制器在线控制时,出入口(门禁)控制器工作的准确性、实时性和储存信息的功能,以及出入口(门禁)控制器和系统主机之间的信息传输功能。

③检测掉电后,系统启用备用电源应急工作的准确性、实时性和信息的存储和恢复能力。

④通过系统主机、出入口(门禁)控制器及其他控制终端,实时监控出入控制点的人员状况。

⑤系统对非法强行入侵及时报警的能力。

⑥本系统与消防系统报警时的联动功能。

⑦现场设备的接入率及完好率。

⑧出入口管理系统的数据存储记录保存时间应满足管理要求。

2)系统的软件检测

①演示软件的所有功能,以证明软件功能与任务书或合同书要求一致。

②根据需求说明书中规定的性能要求,包括时间、适应性、稳定性等以及图形化界面友好程度,对软件逐项进行测试。

③对软件系统操作的安全性进行测试,如系统操作人员的分级授权、系统操作人员操作信息的存储记录等。

④在软件测试的基础上,对被验收的软件进行综合评审,给出综合评审结论,包括软件设计与需求的一致性、程序与软件设计的一致性、文档(含软件培训、教材和说明书)描述与程序的一致性、完整性、准确性和标准化程度等。

3)出入口控制器抽检的数量应不低于20%且不少于3台,数量少于3台时应全部检测;被抽检设备的合格率为100%时为合格;系统功能和软件全部检测,功能符合设计要求为合格,合格率为100%时为系统功能检测合格。

4)器具的接地(接零)保护措施和其他安全要求必须符合施工规范规定。保护接地的接地电阻应不大于1Ω。

检验方法:实测或检查记录。

5)导线的压接必须牢固可靠,线号正确齐全。导线规格必须符合设计要求和国家标准的规定。

检验方法:观察检查。

(2)一般项目

1)端子箱内各线路电缆排列整齐,线号清楚,导线绑扎成束,端子号相互对应,字迹清晰。

2)导线接头或线缆敷设严禁有拧绞、护层断裂和表面严重划伤、缺损等现象,必须留有足够的余量以备压接和检测,并且导线或电缆一定要做好线路线号标记。各路导线接头正确牢固,编号清晰,绑扎成束。

检验方法:观察检查。

3)组线箱、盒内应保证清洁无杂物。

4)除设计有特殊要求外,一般都应按以上要求执行,各地线压接应牢固可靠,并有防松垫圈。

检验方法:观察检查和记录检查。

3.10.6　成品保护

(1)安装读卡器时应注意保持墙面的整洁。安装后应采取防尘措施。

(2)端子箱安装完毕后应注意箱门上锁,保护箱体不被污染。

(3)柜(盘)除采用防尘和防潮等措施外,最好及时将设备间的房门上锁,以防止设备损坏和丢失。

3.10.7　安全与环保措施

(1)交叉作业时应注意周围环境,禁止乱抛工具和材料。

(2)设备通电调试前,必须检查线路接线是否正确,保护措施是否齐全,确认无误后,方可通电调试。

(3)登高作业时,脚手架和梯子应安全可靠,脚手架不得铺有探头板,梯子应有防滑措施,不允许两人同梯作业。

(4)施工现场的垃圾、包装箱等,应堆放在指定地点,及时清运并洒水降尘,严禁随意抛撒。

(5)现场强噪声施工机具,应采取相应措施,最大限度地降低噪声。

3.10.8　应注意的问题

(1)安装应牢固,如有不合格现象应及时修理好。

(2)导线压接松动,反圈,绝缘电阻值低:应重新将压接不牢的导线压牢固,反圈的应按顺时针方向调整过来,绝缘电阻值低于标准值的应找出原因,否则不准投入使用。

(3)端子箱固定不牢固,暗装箱贴脸四周有破口、不贴墙:重新稳装牢固,对破损的贴脸进行修复,损坏严重的应重新更换。与墙贴不实的应找一下墙面是否平整,修平后再稳装端子箱。

(4)压接导线时,应认真摇测各回路的绝缘电阻,如果造成调试困难,应拆开压接导线重新进行复核,直到准确无误为止。

(5)柜、盘、箱的平直度超出允许偏差:应及时纠正。

(6)柜(盘)、箱的接地导线截面不符合要求,压接不牢:应按要求选用接地导线,压接时应配好防松垫圈且压接牢固,并做明显接地标记,以便于检查。

(7)探测器、柜、盘、箱等被污染:应将其清理干净。

(8)运行中出现误报:应检查接地电阻值是否符合要求,是否有虚接现象,直到调试正常为止。

3.10.9 质量记录

与本书3.1.10节(1)—(11)条相同。

3.11 巡更系统安装工程施工工艺标准

本标准适用于一般建筑工程中巡更系统安装工程。工程施工应以设计图纸和《智能建筑工程施工规范》(GB 50606—2010)及《智能建筑工程质量验收规范》(GB 50339—2016)等规范为依据。

3.11.1 材料、设备

(1)机房部分:巡更主机、充电器、数据采集器、计算机(内置管理软件)、打印机、不间断电源等。

(2)传输部分(在线式系统):分线箱、电线电缆等。

(3)终端部分:巡更信息点、巡更棒等设备。

(4)上述设备、材料应根据合同文件及设计要求选型,对设备、材料和软件进行进场验收,并填写验收记录。设备应有产品合格证、质检报告、"CCC"认证标识、安装及使用说明书等。如果是进口产品,则需提供原产地证明和商检证明,以及配套提供的质量合格证明,检测报告及安装、使用、维护说明书的中文文本。设备安装前,应根据使用说明书进行全部检查,合格后方可安装。

(5)其他材料:镀锌钢管、镀锌线槽、金属膨胀螺栓、金属软管、塑料胀管、机螺钉、平垫圈、弹簧垫圈、接线端子、绝缘胶布、各类接头等。

3.11.2 主要机具

(1)安装器具:刻线钳、电工刀、一字改锥、十字改锥、剥线钳、尖嘴钳。

(2)测试器具:万用表、兆欧表、高凳、升降车(或临时搭架子)、工具袋等。

3.11.3 作业条件

(1)土建、内外装修及油漆浆活全部完成,门、窗、门锁装配齐全、完整。

(2)管线、导线、预埋盒(盒口全部修好)全部完成。

(3)导线间绝缘电阻经摇测符合国家规范要求,并编号完毕。

(4)施工图纸齐全,已经会审。

(5)施工方案编制完毕并经审批。

(6)施工前应组织施工人员熟悉图纸、方案及专业设备使用说明书,并进行有针对性的培训及安全、技术交底。

3.11.4 施工工艺

(1)工艺流程

管路敷设→分线箱安装→线缆敷设→终端设备安装→机房设备安装调试

(2)管路敷设:参见本书3.7.4节的相关内容。

(3)分线箱安装

1)分线箱安装位置、高度应符合设计要求,在无设计要求时,宜安装于较隐蔽或安全的地方,底边距地宜为1.4m。

2)暗装分线箱时,箱体框架应紧贴建筑物表面。严禁采用电焊或气焊将箱体与预埋管焊在一起。管入箱应用锁母固定。

3)明装分线箱时,应找准标高,进行钻孔,埋入金属膨胀螺栓进行固定。箱体背板与墙面平齐。

(4)线缆敷设

1)布放线缆前应对其进行绝缘测试,电线与电缆线间和线对地间的绝缘电阻值必须大于0.5MΩ,测试合格后方可敷设。

2)布放线缆应排列整齐,不拧绞,尽量减少交叉,交叉处粗线在下,细线在上。

3)管内线缆不得有接头,接头必须在盒(箱)处连接。

4)所敷设的线缆两端必须做好标记。

(5)终端设备安装

1)按图纸核对巡更信息点的性质及数量,对于离线式系统,应先读取巡更信息点的ID码,再进行安装。

2)巡更信息点的安装高度应符合设计要求,如果无设计要求,一般安装高度为1.4m。对于离线式系统,巡更信息点应安装于巡更棒便于读取的位置。

3)离线式巡更信息点的安装方式应符合设计要求,安装时可用钢钉、固定胶固定在建筑物表面,或直接暗埋于墙内,埋入深度应小于50mm。巡更信息点的安装应与安装位置的表面平行。

4)安装巡更信息点时,安装地址码应与系统管理主机的设置相对应,并及时做好记录。

(6)机房设备安装调试

1)按照图纸连接巡更系统主机、计算机、UPS、打印机、充电座等设备。

2)按照软件安装说明书在巡更系统主机上安装软件。

3)运行巡更系统管理软件,进行初始化设置。

3.11.5 质量标准

(1)主控项目

1)巡更系统应进行功能与软件检测,检测内容如下:

①按照巡更系统线图检查系统的巡更终端、读卡机的响应功能。

②现场设备的接入率及完好率测试。

③检查巡更管理系统编程、修改功能以及撤防、布防功能。

④检查巡更系统的运行状态、信息传输、故障报警和指示故障位置的功能。

⑤检查巡更管理系统对巡更人员的监督和记录情况、安全保障措施和对意外情况及时报警的处理手段。

⑥对在线联网式的巡更系统还需要检查电子地图上的显示信息、遇有故障时的报警信号以及与视频安全防护监视系统等的联动功能。

⑦巡更系统的数据存储记录、保存时间应满足管理要求。

2)系统功能和软件全部检测,功能符合设计要求为合格,合格率为100%时为系统功能检测合格。

3)保护接地的接地电阻值不应大于1Ω。

检验方法:观察检查和仪表测试。

4)导线的压接必须牢固可靠,线号正确齐全。导线规格必须符合设计要求和国家标准的规定。

检验方法:观察检查。

(2)一般项目

1)巡更棒不仅要求可以准确地读入各巡更点信息钮的ID码,并且同时记录下读信息的时间,还要求巡更棒内部自带时钟,专用电池供电,不怕掉电丢失数据。

2)各巡更点安全隐蔽,设置灵活,安装方便,不用布线,经济实用。

3)各巡更点要求采用不怕水、磁、碰撞的金属信息钮和固定座,还要内置永久性存储器,信息保持时间长久。

3.11.6 成品保护

(1)安装巡更系统设备时,应注意保持吊顶、墙面整洁。

(2)应对安装完毕的巡更信息读卡器等设备加强保护,防止碰伤及损坏。

3.11.7 安全与环保措施

(1)交叉作业时应注意周围环境,禁止乱抛工具和材料。

(2)设备通电调试前,必须检查线路接线是否正确,保护措施是否齐全,确认无误后,方可通电调试。

(3)登高作业时,脚手架和梯子应安全可靠,脚手架不得铺有探头板,梯子应有防滑措施,不允许两人同梯作业。

(4)施工现场的垃圾、包装箱等应堆放在指定地点,及时清运并洒水降尘,严禁随意抛撒。

(5)现场强噪声施工机具应采取相应措施,最大限度地降低噪声。

3.11.8 应注意的问题

(1)巡更点应安装于无化学物质腐蚀、灰尘少且雨水直接淋不到的地方。
(2)安装时应保持良好的高度。
(3)如果工作不正常且未查明故障原因,请联系代理商或产品售后服务部,切勿自行修理。
(4)应及时清除盒、箱内杂物,以防盒、箱内管路堵塞。
(5)导线在箱、盒内应预留适当余量,并绑扎成束,防止箱内导线杂乱。
(6)导线压接应牢固,以防导线松动或脱落。

3.11.9 质量记录

与本书 3.1.10 节(1)—(11)条相同。

3.12 停车场(库)管理系统安装工程施工工艺标准

本标准适用于建筑工程中停车场(库)管理系统的安装。工程施工应以设计图纸和《智能建筑工程施工规范》(GB 50606—2010)及《智能建筑工程质量验收规范》(GB 50339—2016)等规范为依据。

3.12.1 材料、设备

(1)收费管理部分:主机、打印机、不间断电源等。
(2)出入口部分:控制机、车辆识别摄像机、出票机、自动闸门机、感应线圈等。
(3)传输部分:分线箱、电线电缆等。
(4)上述设备、材料应根据合同文件及设计要求选型,对设备、材料和软件进行进场验收,并填写验收记录。设备应有产品合格证、检测报告、"CCC"认证标识、安装及使用说明书等。如果是进口产品,则需提供原产地证明和商检证明,配套提供的质量合格证明,检测报告及安装、使用、维护说明书的中文文本。设备安装前,应根据使用说明书进行全部检查,合格后方可安装。
(5)其他材料:镀锌钢管、镀锌线槽、金属膨胀螺栓、金属软管、塑料胀管、机螺钉、平垫圈、弹簧垫圈、接线端子、绝缘胶布、接头等。

3.12.2 主要机具

(1)安装器具:手电钻、冲击钻、梯子、电工组合工具。
(2)测试器具:250V 兆欧表、500V 兆欧表、水平尺、钢尺、小线等。

3.12.3 作业条件

(1)收费亭装修已完毕,门、窗、门锁装配齐全、完整。

(2)系统的管、箱、盒施工完毕。

(3)施工图纸齐全,已经会审。

(4)施工方案编制完毕并经审批。

(5)施工前应组织施工人员熟悉图纸、方案及专业设备使用说明书,并进行有针对性的培训及安全、技术交底。

3.12.4 施工工艺

(1)工艺流程

管路敷设→出入口设备安装→收费管理主机安装→系统调试

(2)管路敷设:参见本书第 3.7.4 节的相关内容。

(3)出入口设备安装

1)出入口设备安装可采用感应线圈安装方式检测车辆出入。

①感应线圈应随管路敷设预埋施工,安装前应检查线圈规格型号、安装位置及埋深是否符合设计要求。

②距离感应线圈水平 500mm、垂直 0.1m 内不应有任何金属物或其他的电气线缆。

③两组感应线圈的距离应符合设计要求,如果设计无要求,两相邻线圈的间距宜大于 1m。

④感应线圈安装可采用木楔固定,也可采用预留沟槽的方法安装。用木楔固定时,在基础垫层上先固定木楔,然后将感应线圈卡固在木楔上。土建混凝土浇筑时应有人看护,防止感应线圈移位或损坏。预留沟槽安装时,先在沟槽内放置好感应线圈,然后进行二次浇筑混凝土,如图 3.12.1、图 3.12.2 所示。

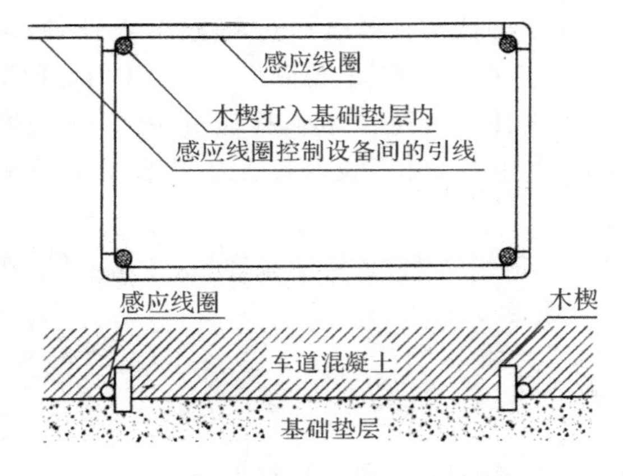

图 3.12.1 采用木楔固定安装示意

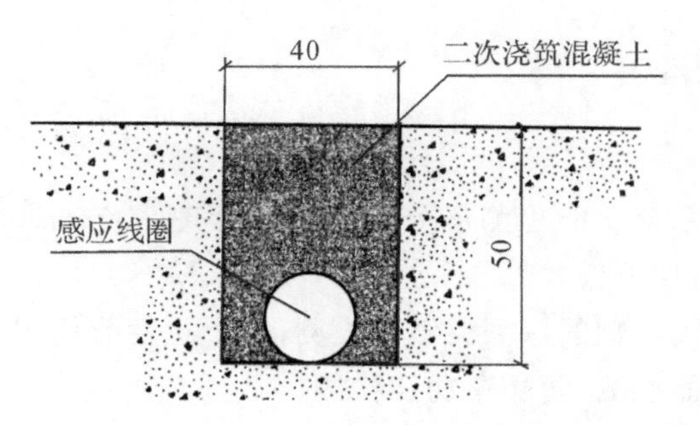

图 3.12.2 预留沟槽安装示意

2)出入口设备还可采用红外光电式检测车辆出入,安装应符合下列规定:

①检测设备的安装应按照厂商提供的产品说明书进行。

②两组检测装置的距离及高度应符合设计要求,如果设计无要求,两组检测装置的距离一般为 1.5m±0.1m,安装高度一般为 0.7m±0.02m。

③收、发装置应相互对准且光轴上不应有固定的障碍物,接收装置应避免被阳光或强烈灯光直射。

3)控制机、闸门机的安装应根据设备的安装尺寸制作混凝土基础,并埋入地脚螺栓,然后将设备固定在地脚螺栓上,固定应牢固、平直,见图 3.12.3。

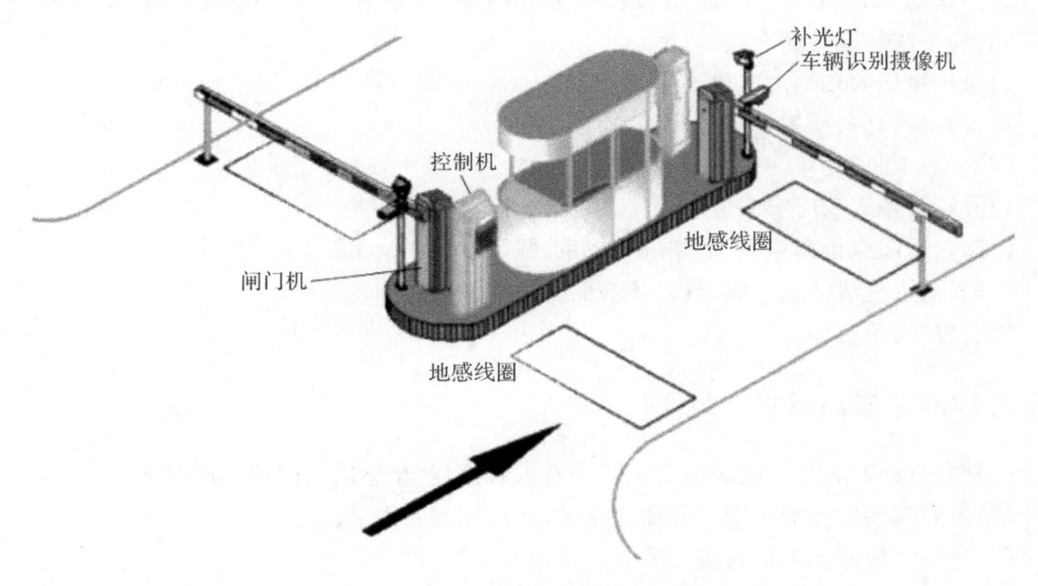

图 3.12.3 出入口设备安装示意图

(4)收费管理主机安装

1)在安装前对设备进行检验,设备外形尺寸、设备内主板及接线端口的型号、规格符合设计要求,备品配件齐全。

2)按施工图压接主机、不间断电源、打印机、出入口控制机设备间的线缆,线缆压接准确、可靠。

3.12.5 质量标准

(1)主控项目

1)停车场(库)管理系统功能检测应分别对入口管理系统、出口管理系统和管理中心的功能进行检测,检测项目如下:

①车辆探测器对出入车辆的探测灵敏度检测,抗干扰性能检测。

②自动栅栏升降功能检测,防砸车功能检测。

③管理中心的计费、显示、收费、统计、信息储存等功能的检测。

④出/入口管理监控站及与管理中心站的通信是否正常。

⑤管理系统的其他功能,如"防折返"功能检测。

⑥对具有图像对比功能的停车场(库)管理系统,应分别检测出入口车牌和车辆图像记录的清晰度、调用图像信息的符合情况。

⑦检测停车场(库)管理系统与消防系统报警的联动功能,电视监视系统摄像机对出/入车库的车辆的监视等。

⑧空车位及收费显示。

⑨管理中心监控站的车辆出入数据记录保存时间应满足管理要求。

2)停车场(库)管理系统功能和软件全部检测,功能符合设计要求为合格,合格率为100%时为系统功能检测合格。

3)保护接地的接地电阻值不应大于1Ω。

检验方法:观察检查和仪表测试。

(2)一般项目

1)终端设备安装应牢固可靠。

2)箱内线缆应排列整齐,分类绑扎成束,并留有适当余量。

3)箱、盒内应清洁无杂物,且设备表面无划痕及损伤。

检验方法:观察检查。

3.12.6 成品保护

(1)感应线圈固定后,浇筑混凝土时应有人看护,防止感应线圈移位或损坏。

(2)应对安装完毕的系统设备加强保护,防止碰伤及损坏。

(3)室外安装的出入口设备应采取防雨措施,防止设备损坏。

3.12.7 安全与环保措施

(1)交叉作业时应注意周围环境,禁止乱抛工具和材料。

(2)设备通电调试前,必须检查线路接线是否正确,保护措施是否齐全,确认无误后,方可通电调试。

(3)登高作业时,脚手架和梯子应安全可靠,脚手架不得铺有探头板,梯子应有防滑措施,不允许两人同梯作业。

(4)施工现场的垃圾、包装箱等,应堆放在指定地点,及时清运并洒水降尘,严禁随意抛撒。

(5)现场强噪声施工机具,应采取相应措施,最大限度地降低噪声。

3.12.8 应注意的质量问题

(1)应及时清除盒、箱内杂物,以防盒、箱内管路堵塞。
(2)导线在箱、盒内应预留适当余量,并绑扎成束,防止箱内导线杂乱。
(3)导线压接应牢固,以防导线松动或脱落。

3.12.9 质量记录

与本书3.1.10节(1)—(11)条相同。

3.13 电子公告牌系统安装工程施工工艺标准

本标准适用于一般住宅电子公告牌系统安装工程。工程施工应以设计图纸和《智能建筑工程施工规范》(GB 50606—2010)及《智能建筑工程质量验收规范》(GB 50339—2016)等规范为依据。

3.13.1 材料、设备

(1)LED显示屏

1)确认设备的主要技术指标及其功能,应符合设计和使用要求,并有产品合格证。

2)安装前应确保外形尺寸与图纸相符,金属壳表面涂覆不能露出底层金属,并无起泡、腐蚀、缺口、毛刺、疵点、涂层脱落和砂孔等。

3)塑料外壳表面应无裂痕、褪色及永久性污渍,亦无明显变形和划痕。

4)设备在进场前应委托鉴定单位对其各项功率、分辨率和各项功能等进行检测,并出具检测报告。

(2)控制系统

1)要求能够将显示数据传输至显示屏,主要技术指标及其功能应符合设计和使用要求,并有产品合格证。

2)安装前应确保外形尺寸与图纸相符,金属壳表面涂覆不能露出底层金属,并无起泡、腐蚀、缺口、毛刺、疵点、涂层脱落和砂孔等。

3)塑料外壳表面应无裂痕、褪色及永久性污渍,亦无明显变形和划痕。

4)设备在进场前应委托鉴定单位对其各项功能进行检测,并出具检测报告。

(3)电源

1)要求能供给整个系统各个设备的电源,分为普通和后备式(带蓄电池的)两种,并有产品合格证。

2)安装前应确保外形尺寸与图纸相符,金属壳表面涂覆不能露出底层金属,并无起泡、腐蚀、缺口、毛刺、疵点、涂层脱落和砂孔等。

3)塑料外壳表面应无裂痕、褪色及永久性污渍,亦无明显变形和划痕。设备在进场前应委托鉴定单位对其各项功能进行检测,并出具检测报告。

(4)绝缘导线

1)要求主要技术指标及其功能应符合设计和使用要求,并有产品合格证。

2)导线、设备在进场前应委托鉴定单位对其各项功能进行检测,并出具检测报告。

3.13.2 主要机具

(1)安装器具:刻线钳、电工刀、一字改锥、十字改锥、剥线钳、尖嘴钳。

(2)测试器具:万用表、兆欧表、高凳、升降车(或临时搭架子)、工具袋等。

3.13.3 作业条件

(1)土建、内外装修及油漆浆活全部完成。

(2)管线、导线、预埋盒(盒口全部修好)全部完成。

(3)导线间绝缘电阻经摇测符合国家规范要求,并编号完毕。

(4)施工图纸齐全,已经会审。

(5)施工方案编制完毕并经审批。

(6)施工前应组织施工人员熟悉图纸、方案及专业设备使用说明书,并进行有针对性的培训及安全、技术交底。

3.13.4 施工工艺

(1)工艺流程

配管与布线要求→设备安装→管理机安装→调试验收

(2)配管与布线

1)配管

与本书 3.8.4 节(2)之 1)条内容相同。

2)布线

①系统建筑物内垂直干线应采取金属管、封闭式金属线槽等保护方式进行布线。与裸放的电力电缆的最小净距为 800mm;与放在有接地金属线槽或钢管中的电力电缆的最小净距为 150mm。

②水平子系统应穿钢管埋于地下,禁止与电力电缆穿在同一管内。

③吊顶内施工时,须穿于 PVC 管或蛇皮软管内。安装设备处须放过线盒,PVC 管或蛇皮软管进过线盒,线缆禁止暴露在外。

④穿管绝缘导线或电缆的总截面积不应超过管内截面积的 40%。

⑤敷设于封闭线槽内的绝缘导线或电缆的总截面积不应大于线槽净截面积的 50%。

(3)设备安装

先将预留在盒内的导线用剥线钳剥去绝缘外皮,露出线芯 10～15mm(注意不要碰掉线号套管),压接在设备的各级接线端上。具体接线方法见产品说明。

(4)管理机安装

管理机是一台符合探测器运行条件的 PC 机。按照 PC 机放置标准其配置在中心控制室。按照产品说明安装运行软件,以及用总线将各终端接至管理机。

(5)调试验收

电子公告牌系统各种设备的系统调试,由局部到系统进行。在调试过程中应遵照公安部颁发的《中华人民共和国公共安全行业标准》,深入检查各部件和设备安装是否符合规范要求。在各种设备系统连接与试运转过程中,应由有关厂家参加协调,进行系统统一调试,发现问题及时解决,并做好详细的统调记录。

经过统调无误后,再请公安有关部门、建设单位的主要负责人及技术专家进行验收,确认合格后办理交验手续,交付使用。

3.13.5 质量标准

(1)主控项目

1)器具的接地(接零)保护措施和其他安全要求必须符合施工规范规定。

检验方法:实测或检查记录。

2)端子箱安装可参照配电箱安装工艺标准。

3)导线的压接必须牢固可靠,线号正确齐全。导线规格必须符合设计要求和国家标准的规定。

检验方法:观察检查。

(2)一般项目

1)接头或线缆敷设严禁拧绞、护层断裂和表面严重划伤、缺损等现象,必须留有足够的余量以备压接和检测,并且导线或电缆一定要做好线路线号标记。各路导线接头正确牢固,编号清晰,绑扎成束。

2)端子箱内各线路电缆排列整齐,线号清楚,导线绑扎成束,端子号相互对应,字迹清晰。

3)组线箱、盒内应保证清洁无杂物,LED 显示屏及屏体也要求保证清洁,没有划痕和破损现象。

4)除设计有特殊要求外,一般都应按以上要求执行,各地线压接应牢固可靠,并有防松垫圈。

检验方法:观察检查。

5)LED 显示屏屏体安装水平和垂直位置每米允许偏差 1mm,全长允许偏差 3mm。

检验方法:尺量检查。

3.13.6 成品保护

(1)用立柱和基座等独立安装在地面上的户外显示屏不应破坏周边的植被和设施。

(2)安装在建筑物顶上的显示屏不得破坏建筑物顶部的防水及防雷设施。

(3)安装在建筑物上的显示屏不应破坏建筑物的表面。

3.13.7 安全与环保措施

(1)搬运设备、器材过程中,不仅要保证不损伤器材,还要注意不要碰伤人。

(2)施工现场要做到活完场清,现场垃圾和废料等要堆放在指定地点并及时清运,严禁随意抛撒。

(3)操作工人的手头工具应随手放在工具袋中,严禁乱抛乱扔。

(4)采用光功率计测量光缆时,严禁用肉眼直接观测。

(5)施工现场的垃圾如线头、包装箱等,应堆放在指定地点,及时清运并洒水降尘,严禁随意抛撒。

(6)现场强噪声施工机具,应采取相应措施,以最大限度地降低噪声。

3.13.8 应注意的问题

(1)安装应牢固,如果有不合格现象应及时修理好。

(2)导线编号混乱,颜色不统一:应根据产品技术说明书的要求,按编号进行查线,并将标注清楚的异型端子编号管装牢,相同回路的导线应颜色一致。

(3)导线压接松动,反圈,绝缘电阻值低:应重新将压接不牢的导线压牢固,反圈的应按顺时针方向调整过来,绝缘电阻值低于标准值的应找出原因,否则不准投入使用。

(4)显示器上应设避雷装置。

(5)压接导线时,应认真摇测各回路的绝缘电阻,如果调试困难,应拆开压接导线重新进行复核,直到准确无误为止。

(6)柜(盘)、箱的平直度超出允许偏差:应及时纠正。

(7)柜(盘)、箱的接地导线截面不符合要求,压接不牢:应按要求选用接地导线,压接时应配好防松垫圈且压接牢固,并做明显的接地标记,以便于检查。

(8)公共显示装置的供电电源宜通过隔离变压器受电。

3.13.9 质量记录

与本书3.1.10节(1)—(11)条相同。

3.14 电梯紧急电话呼叫系统安装工程施工工艺标准

本标准适用于一般住宅电梯紧急电话呼叫系统安装工程。工程施工应以设计图纸和《智能建筑工程施工规范》(GB 50606—2010)及《智能建筑工程质量验收规范》(GB 50339—2016)等规范为依据。

3.14.1 材料、设备

(1)集团电话

集团电话(包括管理员专用话机)要求能够实现：

1)管理中心—轿厢分机双向通话。

2)管理中心来电显示功能。

3)分机号码分配功能。

4)确认主要技术指标及其功能应符合设计和使用要求,并有产品合格证。

5)安装前应确保外形尺寸与图纸相符,金属壳表面涂覆不能露出底层金属,并无起泡、腐蚀、缺口、毛刺、疵点、涂层脱落和砂孔等。

6)塑料外壳表面应无裂痕、褪色及永久性污渍,亦无明显变形和划痕。

(2)轿厢分机

1)轿厢分机要求能够实现与管理中心双向通话功能。

2)安装前应确保外形尺寸与图纸相符,塑料外壳表面应无裂痕、褪色及永久性污渍,亦无明显变形和划痕。

3)确认主要技术指标及其功能,应符合设计和使用要求,并有产品合格证。

4)设备在进场前应委托鉴定单位对其各项功能进行检测,并出具检测报告。

(3)绝缘导线

1)电梯电话的传输线路应采用屏蔽线缆,并有产品合格证。

2)设备在进场前应委托鉴定单位对其各项主要指标进行检测,并出具检测报告。

3.14.2 主要机具

主要机具有电工刀、一字改锥、十字改锥、剥线钳、尖嘴钳、升降车(或临时搭架子)、工具袋等。

3.14.3 作业条件

(1)外装修及油漆浆活全部完成。

(2)导线、预埋盒(盒口全部修好)全部完成。

(3)绝缘电阻经摇测符合国家规范要求,并编号完毕。

3.14.4 施工工艺

(1)工艺流程

线路安装→分机的安装→交换机和程控机的安装→调试验收

(2)线路安装

1)电梯紧急电话呼叫系统传输线路采用绝缘导线时,应采取金属管、封闭式金属线槽等保护方式进行布线。

2)不同系统、不同电压、不同电流类别的线路不应穿于同一根管内或线槽的同一槽孔内。

3)穿管绝缘导线或电缆的总截面积不应超过管内截面积的40%。

4)敷设于封闭线槽内的绝缘导线或电缆的总截面积不应大于线槽净截面积的50%。

(3)交换机和程控机的安装

1)缆线在终接前,必须核对缆线标识内容是否正确。

2)缆线中间不允许有接头。

3)缆线终接处必须牢固,接触良好。

4)缆线终接应符合设计和施工操作规程。

5)对绞电缆与插接件连接应认准线号、线位色标,不得颠倒和错接。

6)终接时,每对对绞线应保持扭绞状态,扭绞松开长度对于5类线不应大于13mm。

7)屏蔽对绞电缆的屏蔽层与接插件终接处屏蔽罩必须可靠接触,缆线屏蔽层应与接插件屏蔽罩360°圆周接触,接触长度不宜小于10mm。

8)采用光纤连接盒对光纤进行连接、保护,在连接盒中光纤的弯曲半径应符合安装工艺要求。

9)光纤连接盒面板应有标志。

10)缆线和接插件间接触应良好,接线无误,标志齐全。跳线选用类型应符合系统设计要求。

11)线长度应符合设计要求,一般对绞电缆跳线不应超过5m,光缆跳线不应超过10m。

(3)调试验收

电梯紧急电话呼叫系统各种设备的系统调试,由局部到系统进行。在调试过程中应遵照公安部颁发的《中华人民共和国公共安全行业标准》,深入检查各部件和设备安装是否符合规范要求。在各种设备系统连接与试运转过程中,应由有关厂家参加协调,进行统一系统调试,发现问题及时解决,并做好详细的统调记录。

经过统调无误后,再请公安有关部门、建设单位进行验收,确认合格后办理交验手续,交付使用。

3.14.5 质量标准

(1)主控项目

1)器具的接地(接零)保护措施和其他安全要求必须符合施工规范规定。

检验方法:实测或检查记录。

2)端子箱安装可参照配电箱安装工艺标准。

3)导线的压接达到牢固可靠,线号正确齐全。导线规格必须符合设计要求和国家标准的规定。

检验方法:观察检查。

(2)一般项目

1)接头或线缆敷设严禁拧绞、护层断裂和表面严重划伤、缺损等现象,必须留有足够的余量以备压接和检测，且导线或电缆一定要做好线路线号标记。各路导线接头正确牢固，编号清晰，绑扎成束。

2)端子箱内各线路电缆排列整齐，线号清楚，导线绑扎成束，端子号相互对应，字迹清晰。

3)组线箱、盒内应保证清洁无杂物，集团电话和轿箱分机也要求保证清洁，没有划痕和破损现象。

4)除设计有特殊要求外，一般都应按以上要求执行，各地线压接应牢固可靠，并有防松垫圈。

检验方法：观察检查。

3.14.6　成品保护

(1)安装分机时应注意保持电梯内部整洁。

(2)最好及时将房门上锁，以防止设备损坏和丢失。

3.14.7　安全与环保措施

与本书第 3.11.7 节同。

3.14.8　应注意的问题

(1)如果有不合格现象应及时修理好。

(2)导线编号混乱，颜色不统一：应根据产品技术说明书的要求，按编号进行查线，并将标注清楚的异型端子编号管装牢，相同回路的导线应颜色一致。

(3)导线压接松动，反圈，绝缘电阻值低：应重新将压接不牢的导线压牢固，反圈的应按顺时针方向调整过来，绝缘电阻值低于标准值的应找出原因，否则不准投入使用。

(4)压接导线时，应认真摇测各回路的绝缘电阻，如果调试困难，应拆开压接导线重新进行复核，直到准确无误为止。

(5)运行中出现误报：应检查接地电阻值是否符合要求，是否有虚接现象，直到调试正常为止。

3.14.9　质量记录

与本书 3.1.10 节(1)—(11)条相同。

3.15　会议系统安装工程施工工艺标准

本标准适用于以会议为主要目的的会议系统的安装工程。工程施工应以设计图纸和《智能建筑工程施工规范》(GB 50606—2010)及《智能建筑工程质量验收规范》(GB 50339—

2016)等规范为依据。

3.15.1 材料、设备要求

(1)会议扩声系统:传声器、功率放大器、扬声器、调音台、均衡器、混响器、录音机、音频处理器、数字媒体矩阵等。

(2)会议摄像系统:摄像机、摄像机云台、解码器、视频切换器、视频分配器、控制主机、控制软件等。

(3)集中控制系统:中央控制主机、触摸屏、音视频矩阵、电源控制器、灯光控制器等。

(4)其他系统部件:表决系统主机、表决器、传输路由、信号处理设备、显示终端、信号收发器等。

(5)上述设备、材料应根据合同文件及设计要求选型,设备、材料和软件进场应验收,并填写验收记录。设备应有产品合格证、检测报告、安装及使用说明书、"CCC"认证标识等。如果是进口产品,则需提供原产地证明和商检证明,配套提供的质量合格证明,检测报告及安装、使用、维护说明书的中文文本。设备安装前,应根据使用说明书进行全部检查,合格后方可安装。

(6)其他材料:镀锌材料、镀锌钢管、镀锌线槽、金属膨胀螺栓、金属软管、塑料胀管、机螺钉、平垫圈、弹簧垫圈、接线端子、绝缘胶布、各类接头等。

3.15.2 机具设备

(1)安装器具:手电钻、电锤、冲击钻、电工组合工具、对讲机、BNC 接头专用压线钳、接头专用工具、光缆接续设备、梯子等。

(2)测试器具:250V 兆欧表、500V 兆欧表、场强仪、测试天线、监视器、万用表、水平尺、钢尺、小线、线坠等。

3.15.3 作业条件

(1)会议系统设计文件、施工方案、施工进度计划和施工图纸应齐全,并应通过会审。

(2)应组织设计交底、查勘施工现场、办理技术变更洽商、确定施工方。

(3)控制室设备安装之前应完成装修和保洁,天线、地线应已安装并引入室内接线端子上,进出线槽应预留。

(4)会议室、控制室、传输室等相关房间的土建工程已经全部竣工且符合有关规定的各项要求和开工环境。

(5)电源、接地、照明、插座以及温、湿度等环境要求,应按设计文件的规定准备就绪,且应验收合格。

(6)会议系统各种线缆所需的预埋暗管、地槽预埋件施工完毕,孔洞等的数量、位置、尺寸均应按设计要求施工验收合格,并应由建设单位提供准确的相关图纸。

(7)控制室地线应安装完毕并符合规范要求。

(8)施工现场应具备进场条件并能保证施工安全和用电安全。

3.15.4　施工工艺

(1)工艺流程

机柜设备安装→设备的供电与接地→线缆敷设→会议发言系统安装→扬声器系统安装→音频设备安装→视频设备安装→同声传输设备安装→视频会议设备安装→系统调试

(2)机柜设备安装

1)机柜应安装在机柜底架上,不宜直接放置在防电底板上,底架应与地面连接牢固。

2)机柜布置应保留维护间距,机面与墙的净距不应小于1.5m,机背和机侧与墙的净距不应小于0.8m;机柜前后并列时,机柜间净距不应小于1m。

3)机柜安装的水平位置应符合施工图设计规范,其偏差不应大于10mm,机柜的垂直偏差不应大于3mm。

4)多个机柜排列安装时,每列机柜的正面应在同一平面上,相邻机柜应紧密靠拢。

5)机柜上各种组件应安装牢固,无损伤,漆面若有脱落应予以补漆,组件若有损伤应修复或更换。

6)机柜上应有标明设备名称或功能的标志,标志应正确、清晰、齐全。

(3)设备的供电与接地

1)会议系统应设置专用分路配电盘,每路容量应根据实际情况确定,并应预留一定余量。

2)会议系统的音频、视频设备应采用同一相电源。

3)控制室内的所有设备的金属外壳、金属管道、金属线槽、建筑物金属结构等应进行等电位连接并接地。

4)会议系统供电回路宜采用建筑物入户端干扰较低的供电回路,保护地线(PE线)应与交流电源的零线分开,应防止零线不平衡电流对会场系统产生严重的干扰,保护地线的杂音干扰电压不应大于25mV。

5)会议室灯光照明设备(含调光设备)、会场音频和视频系统设备供电,宜采用分路供电方式。

6)控制室宜采取防静电措施,防静电接地与系统的工作接地可合用。

7)线缆敷设时,外皮、屏蔽层以及芯线不应有破损及断裂现象,并应做好明显的标识。

(4)线缆敷设

线缆敷设除应符合本书3.7节的规定外,还应符合下列规定:

1)吊顶内管路进入控制室后,应就近沿墙面垂直进入防静电地板,再沿地面进入机柜底部线槽。

2)地面管路应贴地进入控制室静电地板下,再进入机柜底部金属线槽。

3)信号线与强电线管应采用金属管分开敷设。

4)控制室防静电地板下,应敷设机柜到控制台的地下线槽。

5)安装沿墙单边或双边电缆管路时,在墙上埋设的设备支撑架应牢固可靠,支点的间隔应均匀、整齐、一致。

(5)会议发言系统安装

1)采用串联方式的专业有线会议系统,传声器之间的连接线缆应端接牢固。

2)采用传声器直联扩声器设备组成的系统,传声器传输线应选用专用屏蔽线。

3)采用移动式传声器应做好线缆保护,并应防止线缆损伤。

4)采用无线传声器传输距离较远时,应加装机外接收天线,安装在桌面时宜装备固定座托。

(6)扬声器系统安装

1)扬声器系统安装应与设计一致,可选用集中式、分散式或集中分散相结合的安装方式,并应满足全场覆盖及声场均匀度要求。

2)扬声器系统固定应安全可靠,安装高度和安装角度应符合声场要求。

3)扬声器系统利用建筑结构安装支架或吊杆等附件时,应检查建筑结构的承重能力。

4)扬声器系统暗装时,暗装空间尺寸应足够大(并做吸声处理),保证扬声器在其内能进行辐射角调整,扬声器面罩透声性应符合要求,如果面罩用格栅结构,其材料尺寸(宽度和高度)不宜大于 20mm。

5)扬声器系统吸顶安装时,扬声器布置应满足声场均匀度和布局美观要求。

6)扬声器系统应远离传声器,轴指向不应对准传声器,以避免引起自激啸叫。

7)扬声器系统应采取可靠的安全保障措施,工作时不应产生机械噪声。

8)吊装扬声器箱及号筒扬声器时,应采用原装附带的吊挂安装件,如果无原配件,可选用钢丝绳或镀锌铁链等专用扬声器箱吊挂安装件。

9)室外扬声器系统应具有防潮和防腐的特性,紧固件应具有足够的承载能力。

10)用于火灾隐患区的扬声器应由阻燃材料制成或采用阻燃后罩。广播扬声器在短期喷淋的条件下应能正常工作。

(7)音频设备安装

1)设备安装顺序应与信号流程一致。

2)机柜安装顺序应上轻下重,无线传声器接收机等设备应安装于机柜上部。功率放大器等较重设备应安装于机柜下部,并由导轨支撑。

3)系统线缆均应通过金属箱、线槽引入控制室架空地板下,再引至机柜和控制台下方。

4)控制室预留的电源箱内应设有防电磁脉冲的措施,应配备带滤波的稳压电源装置,供电容量应满足系统设备全部开通时的容量。若系统具有火灾应急广播功能,应按一级负荷供电。双电源末端应互投,并应配置不间断电源。

5)调音台宜安装于调音人员操作调节的操作台上,节目源等需经常操作的设备应安装于易操作位置。

6)机柜应采用螺栓固定在基础型钢上,安装后应对垂直度进行检查、调整;控制台应与基础固定牢固、摆放整齐。

7)机柜设备安装应该平稳、端正,面板应排列整齐,并应拧紧面板螺钉。带轨道的设备应推拉灵活。内部线缆分类应排列整齐;各设备之间应留有充分的散热间隙,安装通风面板或盲板。

8)电缆两端的接插件应筛选合格产品,并应采用专用工具制作,不得虚焊或假焊。接插件需要压接的部位,应保证压接质量,不得松动脱落。制作完成后应进行严格检测,合格后方可使用。平衡接线方式不应受外界电磁场干扰，以保证音质良好。

9)电缆两端的接插件附近应有标明端别和用途的标识，不得错接和漏接。

10)时序电源应按照开机顺序依次连接，安装位置应兼顾所有设备电源线的长度。

11)根据机柜内设备器材应选择相应的避震器材。

(8)视频设备安装

1)显示器屏幕安装时应避免反射光、眩光等现象，墙壁、地板宜使用不易反光的材料。

2)传输电缆距离超过选用端口支持的标准长度时，应使用信号放大设备、线路补偿设备，或选用光缆传输。

3)显示器应安装牢固，固定设备的墙体、支架承重应符合设计要求；应选择合适的安装支撑架、吊架及固定件，螺丝、螺栓应紧固到位。

4)显示设备宜使用电源滤波插座单独供电。

5)镶嵌在墙内的大屏幕显示器、墙挂式显示器等的安装位置应满足最佳观看视距的要求。

(9)同声传输设备安装

1)采用有线式同声传译的系统，在听众的座席上应设置耳机插孔、音量调节和分路选择开关的收听装置。

2)采用无线同声传译系统时，应根据座位排列并结合无线覆盖的有效范围，准确定位无线发射器的数量及安装位置。

3)同声传译宜设立专用的译员间并应符合下列规定：

①译员间宜设有隔声观察窗，译员间应具备观察主席台场景的条件。

②译员间外应设译音工作指示灯或提示牌。

③译员间可采用固定式或移动式。

(10)视频会议设备安装

1)视频会议系统应包括视频会议多点控制单元、会议终端、接入网关、音频扩声器及视频显示等部分。

2)传声器布置宜避开扬声器的主辐射区，并应达到声场均匀、自然清晰、声源感觉良好等要求。

3)摄像机的布置应使被摄人物收入视角范围之内，宜从多个方位摄取画面，并应能获得会场全景或局部特写镜头。

4)监视器或大屏幕显示器的布置，宜使与会者处在较好的视距和视角范围之内。

5)会场视频信号的采集区照明应满足下列规定：

①光源色温 3200K。

②主席台区域的平均照度宜为 500～800lx，一般区域的平均照度宜为 500lx，投射电视屏幕区域的平均照度宜小于 80lx。

(11)系统调试

1)系统调试前应完成现场设备接线图、控制逻辑说明的制作。

2)调试准备

①应检查接地电阻，如果不符合设计要求，不得通电调试。

②技术人员应熟悉控制逻辑,并准备好调试记录表。

③系统调试前应确认各个设备本身不存在质量问题,方可通电。

④各类设备的型号及安装位置应符合设计要求。

⑤各类设备标注的使用电源电压应与使用场地的电源电压相符合。

⑥应检查设备连线的线缆规格与型号,线缆连接应正确,不应有松动和虚焊现象。

⑦在通电以前,各设备的开关、旋钮应置于初始位置。

3)音频设备调试

①应按照会议系统不同功能开启相应设备电源,确认设备工作正常。

②应确认记录系统相关设备、数据库运行正常。

③应确认系统设备工作正常,调整设备参数。

④应确认系统运行正常,并应根据设计功能要求进行细调,达到最佳整体效果。

⑤客观测量指标应达到语言清晰度STIPA的要求。

⑥系统指标应满足现行国家标准《厅堂扩声系统设计规范》(GB 50371—2006)扩声系统声学特性指标要求。

4)视频设备调试

①打开视频设备电源,将视频信号、计算机信号分别接入显示设备,图像质量应符合现行国家标准《安全防范工程技术标准》(GB 50348—2018)的相关要求。

②应按照幕布的位置调整投影机,调试到合适的位置后应进行定位,应调整投影的焦点、梯度等,直至图像清晰、端正。

③会议发言系统投影机应能自动跟踪发言者,并应自动对焦放大,联动视频显示设备应显示发言者图像。

④会议信息处理系统通过矩阵可对多路视频信号、数据信号实现快速切换,图像应稳定可靠。

⑤会议记录系统应能将会场实况进行存储,并可随意调用播放。

⑥经调试后,系统的图像清晰度、图像连续性、图像色调和色饱和度应达到设计指标要求。

5)会议单元调试

①通电前应将各设备开关、旋钮置于规定位置,应按设备要求完成软件的安装、参数设置及其调整。

②设备初次通电时应预热,观察无异常现象后方可进行正常操作。

③应确认与主机通信良好,功能运行正常,每只会议单元语言扩声应清晰。

④应按照设备使用说明书和设计文件检查会议单元的各项功能。

6)视频会议系统调试

①图像清晰度、图像帧速率应符合国家相关标准。

②声音应清晰、连续,且应无杂音和回音。

7)同声传译系统调试

①系统应具备自动转接现场语言功能,当现场发言与传译员为同一语言时,宜关闭传译器的传声器,传译控制主机应自动将该传译通道自动切换到现场语言中。

②呼叫和技术支持功能调试，每个传译台应有呼叫主席和技术员的独立通道。

③传译通道锁定功能调试，系统应设置通道占用指示灯，应防止不同的翻译语种占用同一通道。

④独立语言监听功能调试，传译控制主机可对各通道和现场语言进行监听，并应带独立的音量控制功能。

8)中控设备调试

①应按照控制逻辑图编写控制软件，逐个测试设备控制的有效性，应能使用各种有线、无线触摸屏，实现远距离控制音频、视频、灯光、幕布，以及会场环境的所有功能，并应填写调试记录。

②调试后，中控系统应具有下列功能：

a. 音量控制功能。

b. 与会议讨论系统连接通信正常，应控制音视频自由切换和分配。

c. 通过多路 RS-232 控制端口，应能够控制串口设备。

d. 应通过红外线遥控控制 DVD(数字通用光盘)、电视机等设备。

e. 应通过多路数字 I/O(输入/输出)控制端口和弱电继电器控制端口控制电动投影幕、电动窗帘、投影机升降等设备。

f. 应能扩展连接多台电源控制器、灯光控制器、无线收发器、挂墙面板等外围设备。

③系统应具有自定义场景存储及场景调用功能。

④应通过中控系统实现对会场内系统的智能化管理和操作。

3.15.5　质量标准

(1)主控项目

1)会议视频显示系统

①显示特性指标的检测应包括下列内容：

a. 显示屏亮度。

b. 图像对比度。

c. 亮度均匀度。

d. 图像水平清晰度。

e. 色域覆盖度。

f. 水平视角、垂直视角。

②显示特性指标的测量方法应符合现行国家标准《视频显示系统工程测量规范》(GB/T 50525—2010)的规定。检测结果符合设计要求的应判定为合格。

2)会议电视系统

①应对主会场和分会场功能分别进行检测。

②性能评价的检测宜包括声音延时、声像同步、会议电视回声、图像清晰度和图像连续性。

③会议灯光系统的检测宜包括照度、色温和显色指数。

④检测结果符合设计要求的应判定为合格。

3)其他系统

①应保证机柜内设备安装的水平度,不得在有尘、不洁的环境下施工。

②会议同声传译系统的检测应按照现行国家标准《红外线同声传译系统工程技术规范》(GB 50524—2010)的规定执行。

③设备安装应牢固。

④信号电缆长度不得超过设计要求。

⑤会议签到管理系统应测试签到的准确性和报表功能。

⑥会议表决系统应测试表决速度和准确性。

⑦会议集中控制系统的检测应采用现场功能演示的方法,逐步进行功能检测。

⑧会议录播系统应对现场视频、音频、计算机数字信号的处理、录制和播放功能进行检测,并检验其信号处理和录播系统的质量。

⑨具备自动跟踪功能的会议摄像系统应与会议讨论系统相配合,检查摄像机的预置位调用功能。

⑩视频会议应具有较高的语言清晰度和合适的混响时间;当会场容积在 200 平方米以下时,混响时间宜为 0.4～0.6s;当视频会议室还作为其他功能使用时混响时间不宜大于 0.6s;当会场容积在 500 平方米以上时,应按现行国家标准《剧场、电影院和多用途厅堂建筑声学设计规范》(GB/T 50356—2005)执行。

(2)一般项目

1)电缆敷设前应做整体通路检测。

2)设备安装前应通电预检,有故障的设备应及时处理。

3.15.6 成品保护

(1)安装投影仪支架、显示屏幕、解码器箱时,应保持吊顶、墙面整洁。

(2)对现场安装的解码器箱和投影仪做好防护措施,避免碰撞及损伤。

(3)机房内应采取防尘、防潮、防污染及防水措施。为防止损坏设备应将门窗关好,并派专人负责。

3.15.7 安全与环保措施

(1)交叉作业时应注意周围环境,禁止乱抛工具和材料。

(2)设备通电调试前,必须检查线路接线是否正确,保护措施是否齐全,确认无误后,方可通电调试。

(3)登高作业时,脚手架和梯子应安全可靠,脚手架不得铺有探头板,梯子应有防滑措施,不允许两人同梯作业。

(4)施工现场的垃圾应堆放在指定地点,及时清运并洒水降尘,严禁随意抛撒。

(5)现场强噪声施工机具,应采取相应措施,最大限度地降低噪声。

3.15.8　应注意的质量问题

(1)导线压接应牢固，以防导线松动或脱落。

(2)使用屏蔽线时，应将外铜网与芯线分开，以防信号短路。

(3)在同一区域内安装摄像机时，在安装前应找准位置再安装，以免安装标高不一致。

3.15.9　质量记录

与本书 3.1.10 节(1)—(11)条相同。

3.16　信息设施系统安装工程施工工艺标准

本标准适用于一般住宅信息设施系统安装工程。工程施工应以设计图纸和《智能建筑工程施工规范》(GB 50606—2010)及《智能建筑工程质量验收规范》(GB 50339—2016)等规范为依据。

3.16.1　材料、设备

(1)电话交换系统和通信接入系统：固定电话、移动电话、数据与电话终端、三类或四类传真、可视电话、终端适配器、数字多功能电话机、多媒体终端等。

(2)信息导引及发布系统：LED 显示屏、LCD 显示屏、触摸查询一体机、媒体播放控制器、前端显示单元等。

(3)上述设备、材料应根据合同文件及设计要求选型，设备、材料和软件进场应验收，并填写验收记录。设备应有产品合格证、检测报告、安装及使用说明书、"CCC"认证标识等。如果是进口产品，则需提供原产地证明和商检证明，配套提供的质量合格证明，检测报告及安装、使用、维护说明书的中文文本。设备安装前，应根据使用说明书进行全部检查，合格后方可安装。

(4)其他材料：镀锌材料、镀锌钢管、镀锌线槽、金属膨胀螺栓、金属软管、塑料胀管、机螺钉、平垫圈、弹簧垫圈、接线端子、绝缘胶布、各类接头等。

3.16.2　主要机具

(1)安装器具：手电钻、电锤、冲击钻、电工组合工具、对讲机、接头专用工具、光缆接续设备、梯子等。

(2)测试器具：250V 兆欧表、500V 兆欧表、场强仪、测试天线、万用表、水平尺、钢尺、小线、线坠等。

3.16.3　作业条件

(1)外装修及油漆浆活全部完成。

(2)导线、预埋盒(盒口全部修好)全部完成。

(3)绝缘电阻经摇测符合国家规范要求,并编号完毕。

3.16.4 施工工艺

(1)工艺流程

电话交换系统和通信接入系统设备安装→时钟系统设备安装→信息导引及发布系统安装→呼叫对讲系统安装→售验票系统安装→调试验收

(2)电话交换系统和通信接入系统设备安装应符合下列规定:

1)电话交换设备安装前,应对机房的环境条件进行检查,机房的环境条件应满足行业标准《固定电话交换设备安装工程设计规范》(YD/ T 5076—2005)中第 14 章的相关规定;

2)应按工程设计平面图安装交换机机柜,上下两端垂直偏差不应大于 3mm。

3)交换机机柜内部接插件与机架应连接牢固。

4)机柜应排列成直线,每 5m 误差不应大于 5mm。

5)机柜安装应位置正确,柜列安装整齐,相邻机柜紧密靠拢,柜面衔接处无明显高低不平。

6)总配线架安装位置应符合设计要求。

7)各种配线架各直列上下两端垂直偏差不应大于 3mm,底座水平误差每米不大于 2mm。

8)各种文字和符号标志应正确、清晰、齐全。

9)终端设备应配备完整,安装就位,标志齐全、正确。

10)机架、配线架应按施工图的抗震要求进行加固。

11)直流电源线连同所接的列内电源线,应测试正负线间和负线对地间的绝缘电阻,绝缘电阻均不得小于 1MΩ。

12)交换系统使用的交流电源线芯线间和芯线对地的绝缘电阻均不得小于 1 MΩ。

13)交换系统用的交流电源线应有保护接地线。

14)交换机设备通电前,应对下列内容进行检查:

①各种电路板数量、规格、接线及机架的安装位置应与施工图设计文件相符且标识齐全正确。

②各机架所有的熔断器规格应符合要求,检查各功能单元电源开关应处于关闭状态。

③设备的各种选择开关应置于初始位置。

④设备的供电电源线、接地线的规格应符合设计要求,端接应正确、牢固。

15)应测量机房主电源输入电压,确定正常后,方可进行通电测试。

(3)时钟系统设备安装

1)中心母钟、时间服务器、监控计算机、分路输出接口箱应安装于机房的机柜内,并符合下列规定:

①按设计及设备安装图,应将分路接口与子钟等设备连接。

②中心母钟机柜安装位置与 GPS 天线距离不宜大于 300m。

③时间服务器、监控计算机的安装应符合《智能建筑工程施工规范》(GB 50606—2010)

第 6.2.1、6.2.2 条的规定。

2)子钟安装应牢固;壁挂式子钟的安装高度宜为 2.3～2.7m;吊挂式子钟的安装高度宜为 2.1～2.7m。

3)天线应安装于室外,至少应有三面无遮挡,且应在建筑物避雷区域内。

4)天线应固定在墙面或屋顶上的金属底座上。

5)大型室外钟的安装应符合下列规定:

①应根据室外钟的尺寸,考虑风力影响,宜做室外钟支撑架。

②对于钢结构的建筑,应以焊接的方式安装室外钟支撑架。

③对于混凝土结构的建筑应以预埋钢架的方式安装室外钟支撑架。

④应按设计要求安装防雷击装置。

⑤应做好防漏电、防雨的密封措施。

(4)信息导引及发布系统安装应符合下列规定:

1)系统服务器、工作站应安装于机房的机柜内,并应符合《智能建筑工程施工规范》(GB 50606—2010)的规定。

2)触摸屏与显示屏的安装位置应对人行通道无影响。

3)触摸屏、显示屏应安装在没有强电磁辐射源及干燥的地方。

4)与相关专业协调并在现场确定落地式显示屏安装钢架的承重能力应满足设计要求。

5)室外安装的显示屏应做好防漏电、防雨措施,并应满足 IP65 防护等级标准。

(5)呼叫对讲系统安装

1)医院使用的呼叫对讲系统的安装应符合下列规定:

①挂壁式主机的安装高度宜为 1.2～1.8m。

②台式主机宜安装在值班人员办公台前,信号集中器安装位置应临近主机。

③呼叫按钮宜安装在便于触及的位置。

④拉式呼叫开关可视情况安装在不影响视觉效果、易于拉线的位置。

⑤无线寻呼天线的安装位置附近不应有强电磁辐射源。

2)小区楼宇呼叫对讲系统的安装应符合下列规定:

①室外呼叫对讲终端的安装高度宜大于 1.2m。

②室外呼叫对讲终端应做好防漏电、防雨措施。

③信号集中器安装位置应临近呼叫主机。

(6)售验票系统的安装应符合下列规定:

1)所有售验票系统主机应良好接地,系统运行应安全可靠。

2)检票闸机安装应符合下列规定:

①安装应符合设计要求。

②闸机的供电线缆和通信传输线缆应采取暗管敷设。连接端应采用专用连接装置。

③每个闸机应具备防漏电保护措施。

3)售票机设备安装应牢固。

(7)调试验收

1)调试准备应符合下列规定:

①系统调试前,应制定调试方案、测试计划,并应经会审批准。

②设备规格、安装应符合设计要求,安装应稳固,外壳不应损伤。

③采用500V兆欧表对电源电缆进行测量,其线芯间、线芯与地线间的绝缘电阻不应小于1MΩ。

④设备及线缆应标识齐全、准确,并应符合设计要求和本书3.4节的规定。

⑤机柜、控制箱、支架、设备及需要接地的屏蔽线缆和同轴电缆应良好接地。

⑥各系统供配电的电压与功率应符合设计要求。

2)信息设施系统的调试应符合下列规定:

①各系统内的设备应能对系统软件指令做出及时响应。

②系统调试中,应及时记录并检查软件的工作状态和运行日志,并应能修改错误。

③系统调试中,应及时记录并检查系统设备对系统软件指令的响应状态,并应能修改错误。

④应先进行功能测试,方可进行性能测试。

⑤调试过程中出现运行错误,系统功能或性能不能满足设计要求时,应填写系统调试问题报告表,并应及时进行处理,填写处理记录。

3)电话交换系统的调试和测试应符合下列规定:

①逐级对设备进行加电,设备通电后,检查所有机架为设备供电的输出电压应符合设计要求。

②电话交换系统自检正常、时钟同步、时钟等级和性能参数应符合设计要求。

③安装电话交换机服务系统、联机计费系统、交换集中监控系统的调试应达到系统无故障,并应提供相应的测试报告。

4)通信接入系统的调试和测试应符合下列规定:

①逐级对设备进行加电,设备通电后,检查所有机架为设备供电的输出电压应符合设计要求。

②系统的安装环境、设备安装应符合设计要求。

5)时钟系统的调试和测试应符合下列规定:

①配置服务器、计算机的软件系统的参数、处理功能、通信功能应达到设计要求。

②应对出现故障的设备、软件进行修复或更换。

③应通过监控计算机对系统中的母钟、子钟、时间服务器进行配置管理、性能管理、故障管理。

④应通过监控计算机对子钟进行时间调整、追时、停止等功能调试,并应达到对全部时钟的网络连接与控制。

⑤应调试母钟与时标信号接收器的同步、母钟对子钟同步,并应达到全部时钟与GPS同步。

⑥应调试双母钟系统的主备切换功能、自动恢复功能。

⑦应对所有设备进行不间断的功能、性能连续试验，并应符合下列规定：

a. 试验期间，不得出现时钟系统性或可靠性故障，计时应准确，否则，应修复或更换后重新开始试验。

b. 应记录试验过程、修复措施与试验结果。

⑧试验成功后，应与其他系统接口进行功能测试和联调测试，并应符合下列规定：

a. 时钟系统应与其他系统接口正确。

b. 时钟系统应按设计要求向其他子系统提供基准时间。

6）信息导引及发布系统的调试和测试应符合下列规定：

①配置服务器、监控计算机的软件系统参数、处理功能、通信功能应达到设计要求。

②对系统的显示设备进行单机调试，使各显示屏达到正确的亮度、色彩。

③加载文字内容、图像内容，调试、检测各终端机应正确显示发布的内容。

④调试、检测软件系统的各功能，应符合设计要求。

⑤测试终端机的音、视频播出质量，应达到全部合格。

⑥系统调试后，应进行 24h 不间断的功能、性能连续试验，并应符合下列规定：

a. 试验期间，不得出现系统性或可靠性故障，显示屏不应出现盲点，否则，应修复或更换后重新开始 24h 试验。

b. 应记录试验过程、修复措施与试验结果。

7）呼叫对讲系统的调试和测试应符合下列规定：

①配置服务器、计算机、呼叫对讲主机的软件系统参数、处理功能、通信功能应达到设计要求。

②对各设备进行调试，应达到正确的使用状态。

③对系统的各终端应进行编码并在该软件系统中记录其位置。

④逐个、双向调试呼叫对讲主机与呼叫对讲终端机响应状态，应达到响应正确，信号灯闪亮应正确明晰。

⑤调试、测试系统的显示功能，各显示屏显示的信息应准确、明晰。

⑥调试、测试系统终端的图像、语音，应使失真度符合设计要求。

⑦调试、测试系统门禁的开启功能，应使门禁正确响应开启请求。

⑧调测与测试中，如果应用软件系统出现错误，应检查、修改软件并重新开始配置与调试。

⑨系统调试后，应进行 24h 不间断的功能、性能连续试验，并应符合下列规定：

a. 试验期间，如果出现系统性或可靠性故障，应修复或更换后重新开始 24h 试验。

b. 应记录试验过程、修复措施与试验结果。

8）验售票系统的调试和测试应符合下列规定：

①配置服务器、监控计算机、售票机、读卡验票机的软件系统参数、处理功能、通信功能应达到设计要求。

②调试、检测软件系统的各项功能，应符合设计要求。

③调试读卡验票机的灵敏度，应准确识别卡票的信息，并应回写正确。

④验票系统应正确记录各读卡验票机上传的读卡与记账信息。

⑤调试与测试中，如果应用软件系统出现错误，应检查、修改软件并重新开始配置与

调试。

⑥系统调试后,应进行24h不间断的功能、性能连续试验,并应符合下列要求:

a.试验期间,如果出现系统性或可靠性故障,应修复或更换后重新开始24h试验。

b.应记录试验过程、修复措施与试验结果。

⑦应测试读卡机在读取开/关闸门,提示、记忆、统计、打印等不同类型的卡的判别与处理功能。

9)各系统在调试和测试完成后,应进行试运行,并应整理系统设备检验、安装、调试过程的有关资料及试运行情况的记录。

3.16.5 质量标准

(1)主控项目

1)电话交换系统和通信接入系统的检测阶段、检测内容、检测方法及性能指标要求应符合现行行业标准《固定电话交换网工程验收规范》(YD 5077—2014)等国家现行标准的要求。

2)通信系统连接公用通信网信道的传输率、信号方式、物理接口和接口协议应符合设计要求。

3)时钟系统的时间信息设备,母钟、子钟时间控制必须准确、同步。

4)多媒体显示屏安装必须牢固。供电和通信传输系统必须连接可靠,确保应用要求。

5)呼叫对讲系统应对呼叫响应及时、正确,且图像、语音清晰。

6)售验票系统中数据库管理系统的售票数据统计和检票数据统计应准确。

7)售验票系统的自动通道闸机必须响应正确、运行可靠。

检验方法:观察检查。

(2)一般项目

1)设备、线缆标识应清晰、明确。

2)电话交换系统安装各种业务板及业务板电缆,信号线和电源应分别引入。

3)各设备、器件、盒、箱、线缆等的安装应符合设计要求,并应做到布局合理、排列整齐、牢固可靠、线缆连接正确、压接牢固。

4)馈线连接头应牢固安装,接触应良好,并应采取防雨、防腐措施。

检验方法:观察检查。

3.16.6 成品保护

(1)安装分机时应注意保持机房内部整洁。

(2)最好及时将房门上锁,以防止设备损坏和丢失。

3.16.7 安全与环保措施

与本书3.11.7节相同。

3.16.8　应注意的问题

(1)安装应牢固,设备之间、干线与端子处应压接牢固,防止导线松动或脱落,如果有不合格现象应及时修理好。

(2)导线编号混乱,颜色不统一:应根据产品技术说明书的要求,按编号进行查线,并将标注清楚的异型端子编号管装牢,相同回路的导线应颜色一致。

(3)导线压接松动,反圈,绝缘电阻值低:应重新将压接不牢的导线压牢固,反圈的应按顺时针方向调整过来,绝缘电阻值低于标准值的应找出原因,否则不准投入使用。

(4)压接导线时,应认真摇测各回路的绝缘电阻,如果调试困难,应拆开压接导线重新进行复核,直到准确无误为止。

(5)运行中出现误报:应检查接地电阻值是否符合要求,是否有虚接现象,直到调试正常为止。

(6)使用屏蔽线时,外铜网应与芯线分开,以防信号短路。

(7)应将屏蔽线和设备外壳可靠接地,以防噪声过大。

3.16.9　质量记录

(1)电话交换系统验收记录表应填写《智能建筑工程施工规范》(GB 50606—2010)表B.0.12。

(2)接入网设备验收记录表应填写《智能建筑工程施工规范》(GB 50606—2010)表B.0.13。

(3)时钟系统验收记录表应填写《智能建筑工程施工规范》(GB 50606—2010)表B.0.14。

(4)信息导引及发布系统质量验收记录表应填写《智能建筑工程施工规范》(GB 50606—2010)表B.0.15。

(5)呼叫对讲系统验收记录表应填写《智能建筑工程施工规范》(GB 50606—2010)表B.0.16。

(6)售验票系统验收记录表应填写《智能建筑工程施工规范》(GB 50606—2010)表B.0.17。

3.17　机房工程安装工程施工工艺标准

本标准适用于机房工程安装工程。工程施工应以设计图纸和《智能建筑工程施工规范》(GB 50606—2010)及《智能建筑工程质量验收规范》(GB 50339—2016)等规范为依据。

3.17.1　材料、设备

材料、设备有专网屏蔽机柜、数据网服务器机柜、六类屏蔽配线架、理线架、光纤配线架等设备以及室专万兆光纤、六类屏蔽网线、六类屏蔽跳线、LC光纤跳线。

3.17.2　主要机具

(1)安装器具:管锁钳、斜嘴钳、电钻、钻头、钢锯、偏嘴钳、螺丝刀(偏头、十字花)、板岩锯、通条、剪丝钳、多用刀、绳子、拉绳、冲击工具、电缆夹、布线支架等。

(2)测试器具:网络测试仪、光时域反射仪、万用表、兆欧表、铅笔、皮尺、水平尺、小线、线坠等。

(3)专用工具:剥线器、压线工具、光纤熔接机、显微镜、切割工具、玻璃磨光盘等。

3.17.3　作业条件

(1)机房内的给排水管道安装不应渗漏。

(2)电缆电气性能抽样测试,应符合产品出厂检验要求及相关规范规定。

(3)网线、光纤特性测试应符合产品出厂检验要求及相关规范规定。

(4)机房土建专业的施工完毕,地面应找平、清理干净,并应符合国家标准《民用建筑电气设计标准》(GB 51348—2019) 第 23.4 节的要求。

(5)机房的布置和分区应符合国家标准《民用建筑电气规范》(GB 51348—2019)第 23.2 节的要求。

3.17.4　施工工艺

(1)工艺流程

机房室内装饰装修工程→金属管安装→金属桥架安装→设备安装→线缆敷设→线缆终端安装→机房供配电系统工程→防雷与接地系统工程→综合布线系统工程→安全防范系统工程→空调系统工程→给排水系统工程→电磁屏蔽工程→消防系统工程→涉密网络机房施工→调试验收

(2)机房室内装饰装修工程

1)在防雷接地等电位排安装完毕并引入机柜线槽和管线且安装完毕后,方可进行装饰工程;

2)活动地板支撑架应安装牢固,并应调平;

3)活动地板的高度应根据电缆布线和空调送风要求确定,宜为 200～500mm;

4)地板线缆出口应配合计算机实际位置进行定位,出口应有线缆保护措施。

(3)金属管安装

1)操作间的 N 个信息点,N 个“2＋3”孔插座所用的六类屏蔽线与电源线,需要通过 JDG 金属 $\phi25$ 管安装到抗静电地板下。其他 N 个应急灯使用的“2＋3”孔插座需要安装到墙面彩钢板上,其高度为 2.3m(应急灯安装高度为 2.3m),专网、数据网机房各 4 个,操作间、UPS(不间断电源)设备间各 2 个。

2)暗配管的转弯角度应大于 90°,在路径上每根暗管的转弯角度不得多于 2 个,并不应有 S 形弯出现,在弯曲布管时每间隔 15m 处,应设置暗拉线盒或接线箱。

3)暗配管转弯的弯曲半径不应小于该管外径的6倍。

4)金属管施工工艺，按照《综合布线系统工程设计规范》(GB 50311—2016)的有关章节进行施工。

(4)金属桥架安装

1)机房强电下布线，弱电以及配电柜电源线为上走线。

2)机房强电采用200mm×100mm桥架暗敷于抗静电地板下，弱电采用400mm×100mm(中间大隔层的其中50mm用于配电柜到各个数据网服务器机柜或专网屏蔽机柜的电源线连接PDU(电源分配单元)，隔板间距为150mm，剩余200mm空间用于弱电布线使用)不锈钢网格桥架安装在吊顶下，其距抗静电地板高度为2.3m(上走线桥架不低于2.2m)，屏蔽机柜与服务器机柜高为2m，不锈钢网格桥架距机柜顶高度为30mm。

3)强电桥架一根从主楼如电口到两台UPS主机，再分别到两台配电柜与两台空调。

(5)设备安装

1)专网N台屏蔽机柜安装在高度为400mm的支架上，数据网N台服务器机柜也安装在高度为400mm的支架上，使用螺丝与支架固定牢靠。

2)各屏蔽机柜与服务器机柜安装六类屏蔽配线架、理线架以及光纤配线架。

3)专数据网机房各8台机柜，其中5台机柜的第一台为弱电线集成柜。

4)每台机柜分别安装两个8位PDU。屏蔽机柜的PDU垂直安装，服务器机柜水平安装。

(6)线缆敷设

1)专数据网的集成柜到其他机柜各布1根室专万兆光纤，专数据网的集成柜到其他机柜各布N根4芯室六类屏蔽线。

2)专数据网的集成柜分别安装4套六类屏蔽配线架与理线架、N套LC光纤配线架。

3)强弱电线缆布线要求从集成柜到各机柜横平竖直，各线缆之间不得交叉、打结，线缆本身要求无应力铺设。

4)每条线缆要求用线标清线号，六类屏蔽配线架与光纤配线架要求打印电子标签标明线号。标号要求规范有序。

(7)线缆终端安装

六类屏蔽模块按照T568B标准压接：橙白、橙、绿白、蓝、蓝白、绿、棕白、棕。

(8)机房供配电系统工程

1)配电柜和配电箱安装支架的制作尺寸应与配电柜和配电箱的尺寸匹配，安装应牢固，并应可靠接地。

2)线槽、线管和线缆的施工应符合本书3.4节的规定。

3)灯具、开关和各种电气控制装置以及各种插座安装应符合下列规定：

①灯具、开关和插座安装应牢固，位置准确，开关位置应与灯位相对应。

②同一房间、同一平面高度的插座面板应水平。

③灯具的支架、吊架、固定点位置的确定应符合牢固安全、整齐美观的原则。

④灯具、配电箱安装完毕后，每条支路进行绝缘摇测，绝缘电阻应大于1MΩ并应做好记录。

⑤机房地板应满足电池组的承重要求。

4)不间断电源设备的安装应符合下列规定:

①主机和电池柜应按设计要求和产品技术要求进行固定。

②各类线缆的接线应牢固、正确,并应做标识。

③不间断电源电池组应接直流接地。

(9)防雷与接地系统工程的施工应执行国家标准《数据中心基础设施施工及验收规范》(GB 50462—2015)第6章和《智能建筑工程施工规范》(GB 50606—2010)第16章的规定。

(10)综合布线系统工程的施工应执行国家标准《数据中心基础设施施工及验收规范》(GB 50462—2015)第9章和《智能建筑工程施工规范》(GB 50606—2010)第5章的规定。

(11)安全防范系统工程的施工应执行国家标准《数据中心基础设施施工及验收规范》(GB 50462—2015)第10章和《智能建筑工程施工规范》(GB 50606—2010)第14章的规定。

(12)空调系统工程的施工应执行国家标准《数据中心基础设施施工及验收规范》(GB 50462—2015)第7章的规定。

(13)给排水系统工程的施工应执行国家标准《数据中心基础设施施工及验收规范》(GB 50462—2015)第8章的规定。

(14)电磁屏蔽工程的施工应执行国家标准《数据中心基础设施施工及验收规范》(GB 50462—2015)第11章的规定。

(15)消防系统工程的施工应执行现行国家标准《气体灭火系统施工及验收规范》(GB 50263—2007)的有关规定及国家标准《数据中心基础设施施工及验收规范》(GB 50462—2008)第9章的规定。

(16)涉密网络机房的施工应符合国家有关涉及国家秘密的信息系统分级保护技术要求的规定。

(17)调试验收

1)综合布线系统的调试应执行国家标准《数据中心基础设施施工及验收规范》(GB 50462—2015)第9章的规定;

2)安全防范系统的调试应执行国家标准《数据中心基础设施施工及验收规范》(GB 50462—2015)第10章的规定;

3)空调系统的调试应执行国家标准《数据中心基础设施施工及验收规范》(GB 50462—2015)第7章的规定;

4)消防系统的调试应执行国家标准《气体灭火系统施工及验收规范》(GB 50263—2007)第7章的规定,包括一般规定、防护区或保护对象与储存装置间验收、设备和灭火剂输送管道验收及系统功能验收。

3.17.5 质量标准

(1)主控项目

1)电气装置应安装牢固、整齐,标识明确、内外清洁。

2)机房内的地面、活动地板的防静电施工应符合国家标准《民用建筑电气标准》

(GB 51348—2019)第 23.2 节的要求。

3)电源线、信号线入口处的浪涌保护器安装位置正确、牢固。

4)接地线和等电位连接带连接正确,安装牢固。

(2)一般项目

1)吊顶内电气装置应安装在便于维修处。

2)配电装置应有明显标志,并应注明容量、电压、频率等。

3)落地式电气装置的底座与楼地面应安装牢固。

4)电源线、信号线应分别铺设,并应排列整齐,捆扎固定,长度应留有余量。

5)成排安装的灯具应平直、整齐。

检验方法:观察检查。

3.17.6　成品保护

(1)安装设备时应注意保持机房室内部整洁。

(2)及时将房门上锁,以防止设备损坏和丢失。

3.17.7　安全与环保措施

与本书 3.11.7 节相同。

3.17.8　应注意的问题

(1)如果有不合格现象应及时修理好。

(2)机房内的空调环境应符合国家标准《智能建筑工程质量验收规范》(GB 50339—2013)第 12.2.2 节的规定。

(3)噪声

1)机房应远离噪声源,当不能避免时,应采取消声和隔声措施;

2)机房内不宜设置高噪声的设备,当必须设置时,应采取有效的隔声措施,机房内噪声值宜为 35～40dB(A)。

(4)供配电系统

1)应在配电柜(盘)的输出端测量电压、频率和波形畸变率;

2)供电电源的电能质量应符合国家标准《民用建筑电气设计标准》(GB 51348—2019)第 3.4 节的规定。

(5)机房的照度应符合现行国家标准《建筑照明设计标准》(GB 50034—2013)的有关规定。

(6)电磁屏蔽

1)在频率为 0.15～1000MHz 时,无线电干扰场强不应大于 126dB。

2)磁场干扰场强不应大于 800A/m。

3.17.9 质量记录

与本书 3.1.10 节(1)—(11)条相同。

主要参考标准名录

[1]《智能建筑工程质量验收规范》(GB 50339—2016)

[2]《建筑安装分项工程施工工艺规程(第七分册)》(DBJ/T01－26—2003)

[3] 石善友.电梯、智能建筑施工工艺标准:QCJJT－JS02—2004)[S].北京:中国计划出版社,2004.

[4]王景文.智能建筑工程施工与质量验收实用手册[M].北京:中国建材工业出版社,2004.

[5]《建筑与建筑群综合布线系统工程验收规范》(GB/T 50312—2016)

[6]《火灾自动报警系统施工及验收规范》(GB 50166—2019)

[7]《民用闭路监视电视系统工程技术规范》(GB 50198—2011)

[8]《有线电视系统工程技术规范》(GB 50200—2018)